BEAUTY SCIENCE I

미용과학 I

- 피부과학편 -

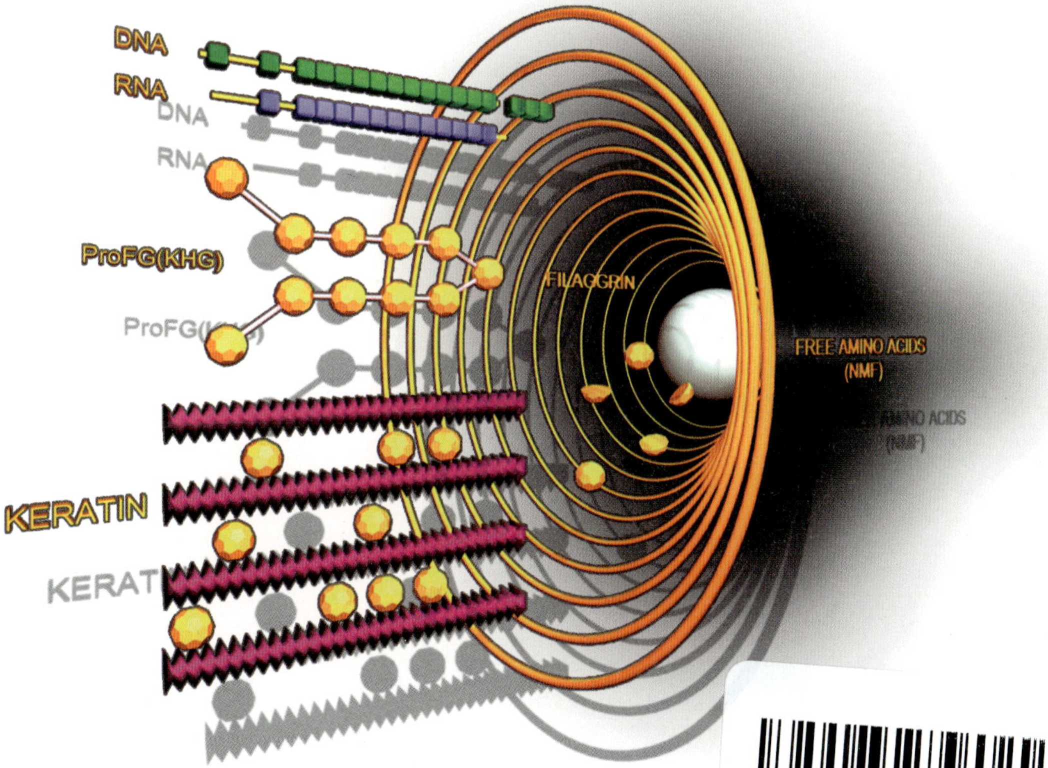

청구문화사

머리말

90년대 초반 우리나라 2년제 대학에 미용관련 학과가 개설되면서 미용이 학문적으로 인정되는 계기가 되었다. 그 후 약 17년이 지난 현재 미용관련분야는 고등학교에서부터 대학교 학부과정 그리고 일반대학원 석사과정과 박사과정까지 개설되어 운영되고 있다. 대학에 개설된 지 20년도 안된 짧은 기간동안 많은 대학에서 미용관련 학과가 개설되어 신학문으로써 양적 팽창의 엄청난 변화를 보이고 있는 것도 사실이다. 또한 미용 산업에서의 여러 가지 환경적 변화와 직업으로써의 인식 그리고 위상도 높아졌다. 뿐만 아니라 미용관련 전문 서적이 출판되면서 미용 이론과 기술의 양적, 질적으로 급격한 변화도 있어 왔다.

그러나 본 저자는 대학 강단에 선지 15년이 지난 지금 한 가지 아쉬움이 있다면 '미용관련 분야의 교과과정에 따른 교과목의 내용들이 아직도 많은 혼선이 있는 것이 아닌가?' 하는 생각이 든다. 즉 미용관련 학과의 교과목마다 고유 목적에 따른 내용이 이론을 바탕으로 기술적인 측면이 충실하게 수록되어야 하는데 다소 미진한 생각이 든다. 한 가지 예를 들면 '피부과학'이라는 교과목도 의과대학에서 배우는 교과목으로써 미용관련학과에서 수학하기에는 부담이 가는 교과목이다. 그러나 모든 대학의 미용관련 교과과정에는 '피부과학'이라는 교과목을 그대로 사용되고 있고, 내용에 있어서도 전문 지식보다는 너무나 일반적이고 평범한 내용과 미용분야의 한계를 넘어서는 피부질환 등이 포함되어 있다. 아울러 미용관련 잡지나 인터넷에 의한 정보의 경우도 피부미용, 헤어미용, 메이크업 등 미용에 관한 일반적인 상식의 도를 넘어서 기존의 전공서적 수준에 준하는 내용이 범람하여 일반인들의 미용 수준도 매우 높아지고 있다. 따라서 본 저자의 짧은 소견으로는 미용관련학과의 학생이나 화장품 연구원의 경우 피부에 관한 전문 지식의 깊이나 수록 내용 그리고 미용관련학과의 교과과정에 맞는 교과목의 명칭도 바뀌어야 할 것으로 생각한다.

따라서 본 저서에서는 기존의 피부과학 분야와 밀접한 교과목을 미용과학Ⅰ으로 나타내었고, 수록 내용도 피부의 질환 보다는 피부미용과 헤어미용 그리고 메이크업에 도움이 되는 피부 관련 분야를 보다 깊이 있게 다루고자 심사숙고 하였다. 본 저서는 총 15장으로서 이해를 돕기 위하여 반복하여 언급하였고 되도록이면 그림과 사진 그리고 표를 많이 이용하였다. 또한 곧이어 출간 예정인 미용과학Ⅱ는 모발과학 분야와 밀접한 교과목이다. 즉 미용과학 Ⅰ,Ⅱ는 미용관련 학생들의 전문성과 화장품을 연구하는 연구원들에게 학술적인 부문과 미용기술에 실제적으로 도움이 될 수 있도록 미용 전문지식 전달에 최선을 다하려고 애를 썼다. 그러나 원고를 마무리하고 보니 부족하고 미진한 부분이 많음을 실감한다. 짧은 집필기간으로 인하여 잘못된 부분이나 미비한 점에 대해서는 독자 여러분의 많은 지도편달을 바라며, 계속하여 수정, 보완하도록 노력할 것이다.

끝으로 본 저서의 출판을 위하여 적극적으로 지원해주신 청구문화사 이상태 사장님을 비롯한 편집부 여러분과 표지 디자인에 힘을 써주신 정기석 교수님, 임상자료를 제시해준 썬 피부・비만 클리닉 이윤희 실장과 고객 여러분 그리고 삽화와 그림에 힘을 써준 박종훈, 김달영, 박재영 군의 노고에 깊은 감사를 드린다. 특히 미용과학 Ⅰ이 완성되기 까지 원고를 검토하고 조언을 아끼지 않으신 오형근 성형외과 원장 오형근 박사의 감수에 깊은 감사를 드린다.

2012년 2월 원고를 마감하며...

저자일동

목 차

1

서 론

Introduction

생물은 구조와 기능을 가진 하나의 개체로서 이들의 특성을 다루는 학문을 생물학(biology) 혹은 생명과학(biological science)이라 한다. 이러한 생명과학은 생명체의 형태와 구조를 연구대상으로 하는 **해부학**(anatomy)과 기능을 연구대상으로 하는 **생리학**(physiology)이 있다.

Anatomy란 라틴어의 ana(산산히 up)와 tom(자르다 cut)의 합성어이며 physiology란 physio(자연 nature)'와 'logy(학문, science)'의 합성어로써 자연의 성질이나 그 기능을 연구하는 학문이라는 의미이다. 이 중에서 인체를 구성하는 각 부위의 기관이나 조직의 위치와 형태 등 인체의 구조를 연구하는 학문을 인체해부학(human anatomy)이라 하며 인체를 구성하고 있는 세포와 조직 그리고 각 부위의 기능과 그에 수반되는 물리, 화학적 요소의 여러 가지 반응과정을 연구하는 학문을 인체생리학(human physiology)이라 한다.

복잡하고 다양한 기능을 가진 인체를 이해하기 위해서는 인체해부학과 인체생리학은 불가분의 관계를 가지고 있기 때문에 연구가 동시에 이루어져야 한다.

이러한 해부학은 연구 수단이나 방법에 따라 육안적 해부학(macroscopic anatomy)과 현미경적 해부학(microscopic anatomy) 그리고 수정란에서부터 시작하여 개체의 발생과 태아의 성장과정을 연구하는 발생학(developmental anatomy) 또는 태생학(embryology)으로 구분한다.

인체를 구성하는 장기의 위치와 형태 그리고 구조 등을 눈으로 관찰하는 육안적 해부학은 신체를 각 부위별로 해부하여 설명하고 있는 국소해부학(regional anatomy)과 기능과 역할이 같은 각 기관들끼리 관련하여 설명한 계통해부학(systemic anatomy)으로 다시 세분화된다. 또한 인체를 구성하고 있는 요소의 미세구조와 형태를 규명하기 위한 현미경적 해부학을 조직학(histology)이라고도 한다.

세포학(cytology)은 세포 단위에 있어서의 구조나 형태 등을 연구하는 분야이다. 일반적으로 인체생리학은 신체를 구성하고 있는 세포들의 공통적 기능을 대상으로 생명과 활동 기능의 일반법칙을 다루는 일반생리학(general physiology) 혹은 세포생리학(cell physiology)과 각각의 기관별 기능을 대상으로 하는 기관생리학(organic physiology)으로 구분된다. 이러한 인체의 해부학적, 생리학적 생명현상을 분자수준에서 이해하려는 분야가 분자생물학(macrobiology) 혹은 생화학(biocehmistry)이다.

그림 1-1. 미용과학과 관련된 학문 분야

인체의 복잡한 구조와 생리적 기능 중에서 주로 피부와 피부의 부속기관, 즉 모발 및 손톱과 발톱 등을 분리하여 연구하고, 이를 바탕으로 사람의 미적 아름다움과 건강을 유지, 창출하기 위한 새로운 실용학문을 **미용과학**(beauty science)이라 한다.

다시 말하면 사람의 피부와 피부 부속기관의 해부학적 구조와 각 부분의 생리적인 기능 그리고 이에 관련된 세포학, 조직학, 발생학, 생화학 등을 토대로 그에 수반되는 물리, 화학적 요소 및 과정을 이해하고 연구함으로써 사람의 아름다움과 건강을 유지하기 위한 분야이다.

미용과학은 사람을 대상으로 화장품과 미용기기를 이용하여 사람의 삶의 질을 향상시키는 실용학문의 한 분야로서 정신적, 육체적 건강과 아름다움을 창출하는 주요 분야 중 하나이다. 미용과학은 피부미용(skin care), 헤어미용(hair care), 메이크업(make-up) 그리고 화장품(cosmetics)을 연구하기 위한 기초학문으로써 생명에 직결되는 의・약학 분야와는 달리 미용의 특수성에 근거하여 새로운 학문적 기틀이 마련되어야 할 것이다.

1. 생물의 특성

생물은 복잡하고 미묘한 생명현상을 유지하기 위하여 많은 특성을 가지고 있다. 즉 생물은 외부에서 끊임없이 물질을 도입하고, 그것을 몸의 구성 물질로 이용하는 한편 생명현상을 운영하고 유지하기 위해 체내의 물질을 분해하여 에너지로 사용하고, 이로 인하여 생성된 부산물이나 노폐물을 체외로 배출한다. 이와 같이 생물은 필요한 물질을 다른 곳에서 흡수하여 이용함으로써 생명을 유지하고 활동하며 번식하는데, 이러한 생물의 특성을 생명현상이라고 한다.

1-1. 물질대사(metabolism)

생물체가 자신의 생명유지를 위해 물리적, 화학적으로 진행하는 모든 과정을 물질대사(metabolism)라고 한다. 즉 대사란 생물을 구성하는 각각의 세포 구조와 기능에 필요한 특정 분자들의 합성과 분해는 물론 기능 수행에 필요한 에너지를 생산하고 저장하기 위한 수많은 화학반응을 말한다. 물질대사는 크게 동화작용(anabolism)과 이화작용(catabolism)으로 나눌 수 있다. 동화작용은 주위로부터 흡수한 저분자 유기물이나 무기물을 이용하여 고분자 화합물을 합성하는 과정이고, 동화작용을 위해서는 빛 또는 화학에너지가 필요하다.

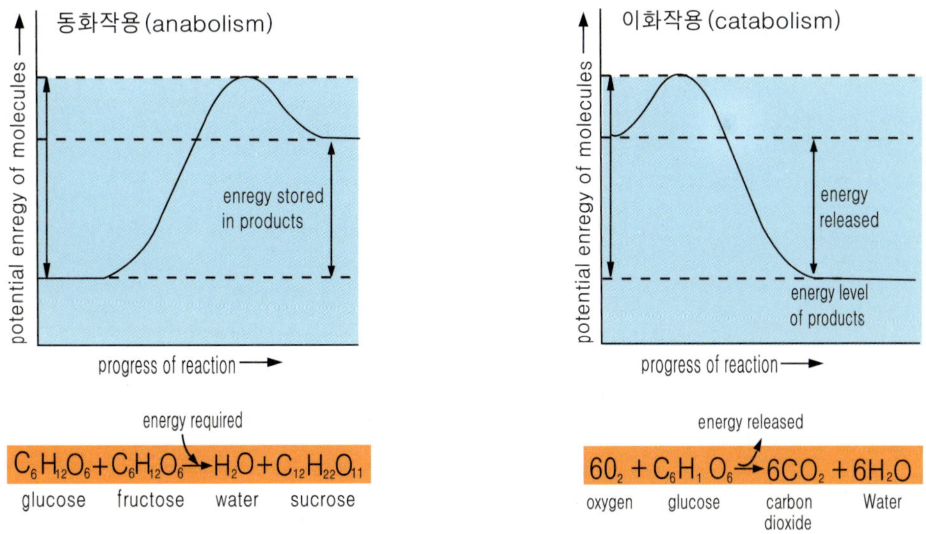

그림 1-2. 동화작용과 이화작용

녹색식물은 저분자의 이산화탄소(CO_2)와 태양에너지를 이용하여 녹말과 같은 복잡한 고분자화합물을 형성한다. 이와 같은 과정을 광합성(photosynthesis)이라 하며, 광합성은 동화작용의 대표적인 예이다. 또한 사람의 머리카락이 자라는 것은 몸속에서 많은 아미노산으로부터 케라틴이라는 단백질이 합성되고 있기 때문이다. 이와 같은 현상도 동화작용의 한 예이다. 반대로 이화작용(catabolism)은 고분자 화합물을 저분자 유기물이나 무기물로 분해하는 과정을 말한다. 생물체는 이화작용을 거치면서 생명활동에 필요한 에너지를 얻게 된다. 즉 산소를 이용하여 고분자 화합물을 이산화탄소와 저분자 물질로 분해하고 에너지를 얻는 것이 이화작용의 예이다. 사람이 섭취한 단백질, 지방 등의 영양소가 소화작용에 의하여 아미노산이나 지질 등으로 분해되는 것도 이화작용이다.

1-2. 성장(growth)

대사에 의해 만들어진 물질은 개체의 구성 요소로 쓰이게 된다. 그 결과 생물체는 부피와 무게가 커지게 된다. 즉 각 세포의 원형질 양이 증가하여 세포 크기가 커지는 경우가 있는 반면에 세포 수가 증가하는 경우가 있다.

1-3. 번식(reproduction)

자신의 유전자를 후세에 전달하려는 의지는 생물체의 가장 기본적이고 강한 본능이다. 대부분의 생물은 정자(sperm)와 난자(ovum)의 수정을 통하여 모체의 태반 속에서 이루어진다.

1-4. 적응(adaptation)

생물은 자신의 주위 환경 변화에 대하여 적절하게 형태나 기능을 조정하여 환경에 순응(adaptation)한다. 오랜 세월을 거치면서 유전적으로 고정되어 진화(evolution) 단계를 거치게 된다. 그러나 변화하는 주위환경에 적절한 대처를 하지 못한 경우는 그 종의 퇴화(degeneration)와 멸종(extermination) 과정으로 유전적 단절을 하게 된다.

1-5. 유기체(organization)

생물체는 매우 복잡한 기관들로 구성되어 있다. 그러나 이들은 상호 연관성을 가지고 결합되어 단일체로서 전체가 하나의 통일된 행동을 할 수 있도록 체제를 이루고 있다. 이러한 체제를 유기체(organization)라고 한다.

2. 항상성(homeostasis)

생물은 주위의 외부 환경 변화나 자극에 대해서 생체 내부는 거의 일정한 상태를 유지하려는 성질이 있다. 이를 항상성(homeostasis)이라 하며, 생물체는 생명을 정상적으로 유지하기 위해서 항상성이 기초가 된다. 즉 사람은 체온, pH, 혈당, 전해질의 농도, 세포외액의 양 등 신체의 내부 환경이 일정하게 유지되어야 정상적인 생명현상을 유지할 수 있다.

체내에서 이상 현상이나 질병은 항상성 균형이 깨질 때 나타난다. 이러한 생체 내부 환경의 항상성 유지는 개체를 구성하고 있는 각 기관의 기능이 지나치면 억제하고 부족하면 촉진시키는 2가지 자동조절 장치, 즉 자율신경계에 의한 신경성 조절(nevral coordination)과 호르몬에 의한 체액성 조절(humoral coordination)에 의해서 이루어진다.

신경성 조절(nevral coordination)은 간뇌 시상하부가 중추인 자율신경계에 의한 조절이고, 체액성 조절(humoral coordination)은 뇌하수체를 비롯한 내분비계에서 분비되는 호르몬(hormone)에 의한 조절이다. 신경성 조절은 간뇌 시상하부가 중추인 자율신경계에 의하여 무의식적으로 조절되는 것으로써 심장, 혈압, 호흡, 소화기계 등의 매우 짧은 시간에 활발하게 조절되는 기능이다. 체액성 조절은 뇌하수체를 비롯한 내분비기관에서 분비되는 호르몬에 의하여 혈액이나 림프액을 통하여 이루어지는 조절이다. 이는 대사, 발육, 성장 등의 기능을 하며 지속적이고 장기적으로 작용이 이루어진다.

3. 인체의 화학적 조성

3-1. 인체의 구성 원소

생명체 활동의 최소단위는 분자(molecule)이며, 분자는 원소들이 모여서 구성된다. 즉 모든 생물은 원소로 구성되어 있다. 특히 인체를 구성하는 원소의 95% 이상은 산소(O), 탄소(C), 수소(H), 질소(N)의 4가지 원소가 차지하고, 칼슘(Ca)을 비롯한 10여 종의 무기원소가 수 %의 적은 량이 함유되어 있다.

원소의 수에서는 수소가 산소보다 훨씬 많지만 산소의 중량 비율이 높은 것은 원소의 중량이 수소 1에 비하여 산소는 16이기 때문이다. 또 산소의 비율이 극히 높은 것은 인체의 60% 이상을 수분이 차지하고 있으며 산소가 그 구성 원소에 포함되어 있기 때문이다. 한편 몸을 구성하는 단백질(protein)이나 지질(lipid) 등의 유기물은 탄소, 산소, 수소가 포함되므로 이러한 비율도 비교적 높다. 분자 내에 질소를 포함하고 있는 것은 대부분 단백질의 형태이다.

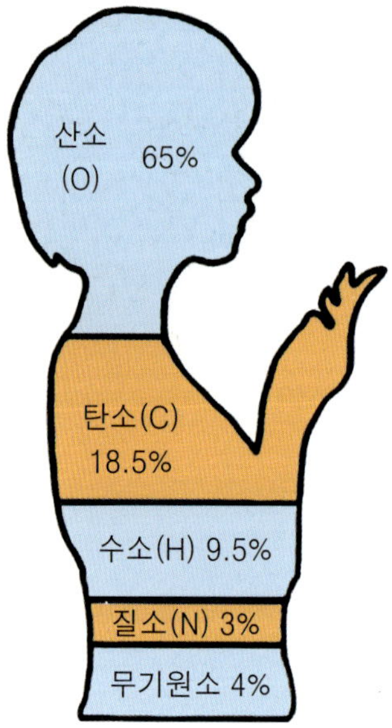

무기원소

칼슘	(Ca)	1.5%
인	(P)	1.0%
황	(S)	0.25%
칼륨	(K)	0.15%
나트륨	(Na)	0.15%
염소	(Cl)	0.05%
마그네슘	(Mg)	0.006%
철	(Fe)	0.002%
아연	(Zn)	0.0003%
셀레늄	(Se)	0.0003%
망간	(Mn)	0.00015%
구리	(Cu)	0.00004%
요오드	(I)	극미량으로 존재
몰리브데넘	(Mo)	극미량으로 존재
코발트	(Co)	극미량으로 존재
크로뮴	(Cr)	극미량으로 존재
플루오린	(F)	극미량으로 존재
규소	(Si)	극미량으로 존재
바나듐	(V)	극미량으로 존재
니켈	(Ni)	극미량으로 존재
주석	(Sn)	극미량으로 존재

그림 1-3. 인체의 구성 원소

무기원소 중 뼈의 주요 구성성분인 칼슘(Ca)과 인(P)이 많다. 이들 이외에 비교적 비율이 높은 것으로는 혈장, 림프액, 조직간 액, 세포내 액에 나트륨 양이온(Na^+)이나 칼륨 양이온(K^+)과 염소 음이온(Cl^-) 등이 존재한다. 철(Fe)은 적혈구의 헤모글로빈이나 호흡 효소의 구성성분이고, 마그네슘(Mg)은 골 조직, 조직간 액, 세포내 액 등의 염류에 포함되어 있다.

그 외의 무기 원소와 극히 미량이지만 생리적으로 필수적인 코발트(Co), 몰리브덴(Mo), 크롬(Cr) 등이 있다. 또한 동물실험으로 그 필수성이 확인되고 있는 플루오르(F), 니켈(Ni), 규소(Si), 주석(Sn), 바나듐(V) 등이 있다. 그리고 비필수라고 말할 수는 없지만 항상 생체 내에 미량으로 존재하는 원소로 알루미늄(Al), 붕소(B), 납(Pb) 등이 있다.

생체에 필요한 원소나 불필요한 원소도 식품을 섭취함으로써 신체에 흡수되고 축적된다.

3-2. 인체의 구성 성분

인체의 주요 구성성분은 물, 단백질, 지질, 무기질 등으로 구성되어 있다. 인체의 구성성분 중 수분이 60% 이상으로 가장 많은 양을 차지한다. 수분의 함량은 유아기에서 높으며 신생아의 경우 약 80% 정도에 이른다. 그러나 연령이 많아짐에 따라 감소하며 70세 이상이 되면 체중의 약 50% 정도까지 감소한다. 특히 세포내 액이 현저히 감소한다. 여성의 경우 지질 함량이 많기 때문에 그만큼 수분의 함유량이 적다.

인체에 수분의 함량이 많기 때문에 땀이 많이 나는 운동을 하면 1~2kg의 체중이 쉽게 감소한다. 이러한 체중 감소는 지방의 감소라기보다는 1차적으로 수분의 상실에 의한 결과이다. 따라서 수분이 보충되어 갈증이 없어질 무렵에는 거의 본래의 체중으로 되돌아 오는 경우가 많다.

인체의 구성성분 중에 성인의 경우 단백질이 약 17%를 차지한다. 연령이 증가함에 따라 단백질의 비율이 낮아지고, 동시에 체중이 감소한다. 지질 함량은 보통 15~20% 정도 차지한다. 지질의 경우 가장 변동이 큰 저장 물질로서 비대한 사람의 경우에는 지질의 양이 많고, 마른 사람의 경우에는 지질의 양이 적다. 이러한 결과는 비대한 사람의 수분 함량이 상대적으로 적고, 마른 사람의 경우에는 많게 된다.

인체의 구성성분으로서 당질은 0.1% 이하의 극소량으로 존재하고, 글리코겐(glycogen)으로 저장된다. 사체에서는 당질이 대부분 포함되어 있지 않은데, 이것은 근육에 저장된 글리코겐이 해당계에 의해 분해되기 때문이다. 무기질의 비율은 약 6%로서 나이의 변화에 의한 변동이 비교적 적다.

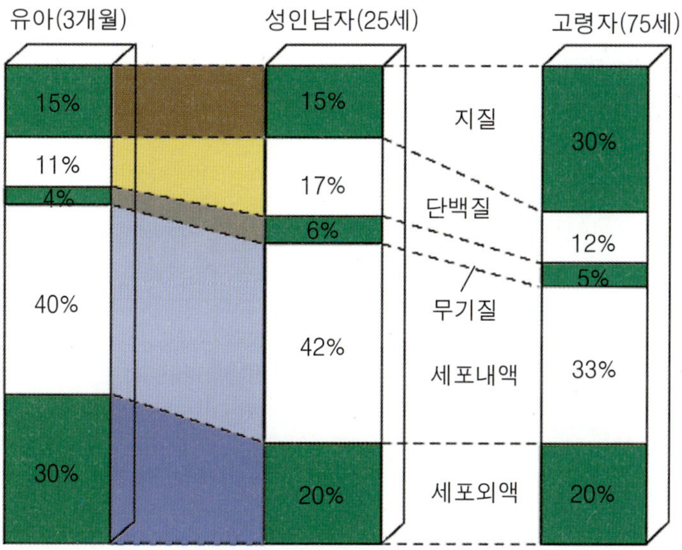

그림 1-4. 인체의 구성 성분

3-3. 인체의 구성 성분과 식사의 조성

생명을 유지하고 활동하기 위하여 인체에 필요한 영양소를 항상 섭취하여야 한다. 영양소에는 당질, 지질, 단백질, 무기질, 비타민이 있다. 매일 섭취하는 식사성분은 당질이 전체의 69%로 가장 많고, 인체 구성의 주요 성분인 단백질 함량은 그다지 많지 않다. 즉 식사 성분으로서 가장 많은 당질이 생체 내에서는 가장 적다. 이것은 섭취한 당질이 인체 내에서 대사가 활발하게 이루어짐으로서 생명의 에너지원(energy source)으로 이용되고, 다른 성분으로 전환되기 때문이다.

영양소 중 당질, 지질, 단백질은 하루에 섭취량이 많기 때문에 3대 영양소라 한다. 이에 비하여 무기질이나 비타민은 1일 섭취량이 많게는 수백 ㎎부터 적게는 수 ㎍에 불과하다. 일반적으로 무기질과 비타민이라 하는 것은 종류도 많고, 기능도 다양하지만 흔히 총체적으로 명명한 것이다. 실제 사람의 경우에 필요로 하는 무기질과 비타민은 십여 종에 이른다. 각 영양소는 각각 특유의 생리작용을 가지기 때문에 특정 영양소의 경우 과부족을 일으키면 실조증이 생긴다. 각 영양소의 생리 기능에 따라 분류하면 3가지로 나눌 수 있다.

첫째는 주로 인체의 에너지원(energy source)으로 사용되는 열량소이다.

사람이 육체적, 정신적 활동에 필요로 하는 에너지가 소비되는 것은 물론이고, 수면시에도 심장이나 폐, 기타의 제 장기는 항상 에너지를 소비한다. 인체에서는 열량소의

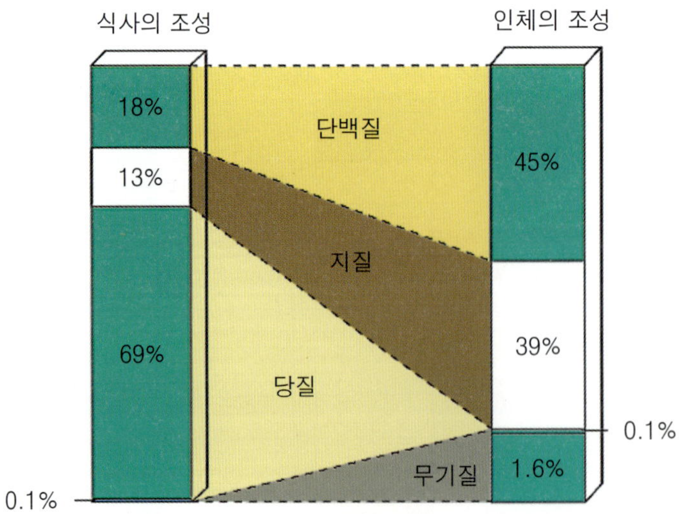

그림 1-5. 인체를 구성하는 성분과 음식물을 구성하는 성분

소비량이 많으므로 섭취량이 많다. 하루에 섭취한 열량 중 1/4은 뇌에서 이용된다. 일반적으로 이러한 에너지를 공급하는 영양소는 당질, 지질, 단백질이며, 당질 만을 에너지원으로 사용하는 조직도 있다.

둘째는 근육이나 내장의 제 기관, 골격 등 주로 생체를 구성하는 구성소이다.

이러한 구성소는 주로 단백질과 무기질이다. 근육, 내장의 제 기관, 골조직 등을 구성하는 단백질이나 무기질을 다른 영양소로 대용할 수는 없다. 몸의 구성에 사용되는 영양소도 비교적 많이 섭취하여야 하는 성분이다. 지질도 십여 % 포함되기 때문에 구성소라고도 하지만 다른 영양소로부터 합성되기 때문에 필수 성분은 아니다. 또한 그 섭취량에 대한 본래의 기능성을 생각하면 에너지원으로서의 작용이 보다더 크다.

셋째는 생체 내에서 행해지는 여러 가지의 화학반응을 조절하는 조절소이다.

이러한 조절소는 주로 비타민, 단백질, 무기질이다. 자동차에 비교하면 윤활유에 해당하는 것으로 소량으로도 충분하다. 어떤 종류의 비타민이나 무기질은 조효소(coenzyme)나 보조인자(cofactor)로서 효소 반응에 관여하고 있다. 또한 단백질은 효소, 호르몬, 기타의 생리활성물질의 합성에 사용된다. 이와 같은 조절소에 해당하는 영양소는 특유의 생리기능을 가진 것이어서 다른 영양소로 대용하는 것은 가능하지 않다.

그 외에도 당질이나 지질도 면역글로블린(immunoglobulin)이나 프로스타그란딘(prostaglandin) 등 여러 가지 생리활성물질의 구성성분이나 전구체가 되므로 조절소로도 가능하지만 일반적으로 조절소로는 다루지 않는다.

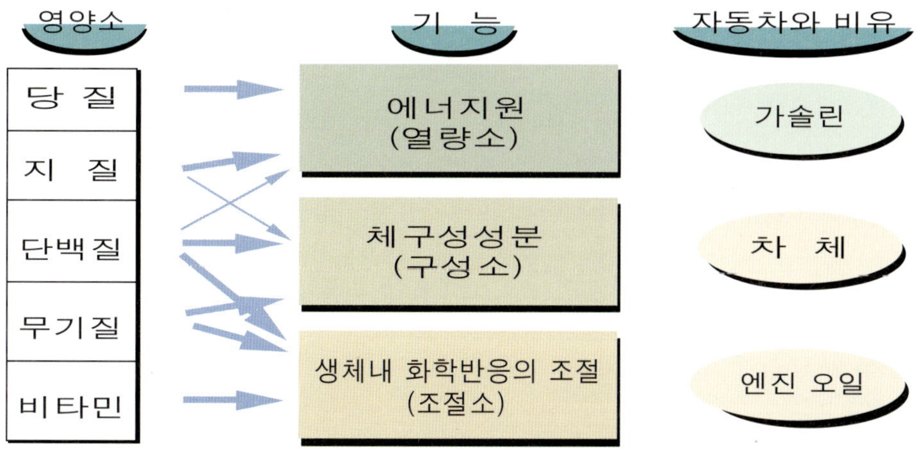

그림 1-6. 영양소의 기능에 의한 분류

4. 인체의 구성

인체는 복잡한 구조로서 각 구성요소의 상호 연관성을 가지고 결합된 유기체(organization)이다. 물질을 구성하는 가장 작은 단위는 원자(atom)이다. 이러한 원자들이 화학결합에 의하여 분자(molecule)를 구성하고, 분자들은 다시 거대분자(macromolecule)를 형성한다. 각종 세포들은 대사와 합성기능을 담당하며, 독자적인 역할을 수행하는 소기관(organelle)은 거대분자들의 집합체들이다. 각각의 소기관들이 독특한 기능을 수행하는 장소이고, 인체를 구성하는 현미경적 기본단위는 세포(cell)이다.

이와 같은 세포들은 조직(tissue)→기관(organ)→계통(system)→개체(body)라는 일련의 구조적 체계를 형성하고 있다. 세포(cell)는 인체의 구성과 기능 및 유전적인 기본 단위로서 위치에 따라 모양과 크기가 다르며 수명이나 기능에도 커다란 차이가 있다. 인체를 구성하는 다세포 생물의 생체 세포는 고도로 분화(differentiation)되어 있다.

조직(tissue)은 분화의 방향이 같고 구조와 기능이 비슷한 세포들의 집단을 말한다. 이러한 세포들은 일정한 형태를 유지하며 대사 작용을 수행하기 위하여 세포간질(intercelluar substance)이라는 여러 형태의 물질을 생산하여 각각의 사이를 채우고 있다. 세포간질은 생명력이 없으며 조직에 따라 종류가 다르고 성분도 다르다. 특히 상피조직(epithelial tissue)과 결합조직(connective tissue), 신경조직(nervous tissue), 근육조직(muscle tissue)을 인체의 4대 기본조직(primary tissue)이라 한다.

그리고 인체의 특수한 기능이나 활동을 수행하기 위하여 각 조직들이 일정하게 결합된 조직의 복합체를 기관(organs)이라 한다. 즉 간, 신장, 갑상선 등과 같이 속이 조직으로 차 있는 실질성 기관(parenchymal organs)과 위, 방광 등과 같이 속이 비어 있는 유강성 기관(hallow organs)으로 구분한다. 이러한 몇 개의 기관이 서로 연결되어 같은 기능을 수행하는 기관계(organ systems)를 구성한다. 인체는 일정한 위치에 배치된 여러 가지 기관계들로 구성되어 있다.

1) 골격계(skeletal system)

뼈(bone), 연골(cartilage), 관절(joint)로 구성되는 신체의 피동적 운동기관이다. 주로 신체를 지지(supporting)하고, 신체의 내부 기관을 보호하는 기관계이다.

2) 근육계(muscular system)

골격근(skeletal muscle), 근막(fascia), 건(tendon), 건막(aponeurosis), 심장근(cardiac muscle), 평활근(smooth muscle) 등으로 구성된다. 주된 기능은 신체의 능동적 운동과 이동, 정지상태의 뼈와 자세를 지지하고 유지한다.

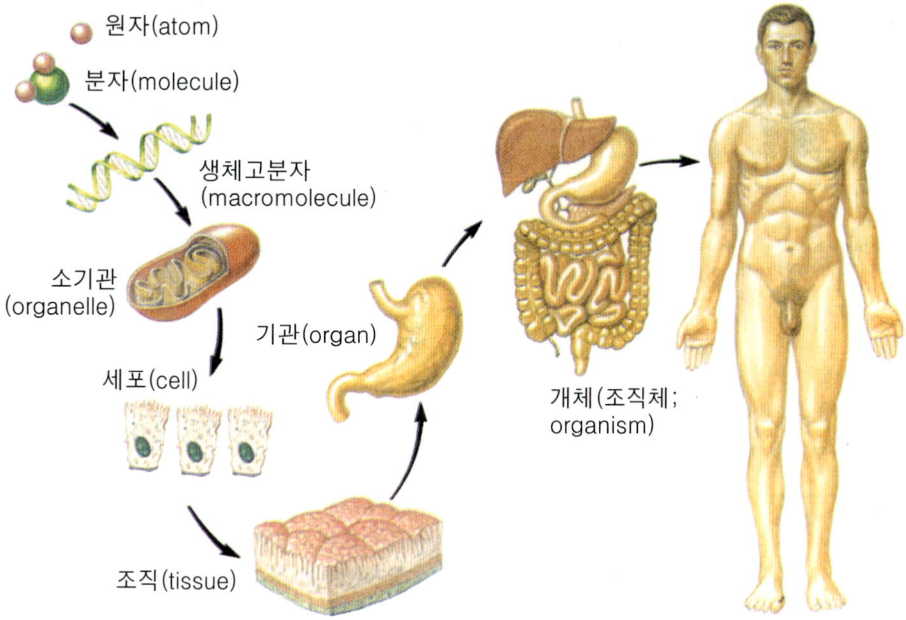

그림 1-7. 인체의 구성

3) 순환기계(circulatory system)

심장(heart), 혈액(blood), 혈관(blood vessel), 림프(lymph), 림프관(lymphatic vessel), 림프절(lymph node), 비장(spleen), 흉선(thymus), 편도(tonsil) 등으로 구성된다. 산소, 이산화탄소, 효소, 호르몬, 영양분, 노폐물 등의 운반과 림프구 및 항체를 생산하여 면역에 관여하기도 한다.

4) 내분비계(endocrine system)

뇌하수체(hypophysis), 갑상선(thyroid gland), 부갑상선(parathyroid gland), 부신(adrenal gland), 췌장(pancreas), 난소(ovary), 고환(testis), 송과선(pineal gland) 등이 내분비계에 속하며, 호르몬의 생산 및 분비하여 생리조절과 통일성 유지에 관여한다.

5) 신경계(nervous system)

신경계는 뇌(brain)와 척수(spinal cord) 등의 중추신경계와 뇌신경(cranial nerve), 척수신경(spinal nerve) 등의 말초신경계 그리고 교감신경과 부교감신경으로 구성된 자율신경계로 이루어진다. 인체의 생리기능을 조절하고, 신체의 감각과 운동 및 내외 환경에 대한 적응을 조절하는데 관여하는 기관계이다.

6) 감각기계(sensory system)

피부(skin), 눈(eye), 귀(ear), 코(nose), 혀(tongue) 등으로 구성되며 각종 감각의 감수에 관여한다.

7) 소화기계(digestive system)

입(mouth), 식도(esophagus), 위(stomach), 소장(small intestine), 대장(large intestine), 항문(anus) 등의 소화관과 간(liver), 췌장(pancreas), 담낭(gallbladder) 등의 부속기관 그리고 타액선(salivery gland) 등으로 구성되며 음식물 섭취, 소화, 흡수와 배설에 관여한다.

8) 호흡기계(respiratory system)

코(nose), 인두(pharynx), 후두(larynx), 기관(trachea), 기관지(bronchus), 폐(lung) 등으로 구성되며 산소와 이산화탄소의 가스교환 및 배출에 관여한다.

9) 비뇨기계(urinary system)

신장(kidney), 요관(ureter), 방광(urinary bladder), 요도(urethra) 등으로 구성되며 노폐물의 여과, 재흡수, 재분비 그리고 소변의 체외 배설에 관여한다.

10) 생식기계(reproductive system)

여성의 경우에는 난소(ovary), 자궁(uterus), 난관(oviduct), 질(vagina), 외음부(external genitalia) 등이 있다. 그리고 남성에게는 고환(testis), 부고환(epididymis), 정관(ductus deferens), 정낭(seminal vesicle), 전립선(prostate), 음경(penis) 등으로 구성되어 있다. 이러한 생식기계는 난자 및 정자를 생산하고 배출하며 수정란의 착상과 성장 그리고 분만에 관여한다.

2

세 포

The Cell

1. 세포의 구조와 기능

생명의 기본 단위는 세포이다. 생물은 세포로 구성되어 있고 모든 생명현상은 세포 안에서 이루어진다. 세포(cell)는 생물체의 구성과 기능 및 유전적인 기본 단위로써 다양한 형태와 크기 그리고 각각의 독립된 기능을 가지고 있다. 즉 생물체를 구성하는 각각의 세포는 개체 전체와 같아서 대사를 담당하고 생명활동을 하기 때문에 그 자체가 독립된 생명의 기본 단위이다.

그러나 사람과 같은 고등동물의 세포는 고도로 분화(differentiation)되어 종류가 매우 많고 다양하다. 또한 분화된 세포는 각 기능이 다르기 때문에 세포사이에 상호 연관되어 생명을 유지한다. 사람은 약 10^{14}개의 세포로 구성되어 있고, 220여종의 세포가 있다.

세포는 발생, 성장 과정에서 분열을 거듭하는 동안 점차적으로 형태가 바뀐다. 어떤 세포는 근 세포로, 어떤 세포는 신경세포 등으로 분화된다. 이와 같은 많은 유사 세포가 모여 하나의 기능을 담당하게 되는데 이것이 조직(tissue)이다.

이러한 세포는 핵(nucleus)과 세포질(cytoplasm) 그리고 세포막(cell membrane)으로 구성되어 있다. 핵은 세포의 중심부에 위치하며 세포의 발생과 기능을 조절한다. 세포질은 여러 가지 소기관과 포함물을 함유하여 물질의 대사 기능을 수행한다.

세포막은 세포의 최외곽을 싸고 있으면서 세포기질과 조직액 사이에서 영양분과 각종 이온의 통로 역할을 한다. 세포를 구성하는 생명력이 있는 물질을 원형질(protoplasm)이라 하며, 세포막은 원형질을 싸고 있으므로 원형질막(plasma membrane)이라고도 한다.

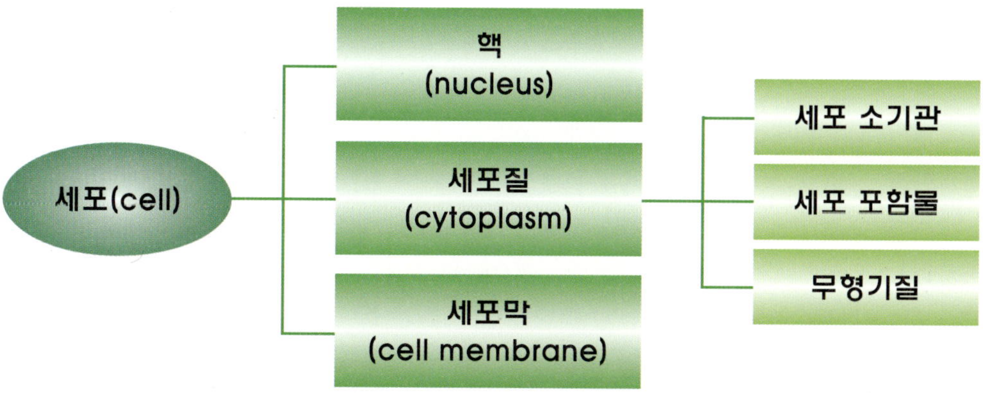

그림 2-1. 세포의 구성

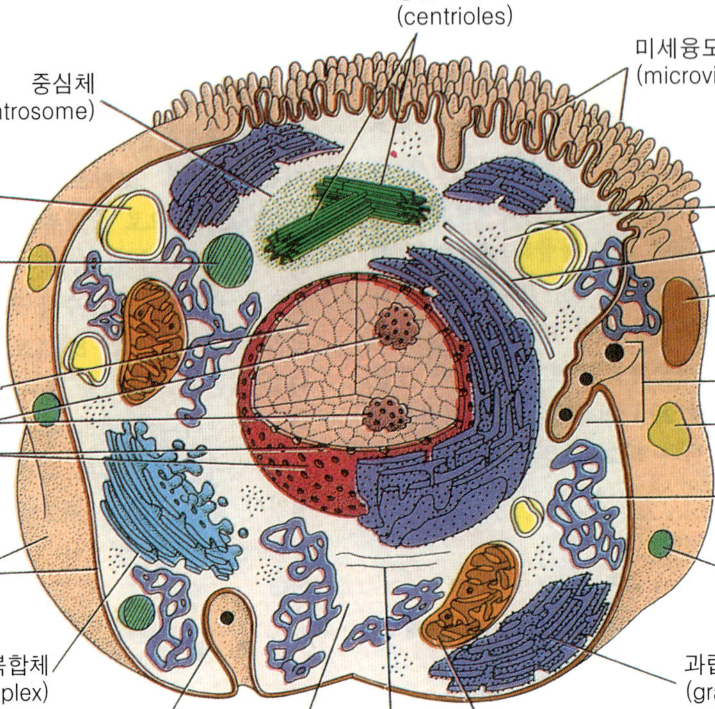

그림 2-2. 세포의 구조

1-1. 세포막(cell membrane)

1-1-1. 세포막의 구조와 화학적 조성

세포막은 두께가 75~100Å이고, 2개의 어두운 층(내엽, 외엽)과 1개의 밝은 층(중엽)으로 세포를 둘러싸서 외부환경과 내부 환경의 경계를 형성한다. 이와 같은 3층 구조는 세포 내의 다른 소기관의 막에서도 관찰되고 있으며, 모든 생체막의 기본구조가 되고 있다. 세포막은 세포가 생명을 유지하는 동안 영양물질과 산소 및 노폐물 등을 선택적으로 투과시키는 선택적 반투막(selective semipermeable membrane) 특성을 가지고 있다. 즉 세포에 필요한 모든 물질은 이 세포막을 투과하여 받아들여지고, 또한 사용되지 않는 물질은 배설되는 등 물질의 출입을 조절한다. 이러한 세포막은 일반적으로 지질, 단백질 및 탄수화물(carbohydrate) 등으로 구성되어 있으며, 주로 2중층의 인지질(phospholipid layer)과 구형단백질(globular protein)로 이루어져 있다.

1) 지질(lipid)

세포막에 함유되어 있는 지질은 약 20~40%로 주성분은 인지질, 당지질, 콜레스테롤이다. 인지질 층은 안쪽의 소수성(hydrophobic) 부분이 막의 내측에 2중층으로 구성되어 있고, 친수성(hydrophillic) 부분은 막의 양면을 향해 규칙적으로 배열되어 있다. 인지질은 전체 지질 량의 약 70%를 차지하며 생리적 온도에서는 반액체 상태로 존재한다.

지질에 녹을 수 있는 산소(O_2), 이산화탄소(CO_2)는 쉽게 통과할 수 있으나 아미노산, 단백질, 핵산과 같은 수용성분자는 수송을 제한한다. 당지질(glycolipid)은 세포막에 존재하지만 세포내 구조물 막에는 없다.

적혈구 세포막에 있는 당지질은 적혈구 응집반응을 일으키는 주된 물질이며, 일반적으로 면역반응에서 항원(antigen) 역할을 한다.

콜레스테롤(cholesterol)은 전체 지질량의 약 25%로 수용성 물질이 세포막을 지나 이동할 때 속도를 결정하는 유동성을 조절하여 수용성 물질의 세포막 통과를 제한한다. 지질은 세포막의 이중층을 이루며 대다수 수용성 물질의 투과를 제한하는 역할을 한다.

2) 단백질(protein)

세포막에 함유되어 있는 단백질은 약 60~70%로 대부분 당단백질(glycoprotein)로 구성되어 있다. 당단백질 중 내재성 단백질(intrinsic protein)은 인지질의 이중층을 통과되어 있다. 이는 세포막을 관통하는 이온, 포도당, 요소 등 수용성물질의 중요한 통로가 되며, 그 외에 운반체, 수용체 그리고 세포막에 관여하는 효소로서 촉매작용을 한다. 또 다른 표재성 단백질(extrinsic protein)은 대부분 막 내층에 연결되어 세포 면에서 일어나는 화학반응의 효소로 작용한다.

그 외 기능은 신경전달 물질이나 호르몬과 같은 조절 분자의 수송체 역할을 하며, 식균작용과 같은 특수한 형태의 흡수를 돕기도 한다.

3) 탄수화물(carbohydrate)

탄수화물은 세포막의 약 1~5%를 차지하며 단백질 또는 지질과 결합하여 당단백질(glycoprotein)과 당지질(glycolipid)의 형태로 세포막의 외층에 있다. 탄수화물은 음전하를 띠고 있어서 세포막 내의 조절분자의 상호작용에 영향을 미친다. 그 외 세포막의 결합능력과 체내에 들어오는 물질의 존재를 인식하는 역할을 하기도 한다.

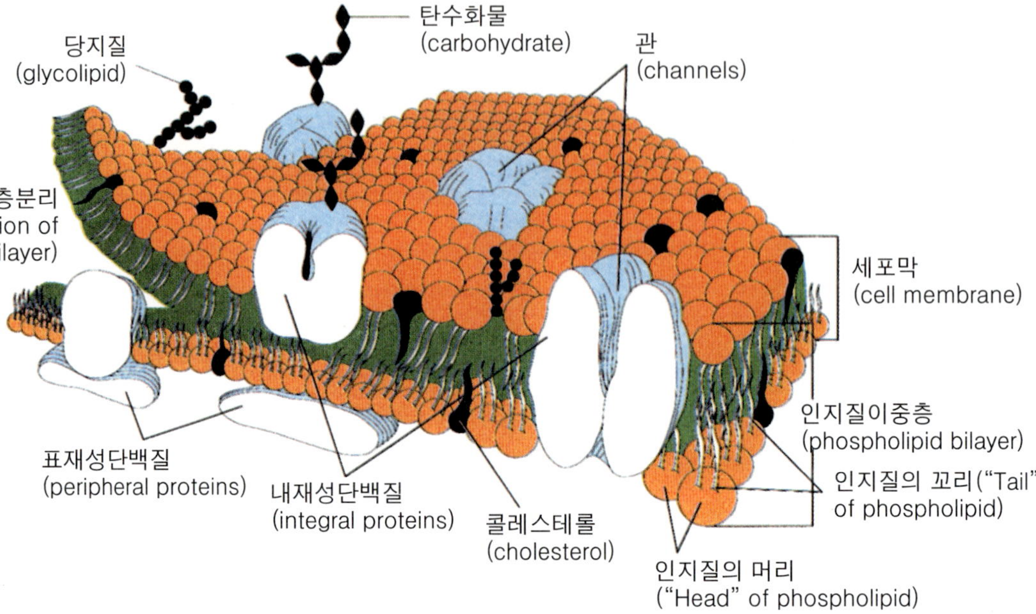

그림 2-3. 세포막의 구조

1-1-2. 세포막의 주요 기능

1) 물질의 이동

세포는 생명을 유지하기 위하여 항상성을 가져야 한다. 항상성 유지를 위하여 세포에 필요한 물질은 세포 외로부터 흡수하고, 불필요한 것은 세포 내로부터 방출하는 끊임없는 물질이동을 조절하고 있다. 이러한 물질이동은 확산(diffusion), 여과(filtration), 삼투(osmosis), 능동적 운반(active transport)이라는 여러 가지 방식으로 진행된다.

2) 인지(recognition)

세포와 세포는 종류에 따라 각각의 결합상태를 이룬다. 이때 세포막은 이웃하는 세포가 동일 개체의 세포인가를 인지(recognition)하는 능력을 가지고 있다. 이러한 현상은 장기 이식시 거부반응을 일으키기도 한다. 세포의 인지 능력은 세포막 바깥쪽에 위치하는 단백질에 기여한다. 이러한 단백질은 세포내의 유전인자에 의하여 생산된다.

3) 촉매(catalysis)

세포막에는 여러 종류의 효소가 존재하기 때문에 특별한 화학적 반응을 촉진한다. 예를 들면 세포막에는 Na^{+}-K^{+} 펌프(pump)를 활성화하는 ATP 분해효소인 아데노신 삼인산화효소(adenosine triphosphatase)가 존재하므로 Na^{+}와 K^{+}의 능동적 운반에 관여한다.

4) 수용체(receptor)

세포막은 특정 물질과 결합하는 수용기(receptor)로서의 기능을 가지고 있다.

1-1-3. 세포연접(cell junction)

조직을 이루고 있는 여러 세포들의 세포막에는 이웃하는 세포 사이를 부착시키고 물질이 흐르는 것을 막아 주는 봉합과 세포 사이의 교통로 역할을 하는 특수화된 여러 구조가 있다.

1) 폐쇄연접(tight junction)

폐색 띠(zonula occludens)라고도 하며 세포의 둘레를 따라 전체가 띠(belt)모양으로 되어 있는 가장 위쪽에 존재하는 연접이다. 이는 세포간질을 통한 이온이나 물질의 이동을 막는 역할을 한다.

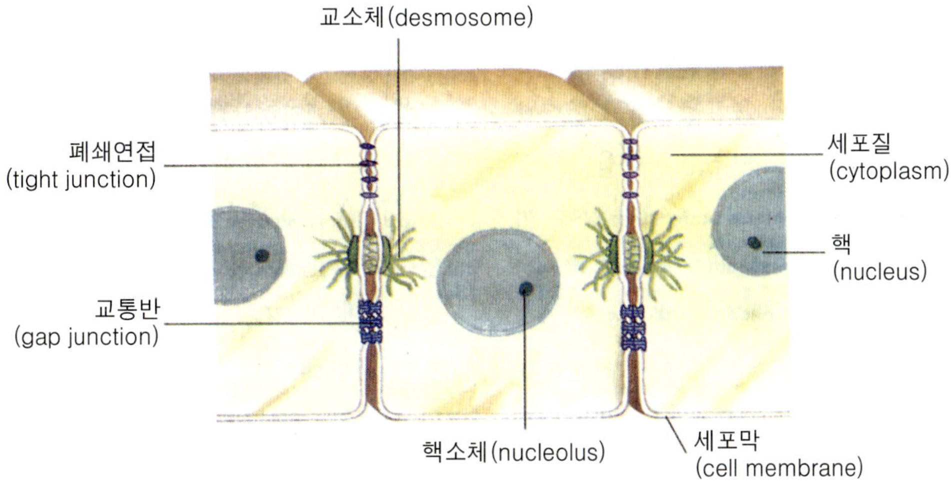

그림 2-4. 세포연접

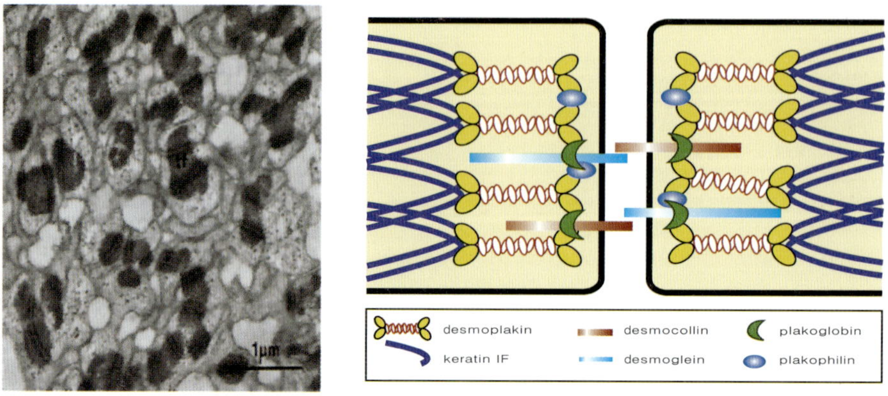

그림 2-5. 교소체

2) 중간연접(intermediate junction)

부착 띠(zonula adherens)라고 하는데, 이는 비슷한 세포끼리 결합시키고 세포에 가해지는 기계적 힘을 세포 내로 전달하는 기능이 있다.

3) 교소체(desmosome or macula adherens)

두 세포 사이 또는 상피세포와 기저막 사이를 부착시키는 원판상의 구조이다.

4) 교통반(gap junction or nexus)

이웃 세포와 2~3nm의 간격을 두고 근접해 있으며, 몇 곳의 연결 입자에 의하여 서로 연결되고 있다. 이 연결 입자 속에는 이온과 분자량 1500 이하인 물질들이 이동할 수 있는 작은 관이 뚫려 있다.

1-1-4. 이온통로(ion channel)

인체는 내·외로부터 정보라는 자극을 지속적으로 감수하고, 그 자극에 상응하는 생체반응을 나타내면서 복잡한 생명현상을 유지하고 있다. 이러한 과정이 진행되기 위해서는 신체를 구성하고 있는 각 세포들 사이에 일정한 신호전달(cell signal transduction) 체계가 이루어져야 한다.

일반적으로 우리 신체에서 일어나는 주요 신호전달 방법은 심장근에서와 같이 교통반이라는 간극결합을 통하여 세포에서 세포로 직접 전달하는 과정, 신경전달물질이라는

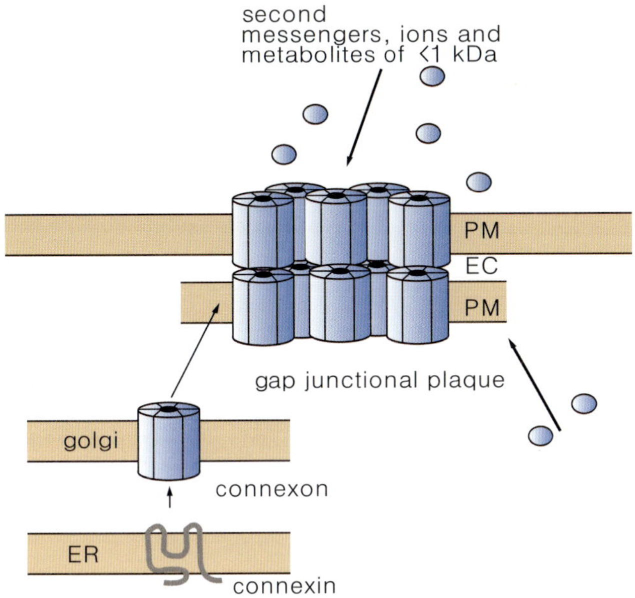

그림 2-6. 교통반

화학매개체가 시냅스 간극을 통하여 전달되는 방법, 염증과정에서도 볼 수 있듯이 전달물질이 세포간질로 확산되어 이웃 세포에게 전달되는 방법, 그리고 순환하는 혈액을 통하여 전신의 표적세포를 흥분시키는 내분비계통 등이 있다.

특히 신경세포나 근육세포 등과 같은 흥분성 세포들의 신호 발생과 전달은 세포막전위의 변화라는 방식을 이용하는데, 짧은 순간에 막전위가 변할 수 있는 것은 세포막에 존재하는 이온통로(ion channel)라는 단백질 때문이다. 이런 이온통로를 통한 물질의 이동은 일반적으로 ATP 소모가 없는 수동적인 방법이며, 생체막에 있는 이온통로들은 다음과 같은 공통적인 특성을 가지고 있다.

첫째, 특정 이온만을 인식하여 선택적으로 통과시킨다.

둘째, 이온통로는 해당 이온을 매우 빠른 속도로 통과시킨다.

셋째, 이온통로는 각각의 자극에 의하여 열리고 닫히는 문(gate)을 가지고 있는데, 일반적으로 세포막전위 자체에 의하여 열리는 통로를 전위의존성 통로(voltage gated channel)라고 하며, 신경전달물질 등과 같은 화학적 자극에 의하여 문이 열리고 닫히는 것들을 리간드의존성 통로(ligand gated channel)라고 한다.

1-2. 세포질(cytoplasm)

세포질은 세포막과 핵 사이의 세포기질로서 물(water) 75~85%, 전해질(electrolyte) 1.5%, 단백질(protein) 10~20%, 지질(lipid) 2~3%, 탄수화물(carbohydrate) 1% 등으로 구성된 반유동성인 무형성분과 소기관 및 포함물로 이루어진 유형 성분이다.

소기관(organelles)은 각각의 특수한 형태를 유지하며 일정한 기능을 수행하는 세포질 내의 구조물로서 미토콘드리아(mitochondria), 형질내세망(endoplasmic reticulum), 골지체(Golgi's apparatus), 리소솜(lysosome), 리보솜(ribosome), 중심소체(centrosome), 과산화소체(peroxisome), 미세관(microtuble), 미세섬유(microfilament) 등이 있다.

포함물(inclusion)은 세포의 활동 과정에서 형성된 것으로 세포의 종류에 따라 다르다. 보통 색소과립(pigment granule), 분비과립(secretory granule), 난황과립(yolk granule), 당원과립(glycogen granule), 지방소적(lipid droplet), 결정체(crystal) 등이 있다.

1-2-1. 미토콘드리아(mitochondria)

미토콘드리아는 세포 호흡과 에너지 생산의 주된 세포 소기관 중의 하나이다. 세포의 종류에 따라 크기나 형태 및 수가 다르지만 대부분 원형, 타원형 혹은 막대형으로 크기는 0.1~0.5㎚이고, 외막과 내막으로 구분된다.

외막은 주름이 없는 막상구조이고 내막은 많은 주름을 이루고 있다. 내막의 주름을 크리스테(cristae)라고 하며, 그 내벽에는 길이 약 5㎚의 목이 있는 직경 8~10㎚의 구형 입자가 나란히 붙어 있는데 이를 기본 입자라 한다. 내막의 안쪽에는 미토콘드리아 기질(mitochondria matrix)로 채워져 있는데, 이곳에는 많은 효소와 보조효소, 과립 및 핵산 등이 존재한다. 특히 미토콘드리아는 기질과 내막에 TCA 회로에 관계하는 효소와 전자전달계에 관여하는 효소들을 모두 포함하고 있다. TCA 회로와 전자전달계를 거치는 동안 많은 양의 ATP를 합성하여 세포의 에너지원으로 제공한다. ATP는 세포의 각종 기능, 즉 물질합성과 물질 이동 및 근수축 등의 에너지원으로 쓰인다.

1-2-2. 내형질세망(endoplasmic reticulum)

내형질세망은 여러 형태의 소포(vesicle)들이 서로 연결된 불규칙한 망상구조이며, 핵막과 미토콘드리아 등을 연결하는 세포질내의 교통로(network)이다. 표면에 리보솜(ribosome)이 부착된 것은 조면내형질세망(rough endoplasmic reticulum)이라 하고, 리보솜이 없는 것은 활면내형질세망(smooth endoplasmic reticulum)이라 한다. 내형질세망은 내분비선이나 간장 등과 같이 분비활동이 활발한 세포에 잘 발달해 있다.

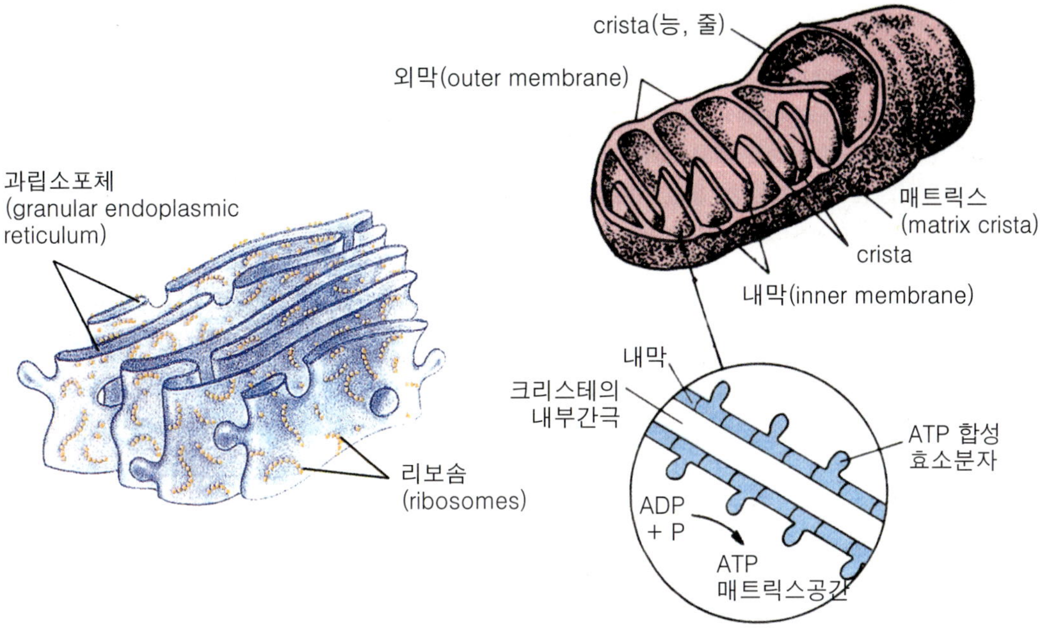

그림 2-7. 미토콘드리아와 내형질세망의 구조

1-2-3. 골지체(Golgi′ s apparatus)

골지체는 핵 주위에 위치하며 층판 구조를 이루고 있는 납작한 수조(cisterna)가 평행으로 중층된 구조이다. 이 층판 주변부에는 소포(vesicle)와 보다 큰 공포(vacuole)로 구성되며, 이들을 합쳐서 골지복합체(Golgi' s complex)라 한다. 골지체는 내형질세망과 구조적으로 유사하지만 기능적으로는 다르다.

골지체는 내형질세망에서 생산하여 운반되어 온 물질을 받아들이는 볼록한 쪽의 형성 면과 물질을 농축하여 배출하는 오목한 쪽의 성숙된 면으로 구분한다. 골지체는 주로 단백질 및 점액성 선세포의 분비물 형성과 용해소체 형성 그리고 지방을 흡수하는 기능이 있다. 즉 물질의 저장, 합성 및 운반 역할을 한다.

1-2-4. 용해소체(lysosome)

용해소체는 홑겹의 막으로 둘러싸인 소포로 내부구조를 오래 동안 지속하지 못하는 소기관이다. 내부에는 거대분자를 저분자까지 분해하는 각종 가수분해효소를 다량으로 포함하고 있다.

그림 2-8. 내형질세망, 골지체, 용해소체의 구조와 기능적 관계

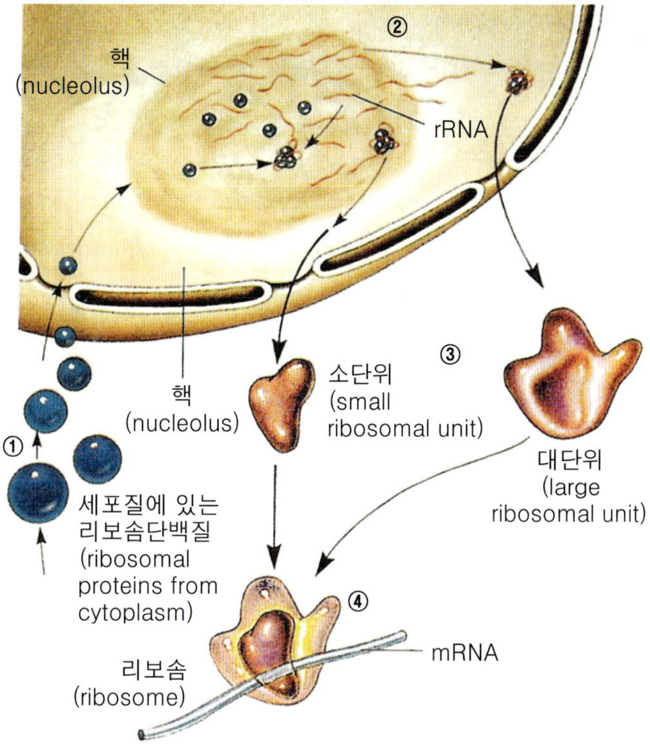

그림 2-9. 리보솜의 생성과정

용해소체(lysosome)의 막을 파괴할 수 없는 한 가수분해효소는 세포질 내의 기질에 작용하지 않는다. 그러나 막이 깨지면 용해소체의 효소가 유출되어 세포의 용해가 급속하게 일어난다.

1-2-5. 리보솜(ribosome)

리보솜은 RNA와 단백질로 구성되어 있으며, 세포질 내에 유리되어 유리리보솜(free ribosome)과 내형질세망에 부착되어 있는 부착리보솜(attached ribosome)으로 구분된다. 유리리보솜은 주로 세포의 성장과 분열 등 세포 내에서 필요한 단백질을 합성하고, 부착리보솜은 분비용 단백질을 합성한다.

1-2-6. 과산화소체(peroxisome)

과산화소체는 직경이 0.5㎚인 구형의 막성기관으로 간장이나 신장을 구성하는 세포에 존재한다. 과산화수소(H_2O_2)의 발생을 촉진시키는 과산화효소(peroxidase)를 함유하고 있다.

1-2-7. 중심소체(centriole)

원통형 모양으로 배열된 9조의 미소관 2개가 서로 직각을 이루고 있는 구조를 중심소체라고 한다. 이러한 중심소체는 세포분열(mitosis) 중에 자가 복제를 하고 방추사(spindle fiber)를 형성하여 염색체를 양극으로 이동시키는 역할, 즉 분극을 조절한다.

1-2-8. 미세소관(microtubule)

미세소관은 원섬유(protofilament)가 조합된 직경 약 25nm의 긴 막대기 모양의 작은 관으로 되어 있다. 세포골격(cytoskeleton) 및 세포 내 물질의 이동에 관여한다. 중심소체(centriole), 기저소체(basal body), 섬모(cilia), 편모(flagella), 방추사(spindle fiber) 등의 기본 구조가 된다.

1-2-9. 미세섬유(microfilament)

미세섬유란 세포질 내에 있는 매우 가는 섬유로서 장상피세포에서는 장원섬유(tonofibril)로 존재하여 세포의 점성과 탄성에 관여한다. 그 외 근육세포의 근원섬유(myofibril), 신경세포의 신경원섬유(nerofibril) 등은 이들 미세섬유들이 적절하게 배열된 구조로 세포의 구조 유지, 수축 및 운동에 기여한다.

1-3. 핵(nucleus)

핵은 세포의 대사, 단백질의 합성, 성장 및 분열을 조정하는 조절 센터 그리고 유전인자의 정보센터라고 할 수 있다. 구형 혹은 난원형으로 보통은 1개의 세포에 1개씩 있다. 그러나 골격근 세포와 같이 여러 개의 핵이 있는 경우와 적혈구나 혈소판처럼 핵이 존재하지 않는 경우도 있다.

핵은 핵막과 핵소체, 염색질, 핵형질로 구성되어 있다.

1-3-1. 핵막(nuclear membrane)

핵막은 안팎의 두 단위막으로 구성되어 있다. 여러 곳에 직경이 50~70nm의 핵공(nuclear pore)이 있으며 핵과 세포질 사이의 물질교환 통로가 된다.

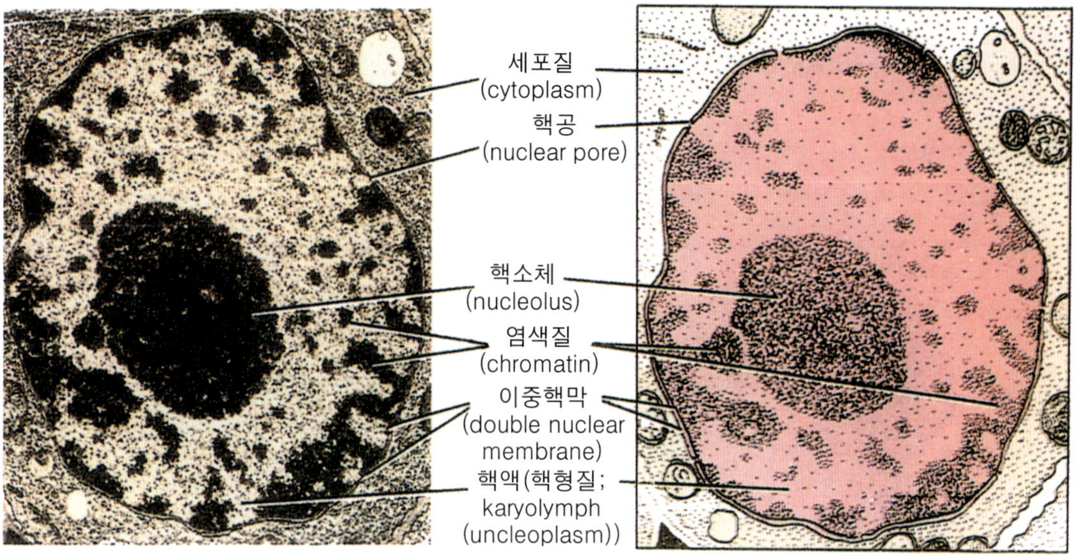

전자현미경으로 본 세포질과 핵　　　　핵의 현미경적 소견

그림 2-10. 세포핵의 구조

1-3-2. 핵소체(nucleolus)

핵소체는 인이라고도 하며 구형 혹은 난원형이다. 또한 RNA와 단백질로 구성되어 있으며 각종 RNA를 합성하는 곳이다. 핵소체는 세포분열 중에 흩어졌다가 분열이 끝나면 염색체의 한쪽에 다시 형성되는데, 이곳을 핵소체 부위(nucleolus region)라고 한다.

1-3-3. 염색질(chromatin)

염색질은 DNA와 염기성 단백질인 히스톤(histone)으로 구성되어 있다. 실처럼 꼬여진 불활성부위인 이염색질(heterochromatin)과 풀어진 활성 부위인 진염색질(euchromatin)로 구분된다. 유사분열시 염색질이 조밀하게 뭉쳐져서 염색체(chromosome)로 되있다가 분열이 끝나면 다시 임색질로 환원된다.

1-3-4. 핵형질(nucleoplasm)

핵형질은 핵질(karyplasm)이라고도 하며 리보솜과 핵산 그리고 그 외의 핵 구성 물질을 합성하는 데에 필요한 분자들과 물로 이루어진 혼합물이다.

1-4. 단백질 합성

인체의 구성소인 단백질을 구성하는 아미노산은 약 20여종에 불과하나 결합된 아미노산의 순서와 수에 따라 수많은 종류의 단백질이 인체에 존재한다. 이들 단백질은 필요에 따라 합성되어 세포의 성장과 분비 활동에 이용되고 있다.

단백질 합성에 관한 모든 정보는 유전자의 본체인 DNA에 저장되어 있다. 즉 DNA에 있는 유전정보는 단백질 분자를 구성하는 아미노산의 배열 순서를 결정하게 된다. 이러한 배열순서가 단백질의 형태와 특성 및 기능을 결정한다.

그러나 DNA는 너무 큰 분자이기 때문에 핵막을 통과하여 단백질 합성이 일어나는 세포질로 갈 수 없다. 따라서 DNA 대신에 유전 정보를 운반하는 전달자가 핵으로부터 세포질로 이동하여야 한다.

DNA 사다리가 두 갈래로 분리되면서 단백질 합성과정이 진행된다. 이어서 그 한쪽 기둥의 형태에 따라서 mRNA가 만들어지며, 이때 DNA의 뉴클레오티드(nucleotide) 순위에 입력된 유전정보는 생성되는 mRNA의 뉴클레오티드(nucleotide)에 이동된다. 이를 전사(transcription)라고 한다.

생성된 mRNA는 핵막을 통하여 세포질로 나오게 된다. 이 mRNA에 있는 염기의 순서가 단백질 합성과정에서 아미노산의 결합 순서를 의미한다. 즉 3개의 염기(base) 서열이 한 단위가 되는 코돈(codon)을 형성하는데, 이러한 코돈이 하나의 아미노산을 나타낸다. 한 개의 mRNA가 형성할 수 있는 코돈 수는 64개(4^3개)가 된다.

머리핀 고리(hairpin turn) 구조를 하고 있는 tRNA는 비교적 작으며, 핵 속에서 전사되어 세포질 내로 이동하게 된다. 이들은 특정 아미노산을 운반하여 mRNA 코돈과 결합시키는 역할을 한다.

tRNA가 특정한 아미노산과 결합하여 아미노산이 활성화되면서 세포질 내에서 단백질 합성이 시작된다. mRNA가 리보솜과 결합하면 리보솜은 mRNA에 있는 기호를 한쪽 끝에서부터 해독하기 시작한다. 출발 코돈인 AUG(methionine)에서 시작하여 이동하다가 어떤 특정한 아미노산 기호에 도달하면 tRNA-ATP-아미노산 복합체가 리보솜으로 들어와 결합한다.

리보솜의 이동에 따라 tRNA에 의하여 운반된 아미노산은 서로 결합하여 단백질을 이루고 tRNA는 떨어져 나간다. 이와 같이 진행하다가 더 이상 tRNA가 결합할 수 없는 코돈에 도달하면 단백질 합성이 종결된다. 이러한 과정에서 분리된 tRNA는 몇 번이고 되풀이하여 사용할 수 있으나 mRNA는 핵에서 새로이 만들어 세포질 내로 공급하게 된다.

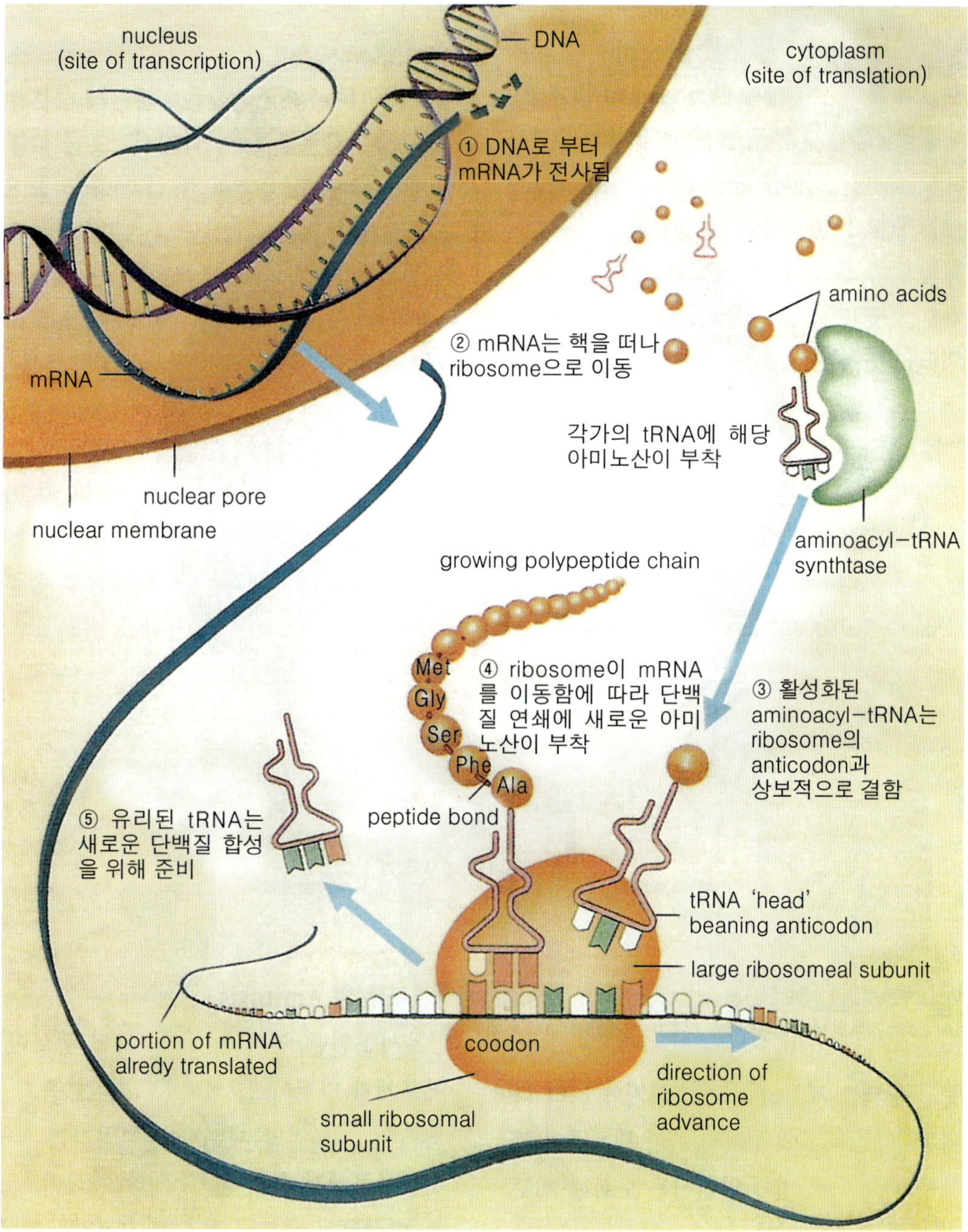

그림 2-11. 단백질의 생합성

2. 세포주기

모든 세포는 각자의 일정한 주기를 가지고 있으므로 수명도 다양하다. 위장관 내면의 상피세포는 2~3일에 대치되고, 적혈구의 수명은 약 120일 정도 된다. 그러나 신경세포나 심장근세포는 개체의 수명과 같다.

일반적으로 세포주기는 DNA 복제나 단백질 합성 등 세포분열을 위한 준비 단계인 간기(interphase)와 핵과 세포질 등이 둘로 갈라지는 분열기(mitotic phase, M phase)구분한다. 간기는 다시 DNA 합성 전기(pre-DNA synthetic phase, G1 phase), DNA 합성기(DNA synthetic phase, S-phase), DNA 합성후기(post-DNA synthetic phase, G2 phase)로 세분된다.

G1기에서는 mRNA, tRNA, 리보솜, 효소 및 이외의 세포 성분들이 합성되어 세포 체적이 증가되는 시기이다. S기는 DNA가 복제되는 시기이다. 그리고 G2기는 세포가 분열되기 위한 마지막 준비단계로 방추사 형성에 필요한 단백질이 합성된다.

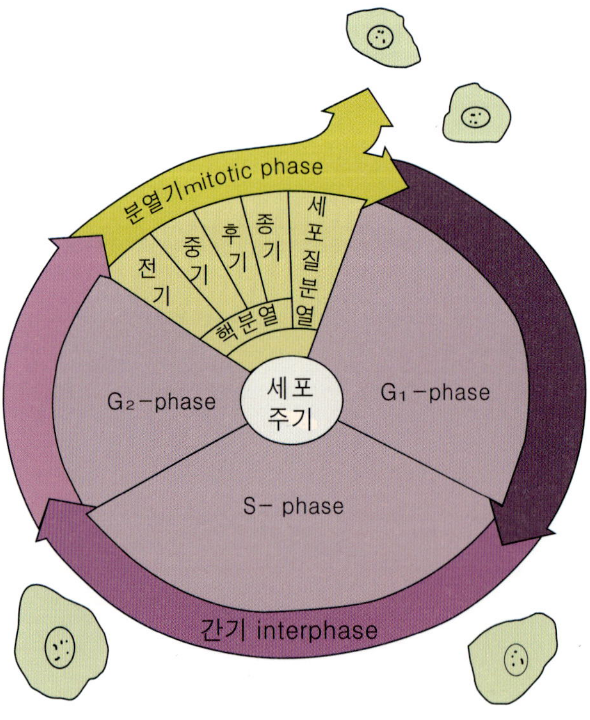

그림 2-12. 세포주기

3. 세포분열

세포분열은 세포의 종류나 시기에 따라 다르다. 즉 태생기에는 세포의 수적 증가가 필요하여 분열속도가 매우 빠르지만 성인의 경우에는 노화된 세포를 보충하기 위하여 세포분열을 한다.

그러나 신경세포는 태생기를 제외하고는 일생동안 분열이 일어나지 않는다. 세포분열은 무사분열(amitosis)과 유사분열(mitosis)이 있다. 또한 정자나 난자가 형성되는 과정에서 유사분열의 특수한 형태인 감수분열(reduction division)이 있다.

3-1. 무사분열(amitosis)

무사분열은 염색체나 방추사가 형성되지 않고 핵과 세포체가 모두 길게 되었다가 그 중간이 좁아지면서 2개의 세포로 나누어지는 단순분열이다. 하등동물에서 흔히 볼 수 있는 세포 분열이다. 그러나 사람의 경우 변성중인 세포나 노화된 세포에서는 볼 수 있다. 이러한 무사분열을 직접분열(direct division)이라고도 한다.

3-2. 유사분열(mitosis)

유사분열은 대부분의 체세포(somatic cell)가 분열되는 방식이다. 세포의 분열과정에서 실 같은 섬유성 구조물이 나타남으로 유사분열이라 하며, 간접분열(indirect division)이라고도 한다.

먼저 간기에서 복제된 유전정보가 2개의 딸핵(daughter nucleus)으로 나누어지는 핵분열(karyokinesis)을 하고, 바로 이어서 세포질이 둘로 갈라지는 세포질분열(cytokinesis)을 한다. 이와 같은 과정은 4단계로 구분하여 설명할 수 있다.

3-2-1. 전기(prophase)

핵 내의 염색질이 농축되어 염색체(chromosome)가 되는 시기이다. 각각의 염색체는 2개의 염색분체(chromatid)로 구성되며, 염색분체는 중심절(centromere)에 결합되어 있다. 한 쌍의 중심소체는 세포의 양 극으로 이동하고, 이들 사이에 가는 섬유의 방추사(spindle fiber)가 나타난다. 방추사는 양 극에서 뻗어 나온 미세관들의 집합으로 염색체 이동을 주관한다. 한편, 마지막 단계에서 핵막과 핵소체는 소실된다.

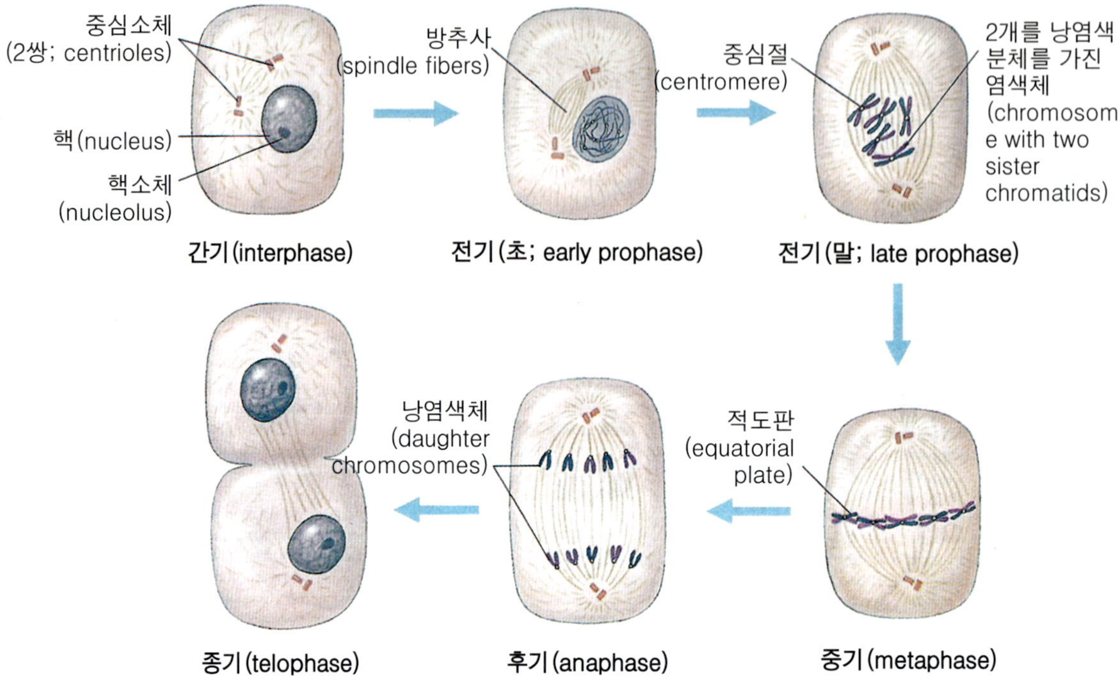

그림 2-13. 유사분열

3-2-2. 중기(metaphase)

모든 염색체는 적도판(equatorial plate)에 일직선상으로 배열되며, 각 염색체의 중심절(centromere)에 방추사가 부착한다. 염색체들이 이렇게 한 곳에 모여 단일성상형을 이룬 상태를 단성(monaster)이라 한다.

3-2-3. 후기(anaphase)

중심절이 양분되면서 염색체가 염색분체로 분리되어 딸염색체(daughter chromosome)가 된다. 이들은 방추사에 의하여 양극에 있는 중심소체를 향하여 이동되어 이성(diaster)을 형성한다.

3-2-4. 종기(telophase)

염색체가 다시 염색질로 환원되고, 소실되었던 핵막과 핵소체가 나타나 딸핵(daughter nucleus)이 되며 방추사가 소실된다. 세포는 이분되어 모세포(mother cell)와 똑같은 모양과 기능을 가진 2개의 딸세포(daughter cell)가 형성된다.

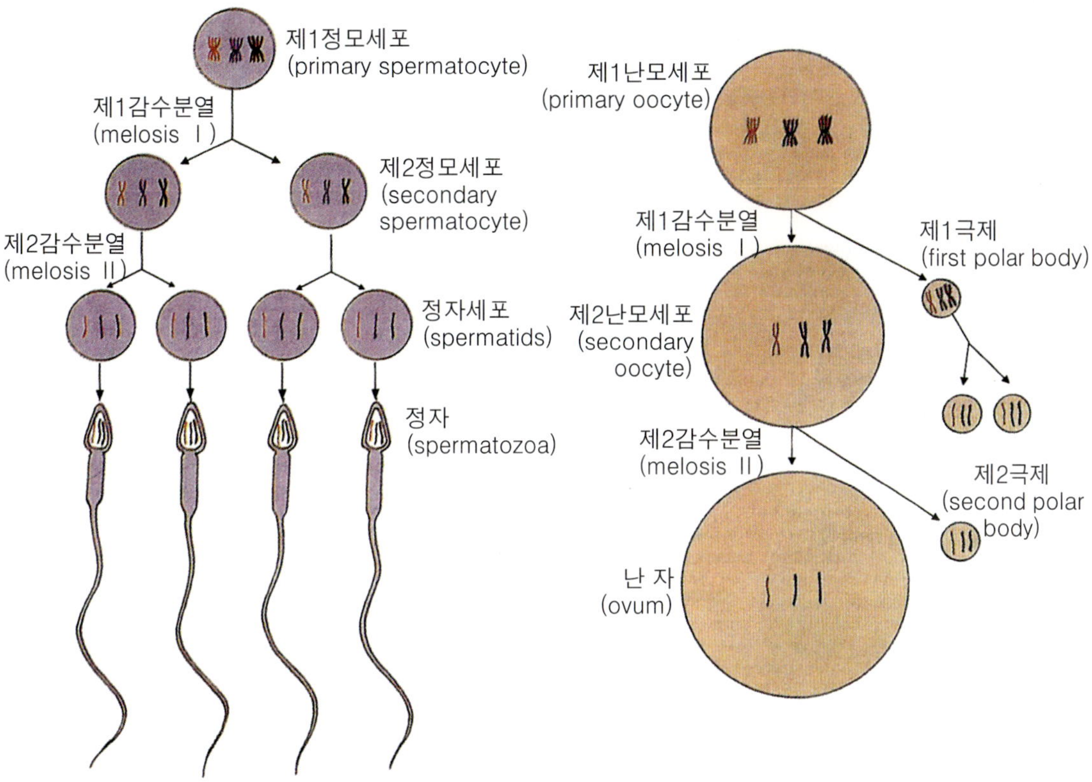

그림 2-14. 감수분열(정자와 난자의 발생)

3-3. 감수분열(meiosis)

감수분열은 정자나 난자의 성숙과정에서 볼 수 있는 세포분열로 유사분열의 특수한 형태이다. 즉 2회의 성숙분열(maturation division)이 진행되어 염색체수가 배수(diploid; 2n)에서 단수(haploid; n)로 감소하는 분열이다.

남성의 경우를 보면 남성정모세포(spermatogonia)의 46개 염색체는 제1차 정모세포(primary spermatocyte)로 분열시 변동이 없이 그대로 46개를 유지한다. 그러나 제1차 정모세포가 제2차 정모세포(secondary spermatocyte)로 분열될 때에는 염색체수가 반으로 줄어들어 23개로 된다.

제2차 정모세포가 다시 정자세포(spermatid)로 분열 때에는 그대로 각각 23개의 염색체를 유지한다. 따라서 모든 정자는 22+Y 또는 22+X 염색체 중 하나를 갖게 된다. 여자의 경우도 남자의 경우와 마찬가지이며 난자는 22+X 염색체만을 갖는다.

4. 세포막에 의한 물질의 이동

세포는 생명현상을 유지하기 위해 모세혈관을 통하여 조직 속으로 유출된 물질들을 세포 내로 유입시킨다. 세포내로 유입된 물질에 의하여 세포의 대사가 이루어지고, 대사 과정 중 생성되는 여러 가지 물질들을 세포 외로 내보내는 교환이 끊임없이 일어난다. 이러한 교환과정의 1차적인 경계는 세포막이다.

세포막을 통한 이러한 물질의 이동 방식은 수동적 과정(passive process)과 능동적 과정(active process)으로 구분할 수 있다. 수동적 과정은 확산, 삼투, 여과 등과 같이 에너지 공급이 필요 없이 세포 내·외의 물질농도 차이에 의하여 많은 곳에서 적은 곳으로 단순 분자들이 이동하는 현상이다. 역으로 능동적 과정은 적은 곳에서 많은 곳으로 물질이 이동하여야 하기 때문에 에너지 공급이 필요한 능동적 운반, 세포내 이입, 세포외 유출 등과 같은 현상이다.

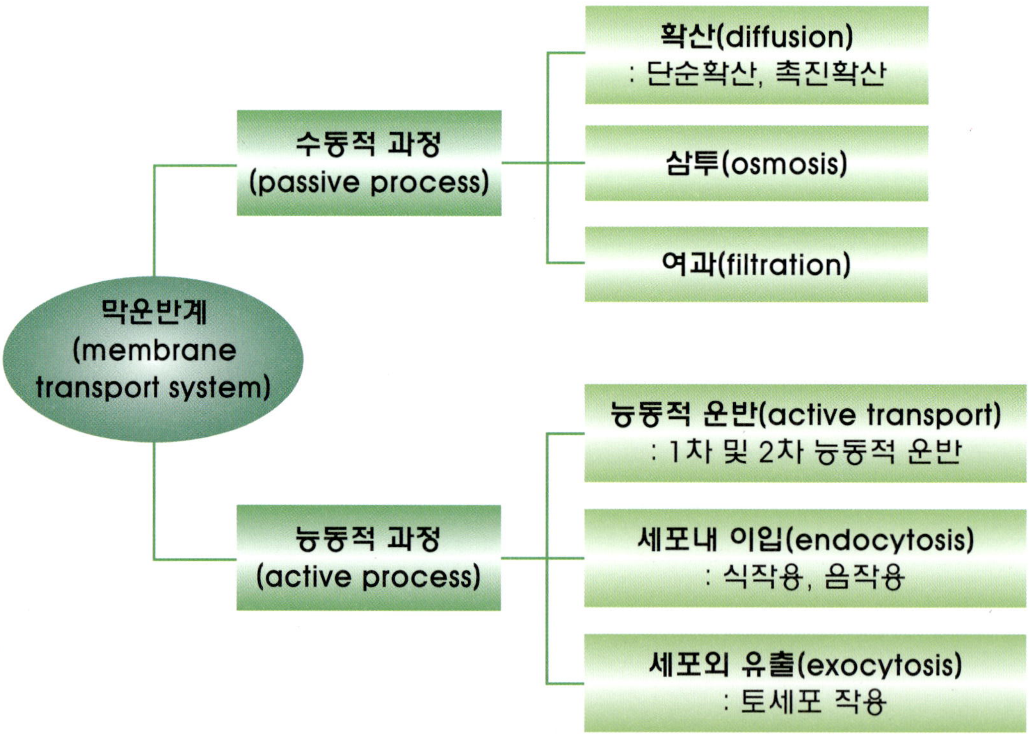

그림 2-15. 세포막을 통한 물질이동 방식

4-1. 수동적 과정(passive process)

4-1-1. 확산(diffusion)

용액 또는 기체 상태로 존재하는 분자들은 끊임없이 운동을 하고 있다. 만일 막을 경계로 하여 농도가 다른 분자가 서로 인접하고 있을 때 농도가 높은 쪽에서 낮은 쪽으로 이동하게 된다. 이러한 과정은 양쪽 분자의 농도가 같아질 때까지 계속된다.

이와 같이 용액 또는 기체의 분자들이 농도가 높은 곳에서 낮은 곳으로 이동하는 과정을 확산(diffusion)이라 한다. 운반체가 없이 이동한 경우는 단순확산(simple diffusion), 운반체가 관여하여 이동속도가 증가할 때는 촉진확산(facilitated diffusion)이라 한다. 또한 이 때 양쪽 분자의 농도 차이를 농도경사(concentration gradient)라고 한다.

생체에서 산소 및 이산화탄소와 같은 기체들이 폐포, 조직, 혈관 등에서 교환될 때는 단순확산이 주로 이용되고, 글루코스와 같은 분자 등은 촉진확산에 의하여 이동된다. 그러나 세포막에서 확산으로 이동되는 물질들은 세포막에 있는 구멍보다 직경이 작은 분자이거나 전기적 대전이 없는 것들 이어야 한다. 만약 세포막에 있는 구멍보다 직경이 작은 분자라도 전기적으로 대전되어 있는 것들은 확산으로 인한 이동이 곤란하거나 일정치가 않다.

4-1-2. 삼투(osmosis)

근본적으로 생체에서의 물질 이동은 확산작용에 의해서 이루어지지만 세포막에 의해서 확산과정이 제한을 받게 된다. 이러한 세포막은 반투과성 막으로써 용액의 어떤 물질

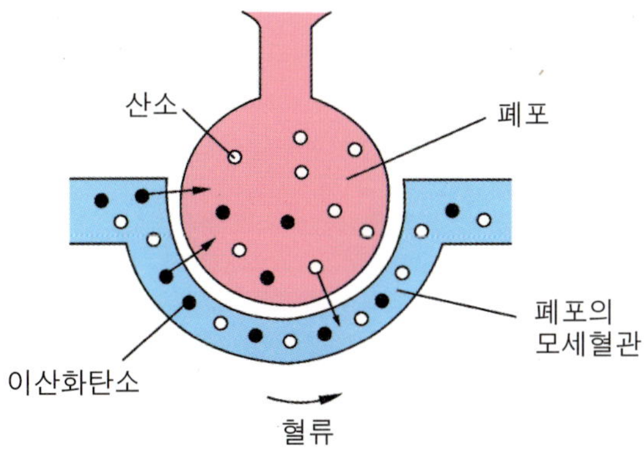

그림 2-16. 확산(diffusion)

은 쉽게 통과시키지만 또 다른 물질은 이동을 제한하는 선택적 투과성을 가지고 있다. 반투과성 막을 경계로 상호 다른 용액이 같아지려고 하는 현상을 삼투(osmosis)라 한다. 삼투는 확산과는 달리 용질이 이동하지 않고 용매가 이동하는 방식이다. 즉 반투과성 막을 통한 용매의 확산 현상이다.

생체의 모든 세포들은 세포외액과 항상 삼투적 평형 상태를 유지하려고 한다. 생리적 식염수(physiological solution: NaCl 농도가 0.9%인 용액)에 인체의 체세포를 넣었을 경우 세포막을 통한 물질의 이동이 없는 상태가 된다. 이러한 용액을 등장액(isotonic solution)이라 한다. 등장액에 비하여 NaCl의 농도가 0.9% 보다 낮은 용액은 저장액(hypotonic solution), 높은 용액을 고장액(hypertonic solution)이라 한다.

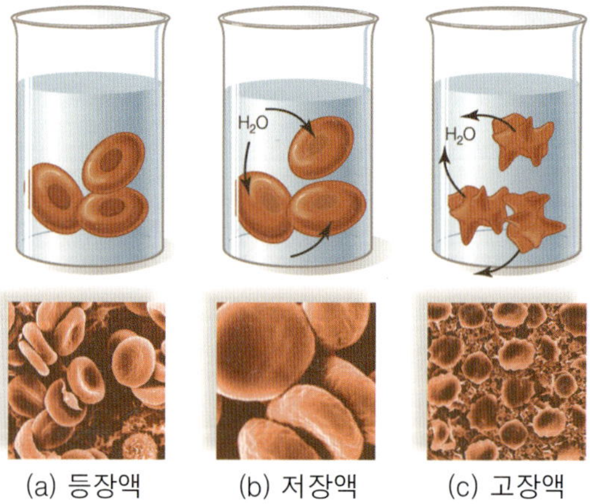

그림 2-17. 저장액과 고장액에 세포에 미치는 영향

저장액에 적혈구를 넣을 경우 물이 세포 내로 들어와 세포가 팽창되고 심하면 적혈구가 파괴되어 헤모글로빈이 밖으로 유출하게 되는데 이를 용혈(hemolysis)이라고 한다. 반면에 고장액에 적혈구를 넣으면 적혈구 속의 물이 밖으로 빠져나와 쭈굴쭈굴한 둔거치상(crenation)의 형태로 된다.

4-1-3. 여과(filtration)

여과지를 사용하여 고체와 액체를 분리할 때 여과지의 구멍보다 입자의 직경이 작은 물질은 통과하고, 큰 물질은 여과지 표면에 남게 된다. 이 때의 분리는 중력에 의해서 고체와 액체가 분리된 것이다. 이와 같이 막의 내·외 압력 차에 의하여 물질이 이동하는 순 물리적인 현상을 여과(filtration)라 한다. 확산이나 삼투과정은 물질의 분자 운동에 기인한다.

그러나 여과는 경계막을 중심으로 정수압 혹은 혈압의 차에 의하여 물질이 이동되는 현상이다. 오줌을 생산하기 위한 신사구체의 여과, 림프가 생성되는 모세관 여과 등 여과는 생체의 많은 물질 이동에 관여하고 있다.

4-2. 능동적 과정(active process)

4-2-1. 능동적 운반(active transport)

확산과는 반대로 어떤 물질이 농도경사나 전위경사 등에 역행하여 이동하는 현상, 즉 농도나 압력이 낮은 쪽에서 높은 쪽으로 물질이 이동되는 과정을 능동적 운반(active transport)이라 한다. ATP를 직접 이용하는 1차 능동적운반과 세포막 내·외의 이온 농도 차이를 이용하는 2차 능동적 운반으로 구분한다.

1차 능동적 운반(primary active transport)은 ATP로부터 막운반단백질인 ATPase에 화학적 에너지가 직접 전달되어 물질을 이동시킨다. 이때의 ATPase는 효소처럼 운반체 자체의 인산화 과정을 일으켜 이동시키려는 물질에 대한 친화성(affinity)을 높여주는 역할을 한다. 2차 능동적 운반(secondary active transport)은 1차 능동적 운반이 ATP를 사용한 운반체의 인산화 때문에 이동물질에 대한 친화성이 높아지는 것과는 달리 주로 나

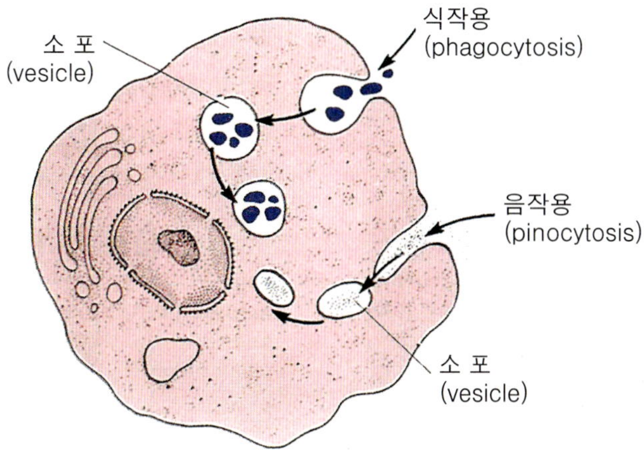

그림 2-18. 식작용과 음작용

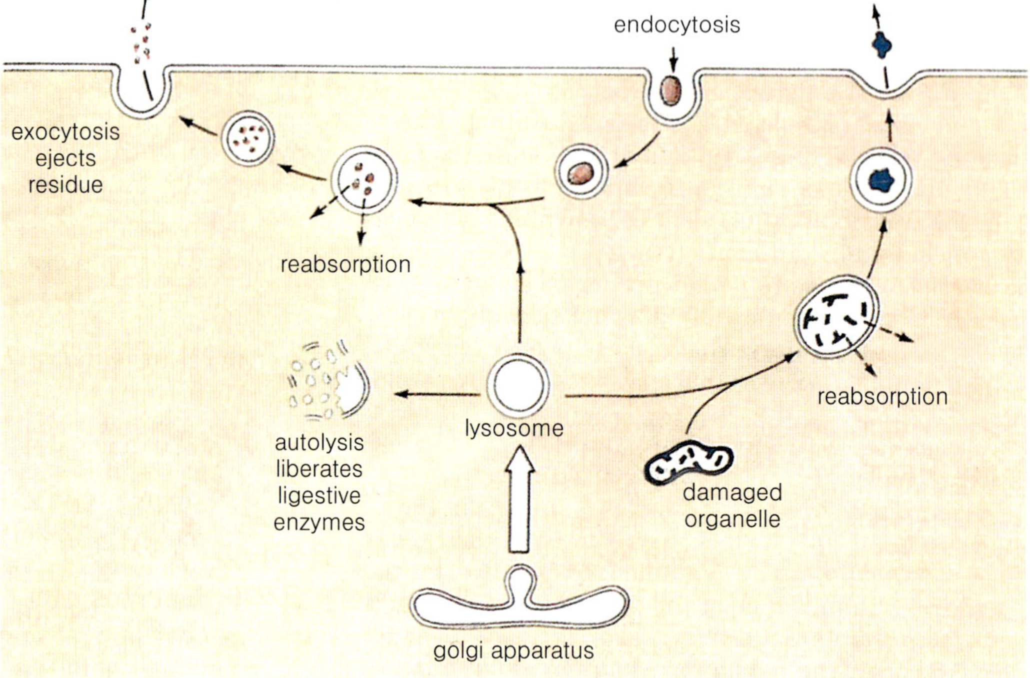

그림 2-19. 세포내 이입과 세포외 유출

트륨 양이온(Na^+)과 같은 이온들이 결합하여 친화성을 변경시키고, 이에 따라 물질 이동이 일어난다.

이러한 2차 능동적 운반체에는 Na^+와 같은 이온 그리고 능동적으로 운반되는 또 다른 물질이 결합할 수 있는 2곳의 결합부위를 갖게 된다. 즉 Na^+ 농도가 높은 쪽에서 낮은 쪽으로 확산되면서 포도당이나 아미노산 혹은 Ca^{2+}와 같은 이온들이 능동적 이동을 하게 된다. 이 때의 힘은 1차 능동적 운반으로 이루어진 Na^+ 농도경사가 되는 것이다.

4-2-2. 세포내 이입(endocytosis)과 세포외 유출(exocytosis)

직경이 큰 물질들은 세포막의 구멍을 통하여 이동할 수 없다. 따라서 이러한 물질은 에너지를 이용하여 세포막 구조를 변형시켜 세포내로 들여온다. 이러한 과정을 세포내 이입이라 하고, 그 반대 과정을 세포외 유출이라 한다.

세포내 이입(endocytosis)은 먼저 세포막이 함몰되어 소포(vesicle)나 공포(vacuole)가 형성되면서 물질 전체가 세포 안으로 들어오고, 이어서 용해소체(lysosome)와 결합하는 과정이다. 이러한 세포내 이입에는 들여오는 물질의 성상에 따라 효소, 호르몬, 황체 등과 같은 용액성 물질일 때에는 음작용(pinocytosis, cell drinking)이라 하고, 세균이나 바이러스와 같이 고형성 물질일 때는 식작용(phagocytosis, cell eating)이라 한다.

세포외 유출(exocytosis)은 세포내 이입과는 반대로 내분비세포에서의 펩티드성 호르몬 분비나 종말단추에서 신경전달물질의 분비 등과 같이 세포내의 공포나 소포가 세포막과 융합하여 물질을 세포외로 내 보내는 과정이다.

4-3. 모세혈관에서의 액체이동

세포 내의 항상성을 유지하기 위하여 조직액인 간질액과 혈장은 모세혈관 벽을 사이에 두고 끊임없이 물질 교환이 이루어진다. 모세혈관은 적혈구 3개가 겨우 통과할 수 있는 가는 관으로 혈관 벽은 단층의 내피세포로 구성되어 있고, 수많은 작은 구멍이 있다. 이러한 작은 구멍을 통하여 물질 교환이 일어난다.

모세혈관 내의 혈장성분과 조직액 사이에서 액체 이동의 방향이나 속도는 액압, 혈장교질삼투압, 조직압 및 조직교질삼투압이라는 4가지 압력을 이용하여 설명할 수 있다.

4-3-1. 액압(fluid pressure)

액압(fluid pressure)은 심장의 압력에 의하여 혈액의 액체 성분을 모세혈관 밖으로 여과시키는 힘이다. 즉 모세혈관 압으로 세동맥단은 35mmHg이고 세정맥단은 15mmHg가 되어 혈관 부위별 차이를 나타낸다.

4-3-2. 혈장교질삼투압(plasma colloidal osmotic pressure)

혈장교질삼투압은 모세혈관 밖에 있는 액체를 모세혈관 속으로 밀어 넣으려는 힘으로 혈관 부위에서 25mmHg 정도의 압력차가 형성된다. 단백질은 모세혈관 벽을 통과하기에는 너무 크기 때문에 물에 분산되어 교질용액으로 된다. 이로 인하여 생성되는 삼투압을 혈장교질삼투입이라 한다.

4-3-3. 조직압(tissue pressure)

조직압은 세포 사이의 조직액이 모세혈관 속으로 유입되려는 힘으로 2mmHg의 압력차를 낸다. 이러한 조직액에 의한 압력으로 세포들 사이에 일정한 형태가 유지된다.

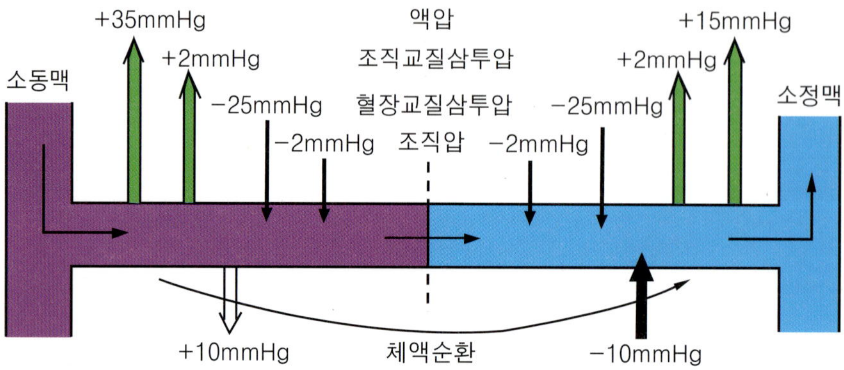

그림 2-20. 스타링의 가설

4-3-4. 조직교질삼투압(tissue colloidal osmotic pressure)

조직교질삼투압은 조직 속에 있는 단백질로 인하여 생성되는 교질삼투압이다. 즉 모세혈관 속의 혈장에서 액체를 조직 쪽으로 유입되는 힘으로써 혈관 부위와 관계 없이 2mmHg 정도의 압력을 나타낸다.

4-3-5. 스타링의 가설(Starling′ s hypothesis)

액압, 혈장교질삼투압, 조직압, 조직교질삼투압 등 4가지의 압력이 모세혈관 벽을 경계로 혈장과 조직액 사이에서 서로 상반된 방향으로 힘을 나타내기 때문에 액체가 이동된다는 것이 스타링의 가설이다.

즉 동맥단에서는 혈장성분이 혈관에서 조직으로 이동된다. 그 이유는 모세혈관 에서 조직으로 밀어내는 압력은 액압이 35mmHg이고 조직교질삼투압이 2mmHg으로써 모두 37mmHg의 압력을 보인다. 이와 반대로 조직에서 혈관 속으로 미는 압력은 혈장교질삼투압이 25mmHg이고, 조직압이 2mmHg으로써 합하면 27mmHg이다. 따라서 혈관에서 조직으로 가해지는 압력이 조직에서 혈관 속으로 가해지는 압력 보다 10mmHg 높기 때문에 동맥단에서는 혈액 속의 물질이 조직으로 유출된다.

반대로 정맥단에서는 혈관에서 조직으로 가해지는 압력은 15mmHg의 액압과 2mmHg의 조직교질삼투압을 합하여 모두 17mmHg이고, 조직에서 혈관으로 가해지는 압력은 25mmHg의 혈장교질삼투압과 2mmHg의 조직을 합하여 27mmHg가 된다. 따라서 조직에서 혈관으로 미는 압력이 혈관에서 조직으로 미는 압력보다 10mmHg 높기 때문에 조직 속의 물질이 혈관 내로 이동된다.

5. 체 액(body fluid)

일반적으로 신체 내에 유기질과 무기질이 녹아 있는 모든 액상 성분을 체액(body fluid)이라 한다. 그 양은 성인의 경우 체중의 약 60%를 차지한다.

세포막의 밖에 있는 체액은 세포외액(extracellular fluid)이라 하고, 세포내에 있는 체액을 세포내액(intracellular fluid)이라 한다. 세포외액은 체중의 20% 정도이고, 세포내액은 체중의 40% 정도이다. 세포외액은 혈관 내에 있는 혈장(plasma)과 세포와 세포사이에 있는 간질액(interstitial fluid) 혹은 조직액(tissue fluid)으로 구분한다.

그러나 뇌척수액과 안방수, 흉막액, 심막액, 복막액, 관절액, 소화액, 복강액, 요 그리고 각종 분비선의 액체와 같이 세포외액에는 속하지만 그 구분이 명확하지 못하는 특수체액을 세포횡단액(transcellular fluid)이라고도 한다. 세포내액과 세포외액의 일부인 간질액은 세포막을 경계로 서로 접해 있고, 간질액과 혈장은 모세혈관 벽을 사이에 두고 접해 있다. 세포 내의 항상성을 유지하기 위하여 끊임없이 물질이동이 이루어지고 있다.

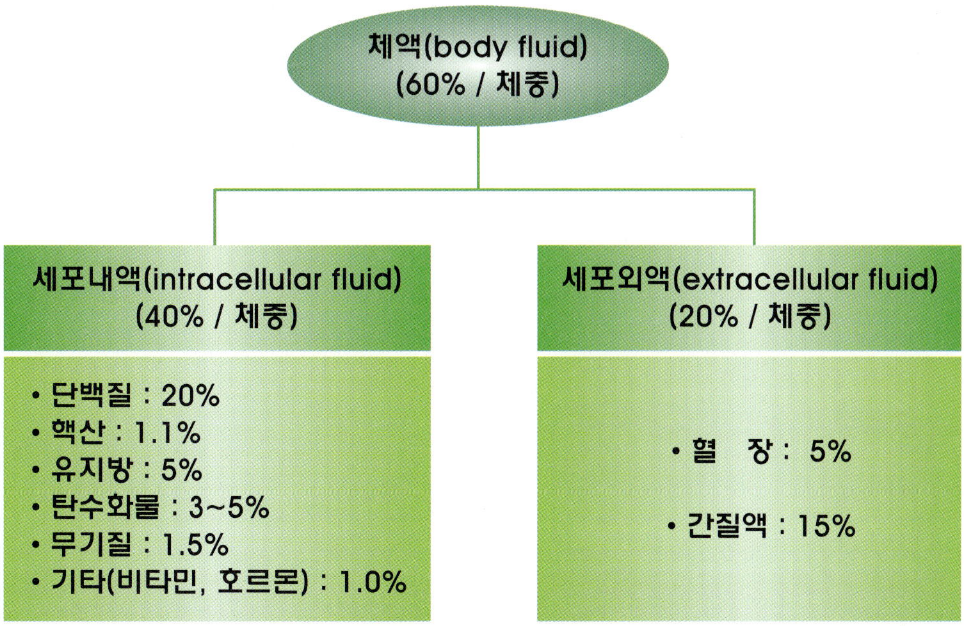

그림 2-21. 체액의 성분

5-1. 세포내액(intracellular fluid)

세포내액은 유기물질이 많고 무기물질은 적다. 세포외액 보다 세포내액의 농도가 높은 물질들은 K^+, Mg^{2+}, 아미노산 등이다. 특히 세포막에 아미노산의 능동적 운반이 있을 뿐만 아니라 단백질 상태로 결합되어 있는 아미노산까지 포함하고 있기 때문에 아미노산의 경우 세포내액의 농도가 훨씬 높다. 또한 지질도 세포막과 세포내 포함물들의 주된 성분이기 때문에 훨씬 많으며, 중성지질과 인지질 및 콜레스테롤 등으로 존재한다.

5-2. 세포외액(extracellular fluid)

세포외액은 세포막을 통해 세포내액과 물질 교환이 일어난다. 전해질 농도 차에 의하여 세포내액과는 뚜렷한 차이를 보인다. 즉 Na^+, Ca^{2+}, Cl^- 등의 농도는 세포내액 보다 몇 배나 높지만 K^+, Mg^{2+} 및 인산기 등의 농도는 훨씬 낮다. 이러한 결과는 세포막의 투과성 차이와 능동적 운반에 의한 것으로써 근육이나 신경세포에서의 막전위를 생성하는 원인이 된다. 또한 산소는 세포내액 보다 더 많으나 이산화탄소와 전반적인 영양물질은 더 적다.

표 2-1. 세포내액과 세포외액의 화학적 성분

화학성분	세포내액	세포외액
Na^+	10mEq/L	142mEq/L
K^+	141mEq/L	4mEq/L
Ca^{++}	0mEq/L	5mEq/L
Mg^{++}	62mEq/L	3mEq/L
Cl^-	4mEq/L	103mEq/L
HCO_3^-	10mEq/L	28mEq/L
phosphate	75mEq/L	4mEq/L
SO_4^-	2mEq/L	1mEq/L
glucose	0~20mg%	90mEq/L
aminoacid	200mg%	30mg%
cholesterol phospholipid neutral fat	2~5mg%	0.5mg%
Po_2	20mmHg ?	35mmHg
Pco_2	50mmHg ?	46mmHg
pH	7.1?	7.4

6. 부 종(edema)

체액의 수분과 전해질은 적당량의 섭취와 배설에 의하여 항상 평형을 유지하고 있다. 그러나 여러 가지 원인에 의하여 혈관과 조직 사이에서 액체 이동의 압력 변화가 발생한다. 그 결과 세포와 세포 사이의 수분, 즉 조직액이 많아지면서 조직압이 2mmHg 보다 높은 상태가 되는 순환장애가 일어난다. 이러한 현상을 부종이라 한다.

부종이 발생하는 이유는 다음과 같다.

첫째, 모세혈관내 액압이 비정상적으로 상승하면 조직 속으로 액체가 빠져나가 조직압이 상승하게 된다.

둘째, 일반적으로 혈장단백질인 알부민에 의하여 형성되는 압력을 혈장교질삼투압이라 한다. 영양실조 등으로 혈장단백질이 감소되면 혈장교질삼투압이 저하되고, 이로 인하여 모세혈관 내의 액체가 조직으로 빠져나가 부종을 일으킨다.

셋째, 여러 독성 물질 등에 의하여 모세혈관 벽의 투과성이 증가되면 직경이 큰 혈장단백질 등이 조직으로 빠져나가게 되고, 조직의 교질삼투압이 증가 되어 부종이 일어난다.

넷째, 림프관 폐쇄로 인하여 조직으로 나온 혈장성분이 회수되지 못할 경우 부종이 야기된다.

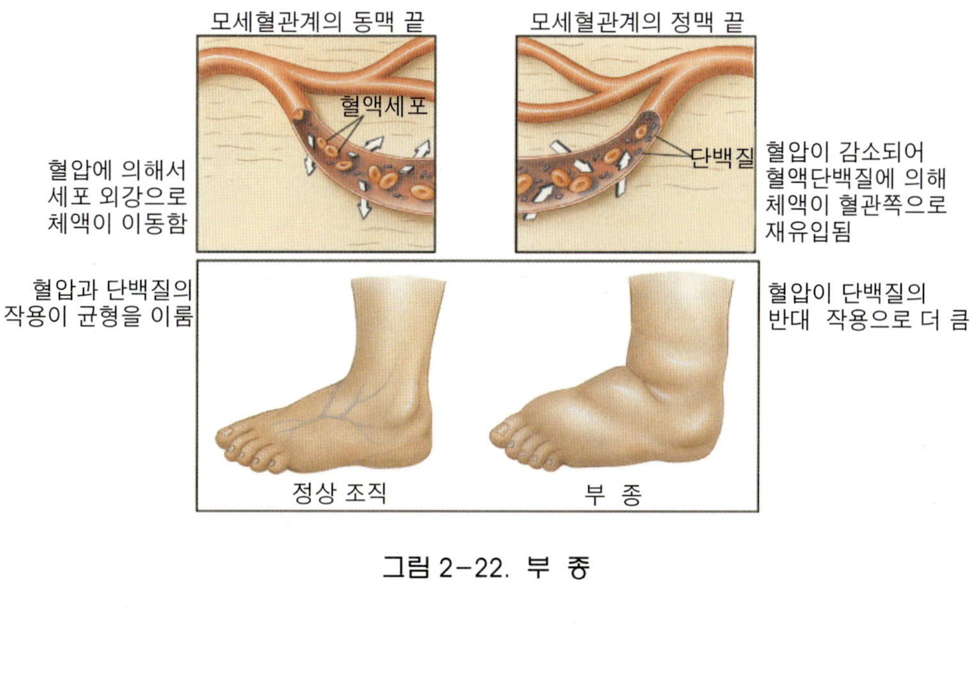

그림 2-22. 부 종

3

조 직

The Tissue

조직(tissue)은 세포(cell)와 세포간질(intercellular substance)로 구성되어 있다. 인체의 조직(tissue)은 구조와 기능이 유사한 세포들이 특수한 목적을 위하여 상호 연결된 세포의 집단이다. 조직을 구성하고 있는 세포들 간의 사이사이를 채우고 있는 물질을 세포간질(intercellular substance)이라 한다.

인체의 구성 조직은 주로 상피조직(epithelial tissue), 결합조직(connective tissue), 신경조직(nervous tissue), 근육조직(muscular tissue)으로 구성되어 있는데 이를 4대 기본조직(primary tissue)이라 한다.

① 상피조직은 인체의 표면과 체내 모든 내·외강의 내면을 둘러싸고 보호하는 역할을 한다.
② 결합조직은 조직과 기관의 틈을 채우면서 이들을 서로 결합시키고 지지하는 역할을 한다.
③ 근육조직은 신체나 기관 운동의 활동에 관여한다.
④ 신경조직은 신체의 내·외로부터 자극을 받아 전달하여 적절한 반응을 하도록 한다.

본 장에서는 상피조직과 결합조직에 관하여 자세하게 설명하고자 한다.

1. 상피조직(epithelial tissue)

상피조직(epithelial tissue)은 신체 표면과 장기의 내·외면을 싸고 있으며, 세포 수가 많고 세포간질이 적은 판상의 조직이다. 또한 상피조직은 주로 세포들만으로 구성되어 있어서 연약하기 때문에 상피조직 아래에는 질긴 결합조직이 지지하고 있다. 따라서 상피조직의 한 면은 체표면 혹은 체내 강에 노출해 있는 자유면(free surface)이고, 다른 한 면은 기저면(basal surface)으로써 아래의 결합조직과 연결되어 있다.

결합조직과의 사이에는 기저막(basal membrane)의 외층인 기저판(basal lamina)이 있다. 혈관은 기저막 아래까지만 있기 때문에 상피조직 내에는 혈관이 없다. 그리고 상피조직은 항상 새로운 세포로 대치되는 특징이 있다. 즉 노화된 세포는 파괴되어 탈락되고 세포분열에 의하여 새로운 세포로 보충된다. 이러한 상피조직은 분비, 흡수, 보호, 감각감수, 생식세포 생산 등 다양한 기능을 하며, 세포의 형태와 배열 그리고 기능에 따라 분류할 수 있다.

1-1. 세포의 형태와 배열에 따른 분류

1-1-1. 편평상피(squamous epithelium)

편평상피는 세포의 두께가 얇고 표면이 넓은 생선 비늘 같은 모양이다. 핵은 원반형이며, 편평세포(squamous cell)의 배열에 따라 단층편평상피와 중층편평상피로 구분된다. 단층편평상피(simple squamous epithelium)는 편평세포가 한 층으로 배열된 상피로 흉막, 심막 및 복막의 표면을 덮고 있으며 폐포와 신장의 사구체낭에서도 볼 수 있다.

또한 심장, 혈관, 림프관 등의 내면도 내피(endothelium)라고 하는 전형적인 단층편평상피로 되어 있다. 표면은 단층편평상피로 덮여 있으며, 심층은 다각형의 세포가 겹친 중층편평상피(stratified squamous epithelium)로 되어 있다. 중층편평상피는 매우 튼튼하여 보호기능을 하는 것으로서 주로 마찰이 있는 피부, 구강, 식도, 항문, 질 등의 점막을 형성하고 있다.

1-1-2. 입방상피(cuboidal epithelium)

입방상피조직은 세포의 모양이 육각형 혹은 장방형의 입방세포(cuboidal cell)가 연결된 집단이다. 입방상피는 한선(sweat glands)과 피지선(sebaceous glands)의 도관(duct), 갑상선의 소포, 난소의 표면 등에서 볼 수 있다.

1-1-3. 원주상피(columnar epithelium)

원주상피는 세포의 모양이 폭 보다는 높이가 더 긴 원주형의 세포집단이다. 원주상피는 단층원주상피(simple columnar epithelium)와 위주중층원주상피(pseudostratified columnar epithelium)가 있다.

단층원주상피는 원주상피가 단층으로 배열되어 있으며, 주로 흡수작용이 있는 위나 장과 같은 소화관 등의 점막에서 볼 수 있다.

위주중층원주상피는 표면이 운동성을 가진 섬모를 가지고 있기 때문에 섬모상피(ciliated epithelium)라고도 한다. 주로 기관, 기관지, 자궁, 비강점막 등에서 볼 수 있으며, 섬모에 의하여 난자를 수송하거나 기도내의 작은 이물질을 제거하기도 한다.

1-1-4. 이행상피(transitional epithelium)

이행상피는 상피세포가 중층으로 배열되어 있으며 수축과 확장이 심한 요로에서만 볼 수 있다. 즉, 신배, 신우, 요관, 방관 등의 내면을 형성하고 있다. 이러한 세포는 상태에 따라 모양이 달라진다.

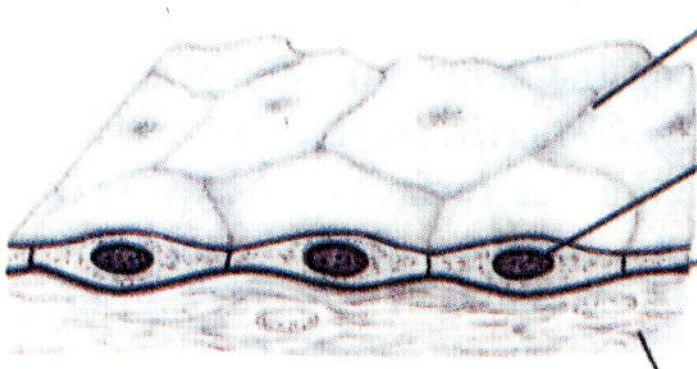

단층편평상피

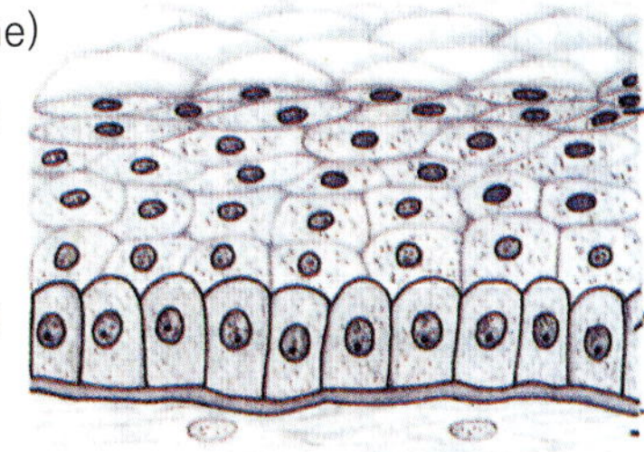

중층편평상피

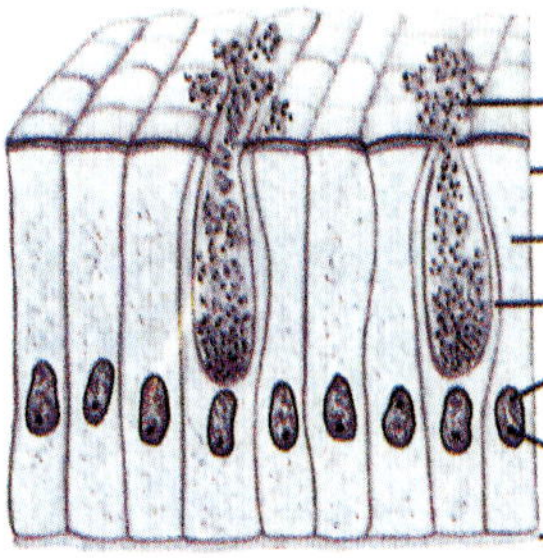

단층원주상피

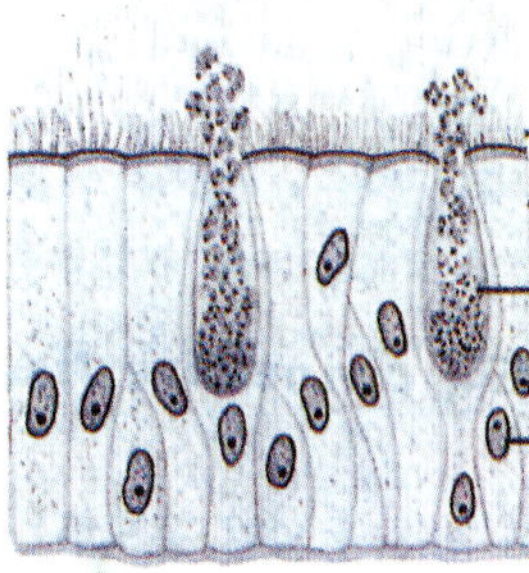

위주중층원주상피

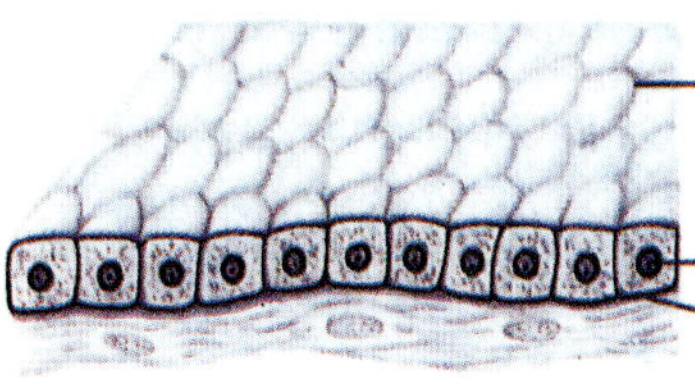

단층입방상피

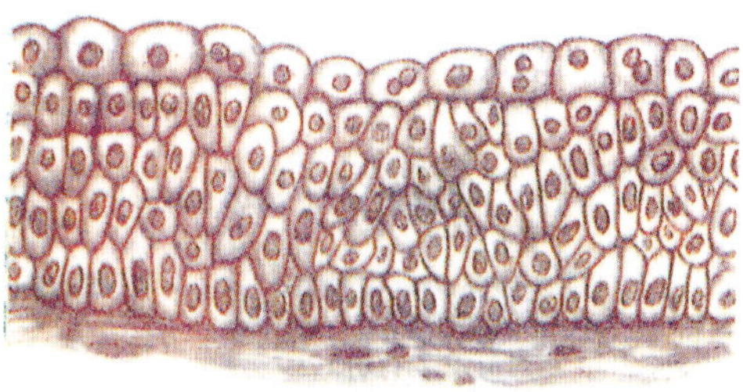

이행상피

그림 3-1. 각종 상피조직

표 3-1. 상피조직의 분류와 존재 위치

형 태	배 열	종 류	인체 내의 존재 위치
편평상피	단 층 중 층	단층편평상피 중층편평상피	폐포, 복막, 혈관과 림프관의 내피 등 피부, 구강, 식도, 후두, 성대, 질 등
입방상피	단 층 중 층	단층입방상피 중층입방상피	외분비선, 선의 도관, 갑상선소포 등 한선의 도관
원주상피	단 층 중 층 위중층	단층원주상피 중층원주상피 위중층원주상피	위장관의 점막상피 등 남성요도의 일부 기도, 비점막, 이관 등
이행상피	중 층	이행상피	신우, 요관, 방광 등

1-2. 기능에 따른 분류

1-2-1. 표면상피(surface epithelium)

표면상피는 신체의 표면과 몸속 내강의 내·외면을 싸고 있는 세포성막(cellular membrane)으로 보호, 흡수 그리고 분비 등의 기능이 있으며 피개상피(covering epithelium)라고도 한다.

1-2-2. 감각상피(sensory epithelium)

특수 감각기에 존재하며 망막의 추상체(cone cell)나 간상체(rod cell), 내이의 유모세포(hail cell) 등이 이에 속한다.

1-2-3. 종상피(germinal epithelium)

고환과 난소에서 정자와 난자를 생산하는 세포로 알려져 있으며 배상피라고도 한다.

1-2-4. 선상피(glandular epithelium)

분비작용에 알맞도록 특수화된 세포나 세포의 집단을 선(gland)이라 하며, 보통 원주상피세포나 입방상피세포로 되어 있다. 이러한 선들은 피지선이나 타액선 등과 같이 관(duct)을 통하여 분비되는 외분비선(exocrine gland)과 갑상선이나 뇌하수체, 부신 등과 같이 관이 없이 혈액으로 직접 분비하는 내분비선(endocrine gland)으로 구분한다.

특히 외분비선은 분비물의 분비 양상에 따라 세포 자체가 분비되는 전출형 혹은 전분비형(holocrine type), 세포질 일부가 분비되는 이출형(apocrine type), 분비시 세포 자체에 아무런 손상이 없는 누출형(merocrine type)으로 구분한다. 또한 선의 배열상태에 따라 관상선(tubular gland)과 포상선(alveolar gland)으로 구분한다. 그리고 분비물의 성질에 따라 분비물이 물 같은 장액선(serous gland), 점액이 많은 점액선(mucous gland), 장액과 점액이 혼합되어 있는 혼합선(mixed gland)으로 분류하기도 한다.

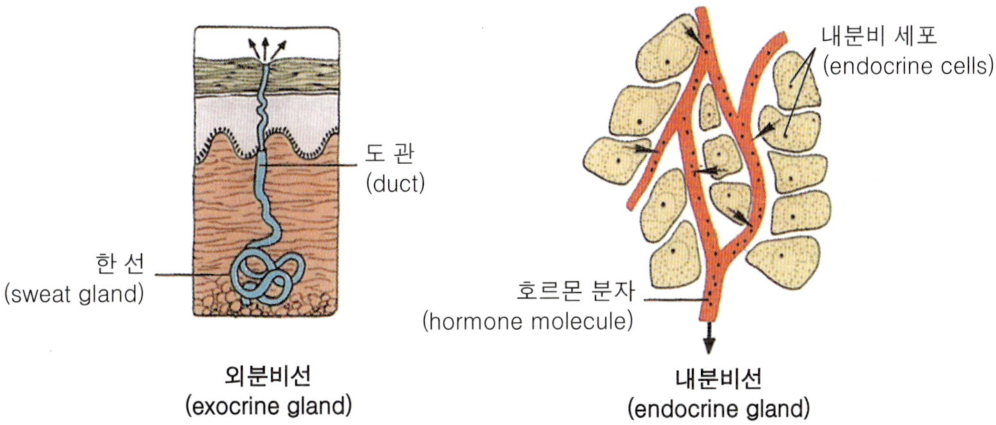

그림 3-2. 내분비선과 외분비선

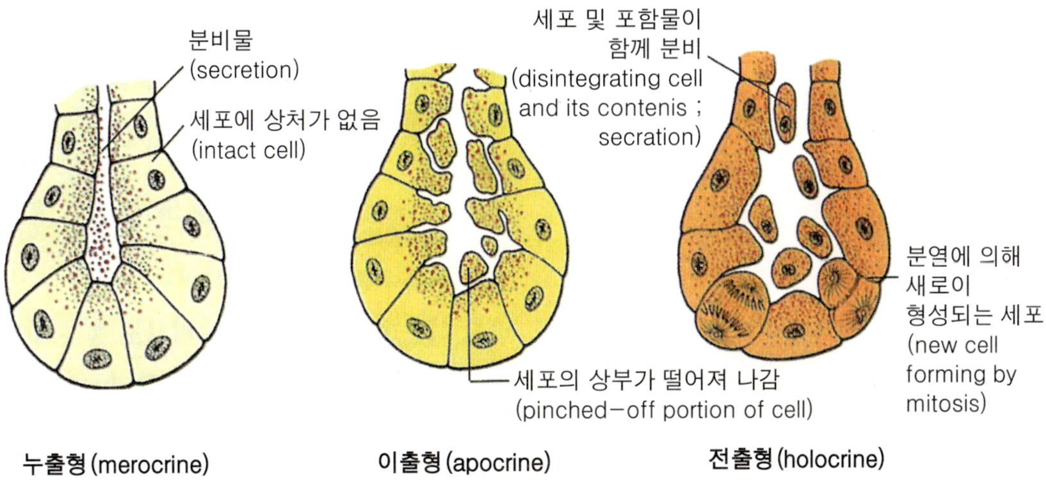

그림 3-3. 분비양상에 따른 외분비선의 분류

표 3-2. 외분비선의 분류

분류기준	명 칭	분류기준
분비양상	누출형 이출형 전출형(전분비형)	소한선, 타액선, 췌장선 대한선, 유선 피지선
분비물양상	장액선 점액선 혼합선	췌장선, 누선, 이하선 배상선, 구개선, 자궁경선 설하선, 악하선
선의 배열상태	관상선 포상선 관상포상선	한선, 장선, 자궁선, 누선 피지선, 위의 유문선 일부 위의 유문선 일부, 설하선, 악하선, 췌장선

2. 결합조직(connective tissue)

결합조직(connective tissue)은 신체 중 가장 널리 분포되어 있고 가장 많은 양을 차지하는 조직이다. 결합조직은 구조와 기능에 따라 고유결합조직, 지주조직, 액상조직으로 분류할 수 있다. 고유결합조직(connective tissue proper)은 여러 기관들의 틈을 메워서 내부의 장기를 보호하는 역할을 하며, 지주조직(supporting tissue)은 고유결합조직의 기능과 더불어 연골이나 뼈가 튼튼한 지주를 형성하여 신체를 지탱하는 기능을 한다.

또한 혈구와 림프구 사이에 다량으로 존재하는 혈장, 혈액과 림프도 간엽조직에서 형성되기 때문에 일종의 결합조직이며 이를 액상조직(fluid tissue)이라 한다.

2-1. 고유결합조직(connective tissue proper)

2-1-1. 고유결합조직의 구성

고유결합조직은 기질과 섬유 그리고 세포로 구성되어 있으며, 상피조직과는 달리 세포성분 보다는 세포간질이 많은 것이 특징이다.

1) 구성 기질(ground substance)

구성 기질(ground substance)은 결합조직의 구성 세포와 섬유들이 섞여 있는 겔(gel) 상태의 투명한 액체이다. 세포와 모세혈관 사이의 영양분과 노폐물을 운반하며 미생물이나 이물질들의 침입을 막는 물리적 장벽(physical barrier) 기능을 한다.

2) 구성 섬유(fiber)

① 교원섬유(collagenous fiber)

모든 결합조직에 가장 많이 존재하는 섬유이다. 주성분은 교원질(collagen)이라는 단백질이고 하얗게 보이기 때문에 백섬유(white fiber)라고도 한다. 매우 질긴 섬유이므로 뼈, 건, 인대, 피막 등에 많다.

② 탄력섬유(elastic fiber)

탄력성(elasticity)이 매우 높은 섬유이며, 섬유 본래 길이의 1.5배까지 늘어날 수 있다. 주성분은 탄성질(elastin)이라는 단백질이고 노랗게 보이므로 황섬유(yellow fiber)라고도 한다. 탄력성이 강하기 때문에 피부의 진피, 동맥, 호흡기 계통, 탄력연골, 탄력인대 등에 많이 함유되어 있다.

③ 세망섬유(reticular fiber)

섬유의 굵기가 매우 가는 교원섬유이며, 섬세한 그물을 형성하여 세포, 모세혈관, 신경섬유 그리고 근육섬유같이 작은 구조물들을 결속시키는 섬유이다. 골수, 비장, 림프조직 등에 많이 함유되어 있다.

3) 구성 세포(cell)

결합조직에는 여러 종류의 세포들이 있으며, 이들의 분포 상태는 위치나 조건에 따라 다르다. 결합조직을 구성하는 세포는 크게 고정세포(fixed cell)와 유주세포(free cell) 2가지로 구분할 수 있다. 고정세포는 섬유아세포, 간엽세포 등과 같이 결합조직 내에 고정적으로 존재하는 세포이고, 유주세포는 백혈구 등과 같이 미생물이 침입할 경우에 조직 내로 유주하는 세포이다.

① 섬유아세포(fibroblast)

소성결합조직에서 가장 많이 나타나는 방추형의 세포이다. 결합조직의 섬유성분을 생산하고 창상이나 염증부위에서 섬유성분을 생산하여 반흔 조직을 형성한다.

② 미분화간엽세포(undifferentiated mesenchymal cell)

섬유아세포와 모양이 비슷하나 약간 작다. 태아조직에서는 광범위하게 존재하나 성인의 결합조직에서는 모세혈관 주위에만 있다. 어떤 자극을 받으면 다른 결합조직세포로 분화하는 성질이 있다.

③ 대식세포(macrophage)

조직구(histiocyte)라고도 하며 모양은 일정하지 않고 아메바 운동을 한다. 그리고 강력한 식작용으로 신체방어와 조직의 청소부(scavenger) 역할을 한다.

④ 지방세포(adipose cell)

지방을 합성하고 저장하는 세포로 소성결합조직에 집단으로 존재한다. 세포질 내에 하나의 큰 지방소적을 가진 세포를 단방성 지방세포(unilocular fat cell)라하고, 여러 개의 지방소적을 가진 것을 다방성 지방세포(multilocular fat cell)라 한다. 이들은 열 생산과 에너지 축적에 관여한다.

⑤ 비만세포(mast cell)

구형 또는 난원형의 세포로 세포질 내에 비교적 큰 과립(granules)을 함유한 세포이다. 아메바 운동을 하며 혈액응고를 방지하는 헤파린(heparin), 모세혈관의 투과성을 증가시키고 혈압을 상승시키는 히스타민(histamine) 그리고 세로토닌(serotonin) 등을 분비한다.

⑥ 형질세포(plasma cell)

B 림프구가 특수하게 분화된 것으로 항체(antibody)를 생산하며, 만성염증이 있을 경우나 림프조직에서 주로 볼 수 있다.

⑦ 색소세포(pigment cell)

수상돌기를 가지고 있는 별모양의 세포로 흑갈색의 색소인 멜라닌(melanin)을 함유하고 있다. 이런 색소세포는 세포 자체에서 멜라닌을 합성하는 멜라닌생성세포(melnocyte)와 방출된 색소를 저장하는 색소보유세포(melanophore)가 있다.

2-1-2. 고유결합조직의 분류

각 조직을 메우고 있는 고유결합조직은 그 형성 시기 및 성상 등에 따라 여러 가지로 분류할 수 있다. 즉 조직이 형성되는 시기에 따라 태아결합조직(embryonal connective tissue)과 성인결합조직(adult connective tissue)으로 구분한다.

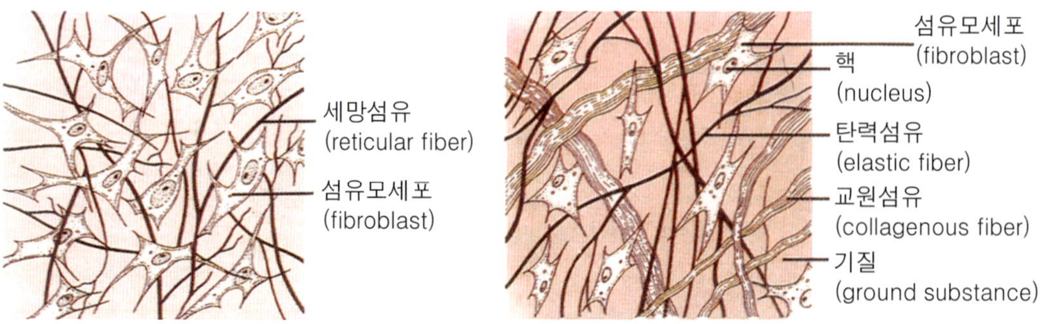

그림 3-4. 결합조직의 종류

구성하고 있는 섬유의 치밀도에 따라 소성결합조직(loose connective tissue)과 치밀결합조직(dense connective tissue)으로 구분하고, 분포하는 섬유성분의 유형에 따라 세망결합조직(reticular connective tissue)과 탄력결합조직(elastic connective tissue)으로 분류한다. 그리고 조직에 포함된 특수한 세포의 종류에 따라서 지방조직(adipose tissue)과 색소조직(pigment tissue) 등으로 분류할 수 있다.

2-2. 지지조직(supporting tissue)

2-2-1. 연골(cartilage)

연골(cartilage)은 결합조직보다는 단단하고 탄력이 있으나 골조직만큼 단단하지는 않지만 몸의 지지와 근육의 부착점이다. 연골은 연골세포(chondrocyte)와 세포간질인 연골

표 3-3. 고유결합조직의 분류

분류방법	종 류	조직의 특성	인체 내 소재
형성 시기	태아결합조직 – 중간엽 – 점액성결합조직 성인결합조직	태아의 결합조직 – 발생초기의 결합조직 – 태생기 후반의 결합조직 성인의 모든 결합조직	중배엽, 성인의 상처 치유 시 탯줄, 성인 안구 초자체
섬유성분의 치밀도	소성결합조직 치밀성결합조직 – 규칙성치밀조직 – 불규칙성치밀조직	교원, 세망, 탄력섬유의 불규칙배열 교원섬유가 많고 세포와 기질은 적음 – 섬유방향이 일정함 – 섬유가 굵고 여러 방향으로 배열	피부 등 거의 모든 결합조직 힘줄, 인대, 건막 등 진피, 피막, 신경초, 골막 등
섬유성분의 유형	세망결합조직 탄력결합조직	세망섬유와 세망세포가 불규칙배열 탄력섬유가 그물 모양으로 배열	폐, 골수, 편도, 림프절 등 성대인대, 대동맥 등
특수세포의 종류	지방조직 색소조직	많은 수의 지방세포 집단 멜라닌색소 함유 세포 집단	피하지방, 지방 조직 등 공막, 홍채 등

기질(cartilage matrix)로 구성된다. 연골은 뼈와 달리 혈관과 림프관 및 신경의 분포가 없어 연골막에서 기질로 확산되어진 영양분을 이용한다. 이러한 연골은 기질을 구성하는 섬유의 종류에 따라 3가지로 구분된다.

1) 초자 연골(hyaline cartilage)

인체에 가장 널리 분포되어 있는 연골로써 기질에는 미세한 교원섬유가 복잡하게 얽혀있다. 초자연골은 투명하고 매끈하며, 주로 관절연골(articular cartilage), 기관연골(tracheal cartilage), 후두연골(laryngeal cartilage), 늑연골(costal cartilage) 등이 초자 연골에 속하는 지주조직이다.

2) 탄력연골(elastic cartilage)

기질 내에 탄력섬유가 많고 탄력섬유 망을 형성하여 탄력성이 풍부하다. 또한 노란색깔을 띠고 거칠며 불투명한 조직이다. 이개연골(auricle cartilage)과 후두개(epiglottis) 등이 탄력연골로 이루어진 지주조직이다.

3) 섬유연골(fibrous cartilage)

3종류의 연골 중에서 기질 내에 교원섬유가 가장 많은 결합조직섬유를 가지고 있으나 연골세포는 적기 때문에 질긴 연골이다. 따라서 강한 장력이 요구되는 추간원판(intervertebral disk), 치골간원판(interpubic disk) 등에서 볼 수 있다.

2-2-2. 골(bone)

골조직은 연골조직이 있던 곳에 골세포가 들어가서 만들어지는데 이것을 골화(ossification)라 한다. 어린이의 경우는 비교적 연골조직이 많지만 연령이 많아지면서 점차적으로 골세포로 바뀌기 때문에 노인의 골격은 골세포와 칼슘, 인산이 침착된다. 따라서 어린이의 뼈는 유연하나 노인의 경우는 단단하여 골절되기 쉽다.

골조직은 골세포(osteocytes)와 골기질(bone matrix)로 구성된다. 골세포는 기질 속의 골소강(bone lacunae) 내에 들어 있으며 골소강과 연결된 골세관(bone caniculi) 내에 다수의 돌기를 뻗고 있다. 기질은 여러 방향의 층판상으로 달리고 있는 미세한 교원섬유 다발에 석회질이 침착된 것으로 매우 단단하다.

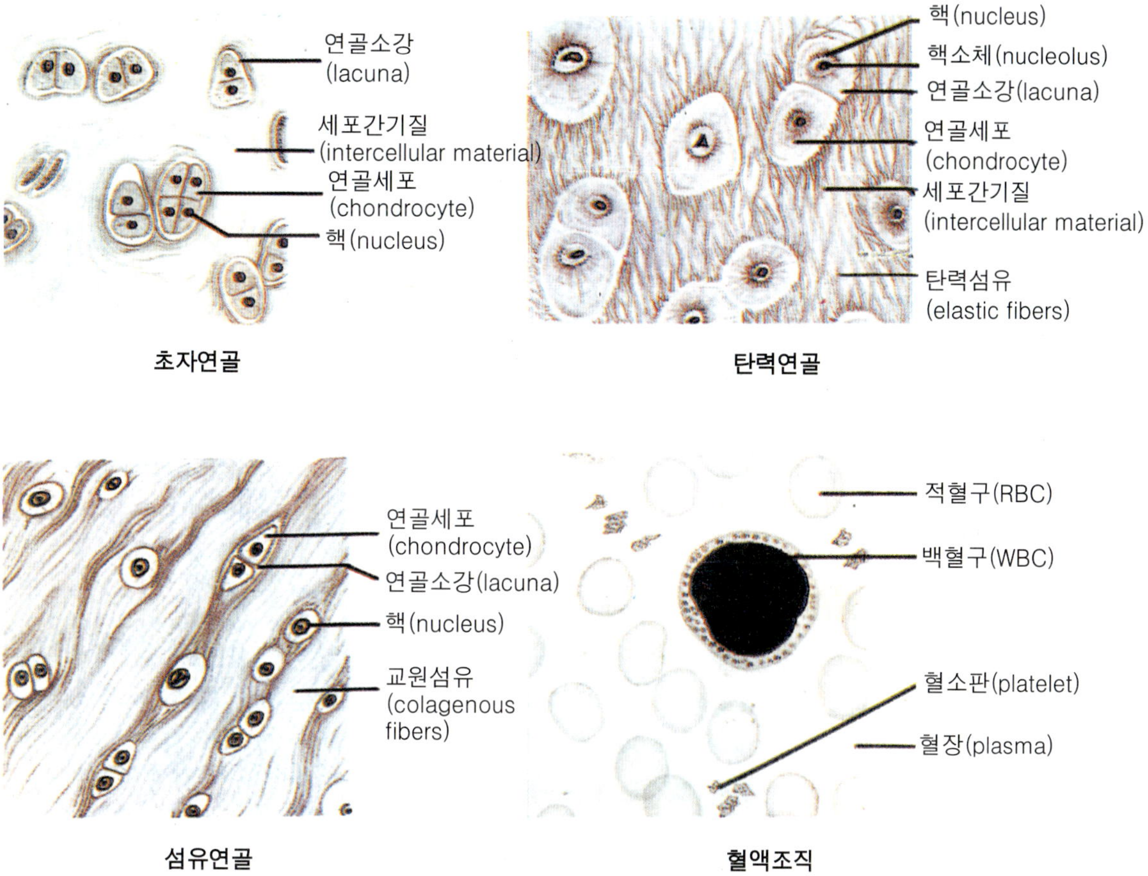

그림 3-5. 연골조직과 혈액

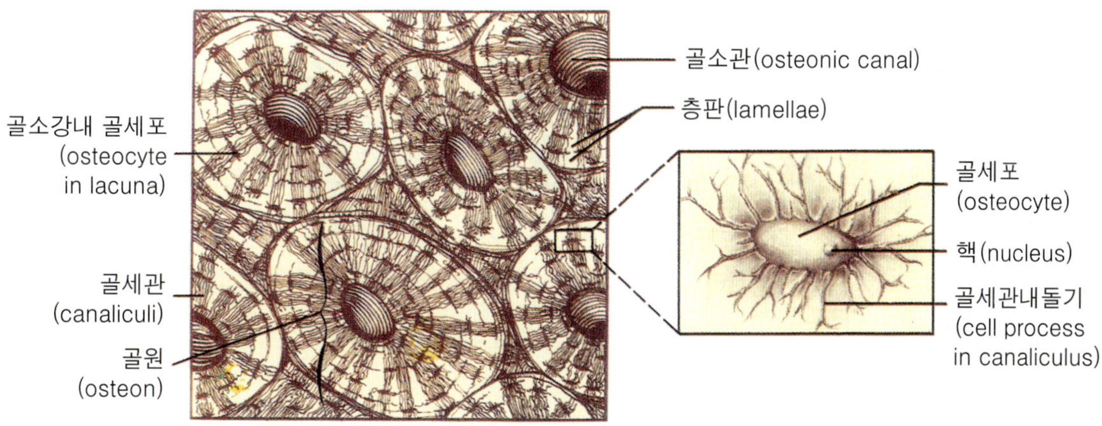

그림 3-6. 골조직

2-3. 액상조직(fluid tissue)

액상조직은 특수한 결합조직으로서 세포와 기질로 구성되어 있으며, 혈액(blood)과 림프(lymph)가 액상 조직에 속한다. 혈액은 세포성분(cell element)인 혈구(blood cell)와 기질로서 액체성분(fluid element)인 혈장((blood plasma)으로 구성된다. 림프는 세포성분인 림프구와 림프의 기질인 림프장(lymph plasma)으로 이루어져 있다.

혈액은 심장을 중심으로 전신에 분포하는 동맥과 정맥 그리고 모세혈관을 통하여 순환하며, 림프는 조직 틈새에서 림프관으로 유입되어 순환하다가 다시 정맥계로 유입된다. 또 다른 액상조직인 조직액(tissue fluid)은 모세혈관으로부터 조직 내로 이동하며 다시 모세림프관에 흡수된다.

2-3-1. 혈액(blood)

혈액은 성인의 경우 체중의 8% 정도이고, 세포성분인 45%의 혈구와 액체성분인 55%의 혈장으로 구성되어 있다. 혈구는 적혈구(erythrocyte), 백혈구(leucocyte), 혈소판(blood platelet) 등의 유형성분이고, 혈장(plasma)은 무형성분이다. 적혈구 내에 존재하는 헤모글로빈(hemoglobin)은 산소를 운반하는 것 이외에 이산화탄소의 제거 작용을 한다. 백혈구는 생체방어에 관여하고, 혈소판은 혈액의 응고작용에 관여한다. 혈장은 단백질, 지질, 탄수화물, 전해질 등을 포함하고, 간질 액을 매개로 세포와 물질 교환을 한다.

① 적혈구(erythrocytes, red blood corpucle, RBC)

적혈구는 가장자리가 두껍고 가운데는 얇은 원반형의 무핵세포로 골수에서 생산되며 직경이 7.6㎛, 두께는 1~2㎛이고 수명은 120일이다. 적혈구는 산소를 조직에 운반하는 헤모글로빈(hemoglobin)이 대부분을 차지하고, 그 외에 약간의 지질로 구성되어 있다. 산소가 많이 함유된 동맥혈액은 선홍색이고 이산화탄소를 많이 함유한 정맥혈액은 암적색을 띈다.

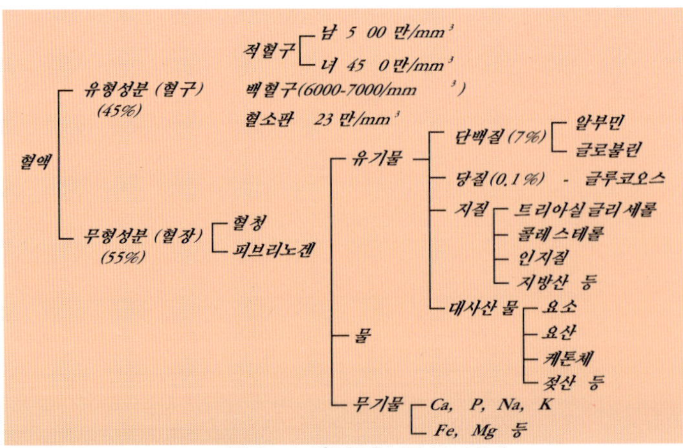

표3-4. 혈액의 구성 성분

표 3-4. 혈액 중 백혈구의 분류와 기능

백혈구 (5000~10000/㎣)		크기(㎛)	비율(%)	기능
과립구	호산구	10~20	2~4	식균 작용, 기생충제거
	호염구	10~20	<0.2	히스타민 등 분비
	호중구	10~20	60~70	식균 작용
무과립구	단핵구	10~18	3~8	식균 작용
	림프구	6~10	20~25	항체생성, 세포면역

② 백혈구(leucocytes, white blood corpucle, WBC)

백혈구는 보통 세포와 같이 핵과 세포질 그리고 세포소기관을 가지고 있으며, 적혈구에 비하여 훨씬 적은 양의 혈액에 함유되어 있다. 백혈구의 세포질에 있는 과립의 유무에 따라 과립구(granular leucocyte)와 무과립구(agranular leucocyte)로 구분된다. 과립구는 과립의 염색성에 따라 호산구(acidophil leucocyte), 호염구(basophil leucocyte), 호중구(neutrophil leucocyte)로 구분하며, 무과립구는 림프구(lymphocyte)와 단핵구(monocyte)로 구분된다.

백혈구는 아메바성 운동을 통하여 혈관 밖을 빠져나가 조직 속에 침투한 병원체나 이물질에 접근하여 식작용(phagocytosis)으로 이들을 제거한다. 백혈구의 65%를 차지하는 호중(성백혈)구의 운동성이나 포식성이 다른 백혈구보다 훨씬 강하다. 반면에 적혈구와 혈소판은 혈관 내에서 역할을 한다.

림프구는 생체방어의 중요한 기능을 한다. 림프구는 항원에 대하여 두 가지로 반응을 한다. 즉 림프구 중 15% 정도를 차지하는 B 림프구는 특이 항원에 의하여 활성화되면 분열을 통하여 수가 증가하고 분화되어 형질세포(plasma cell)가 된다. 형질세포는 항체를 생산하여 혈액 속에 분비되는데, 이를 순환항체(humoral antibody)라 한다. 이 항체는 혈액 속에서 자신을 형성하게 한 항원과 결합하여 파괴시키거나 독성을 중화시키는데, 이를 면역이라 한다.

또한 림프구 중 거의 대부분을 차지하는 T 림프구는 이식된 세포, 이종세포 또는 바이러스가 침투된 세포의 세포막에 구멍을 내어 파괴시키는 등 여러 가지 면역반응을 한다. 즉 백혈구는 크게 식균작용과 면역작용으로 신체를 보호한다.

③ 혈소판(blood platelets)

혈소판은 골수의 거대핵세포(megakaryocyte)의 세포질 일부가 떨어져 나온 것으로서 핵이 없고 불규칙한 원판 모양의 혈구이다. 혈소판은 평균수명은 약1주일 정도이며 적혈구와 같이 간, 지라, 골수 등에 있는 대식세포에 의하여 제거되고, 주로 혈액응고작용을 한다.

2) 혈장(plasma)

혈액의 약 55%를 차지하는 담황색 액체이며, 혈청과 피브리노겐으로 구성되어 있다. 혈장의 주요 성분은 물, 단백질, 무기질, 글루코오스 등이며, 그 밖의 각종 유기물질, 호르몬, 항체, 효소 등도 약간 함유되어 있다.

① 혈장단백질

혈장단백질은 용해성에 따라 피브리노겐(fibrinogen), 알부민(albumin), 글로블린(globulin)으로 구분된다. 그 중 알부민은 약 53%로 가장 많은 양을 차지하고, 글로블린(α, β, γ-globulin)은 43%이며 피브리노겐은 6.5%에 불과하다. 알부민, α와 β-글로블린은 주로 체세포의 영양원, 혈장단백질에 의한 혈장교질삼투압, 호르몬, 담즙색소, 약물 등을 혈장단백질과 결합하여 운반하고, 혈액의 완충작용 등 다양한 기능을 한다. γ-글로블린은 면역글로블린(immunoglobulin, Ig)이라고도 하며 림프구(B 세포)에서 합성되지만 이를 제외한 대부분의 혈장단백질은 간에서 합성된다. 이는 항체로서 생체의 방어에 중요한 역할을 한다. 피브리노겐은 혈액응고에 관여하는 단백질이다. 혈액응고는 혈액에 함유되어 있는 피브리노겐(fibrinogen)이 중합해서 물에 불용성인 피브린(fibrin)이 된 후 혈구가 못 빠져나간 상태이다. 혈액을 응고되도록 방치하면 그 응고혈액으로부터 투명

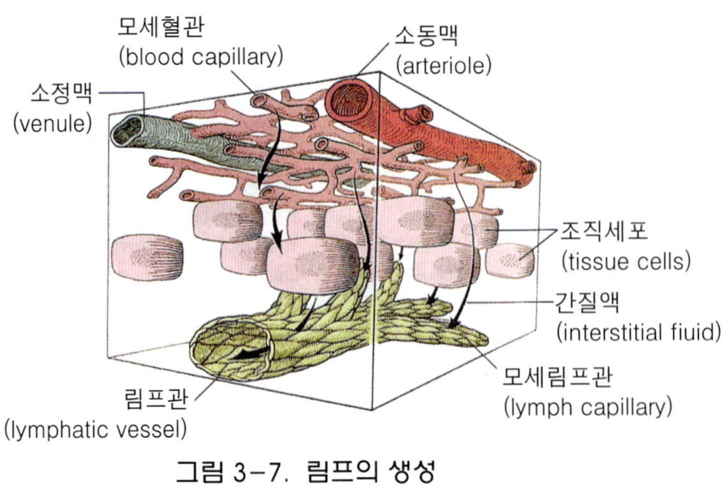

그림 3-7. 림프의 생성

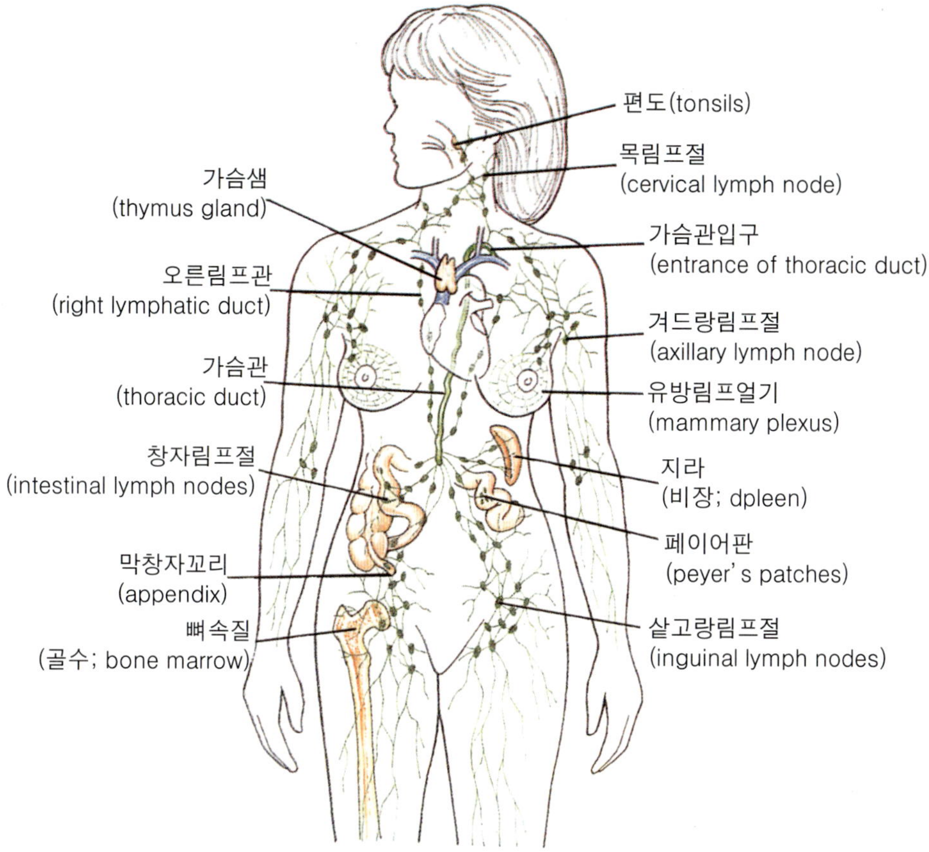

그림 3-8. 림프절의 분포

한 담황색의 액이 침출되는데, 이것을 혈청(serum)이라 한다. 즉 혈청은 혈장에서 피브리노겐을 제거한 것이다. 혈관벽 출혈 부위의 응고된 혈액은 플라스민(plasmin)에 의해서 용해된다. 플라스민은 일종의 단백질 분해효소로서 혈액 내에서 불활성의 플라스미노겐(plasminogen)으로 존재한다. 그러나 혈액이나 조직에 존재하는 활성화 물질에 의하여 플라스민으로 되면 불용화된 피브린을 분해하여 응고된 혈액을 용해한다..

② 혈장의 당과 지질

혈액 중의 글루코오스를 혈당(blood sugar)이라 하며, 공복 시에는 혈액 중에 70~80 mg/dl이 함유되어 있다. 식사 후에는 일시적으로 혈당의 농도가 높아지고, 시간이 흐름에 따라 점점 감소한다. 혈당이 비정상적으로 높은 질병을 당뇨병(diabetes meltitus)이라 한다. 혈당이 높아지면 소변에 당이 섞여 배설되기 때문에 당뇨병이라 한다.

혈장지질은 중성지질, 콜레스테롤, 인지질, 지방산 등이 있다. 지질은 소수성이기 때문에 혈장 안에서 지단백질(lipoprotein)로 존재한다. 그 농도는 영양 상태나 나이에 따라 변화한다.

③ 혈장의 무기질

혈장 중의 무기질은 세포질과는 달리 Na+이 많고, K+이 적다. 혈장의 무기질과 비슷한 이온 비율을 가진 액을 혈장 대용으로 사용된다. 이를 링거(Ringer)액이라 한다.

2-3-2. 림프(lymph)

세포의 대사에 필요한 영양소와 산소는 혈장과 더불어 동맥을 통하여 각 조직에 운반되고, 모세혈관을 통하여 조직 속으로 삼출됨으로써 조직액(tissue fluid)이 된다. 조직을 구성하고 있는 세포는 조직액으로부터 영양소와 산소 등 대사에 필요한 물질을 흡수하고, 이산화탄소와 노폐물과 같은 대사산물을 배출한다.

이와 같은 대사산물의 교환이 끝난 조직액은 다시 정맥성 모세혈관을 통하여 회수되는데 이때 완전히 회수가 이루어지지 않고 일부가 간질에 남는다. 간질의 액압이 증가하면 간질액의 일부는 림프관으로 들어가서 림프절(lymph node)을 거쳐 최종적으로 좌우 정맥각(jugulosubclavian angle)에 유입된다. 림프관을 흐르는 액상조직을 림프(lymph)라 하며, 액체성분을 림프장(lymph plasma), 세포성분을 림프구(lymphocyte)라 한다.

림프관은 거의 모든 조직과 기관에 존재하지만 표피, 연골, 중추신경계, 안구 등에는 없다. 림프의 성분은 적혈구와 혈소판이 거의 없는 혈액의 삼출물로서 혈장의 성상과 비슷하다. 그러나 림프구가 많고 알부민과 글로블린은 적으며 응고속도도 매우 느리다. 인체에서의 림프는 1일에 약 1.5~3 l 가 순환한다. 림프관을 따라 전신에 산재하고 있는 림프절은 세망조직으로 구성된 타원형의 기관으로 림프 속의 유해물질을 걸러 제거하고 식작용으로 신체를 방어하며 림프구를 생성한다.

3. 대식세포계(macrophage system)

대식세포계(macrophage system)는 결합조직 내의 대식세포(macrophage)와 같이 이물(foreign)을 먹어 해치우는 식작용(phagocytosis)으로 신체를 방어하는 세포이며, 세망내피계(reticuloendothelial system; RES)라고도 한다. 이러한 식작용이 있는 세포들은 대식세포(macrophage), 백혈구에서 분화된 단핵구(monocyte), 각종 림프양 조직 내의 세망세포(reticular cell), 폐의 먼지세포(dust cell) 등이다. 이런 세포들은 아메바 운동과 식작용 및 항체생산에 관여하며 노쇠한 혈구들을 파괴하고 제거하는 역할을 한다.

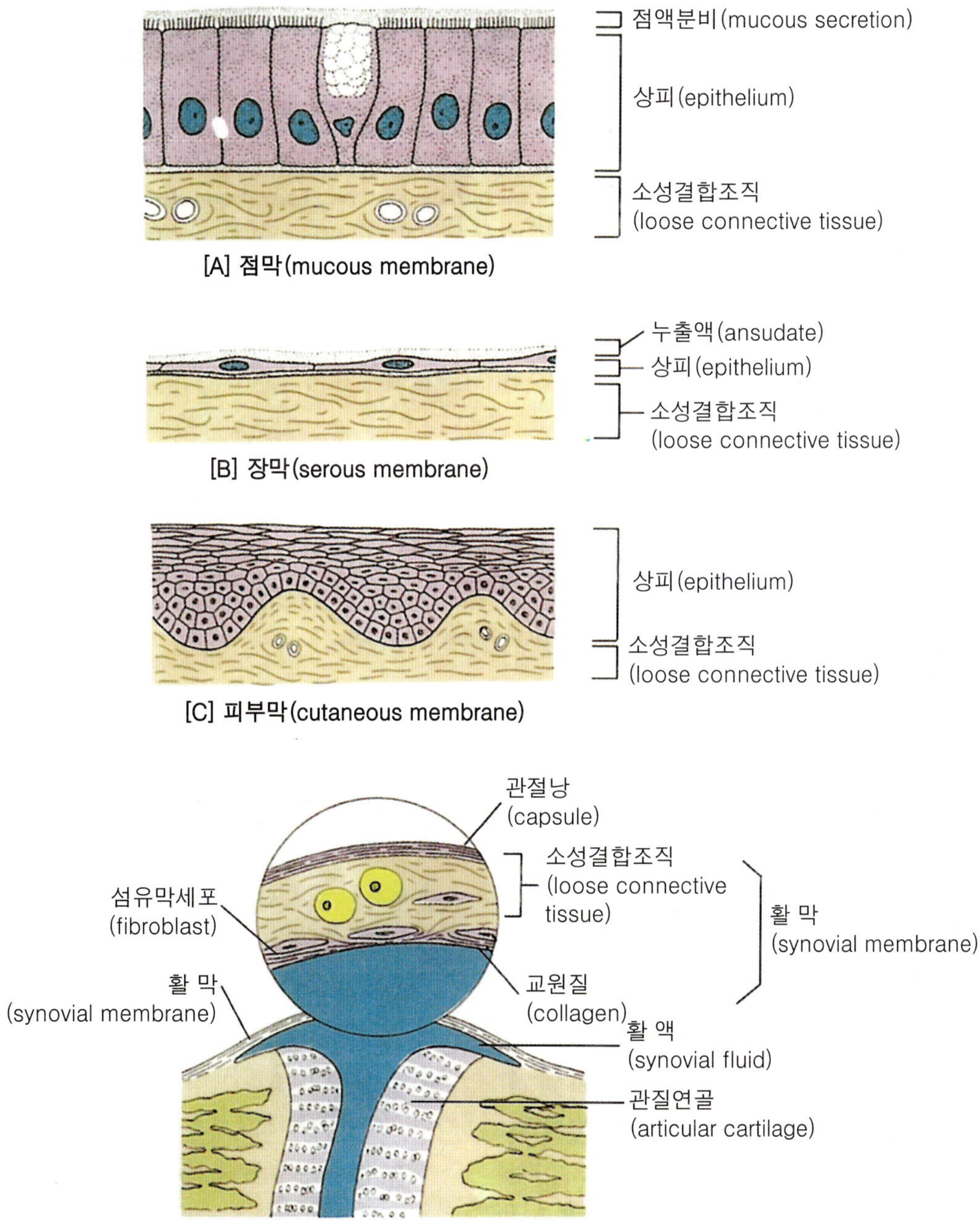
점액분비(mucous secretion)
상피(epithelium)
소성결합조직
(loose connective tissue)
[A] 점막(mucous membrane)
누출액(ansudate)
상피(epithelium)
소성결합조직
(loose connective tissue)
[B] 장막(serous membrane)
상피(epithelium)
소성결합조직
(loose connective tissue)
[C] 피부막(cutaneous membrane)
관절낭
(capsule)
소성결합조직
(loose connective
tissue)
섬유막세포
(fibroblast)
활 막
(synovial membrane)
활 막
(synovial membrane)
교원질
(collagen)
활 액
(synovial fluid)
관질연골
(articular cartilage)

그림 3-9. 막의 종류

4. 막(membrane)

막(membrane)은 신체에서 겉이나 속을 싸고 있는 상피조직, 즉 신체의 외부를 감싸고 있는 피부뿐만 아니라 체강의 내면이나 장기의 표면 혹은 내강을 싸고 있는 장막, 점막 등과 같이 상피조직과 그 아래층을 지지하는 결합조직을 모두 막이라 한다.

1) 점막(mucous membrane)

점액(mucous)을 분비하는 막으로서 소화관, 비뇨관 그리고 호흡관 등의 속 면을 싸고 있는 막, 즉 구강, 식도, 위, 장, 기관, 기관지 등에 존재한다. 존재하는 위치에 따라 보호(protection)작용, 분비(secretion)작용, 흡수(absorption)작용 등의 기능을 한다. 예를 들면 박테리아의 침입을 방지하고 점액성 물질을 분비하며 물, 염류, 영양소를 흡수한다.

2) 장막(serous membrane)

장막(serous membrane)은 장액(serous exudate)을 분비하는 막으로서 섬유아세포의 분열과 증식에 의하여 형성된 막이다. 특히 장막은 외부와 통하지 않는 체강의 내면을 덮고 있다.

즉 폐를 싸고 있는 흉막(pleura), 심장을 덮고 있는 심막(pericardium), 복강 내의 장기를 싸고 있는 복막(peritonium) 등이 있다. 이러한 막은 장기의 표면을 싸고 있는 장측막(visceral lamina)과 내벽을 싸고 있는 벽측막(parietal lamina)의 두 겹으로 이루어져 있다. 이 두 겹 사이의 공간을 각각 흉막강(pleural cavity), 심막강(pericardial cavity), 복막강(peritoneal cavity)이라 한다. 여기에는 소량의 장액, 즉 흉막액(pleural fluid), 심막액(pericardial fluid), 복막액(peritoneal fluid)이 차 있어서 장기들이 움직일 때 마찰을 감소시켜 준다.

3) 활액막(synovial membrane)

끈적끈적한 활액(synovial fluid)을 분비하는 막으로서 관절강(joint cavity), 건초(tendon sheath), 활액낭(bursa) 등의 내면을 싸고 있는 막이다. 뼈와 뼈 혹은 뼈와 여타의 기관들 사이에서 마찰을 감소시키는 역할을 한다.

4) 섬유막(fibrous membrane)

섬유막(fibrous membrane)은 장기를 보호하기 위하여 주로 장기의 겉 표면을 둘러싸고 있는 결합조직이다. 내장기관의 섬유피막(fibrous capsule), 근육의 근막(fascia), 뇌와 척수를 싸고 있는 뇌척수막(meninges) 등이 섬유로 된 결합조직이다.

4

피부의 발생과 성장

Development & Growth of Skin

1. 태아의 발생

1-1. 수정과 착상

사람은 정자(sperm)와 난자(ovum)가 융합하여 이룬 접합자(zygote) 혹은 수정란(fertilized ovum)이라고 하는 한 개의 세포에서부터 시작된다. 정자와 난자의 수정은 대개 난관의 팽대부에서 이루어지며, 수정 후 약 30시간 만에 두 개의 딸세포로 분열되고 난관을 지나는 동안 난할(cleavage)을 거듭하여 난할구(blastomere)를 형성한다.

수정과 함께 형성된 접합자는 빠른 세포분열을 통하여 오디배(morula)를 형성한다. 즉 수정 후 4일에는 8~16개의 난할구로 나누어져 뽕나무 오디처럼 보이므로 오디배라 한다. 16세포기인 오디배가 시간이 지남에 따라 자궁강으로부터 액체가 들어와 난할강이 형성된 낭포배(blastocyst)가 된다. 낭포배는 액체의 유입량이 증가함에 따라 세포들이 양쪽으로 밀집되어 오디배 내부에 존재하는 내부세포집단(inner cell mass)과 태반이 형성될 표층부의 영양막(trophoblast)으로 나누어진다.

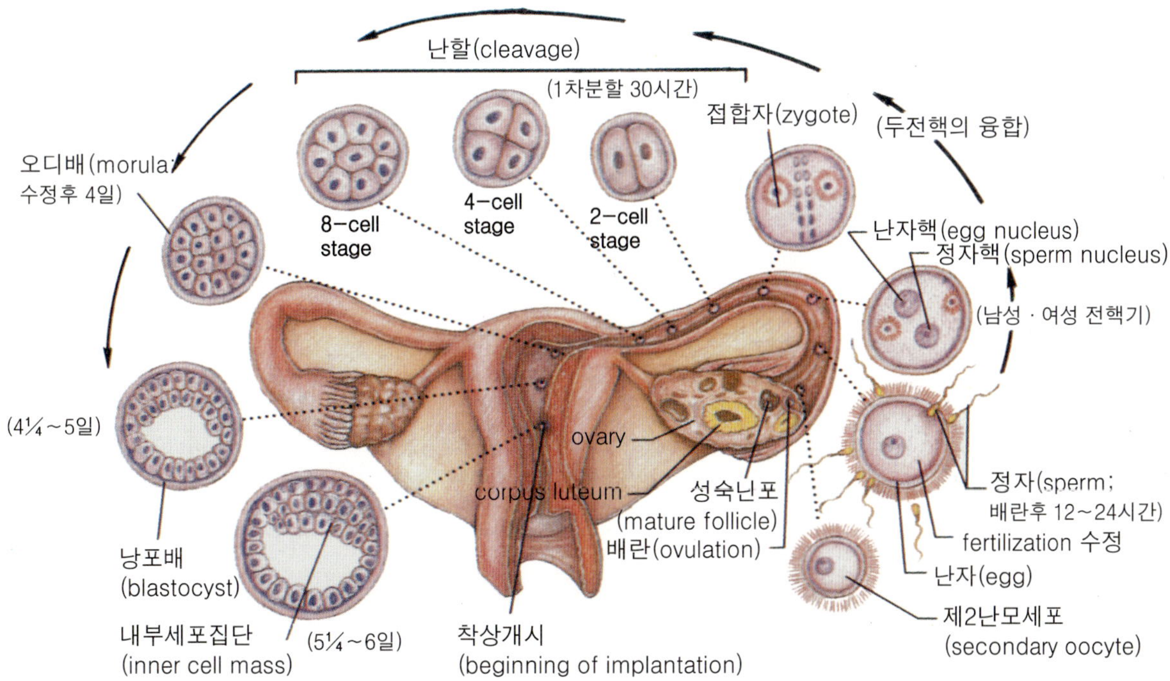

그림 4-1. 정자와 난자의 수정과 착상 과정

내부세포집단(inner cell mass)은 나중에 배반(embryonic disc)이 형성된다. 낭포배의 내부세포집단이 먼저 자궁의 점막과 접촉을 하여 수정 후 6~7일이면 자궁 후벽에 착상(implantation)을 한다. 이때의 자궁내막은 수정란이 착상하기 알맞게 비후되어 있고 분비물이 충만하여 혈관도 풍부해진다. 자궁후벽이 아닌 난소, 난관 및 복강벽 등에 착상하는 것을 자궁외임신(ectopia or extrauterine pregnancy)이라고 한다.

1-2. 배아기의 변화

자궁내막에 착상된 영양막은 바로 2층, 즉 바깥쪽의 세포 경계가 없는 결체영양막(syncytiotrophoblast)과 안쪽의 세포경계가 뚜렷한 세포영양막(cytotrophoblast)으로 분리된다. 그 후 이들은 융모막(chorion)을 형성하게 된다.

2주째에 내부세포집단(inner cell mass)은 분할강 쪽의 단층입방세포로 형성된 내배엽(endoderm)과 반대쪽의 단층원주세포로 형성된 외배엽(ectoderm)으로 양분된다. 이들 두 개의 층을 합하여 배반(embryonic disc)이라고 부르며 장차 태아가 될 부분이다.

3주째에 배반의 꼬리부분 정중선상에 외배엽이 융기되어 원시선조(primitive streak)를 형성한다. 이 융기부가 배아의 머리부분과 꼬리부분, 전면과 후면 및 좌·우를 구별할 수 있는 기준선이 된다.

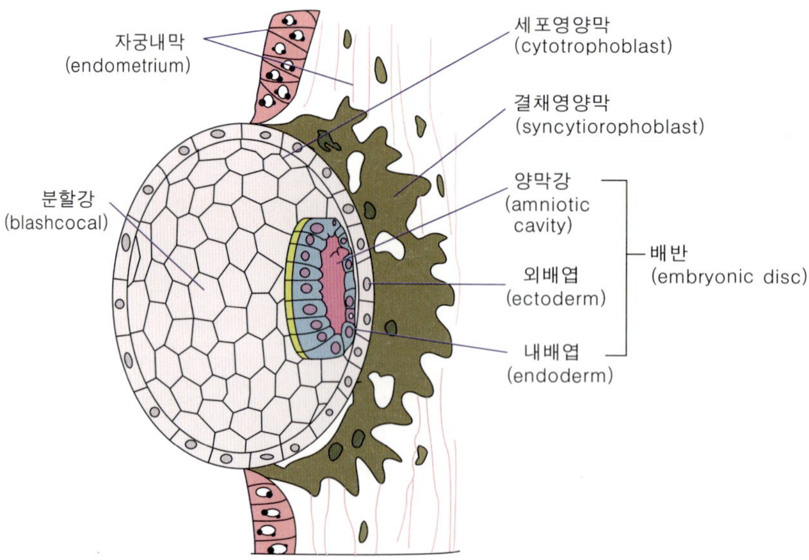

그림 4-2. 수정후 7일 배반

또 원시선조의 가운데 오목한 부위를 원시구(primitive groove), 머리 부분의 굵은 부위를 원시결절(primitive node)이라고 하며, 양측의 세포들은 관 모양으로 배열되어 중배엽(mesoderm)을 형성한다. 원시결절 부위의 세포들은 추후 척삭(notochord)이 되어 척추로 분화되고, 척삭을 덮고 있는 일부 세포들은 신경계가 발생할 신경판(neural plate)을 형성한다.

이러한 내배엽, 외배엽 및 중배엽은 매우 복잡한 과정을 거쳐 증식과 분화를 되풀이한다. 즉 수정란은 자궁벽의 점막에 착상(implantation)한 후 증식과 분화 그리고 성장을 하면서 배아기(embryonic period), 태아기(fetal period)를 거쳐 280일 만에 분만하여 신생아(neonate)에 이르게 된다. 그리하여 결국 인체의 모든 부분을 완성하게 되는데, 각 배엽으로부터 유래된 사람의 각 기관들은 그림 4-3과 같다.

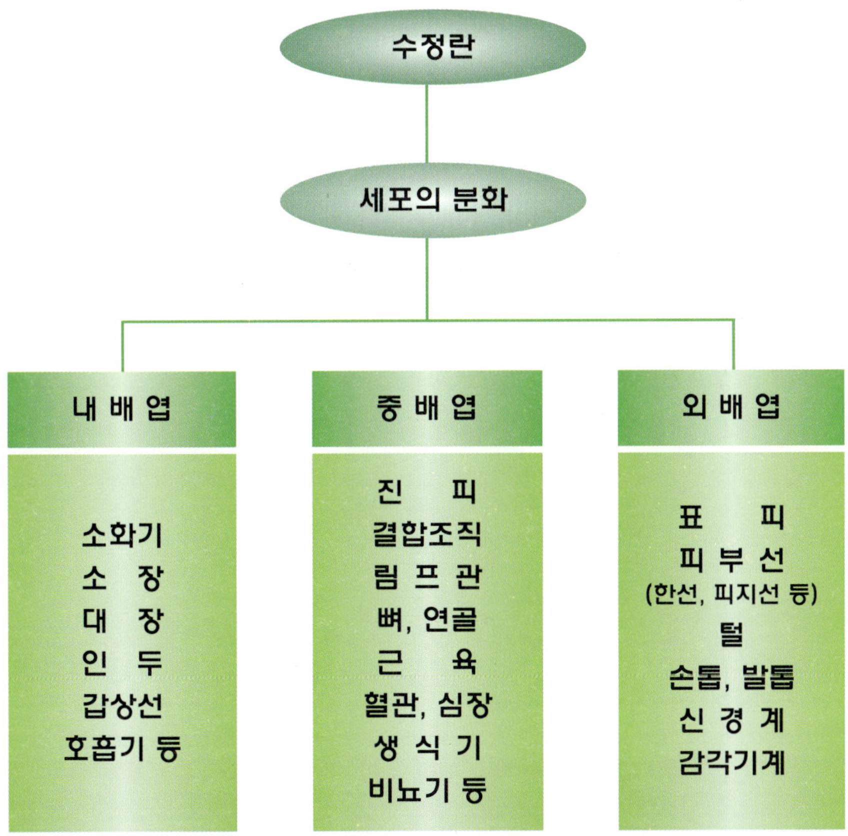

그림 4-3. 각 배엽의 발생 기관

1-3. 태아기의 변화(change of fetal period)

배아(embryo)는 4주~7주까지 신체의 외형을 형성하고, 8주경에는 모든 주요 장기의 구성이 이루어져서 인체의 형태를 갖추게 된다. 이를 태아(fetus)라 한다. 임신 3개월째에는 체모가 생기고, 외음부에 남, 녀의 차이가 나며 체장은 10㎝, 체중은 45g 정도 된다. 4개월째에는 태동하기 시작하며, 5개월째에 이르면 태아의 체장은 25㎝, 체중은 240g 정도 되고 모체는 태동을 느끼며 외부에서 태아의 심음을 들을 수 있다. 6개월째에는 전신이 체모로 덮이고 7개월에는 두발이 형성되며, 안검이 갈라진다. 10개월이 되어 체장은 50㎝, 체중 3.3㎏ 정도의 신생아(neonate)를 분만하게 된다.

1-4. 태아막(fetal membrane)

수정란의 일부는 태아의 발육을 도와주는 태아막으로 분화된다. 여기에는 내부세포집단으로부터 유래하는 양막, 난황낭과 요막, 영양막으로부터 발달하는 융모막이 있다.

양막(amnion)은 태아를 싸고 있는 첫 번째 막으로 양막강(amniotic cavity)을 형성하고, 양막강 내에는 양수(amniotic fluid)가 차 있다. 이 양수는 태아를 외부의 충격으로부

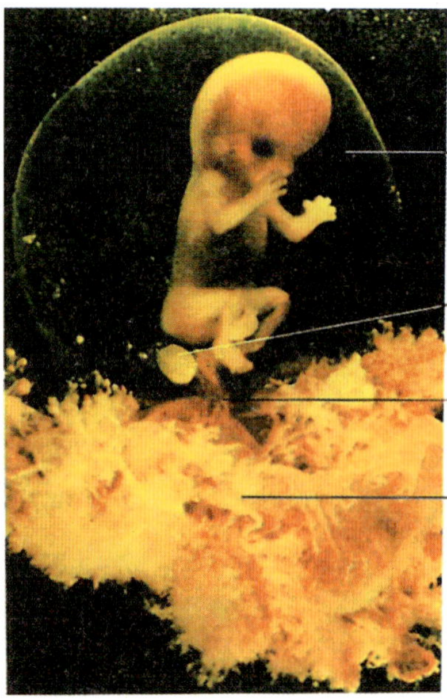

그림 4-4. 태아(10주)

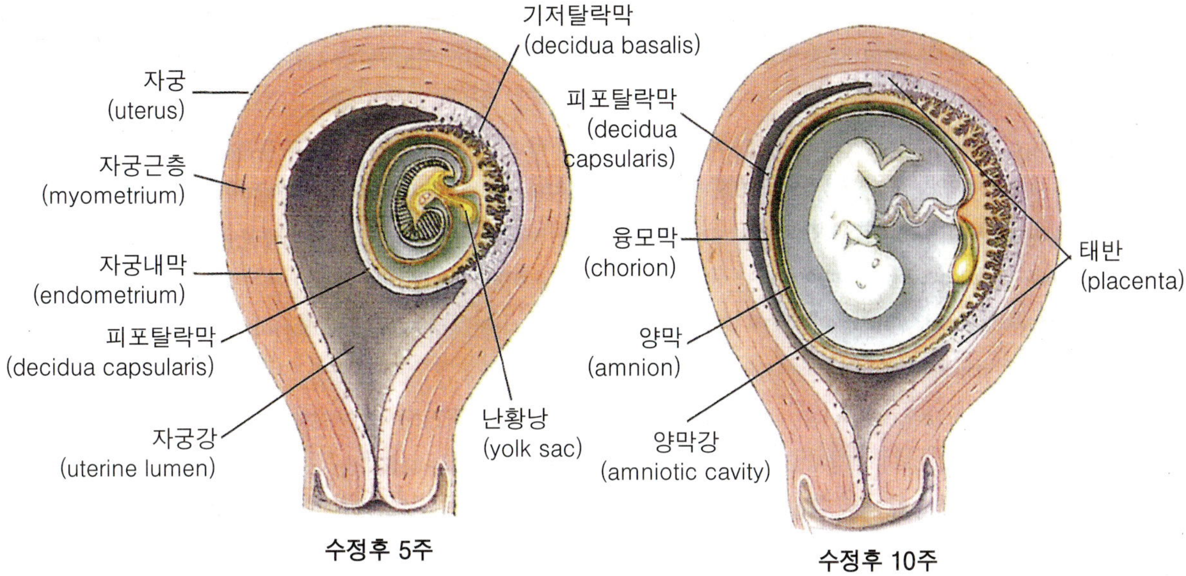

그림 4-5. 태아막

터 보호하며, 온도 유지 및 태아의 운동을 원활하게 해준다. 난황낭(yolk sac)은 초기의 조기혈관으로 작용하는 태아의 두 번째 막이다. 세 번째 막은 태아의 제동맥과 제정맥으로 발달하는 요막(allantois)인데, 둘 다 태아의 제대(umbilical cord)에 위치한다. 융모막(chorion)은 포낭의 영양막으로부터 유래하는 네 번째 막으로 태아와 앞의 3종류의 막들을 싸고 있으며 자궁내막(탈락막)에 부착하여 태반을 형성한다.

1-5. 태 반(placenta)

모체와 태아 사이의 모든 물질교환이 이루어진 곳이 태반(placenta)이다. 태반은 모체의 자궁내막, 즉 자궁내의 탈락막(decidua)과 태아의 융모막으로 구성되며, 임신 4개월 말경에 완성된다. 태반은 각 융보(villus) 사이의 불규칙한 틈새인 융모산상(intervillous space)을 형성한다.

태반은 태아와 모체 사이에 있으면서 태아의 생명 유지와 발육에 필요한 영양소와 산소의 공급 장소인 동시에 태아의 노폐물이나 이산화탄소가 배출되는 곳이다. 융모간강에서의 물질 교환은 확산에 의하여 이루어진다.

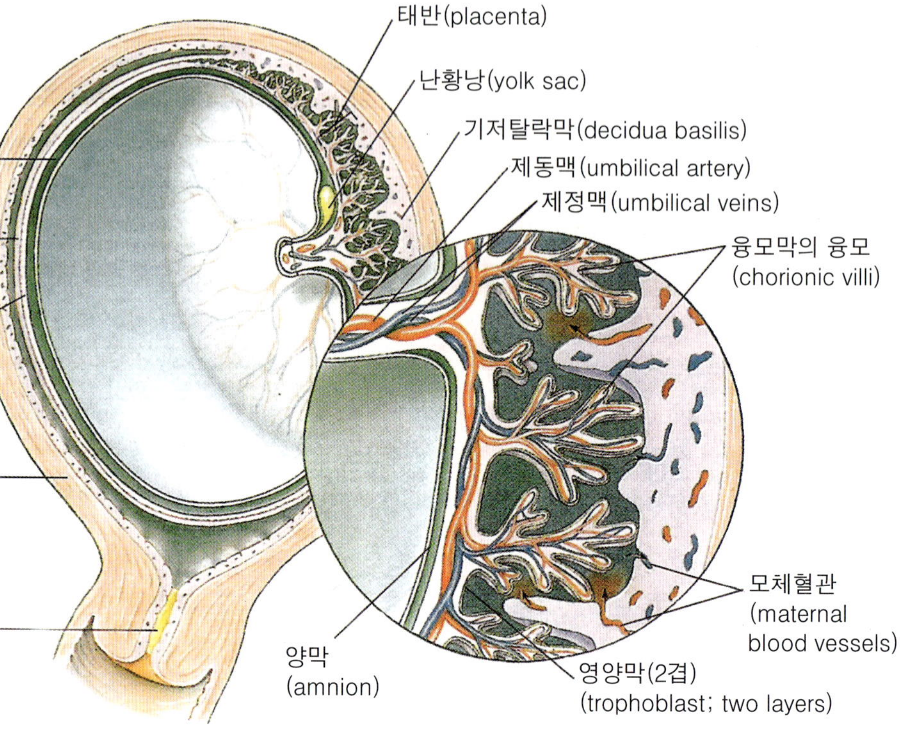

그림 4-6. 융모간강

혈액동 내의 산소분압이 60~80mmHg인데 비해 융모의 모세혈관, 즉 태아 혈액의 산소분압은 20~30mmHg이기 때문에 이들의 분압 차에 의하여 모체에서 태아 쪽으로 이동이 일어난다. 포도당, 아미노산, 지질, 비타민, 무기염류 등의 영양소도 같은 원리로 모체 혈액에서 태아의 혈액으로 확산되어 간다. 태반에서의 물질이동에 대한 투과성은 임신 개월 수가 지남에 따라 증가한다. 최고의 투과성을 이루는 시기는 32~36주 정도 되며, 그 후에는 태반세포의 노후에 따라 점점 투과성이 감소한다.

사람의 태반은 태아분만 후 자궁벽에서 떨어져 배출되며, 이것을 후산(after birth)이라 한다. 분만과 동시에 제대를 통한 태아의 모든 기능이 소실되므로 신생아에서는 호흡기, 순환기 및 배설기 등에 기능적으로나 형태적으로 급격한 변화가 일어난다.

표 4-1. 인체의 성장 구분

구 분	기 별	시 점
출 생 전	배아기(embryonic period) 태아기(fetal period)	임신 2개월까지 임신 3개월~출생 전
출 생 후	신생아(neonate) 유 아(infancy) 소 아(childhood) 사춘기(puberty) 청년기(adolescence) 성인기(adulthood) 노인기(senility)	생후 4주까지 생후 4주~1년 생후 1년~사춘기 남자:15±2세, 여자:13±2세 사춘기~성숙기 20세 이후 60세 이후

1-6. 성 장(growth)

인체의 성장(growth)이란 세포수의 증가나 세포 크기의 증가 혹은 비활성 물질의 증가이다. 세포분열에 의한 세포수의 증가는 태아 발생기에 일어나며, 세포 크기의 증대는 그 후에 일어난다. 인체의 발생과 성장과정에서 각 시기별로 구분하면 표 4-1과 같다.

2. 피부의 발생과정

태생 8주를 기준으로 기관이 형성되는 배아기와 기관 내 조직이 분화되는 태아기의 두 단계로 구분되는데 표피의 발달과정에서도 유사하게 나타난다. 외배엽에서 기원되는 표피는 발생 1개월 이전에 한 층의 미분화된 외배엽 세포로 구성되고, 발생 2개월 이전에 두 층으로 구분된다.

2-1. 배아기의 피부 발생

수정과 함께 형성된 접합자(zygote)는 빠른 세포분열을 통하여 오디배(morula)를 형성한다. 오디배는 내부에 존재하는 내부세포집단(inner cell mass)과 겉에 위치한 영양막(trophoblast)으로 구분된다. 두 세포집단 사이에 액체가 차면 이를 낭포배(blastocyst)라 한다.

착상이 활발하게 이루어지는 발생 2주 정도의 내부세포집단은 외배판(epiblast)과 내배판(hypoblast)의 두 세포층으로 이루어지는데 이를 이층배자원반(bilaminar embryonic disc)라 한다.

발생 3주가 되면 외배판 세포들이 원시선조(primitive streak)라 부르는 선상의 구조를 따라 함입된다. 처음에 이동한 세포들은 내배판 세포들을 밀어내고 내배엽층(endoderm)을 형성하고, 다음에 이동한 세포들은 내배엽층과 외배판 사이에 중배엽층(mesoderm)을 형성한다. 그리고 세포들의 이동이 중지된 외배판 세포들은 외배엽층(ectoderm)을 형성한다. 이와 같이 세 조직 층으로 이루어진 발생 3주의 배자를 삼층배자원반(trilaminar embryonic disc)이라 한다.

발생 3주 중반에 정중선 근처의 외배엽 세포들이 활발하게 증식하여 융기되며 나중에 신경조직으로 활발하게 발달되는데 이를 신경외배엽(neuroectoderm)이라 한다.

발생 4주 말 경 신경관이 형성되면 배아는 횡단면이 대체로 원통 모양이 되고, 이때 신경조직의 발생에 참여하지 않은 나머지 외배엽을 표면외배엽(surface ectoderm)이라 한다. 한편 중배엽은 부위에 따라 배자의 축을 이루는 척삭(notochord)과의 관계에 따라 축옆중배엽(paraxial mesoderm), 중간중배엽(intermediate mesoderm) 그리고 외측중배엽(lateral mesoderm)으로 구분된다. 부위에 따라 척삭 근처의 경절(sclerotome), 근절(myotome) 그리고 표면외배엽 근처의 피절(dermatome)로 구분할 수 있다.

피부는 표면외배엽에서 유래한 표피와 피절에서 유래한 진피로 이루어지므로 이중기원을 가지며, 피부의 발생에는 표피와 진피의 상호작용이 매우 중요하다. 발생 4주 배자

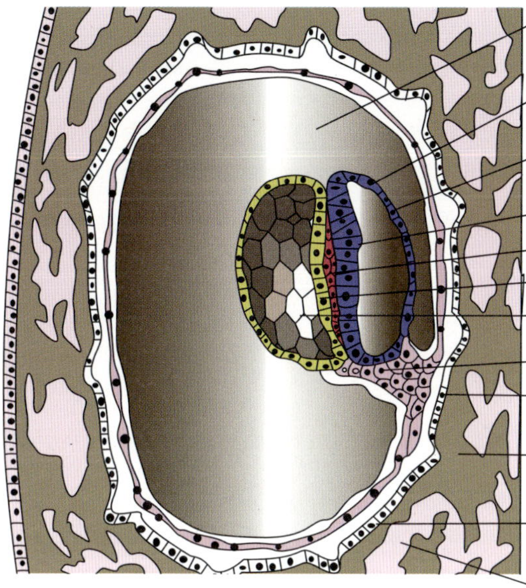

그림 4-7. 수정 후 14일 배반

의 표피는 단층입방상피로 이루어져 있으며, 이때의 표피는 비교적 느슨하게 배열되어 있고 교소체도 거의 형성되지 않는다. 양수를 향한 표면에는 약간의 미세융모가 발달해 있으며, 각질세포의 특징을 전혀 가지고 있지 않다.

이후 상피세포의 분열이 활발해지면서 발생 7주 배자의 표피는 기저층(basal layer)이라 부르는 입방상피와 이를 덮는 단층편평상피인 태아표피(periderm)로 이루어진다. 바깥층의 태아표피는 태생기 표피에서만 볼 수 있는 독특한 구조이며, 내부의 입방상피는 기저세포로서 이후 모든 표피 구조의 모체역할을 수행하게 된다. 이 시기의 표피는 계속 탈락되는 태아표피가 기저층에서 형성된 세포로 대치된다는 점에서 성인 표피와 유사하다. 태아 표피는 수분, 나트륨, 포도당의 교환에 관여한다.

2-2. 태아기의 피부 발생

발생 11주가 되면 기저층 세포들이 활발하게 증식하여 3~5 세포층의 중간층(intermediate layer)이 기저층과 태아표피 사이에 형성된다. 즉 발생 11주에는 태아의 표피에서 기저세포층과 외표피층 사이에 한 층의 중간 세포층이 형성되고 점의 형태로 보이는 미량의 지질이 나타난다. 이 시기로부터 발생이 진행될 수 록 새로운 중간 세포층이 출현하여 중층화가 진행되는데 발생 12주, 13주 태아에서도 뚜렷한 분포의 차이를 볼 수 있다.

발생 14주 태아의 표피에는 세포질에 당원이 풍부하며, 두 층의 중간 세포층이 형성된다. 외표피의 표면은 융기되어 불완전한 수로를 형성하고 다수의 미세 융모로 덮여있으며, 세포질 내에 많은 원형질 공포(cytoplasmic vaculoe)가 있다. 이시기의 태아는 판상 이중막이나 층판소체(lamellar granule)와 같은 구조는 없다.

발생 15주의 태아에서는 2~3층의 중간층(intermediate layer)을 보였으며, 표피층에 구슬 모양으로 약간의 지질 분포가 미약하게 나타난다. 중간층 내에는 불규칙한 타원형의 이중막이 여러 겹으로 뭉쳐있거나 말려 있는 미성숙한 구조의 층판소체가 있다.

발생 16주에 이르면 표피를 이루는 상피는 완성된 배열을 보인다. 즉 한 층의 세포층인 기저층, 2~3 세포층인 유극층, 케라토히알린 과립(keratohyalin granule)을 함유하는 한 층의 세포층인 과립층 그리고 몇 개의 세포층인 각질층으로써 크게 4개 층으로 구분할 수 있다.

한편 외표피는 표피발생이 진행되면서 크기, 모양, 표면 특성 등이 현저하게 변화되며, 표면이 융기됨에 따라 불완전수포를 거쳐 하나의 수포를 형성한다. 이후 다수의 복

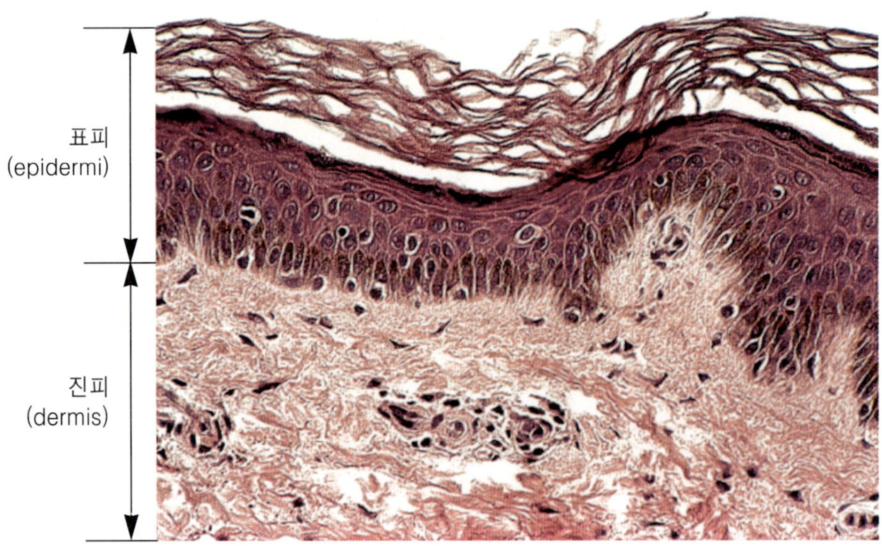

그림 4-8. 완성된 피부구조

합 수포 및 퇴화 수포 단계를 거치며, 각질층이 형성되는 24주 경에는 양수 내로 탈락되어 피부 표면에서는 관찰되지 않는다. 발생 18주의 태아는 많은 당원과 기능질(organelle)을 포함하고 있으며, 외표피와 중간층의 세포막 사이에 불완전한 지질 이중막이 있다.

발생 20주 태아는 모낭이 형성된 부위에 표피에서 외표피의 퇴행이 나타나며, 같은 부위에서 성숙한 판상 이중막이 관찰되기 시작한다. 과립 세포층에서 다수의 판상 이중막이 관찰되고, 미성숙한 케라토히알린 과립(keratohyalin granule)들이 형성된다. 잘 성숙된 형태의 교소체가 연속적으로 배열되어 있으며, 세포질 내에는 장원 세섬유가 다발을 이루고 있다.

발생 21주의 태아에서는 외표피의 퇴행변화가 있으며 세포질 내에 당원이 감소한다. 최외각 표피층에서는 불완전하게 형성된 판상 이중막이 있으며, 발생중인 층판소체(lamellar granule)가 다수 분포된다.

발생 23주 태아에서 외표피층은 거의 소실되고 각질화가 더욱 진행되어 여러 겹의 각질층이 형성된다. 가장 아래쪽의 각질층에서는 부분적으로 각질 케라토히알린 과립이 많이 형성되어 있지 않고, 각질 형태는 비전형적인 불완전 각질화가 이루어진다. 또한 잘 형성된 각질층 막 사이에서 층판구조가 부분적으로 형성되며, 불연속적이다. 반면 최외각에 위치한 각질층에는 지질이중막이 있으며, 완전한 형태의 층판소체와 원형의 막구조가 형성된다.

신생아의 표피에서는 부분적으로 성숙한 층판소체가 각질층 내부로 분비되고 각질층 내에서 성숙한 판상 이중막이 형성된다. 표피의 각질화는 발생 15주 경 모낭을 중심으로 시작되어 발생 24주에 모든 표피에서 일어나며, 발생 약 21주에 태아표피가 소실되기 시작한다. 출생 직전에 각질층이 뚜렷하게 두꺼워진다.

개체가 외부의 위험한 환경으로부터 보호받기 위해서는 출산 직전에 정상적으로 성숙된 피부장벽구조 생성되어야 한다. 정상적인 신생아의 경우 출생 시 이미 성숙된 피부장벽을 형성하여 정상적인 성인과 같은 정도의 낮은 경피수분손실을 보인다. 그러나 미숙아의 경우 미성숙정도에 비례하여 경피수분손실이 증가하며, 경피흡수의 경우도 증가한다. 특히 28주 이전에 태어난 미숙아의 경우 불완전한 피부장벽은 저체온증, 수분-전해질 불균형, 경피 감염의 원인이 되며, 열 손실에 의한 칼로리 소모를 가져온다.

5

피부의 구조

Structure of the Skin

피부(skin)는 인체의 최외각을 감싸고 있으며 외부 환경으로부터 인체를 보호하는 중요한 기관 중의 하나이다. 즉 피부는 자외선, 온도, 습도, 먼지, 세균 등의 물리적, 화학적, 생물학적 요인으로부터 인체를 보호해 주는 중요한 역할을 한다. 또한 피부는 내적 요인에 의해서도 영향을 받는다. 예를 들면 몸이 건강하면 피부에 생기와 윤기 그리고 피부의 탄력과 색깔이 좋아 보이나 건강하지 못하면 그러하지 못하다. 이와 같이 피부의 건강은 신체의 내·외적 요인에 의해서 좌우된다.

성인의 경우 피부의 총 면적이 약 1.6~1.8㎡이고, 피부의 무게는 몸무게의 약 7%를 차지한다. 피부 두께는 인체의 부위, 성별, 연령, 영양상태 등에 따라 다소 차이가 있다. 피부 전체의 두께는 1.5~4.0㎜이고 표피의 평균 두께는 0.4~1.5㎜이다. 손바닥과 발바닥의 피부가 가장 두껍고, 눈꺼풀 등은 피부의 두께가 가장 얇은 부위이다. 일반적으로 여성에 비하여 남성의 피부가 두껍다. 그러나 피하지방의 경우 여성이 남성보다 두껍다.

피부는 표피(epidermis), 진피(dermis), 피하지방(subcutaneous layer)의 3층으로 구성되어 있고, 피부의 부속기관으로 한선, 피지선, 모발 그리고 조갑(nail) 등이 있다. 이와 같은 피부는 끊임없이 재생하는 조직이며, 피부부속기관은 피부의 기능을 돕는 역할을 한다.

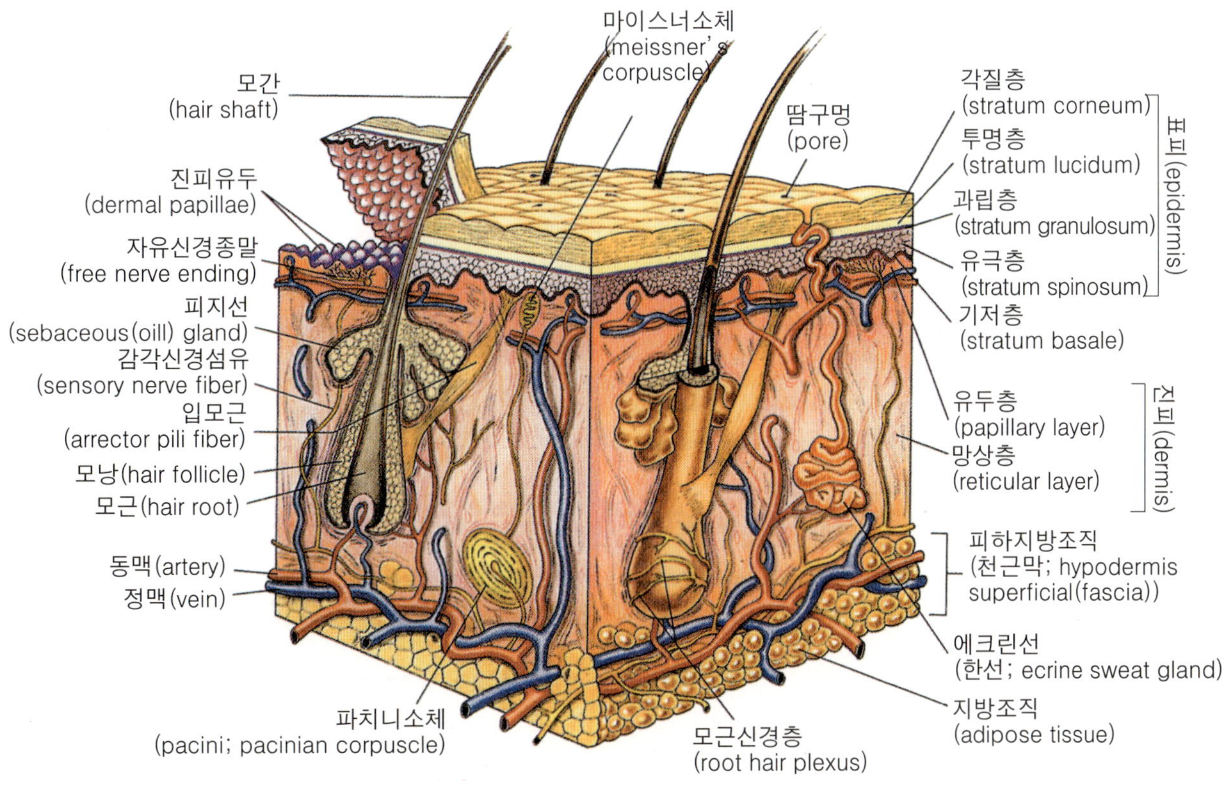

그림 5-1. 피부의 구조

1. 표 피(epidermis)

표피(epidermis)는 신체를 감싸고 있는 가장 바깥층으로서 외부 환경과 직접 접촉되어 있어 물리적, 화학적, 생물학적인 요인에 항상 노출되어 있다. 표피는 외배엽에서 유래하며 중층편평상피(stratified squaamous epithelium)로 된 얇은 막으로 구성되어 있고, 두께는 보통 0.07~0.12㎜ 정도이다. 표피는 이러한 각화 세포의 변형에 따라 기저층(stratum basale, basal layer)과 유극층(stratum spinosum, spinous layer), 과립층(stratum granulosum, granular layer), 투명층(shining layer) 그리고 각질층(stratum corneum)의 5개 층으로 구성되어 있다.

기저층과 유극층은 세포에 핵이 있는 유핵층이고 과립층, 투명층, 각질층은 핵이 없는 무핵층이다. 핵이 있는 세포로 구성된 기저층과 유극층을 말피기층(Malpighian layer)이라고도 한다.

1-1. 표피의 구성 세포

표피를 구성하는 세포 중 약 80%는 각질형성세포(keratinocyte)이다. 그 외에도 멜라닌생성세포(melanocyte), 랑게르한스세포(Langerhans cell), 머켈 세포(Merkel cell) 등이 있으며, 이러한 세포는 가지모양의 돌기를 가지고 있어서 가지모양세포(dendrite cell)라고도 한다. 각질형성세포는 외배엽에서 유래하며, 멜라닌생성세포는 신경외배엽 유래의 세포이고 랑게르한스세포는 중배엽에서 유래되었다.

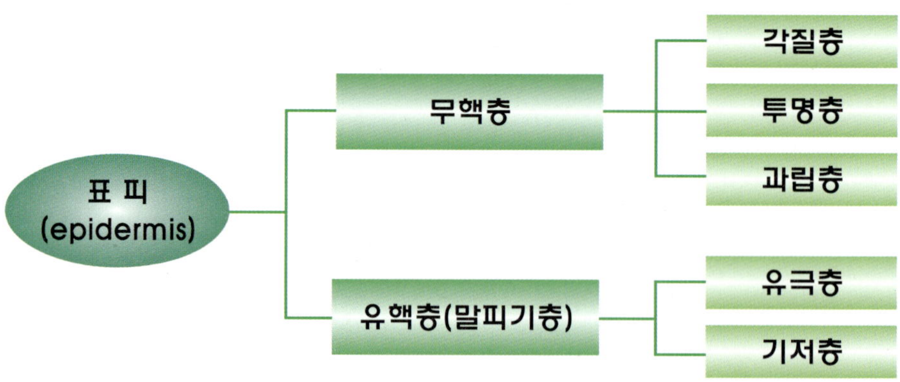

그림 5-2. 표피의 구성

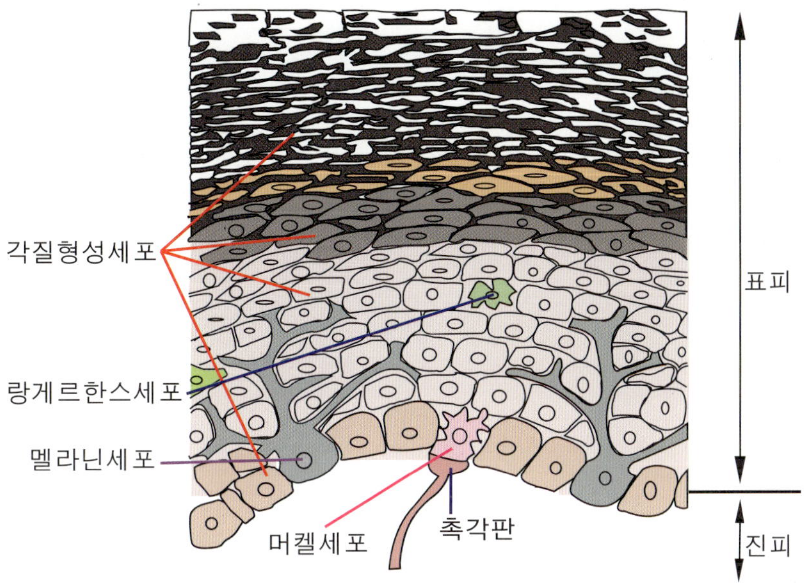

그림 5-3. 표피의 구성 세포

1-1-1. 각질형성세포(keratinocyte)

각질형성세포는 표피의 각질형성세포(epidermal keratinocyte)와 한선(sweat gland)을 둘러싸고 있는 한선의 각질형성세포(acrosyringial keratinocyte)로 구분된다. 표피의 기저층을 구성하는 각질형성세포의 10%는 줄기세포(stem cell)로 분류할 수 있으며, 표피를 구성하는 대부분의 각질형성세포는 기저층 내의 줄기세포에서 유래한다.

이와 같은 각질형성세포는 기저세포에서 분열하여 유극세포, 과립세포, 각질세포로 변화되어 결국은 피부표면에서 탈락된다. 또한 손바닥과 발바닥의 피부는 과립세포와 각질세포 사이에 투명세포가 존재한다.

1-1-2. 가지모양세포(dendrite cell)

표피에 존재하는 가지모양세포는 멜라닌생성세포(melanocyte), 랑게르한스세포(Langerhans cell), 머켈 세포(Merkel cell)의 세 종류가 있다.

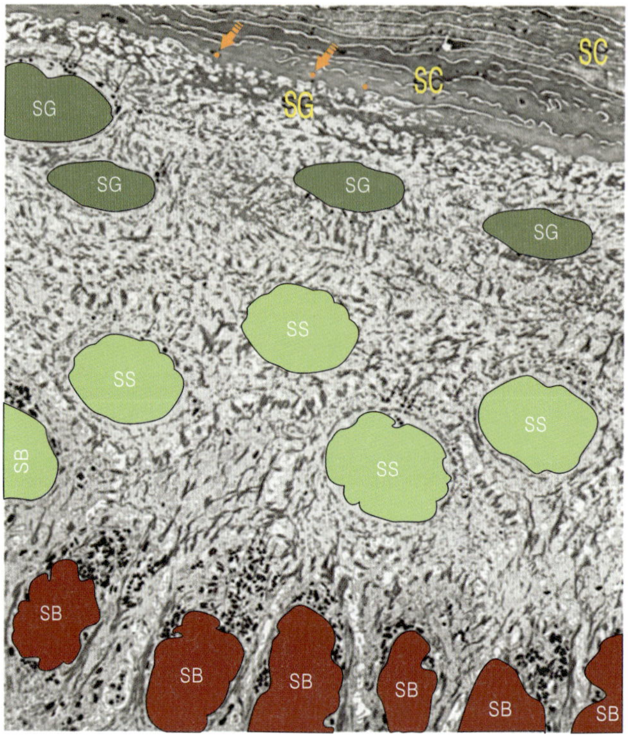

그림 5-4. 각질형성세포(SB:기저세포, SS:유극세포, SG:과립세포, SC:각질세포)

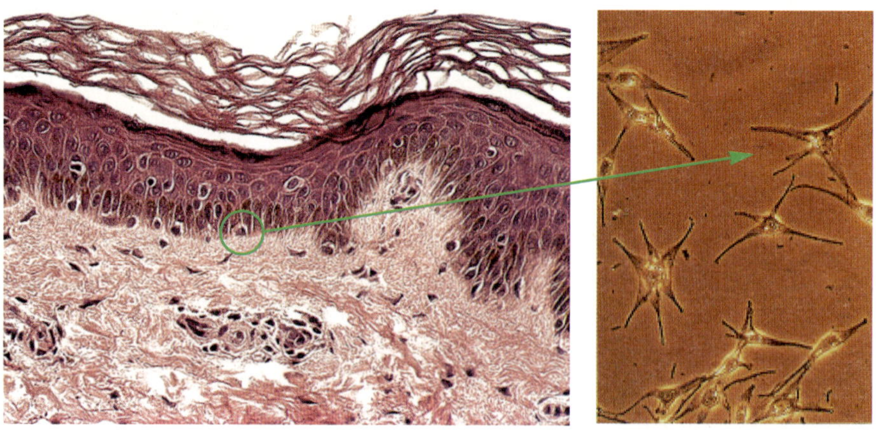

그림 5-5. 가지모양돌기를 가진 멜라닌생성세포의 존재 위치와 모양

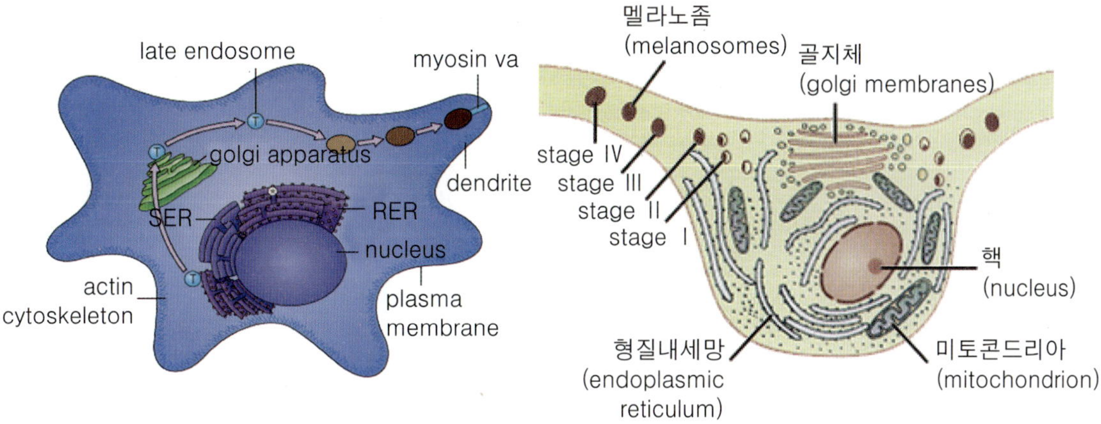

그림 5-6. 멜라닌생성세포

1) 멜라닌생성세포(melanocyte)

멜라닌생성세포는 주로 표피의 기저층에 존재하나 자외선 등에 의해 멜라닌 합성이 자극되면 유극층에서도 관찰된다. 멜라닌생성세포는 표피를 구성하고 있는 세포의 약 5~10%를 차지한다. 멜라닌생성세포는 외배엽의 신경능선(neural crest)에서 유래되었으며, 작고 둥근 핵과 각화세포 사이로 뻗어 있는 세포질돌기, 즉 가지모양돌기(dendrite process)를 가지고 있다.

멜라닌생성세포(melanocyte)의 세포질 내에는 골지체, 리보솜, 형질내세망, 중간세사(intermediate filament)등의 세포 소기관이 존재하며, 멜라닌을 생성하는 멜라닌소체(melanosome)를 함유하고 있다.

멜라닌소체는 리보솜(ribosome)에서 만들어지며 형질내세망(endoplasmic reticulum)과 골지체(Goli's apparatus)를 거쳐 가지모양돌기로 보내진다. 이와 같은 멜라닌소체는 멜라닌생성세포의 가지모양돌기를 통과하여 표피의 기저층과 유극층에 있는 각화세포로 전달된다. 이러한 전달체계는 구체적으로 밝혀지지는 않았지만 각화세포가 멜라닌생성세포의 돌기를 포식하거나 멜라닌생싱세포가 과립을 각화세포 속으로 주입하여 전달된 것으로 알려져 있다. 이러한 전달방식을 세포질 분비(cytocrine)라 한다.

소포 속에 함유된 티로시나아제는 멜라닌전소체(premelanosome)와 융합한 후 4단계를 거쳐 멜라닌소체가 성숙된다. 성숙된 멜라닌 과립은 길이가 0.4~1.0㎛정도의 타원형을 이룬다. 각화세포 속에 존재하는 멜라닌소체는 멜라닌을 합성하는데 필요한 티로시나아제(tyrosinase)를 가지고 있으며, 주로 세포 속의 핵 윗부분에 분포되어 있어서 유핵세포를 자외선으로부터 보호한다.

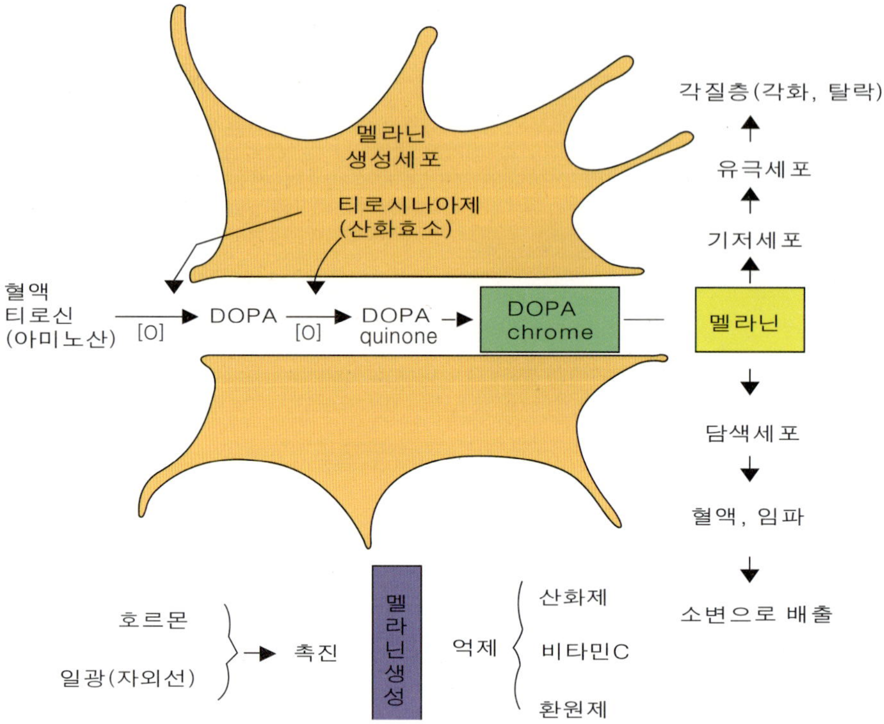

그림 5-7. 멜라닌의 생성과 탈락

멜라닌소체 내에서 아미노산 중의 하나인 티로신(tyrosine)이 티로시나아제에 의하여 산화되는 등 여러 가지 복잡한 과정을 거쳐서 멜라닌색소가 합성된다. 멜라닌생성세포가 자외선에 노출되면 티로시나아제 효소의 활성이 증가되어 멜라닌이 합성되고, 유극층 사이의 세포질돌기를 통하여 표피의 모든 층에 분산된다. 멜라닌 소체에서 생성된 멜라닌은 주위의 각질형성세포에 전달되어 자외선을 흡수하거나 산란시키고, 최후에는 각화세포와 함께 이동하여 피부표면으로부터 탈락된다. 그러나 일부는 기저세포의 멜라닌생성세포가 진피 속으로 유리되어 림프관을 따라 운반되어 체외로 배설된다.

멜라닌색소의 색상은 황갈색, 갈색, 흑갈색이나 피부표면에 가까워지면 산화되어 점점 검은색으로 된다. 멜라닌색소의 생성이나 피부 침착 정도는 유전적, 환경적, 호르몬성 요인 등에 의하여 결정된다. 종족에 따라 피부의 색이 다른 것은 멜라닌 색소의 활성도, 즉 생성되는 멜라닌색소의 양과 생성속도 그리고 분포에 따라 다르기 때문이다.

멜라닌생성세포 자극호르몬(melanocyte stimulating hormone, MSH)은 멜라닌생성세포의 가지모양돌기 속으로 멜라닌소체를 이동시키고, 각화세포로 전달될 수 있도록 자극한다. 자외선에 노출되는 등 환경적인 요인은 멜라닌생성세포의 효소활성화 및 합성을 증가시키며, 멜라닌색소를 각화세포에 침착시킨다.

2) 랑게르한스세포(Langerhans cell)

랑게르한스세포는 별 모양으로 가지모양돌기(dendrite process)가 있으며, 주로 표피의 유극층의 상부 또는 과립층에 존재한다. 수지상 세포로서 표피 세포 중 약 2~8%를 차지하며, 16일의 주기를 가지고 있다. 랑게르한스세포는 표피에만 존재하는 것이 아니고 진피를 비롯하여 구강점막, 식도, 질 등의 중층편평상피뿐만 아니라 모낭, 피지선, 한선 그리고 림프절 등에서도 볼 수 있다.

랑게르한스세포는 피부 내에서 면역반응에 관여한다. 즉 랑게르한스세포는 외부의 항원을 면역담당세포인 림프구로 전달하는 항원전달세포이며, 림프구를 특정의 항원에 감작되게 하여 세포성 면역을 유발하게 한다.

3) 머켈 세포(Merkel cell)

머켈세포(Merkel cell)는 감각신경계통의 세포로서 신경종말이 붙어 있고, 표피에 광범위하게 퍼져 있으나 주로 기저층이나 그 부근에 존재한다. 털이 있는 피부뿐만 아니라 털이 없는 손가락, 입술, 구강 점막에도 존재한다. 이 세포는 모양이 불규칙한 핵을 가지고 있으며 세포질에는 작고 진한 과립이 많다. 이 과립은 카테콜아민(catecholamin)을 함유한 세포의 과립과 비슷하며, 기저층 부근에 밀집되어 있다.

머켈세포(Merkel cell)는 랑게르한스세포와는 달리 인접한 각화세포와 많은 교소체(desmosome)에 의하여 부착되어 있다. 머켈 세포는 감각의 기계적 수용기능을 수행하는 촉각 수용체로서 각질세포 사이의 운동을 탐지하기도 하고, 아래층의 결합조직에 대한 표피의 운동을 감지하는 작용을 하는 것으로 알려져 있다.

1-2. 표피의 구조

1-2-1. 기저층(stratum basale, basal layer)

기저층은 표피의 가장 아래층으로 진피의 유두층과 파상형으로 접해 있다. 원주상 혹은 입방상의 단일 세포층으로서 주로 각질형성세포(keratinocyte)와 멜라닌생성세포(melanocyte)로 구성되어 있다. 기저층을 구성하고 있는 각질형성세포와 멜라닌생성세포는 4:1에서 10:1의 비율로 구성되어 있다.

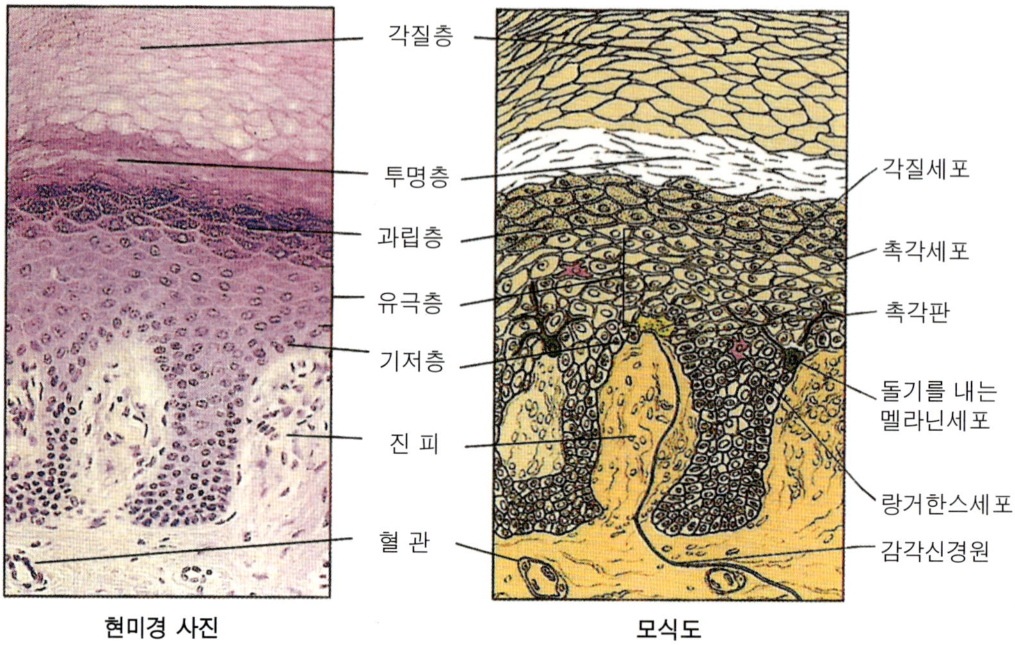

그림 5-8. 표피의 구조와 세포

그 외에도 기저층에는 랑게르한스세포(Langerhans cell), 머켈 세포(Merkel cell) 등이 일부 관찰된다. 기저층에서 유래한 각질형성세포가 혈액을 통해 영양소와 산소를 공급받아 세포 분열하여 유극층, 과립층을 거쳐 가장 바깥층인 각질층까지 이동하는 데는 14일 정도 소요된다. 이렇게 이동된 각질형성세포가 각질층에서 탈락되기까지 약 14일 정도 소요된다.

이와 같이 기저층에서 형성된 각질형성세포가 인체에서 완전히 탈락되는 과정을 각화과정(keratinization)이라 하며, 약 28일(4주) 정도 소요된다.

1-2-2. 유극층(가시층, stratum spinosum, spinous layer)

기저층 상부에 약 5~10층의 다각형 세포로 구성되어 있으며, 세포 간 유착에 관계하는 교소체(desmosome)가 풍부하게 존재한다. 세포 표면에는 가시모양의 돌기가 나와 세포사이의 세포간교(intercelluiar bridge)를 형성하고 있다. 이러한 가시모양을 하고 있어서 이 층을 가시층이라고도 하며, 가시층을 구성하는 세포를 가시세포(prickle cell)라 한다.

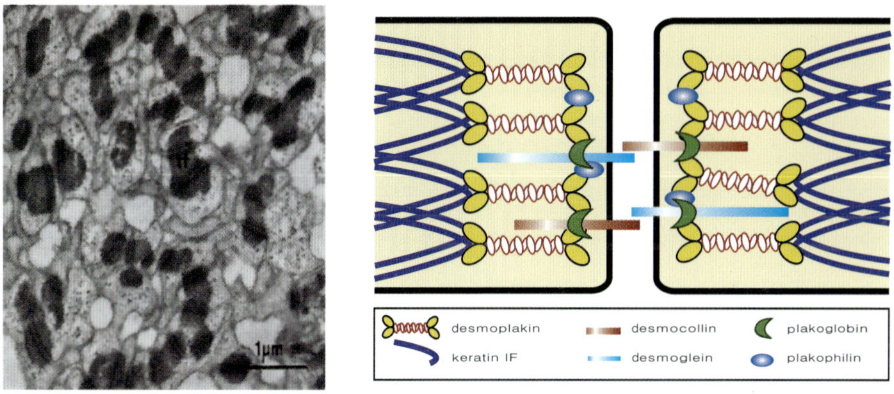

그림 5-9. 교소체

이와 같은 세포간교를 통하여 림프액이 흐르고, 이러한 림프액은 세포에 필요한 영양소나 산소를 공급받고 노폐물을 배출하며 면역 작용을 하게 된다. 따라서 가시세포는 핵을 가지고 있는 살아있는 세포로서 세포분열을 할 수 있지만 활발하지는 않으나 유극층이 손상될 경우 복구할 수 있는 세포이다.

면역기능에 중요한 랑게르한스세포(Langerhans cell)도 유극층에 존재한다. 유극층에서 교소체에 의해 다각형의 특징을 보이던 각질형성세포는 유극층 상부로 올라감에 따라 크기가 증가하면서 편평하게 변한다. 세포가 기저층에서 유극층 그리고 과립층으로 이행되면서 세포 소기관 중의 하나인 층판소체(lamellar granule)가 유극층 상부에서 최초로 존재하게 된다.

1-2-3. 과립층(stratum granulosum, granular layer)

과립층은 3~5층의 방추형 세포로 이루어진 층으로써 세포가 피부표면과 평행하게 배열되어 있다. 특히 과립층의 세포 내에는 케라토히알린 과립(keratohyalin granule)이 존재한다. 케라토히알린 과립은 프로필라그린(profilaggrin), 각질중간세사(keratin intermediate filament) 그리고 각질세포막(cornified cell envelope, CE) 구성단백질(loricrin) 등을 포함하고 있는 세포 소기관이다. 이중 프로필라그린(profilaggrin)은 필라그린(filaggrin)의 전구체로서 과립층의 세포가 각질층으로 이동하면서 필라그린(filaggrin)으로 변하게 된다. 그리고 층판소체(lamellar granule, lamellar body, LB)는 이중 막으로 둘러싸인 분비성 세포 소기관으로서 골지체(Golgi complex)에서 유래되며, 유극층 상부에서 처음으로 나타나지만 과립층에서 가장 많이 관찰된다.

또한 각질층 내의 세포간 지질(intercellular lipids)을 구성하는 지질을 제공한다. 층판소체에는 각질세포간 지질의 전구체와 이러한 전구체에 다양한 효소가 작용하여 각질세포간 지질의 구성성분을 배출한다. 그 결과 세포막 사이에 비극성지질이 분포되어 각질형성세포를 서로 접착하여 단단한 각질층을 구성하고, 각질층의 수분 손실 억제에 기여한다.

층판소체(lamellar granule, lamellar body, LB)와 각질세포간 지질

층판소체는 크기가 0.2~0.5㎛인 원형 혹은 난원형의 소기관으로써 내부에는 잘 배열된 층판상의 지질 구조를 가지고 있다. 지질막은 층판소체를 통하여 기존의 세포막인 이중막을 세포 외로 배출된 표피지질과 맞물린 구조로써 잘 배열된 층판구조를 형성한다. 층판소체(lamellar granule)는 각질형성세포가 분화되는 마지막 단계에서 세포외유출(exocytosis) 과정을 거쳐 과립층과 각질층의 경계부위에 배출된다.

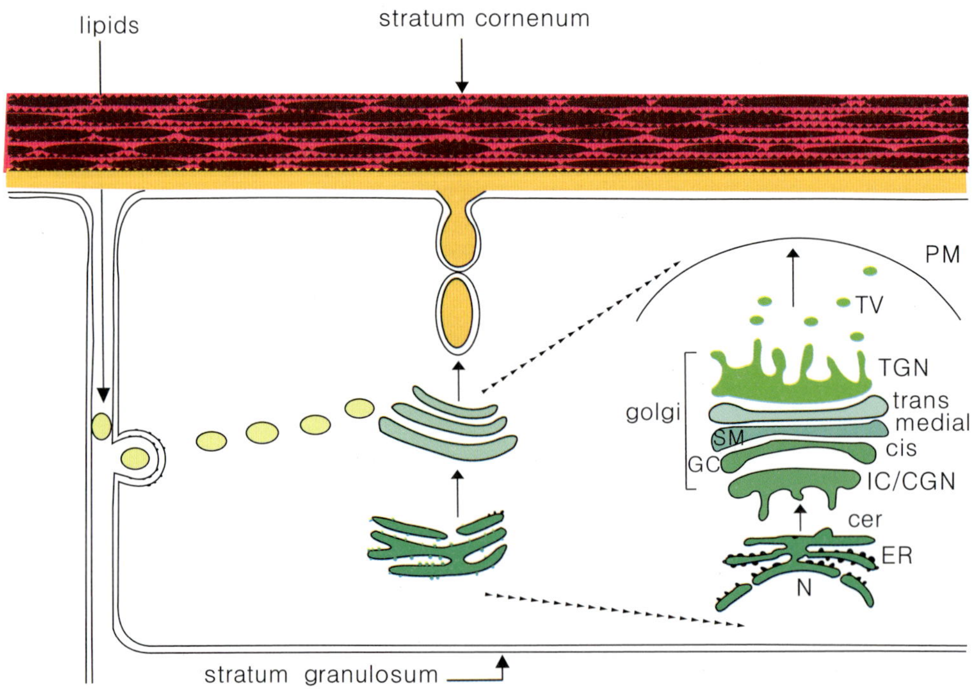

그림 5-10. 층판소체의 생성과 분비

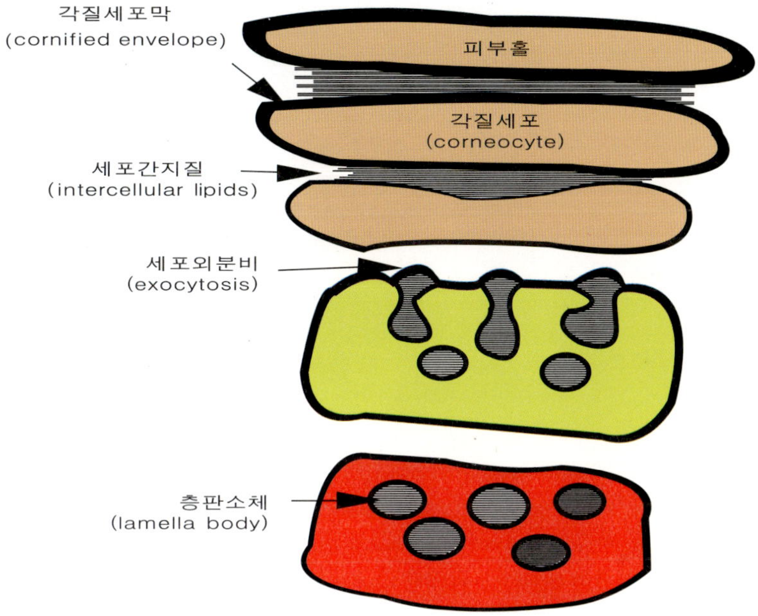

그림 5-11. 표피지질 합성과 세포간지질층의 형성과정

이러한 유출단계에서 각 지질의 전구체가 층판소체 내부의 효소에 의한 작용과 세포외 변환 과정(extracellular processing)을 거쳐 각질세포간 지질 성분인 세라마이드, 콜레스테롤 그리고 유리지방산 등으로 변환되어 다중 층상 구조를 이룬다. 과립층과 각질층의 경계에서 층판소체의 막은 세포막과 융합하고, 층판소체의 내용물은 세포 외부 공간으로 배출된다. 이에 따라 각질세포의 세포막은 ω-히드록시세라마이드(ω-hydroxyceramide)가 풍부한 층판소체의 막 성분으로 재구성된다.

이렇게 형성된 층판소체는 각질세포간 지질의 전구체 형태인 인지질(phospholipids), 스핑고미엘린(sphingomyeline), 황산 콜레스테롤(cholesterol sulfate), 글루코실세라마이드(glucosylceramide), 아실글루코실세라마이드(acylglucosylceramide) 등의 지질성분이다.

층판소체(lamellar granule)는 1960년 Odland가 처음으로 사용한 용어로써 lamellar body(LB), Odland body, kertinosome 등으로 불리어진다. 층판소체의 내부에는 각질층 내의 각질세포간 지질의 주성분이 되는 지질과 여러 효소가 포함되어 있다. 또한 매우 긴 지방산사슬을 가지고 있는 ω-히드록시세라마이드(ω-hydroxyceramide)가 층판소체의 내부와 막에 포함되어 있다. 각질세포의 세포막은 ω-히드록시세라마이드(ω-

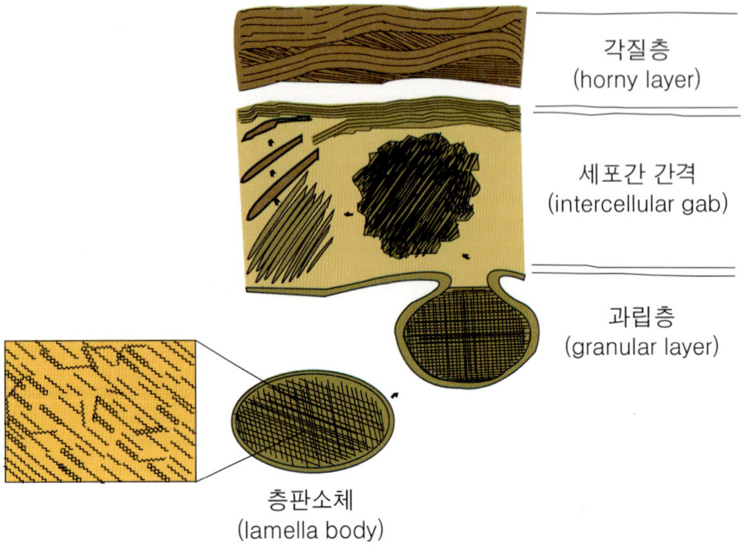

그림 5-12. 각질층의 지질 형성 과정

hydroxyceramide)가 풍부한 층판소체의 막 성분으로 대치된다. 층판소체는 유극층의 윗부분과 과립층에서 생성되지만 과립층에서 가장 많이 존재한다. 이는 과립층과 각질층이 인접하는 곳에서 과립층의 세포막과 융합되면서 그 내용물이 세포 밖으로 분비된다. 분비된 내용물은 각질세포 사이에 펼쳐지고 각질세포 사이를 상호 연결하며 촘촘한 형태의 층판구조를 형성한다.

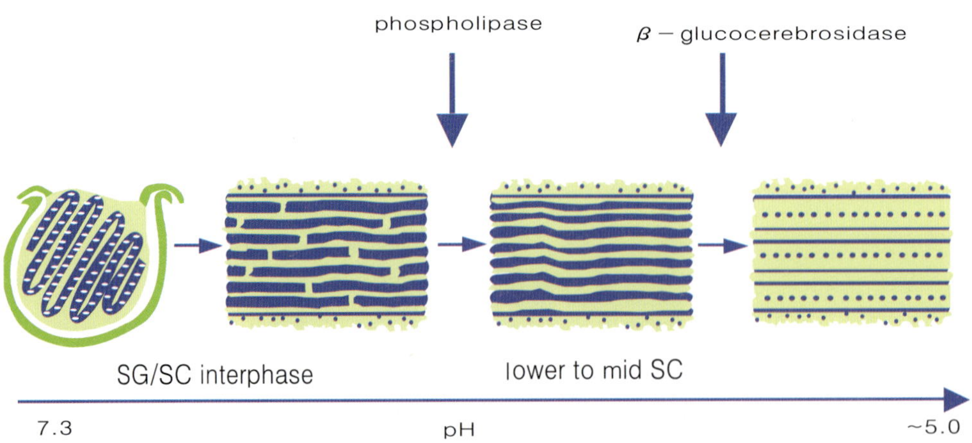

그림 5-13. 각질세포간 지질의 분비와 재배열 과정

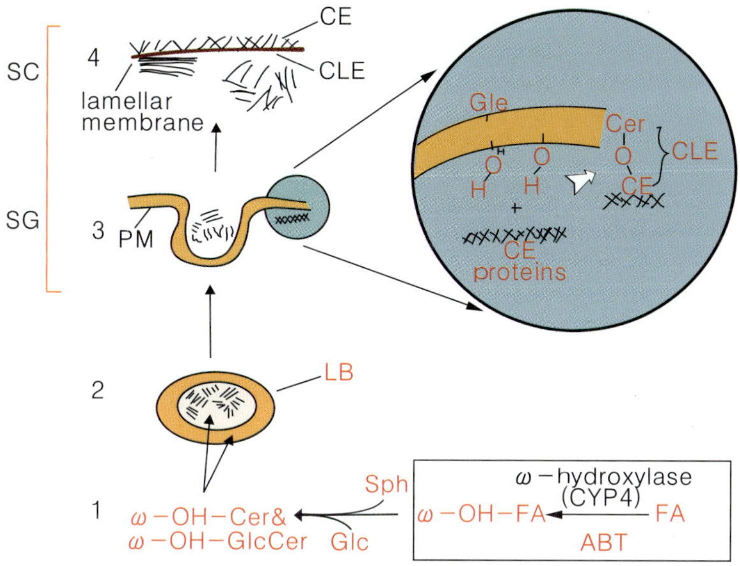

그림 5-14. 각질세포지질막의 형성

아미노벤조트리아졸(amino-benzotriazole : ABT)은 **ω**-히드록실레이션(**ω**-hydroxylation)을 억제하는 물질로서 **ω**-히드록시세라마이드(**ω**-hydroxyceramide)의 형성을 억제하는 기능을 한다. 정상적인 피부에 ABT를 도포한 경우 층판소체의 구조와 내용물의 변화가 일어나며 각질층내 각질세포간 지질의 다중층상구조에 변화가 동반되고 각질세포지질막의 구조적인 결손이 유발된다.

층판소체에는 인지질, 스핑고미엘린, 글리코실세라마이드, 콜레스테롤 등의 지질과 lipid hydrolase, glycosidase, protease, acid phosphatase 등의 효소 그리고 당류가 포함되어 있다. 각질세포간 지질의 주요 구성 성분이 세라마이드와 콜레스테롤 그리고 유리지방산이므로 층판소체 내에 존재하는 지질 성분 중 콜레스테롤을 제외하면 각질세포간 지질과 동일하지 않다. 이것은 층판소체에서 분비된 후 각 성분들이 lipid hydrolase나 glycosidase 같은 분해 효소에 의하여 세라마이드나 유리지방산 등으로 분해되기 때문이다. 층판소체 내의 효소들은 극성지질을 각질층의 비극성 지질로 전환시켜서 수분손실을 방지할 수 있게 한다.

1-2-4. 투명층(shining layer)

투명층은 색깔이 없고 핵이 없는 편평한 형태의 이행세포(transition cell)가 2~3층으로 구성되어 있다. 얇은 피부에는 존재하지 않고, 손바닥이나 발바닥처럼 두꺼운 피부에만 존재한다. 또한 엘라이딘(elaidin)이라는 반유동성 물질이 함유되어 있으며, 소수성의 성질을 가지고 있다.

사람이 오랜 시간동안 물에 들어갔다 나오면 손바닥과 발바닥이 쭈글쭈글해진다. 이는 손바닥과 발바닥의 각질층에는 수분이 스며드는데 반하여 투명층에는 엘라이딘(elaidin)으로 인하여 수분이 흡수되거나 섞이지 않기 때문에 나타나는 현상이다.

1-2-5. 각질층(stratum corneum)

각질층은 편평하고 비늘 모양의 각질세포가 피부표면과 평행하게 여러 층으로 이루어져 있으며, 피부의 최외각에서 외부환경으로부터 인체를 보호하고 수분 증발을 억제하는 장벽기능을 한다. 각질층의 주성분은 케라틴 단백질이 58%, 지질이 11% 그리고 천연보습인자(natural moisturizing factor, NMF)가 38% 차지한다.

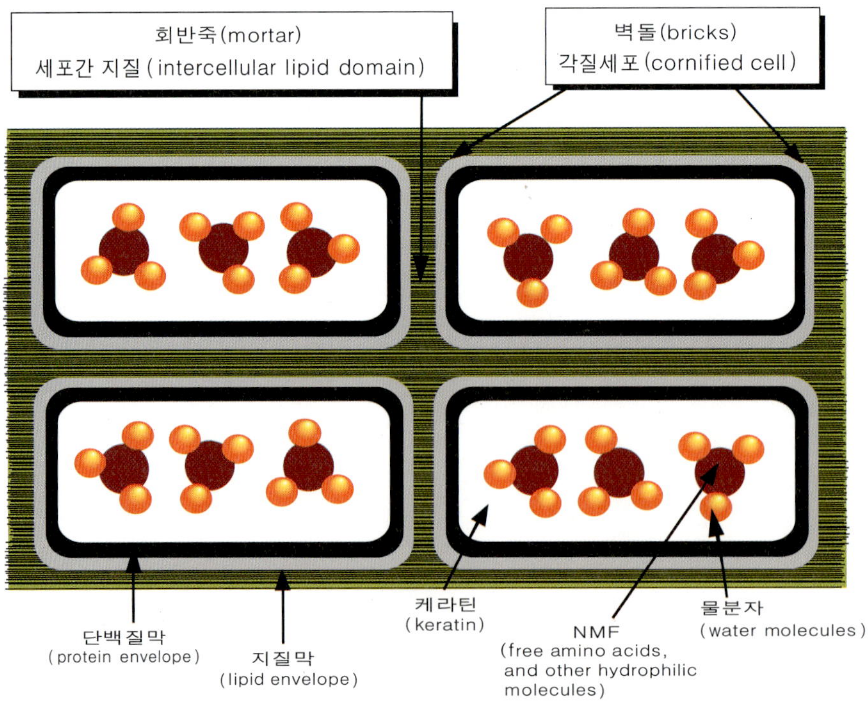

그림 5-15. 각질층의 벽돌과 회반죽 모델

각질층은 신체 부위에 따라 두께가 다르나 일반적으로 15~25개의 층으로 이루어져 있다. 즉 팔 안쪽의 각질층은 약 15개의 층으로 구성되어 있는 반면에 손바닥이나 발바닥은 신체에서 가장 두꺼운 피부에 속한다. 또한 각질층은 신체 부위 이외에도 성별, 나이, 질병 등에 따라 두께가 다르다. 각질층은 단백질이 풍부한 각질세포(corneocyte)와 세라마이드(ceramide), 자유지방산, 콜레스테롤과 같은 다양한 지질로 이루어진 세포간 지질(intercellular lipid)로 구성되어 있다.

각질층을 구성하고 있는 각질세포와 이 세포사이를 메워주는 세포간지질은 마치 집을 지을 때 쓰이는 벽돌과 벽돌 사이의 회반죽이 메워 주듯이 단단한 장벽을 형성하고 있다(bricks and mortar model).

각질층 내에서 벽돌은 각질세포를 말하며, 회반죽은 다양한 구조의 지질로 이루어진 세포간지질의 복합체들이다. 벽돌의 각질세포 내에는 케라틴과 천연보습인자 그리고 수분을 함유하고 있다.

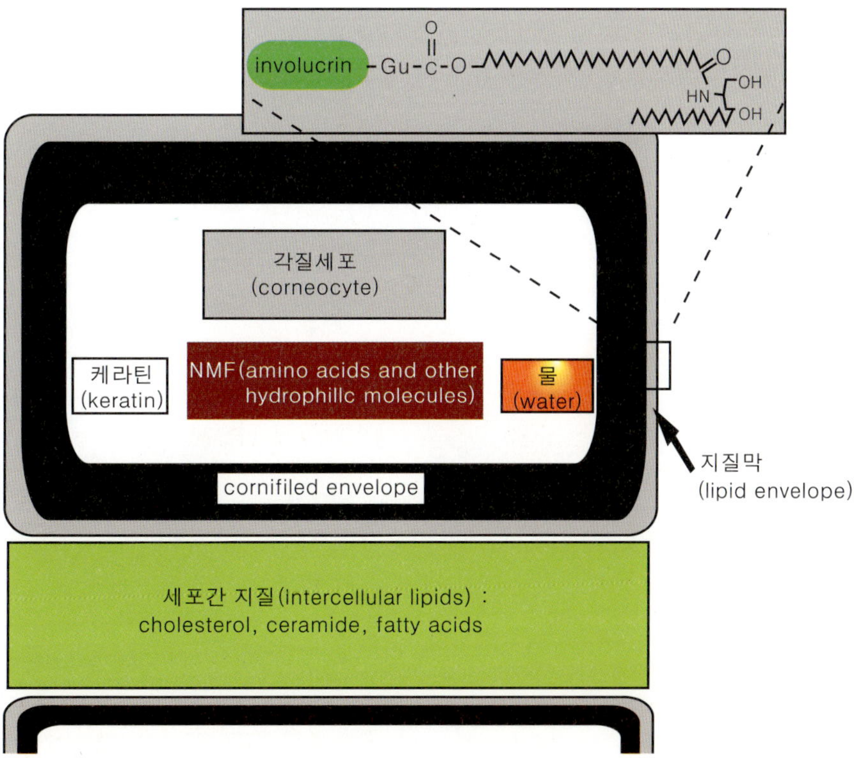

그림 5-16. 각질세포 지질막의 교차결합과 지질의 구성 물질

각질형성세포의 형질막 내측을 따라서 약 15nm 두께의 전자의 밀도가 큰 띠(electron-dense band)가 있는데 이를 각질세포단백질막(protein envelope)이라 한다. 각질세포단백질막은 다시 각질세포지질막으로 싸여 있고, 각질세포지질막은 세포간지질과 상호 결합, 즉 각질층을 구성하는 각질형성세포와 세포간지질이 상호 결합되어 있어서 각질층이 단단한 장벽기능을 할 수 있다.

이와 같은 각질세포단백질막을 구성하는 여러 전구단백질로는 인볼루크린(involucrin), 로리크린(loricrin), 데스모플랑킨(desmoplakin), 엔보플랑킨(envoplakin), 프롤린함유량이 적은 단백질(small proline-rich proteins, SPRs), 알파 시스타틴(cystatin-α) 등이 알려져 있다.

각질세포단백질막을 구성하는 단백질 중 로리크린(loricrin)이 가장 많은 70%를 차지하고 인볼루크린(involucrin)은 2%, 그 외의 단백질은 대부분 10% 미만을 구성한다. 각질세포단백질막(protein envelope)의 거의 2/3를 차지하고 있는 로리크린(loricrin)이 주로 가교(cross-link)되어 존재하고, 그 외의 단백질이 채워져 있다. 특히 인볼루크린(involucrin)은 세포간지질의 구성성분 중 하나인 세라마이드와 결합하고 있다.

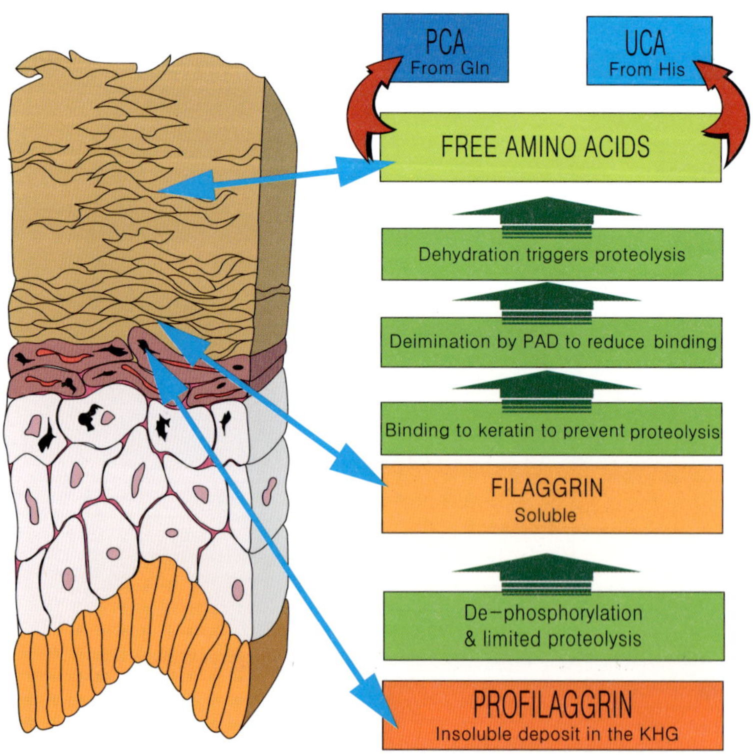

5-17. 프로필라그린의 대사와 필라그린의 분해 과정

기저층에서 생성된 각질형성세포는 과립층에 도달하면서 대부분 세포소기관들은 미세섬유(microfilament), 교소체(desmosome) 등으로 분해된다. 그러나 케라틴중간세사(kertin intermediate filament)는 분화의 최종과정 중 거의 대부분 케라틴(keratin 1, keratin 2, keratin 10)의 상태로 각질세포지질막(corneocyte lipid envelope: CLE)과 상호가교(cross-linking)되어 교차결합을 하게 된다.

과립층의 케라토히알린 과립(keratohyalin granule) 내부에 존재하는 프로필라그린(profilaggrin)이 단백질 분해와 탈인산화 과정을 거쳐서 필라그린(filaggrin)으로 변화된다. 필라그린은 세포 내에서 접착제의 역할을 하며 각질중간세사(kertin intermediate filament)들이 수평적으로 배열되어 거대섬유(macrofibril)를 형성하게 한다.

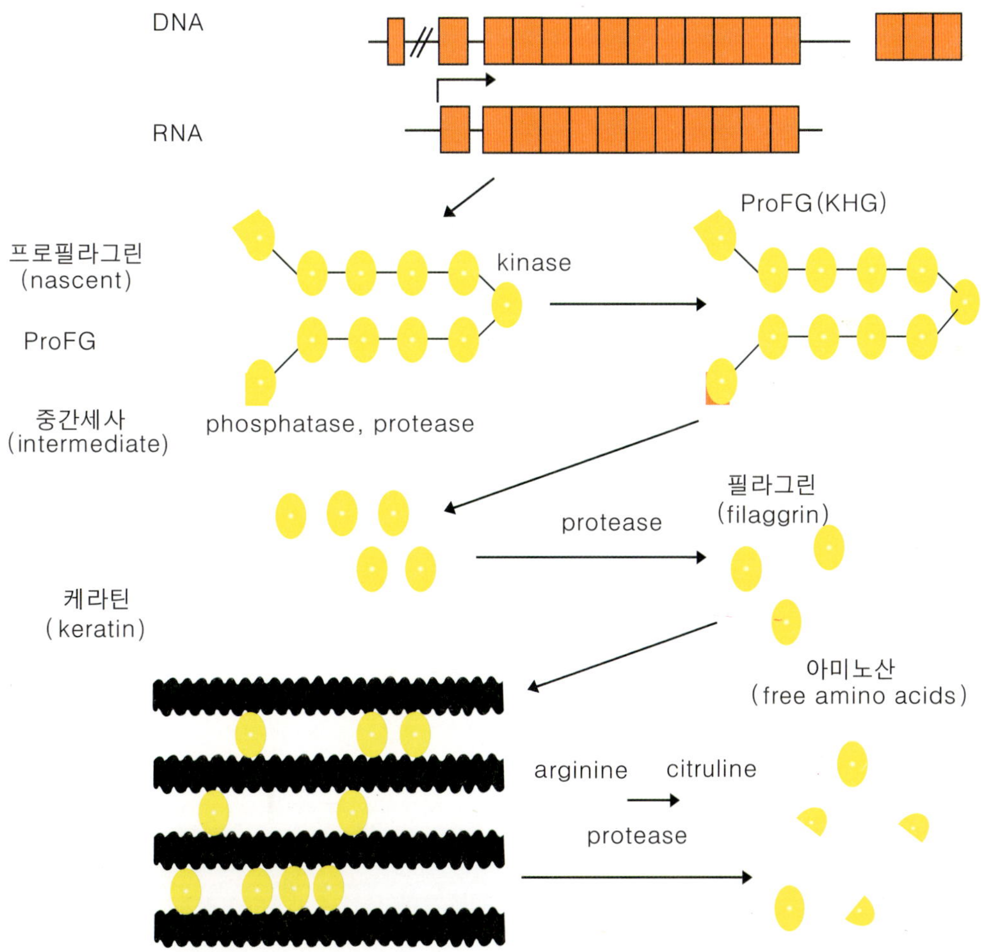

그림 5-18. 천연보습인자(NMF) 중 아미노산의 생성 과정

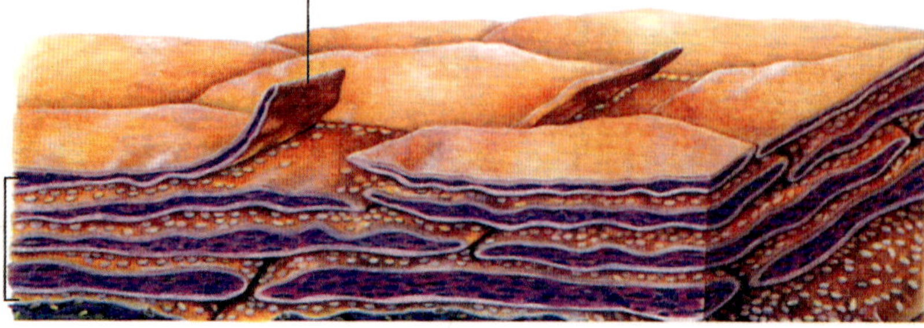

그림 5-19. 각질층의 구조와 각질세포

필라그린은 각질층에서 분해효소에 의하여 아미노산과 유로칸산(urocanic acid)으로 분해되어 천연보습인자(NMF)로서의 보습작용을 한다. 따라서 필라그린이 정상적으로 발생하지 않을 경우에 표피의 각화이상을 초래되는데, 대표적인 예가 선천성 어린선이다. 한편 칼슘이온이 세포 내부로 유입되면서 트랜스글루타미나제(transglutaminase)를 활성화시켜 각질세포지질막(corneocyte lipid envelope, CLE)을 구성하는 단백질의 비가역적 결합을 유도한다.

따라서 최종 분화과정을 거쳐 형성된 각질세포는 다발로 묶인 케라틴중간세사가 각질세포지질막(corneocyte lipid envelope, CLE)에 둘러싸여 단단히 공유결합 되어 있는 형태이다. 이러한 각질세포는 주로 케라틴의 다발로 구성되어 있으며 피부의 구조적 안정과 탄력성을 갖게 하고 층을 이루며, 배열된 표피지질에 의해 결합되어 각질층을 형성한다.

각질층의 하부는 세포막이 케라틴의 거대섬유로 채워진 각질세포지질막(corneocyte lipid envelope, CLE)에 의해 둘러 쌓여있는 구조를 이루게 된다.

표피의 기저층에서 과립층 하부까지는 수분함량이 65~79% 정도로 비교적 일정하다. 그러나 과립층과 각질층의 경계부위에서는 40%로 감소하고, 각질층의 상부로 갈수록 15%까지 감소한다. 즉 신체의 내부에서 외부로 수분이 수동 확산되는 과정에서 나타나는 현상이다.

각질층의 수분함량은 15~20%가 적당하며, 수분함량이 부족하면 건조한 피부가 된다. 피부표면으로부터 수분이 이탈하는 현상을 경피수분손실(transepidermal water loss, TEWL)이라 하는데 정상피부의 경피에서는 시간당 0.1~0.4㎎/㎠ 정도 수분이 손실된다.

1-3. 각화과정(keratinization)

각질형성세포(keratinocytes)가 기저층에서 생성된 후 유극층과 과립층으로 분화되면서 세포의 형태가 편평하게 된다. 각질형성세포는 과립층에 도달하면서 세포 내 소기관들이 사라지기 시작하고, 섬유성 단백질의 생성, 탈수 및 세포막의 비후 등 각화과정을 거친 후 탈락된다. 이러한 각질형성세포의 탈락과정을 각화과정(keratinization) 혹은 분화과정(epidermal differentiation)이라 한다.

각화된 각질세포는 세포의 크기가 크고 모양은 편평해지며 구조의 재구성이 일어난다. 또한 세포막과 표면 항원 및 수용체가 변화되고 세포 내 소기관이 분해되며 탈수가 일어난다. 표피에서 생성되는 케라틴의 종류는 20개이며, 모발은 10개 정도이다. 케라틴 1형은 K10~K20이고 케라틴 2형은 K1~K9이다. 케라틴의 두 부류는 쌍을 이루어 세섬

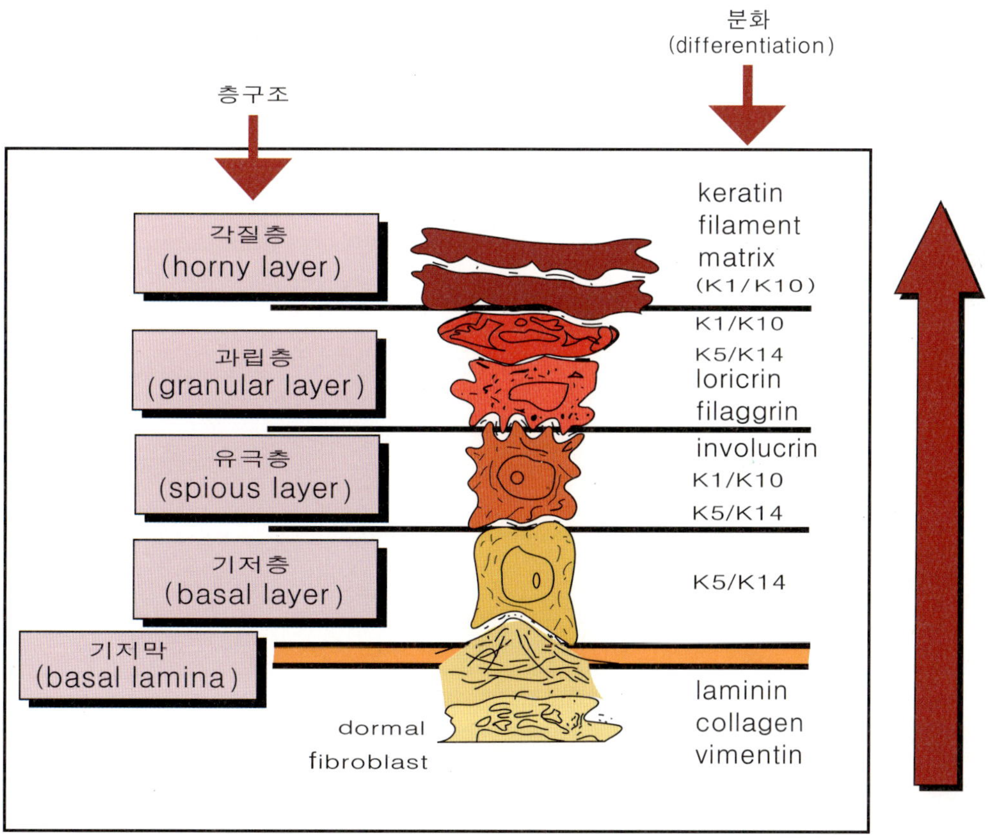

그림 5-20. 표피의 각화과정

유(filament) 형태를 이루며, 세포의 형태, 조직의 형태, 발생학적, 분화적 상태에 따라 그 종류가 달라진다.

기저세포는 K5/K14, 모낭 내 표피는 K1/K10, 점막에는 K4/K13, 각막에는 K3/K14, 손, 발바닥의 기저층 상부는 K9 케라틴을 생성한다. 기저층의 각질형성세포에서는 케라틴의 일종인 K5/K14 케라틴이 발현되고, 유극층에서 세포가 분화되기 시작하면 이들의 발현이 억제되면서 K1/K10 케라틴 쌍이 나타나기 시작한다.

과립층에서는 케라토히알린 과립이 현저히 나타나는데, 그 안에는 프로필라그린, 케라틴중간세사(keratin intermediate filaments)가 들어있고 각질세포지질막(corneocyte lipid envelope, CLE)인 로리크린(loricrine)도 있다.

정상 상태에서는 각질형성세포가 피부에서 탈락되는 과정의 조절은 아직 정확하게 밝혀지지는 않았다. 그러나 지질, 가수분해효소, 당단백질, 교소체 등이 모두 관여되는 것으로 추정하고 있다: 표피가 분화되면서 세포 간격은 점점 증가하는데, 과립층에서는

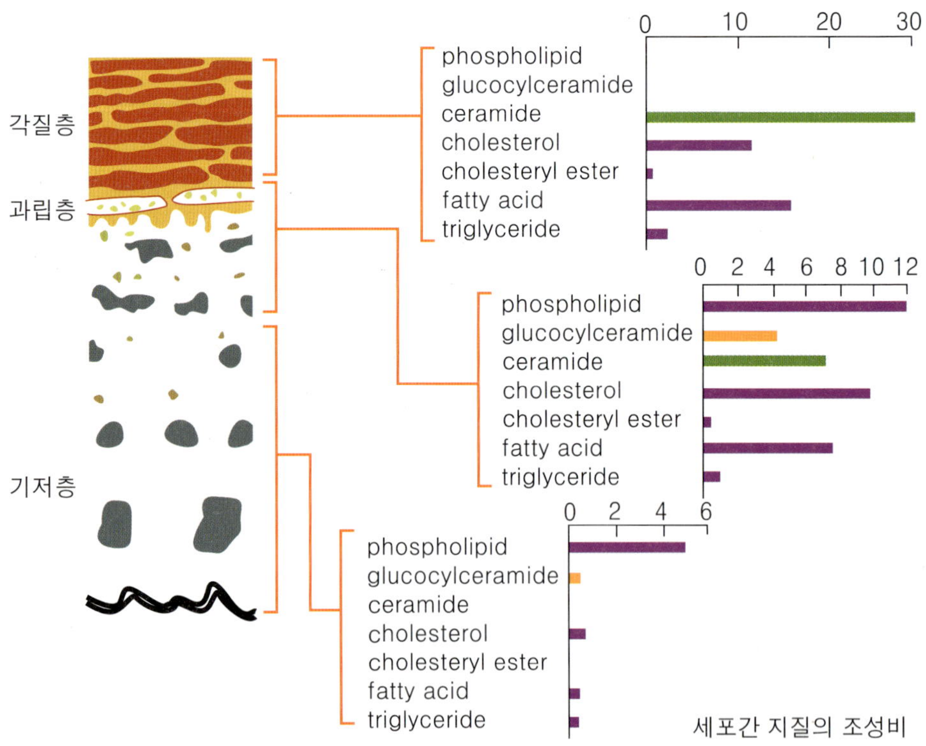

그림 5-21. 각화과정에 의한 표피층의 지질 구성과 변화

세포간격이 전 부피의 약 1%를 차지하는데 반하여 각질층에서는 약 5~30%를 차지한다. 이와 동시에 교소체에 의한 각질세포간의 결합도 피부 표면으로 갈수록 약해지며 교소체의 숫자도 적어지면서 형태도 점차 해체된다. 이것은 글리코시다아제(glycosidase)와 단백질분해효소(protease) 등이 교소체에 작용하여 해체시키기 때문에 각질세포의 탈락에 중요한 역할을 한다.

글리코시다아제와 단백질분해효소 등의 효소들은 층판소체에 의해 각질층으로 운반된다. 또한 신체의 부위에 따라 교소체의 해체 정도가 다른 것은 효소에 저항하는 단백질이나 교소체를 보호하는 당 분자 등에 의해 감수성이 다르기 때문이다. 그리고 각질세포의 분화에 칼슘(Ca), 즉 칼슘의 농도가 낮으면 각질형성세포는 증식하고, 높으면 세포의 증식은 중지되면서 분화가 일어난다.

표피에는 칼슘 농도의 차가 있는데 기저층에서는 칼슘 농도가 낮고 과립층에서는 칼슘 농도가 높다. 비정상적인 각질세포가 탈락할 경우 각질층이 두꺼워지고, 건조한 인설이 동반된다. 이는 각각의 세포가 탈락되는 생리적인 현상과는 달리 각질 세포가 무리를 이루어서 탈락이 되기 때문이다.

피부장벽의 주된 지질인 세라마이드, 콜레스테롤, 유리지방산 등은 각질층 전 층에 같은 양으로 분포하는 것이 아니라 피부 표면으로 갈수록 점차 많아진다. 각질층의 상부는 세포막이 점점 사라지면서 불용성의 각질세포지질막(corneocyte lipid envelope, CLE)으로 대체된다. 이런 각질세포는 산이나 알칼리성 용액, 단백질 분해 효소 그리고 유기용매 등 외부 자극으로부터 피부를 보호한다. 각질층의 각질세포간지질은 다른 일반적인 생체막들과는 다르게 인지질이 아닌 세라마이드(ceramide), 콜레스테롤(cholesterol), 유리지방산(free fatty acid)으로 이루어져 있다.

이 외에 약간의 황산 콜레스테롤(cholesterol sulfate)이 세포간지질에 존재한다. 이러한 각질세포간지질은 표피 내 과립층의 층판소체에서 유래한다. 인지질(phospholipid), 스핑고미엘린(sphingomyelin), 콜레스테롤을 함유하는 보통의 생체막은 수분이나 물에 잘 녹고, 분자량이 낮은 물질에 대한 투과성이 강하여 피부장벽으로서의 역할을 할 수 없다. 그러나 각질층의 세라마이드, 콜레스테롤, 유리지방산 등의 각질 세포간지질은 직선적으로 잘 결합되어 있기 때문에 수분과 친수성 물질의 투과를 억제하는 피부장벽기능을 가지고 있다

1-4. 각질세포간지질의 조성과 구조

1-4-1. 세라마이드(ceramide)

각질세포간 지질의 구성 성분 중 50% 이상을 차지하는 세라마이드는 스핑고신(sphinganine, D-erythro-2-amino-octadecane-1,3-diol)에서 유래한 물질이다. 스핑고신(sphinganine)은 네 번째 탄소 위치에 불포화 이중결합을 가진 스핑고신(sphingosine)으로 변한다. 스핑고신은 세라마이드의 기본 골격을 구성하는 화합물이며, 지방산과의 N-아실화 반응(N-acylation)에 의해 세라마이드가 생성된다.

각질층에는 많은 종류의 세라마이드가 존재한다. 이들 중에서 type 1 세라마이드는 탄소수가 50개 정도로서 각질세포간 지질의 소수성 층을 통과하여 배열할 수 있는 구조를 가지고 있다. 이러한 구조적인 특징에 의해 아실세라마이드(acylceramide)는 각질세포간 지질이 이루고 있는 다중층상을 관통하는 리벳(rivet)과 같은 역할을 한다. 그러므로 각각의 층을 튼튼하게 묶어 주어 각질층의 장벽기능을 할 수 있도록 하는 중요한 역할을 한다.

세라마이드 구조의 또 다른 특징은 세라마이드를 구성하고 있는 지방산의 탄소수가 C_{16}~C_{33}으로써 생체 지질막에 존재하는 인지질의 C_{16}, C_{18}에 비하여 탄소 사슬이 길다. 각질층에 존재하는 유리지방산 역시 C_{22}와 C_{24}로써 탄소사슬이 긴 지방산으로 구성되므로 생체막보다 더 튼튼한 층상 구조를 형성할 수 있는 요인 중 하나이다.

생체막을 구성하고 있는 인지질의 경우 $C_{16:1}$, $C_{18:1}$, $C_{18:2}$ 등의 불포화 지방산을 포함하는 구조를 갖는 지질이 가장 많다. 그러나 각질세포간 지질을 구성하는 세라마이드의 경우 type 1 세라마이드를 제외한 다른 세라마이드는 대부분 포화지방산으로 구성되어 있다. 천연지방산의 경우에 불포화 지방산이 존재하면 지질의 유동성이 증가되면서 융점이 감소한다. 포화지방산으로 구성된 세라마이드의 경우 유동성이 낮고, 튼튼한 층상 구조의 형성이 가능하다.

또한 생체막 인지질의 경우 이온성이며, 친수성이 높다. 그러나 각질세포간 지질은 대부분 중성지질로써 친수성이 크지 않으며, 세라마이드의 히드록실(hydroxyl)기나 아미드(amide)기 간의 수소결합에 의해 분자간의 회합력이 커지므로 물에 노출되어도 쉽게 층상 구조가 손상되지 않는다.

아토피 피부염의 경우 각질층의 세라마이드 함량이 정상인에 비하여 작고, 특히 type 1 세라마이드 함량이 감소함으로써 정상인의 피부에 비하여 젤 구조가 많이 존재하게 된다. 그럼으로써 피부 장벽기능의 약화와 경피수분손실 증가를 가져오는 피부이다.

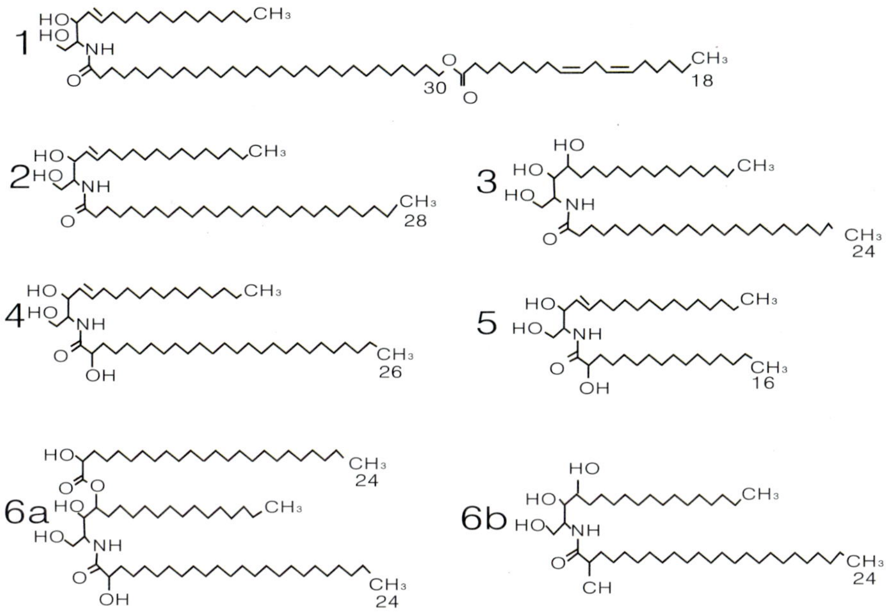

세라마이드 구조식

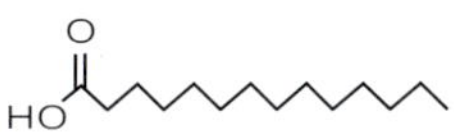

myristic acid

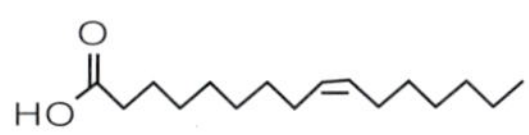

palmitic acid

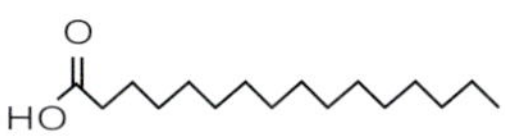

palmitic acid

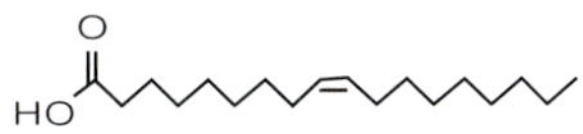

oleic acid

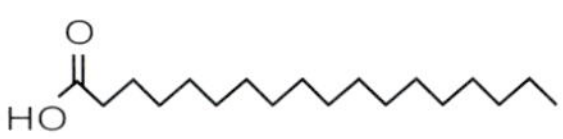

stearic acid

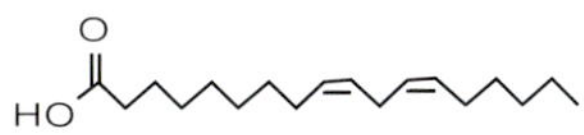

linoleic acid

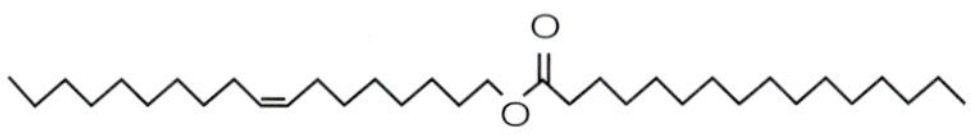

wax ester(alk(en)yl alkanoate)

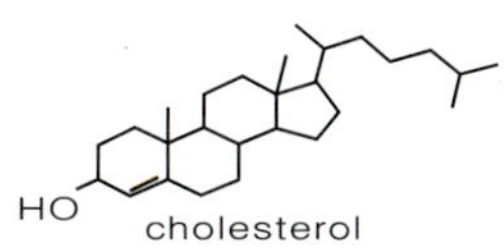

cholesterol

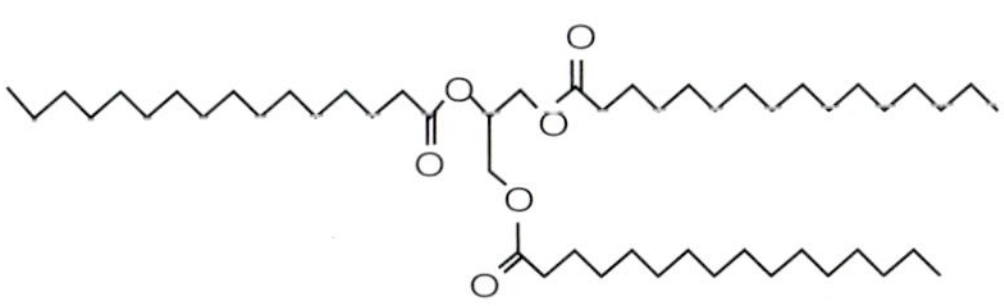

triacyl glycerol

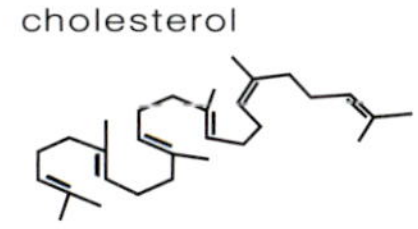

squalene

지질구조

그림 5-22. 세포간 지질의 종류

건선에서도 세라마이드와 다른 지질간의 조성비 이상이 확인되었으며, 여드름의 경우 특히 세라마이드 1의 감소로 인한 조성비의 이상 등이 나타났다. 따라서 각질세포간 지질의 조성비가 피부의 여러 가지 상태에 중요한 영향을 미치고 있음을 알 수 있다.

각질세포간 지질을 구성하는 세라마이드, 콜레스테롤, 유리지방산 등 3종의 지질에 대한 효과를 알아보았다. 그 결과 단독 혹은 2종을 혼합하여 도포한 경우에 장벽기능의 회복에 영향을 주지 못하였다. 그러나 3종을 적당한 비율로 혼합하여 도포한 결과 장벽회복이 촉진되었다.

1-4-2. 스핑고지질(sphingolipid)

스핑고지질(sphingolipid)은 인체 내의 신경조직과 세포막에 흔히 존재하며 진핵세포의 세포막을 구성하는 가장 중요한 성분 중의 하나이다. 또한 세포 간의 신호전달 및 세포 내의 신호전달, 면역인식(immune recognition) 등 매우 중요한 역할을 한다.

세포 내에서 이러한 다양한 구조적, 기능적 역할 이외에도 스핑고지질은 각질층에서 피부 장벽의 형성과 유지 및 회복에 매우 중요한 역할을 한다. 이는 스핑고지질이 각질세포간 지질의 중요 구성 성분의 하나인 세라마이드의 전구체이기 때문이다.

기저층에 존재하는 지질 중 스핑고지질은 다른 지질에 비하여 상대적으로 적은 양을 차지한다. 그러나 각질형성세포의 최종 분화과정에서 세포 내의 절대량이 증가하면서 각질층에서 각질세포간 지질의 성분 중 가장 많은 양을 차지한다.

다양한 스핑고지질의 성분 중 스핑고미엘린(sphingomyelin)과 글루코실세라마이드(glucosylceramide)는 층판소체에 가장 많이 존재하는 스핑고지질이다.

1-4-3. 콜레스테롤(cholesterol)

콜레스테롤(cholesterol)은 각질형성세포에서 유래한 표피 지질 중 약 30%를 차지한다. 콜레스테롤은 스핑고지질, 유리지방산 등과 함께 정상적인 피부장벽 기능을 수행하는데 있어서 필수적인 지질 중 하나이다. 콜레스테롤은 인체의 여러 장기에서 생성되며 주로 혈청을 통해 다른 조직이나 장기에 공급된다. 그러나 피부의 경우 주로 피부 내에서 de novo 합성을 통하여 생성된다. 정상적인 피부의 경우 표피와 진피에서 콜레스테롤 합성이 이루어진다. 그러나 피부장벽 기능이 손상된 경우 표피에서는 콜레스테롤 합성이 증가하지만 진피에서는 증가되지 않는다.

정상적인 피부에서는 표피 내 콜레스테롤 합성의 70%가 기저층에서 이루어진다. 피부 장벽의 형성과 유지에 콜레스테롤이 중요한 역할을 하며, 외부에서 콜레스테롤을 공급하는 경우 피부 장벽회복과 유지에 관여한다.

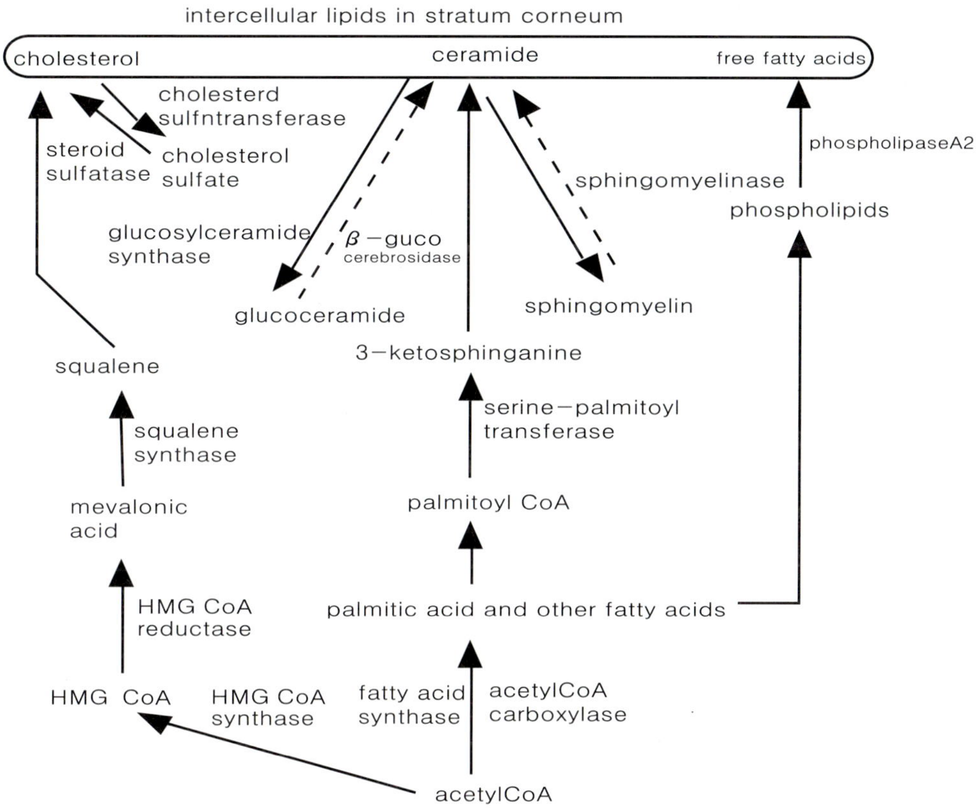

그림 5-23. 각질세포간 지질의 구성 성분

1-4-4. 자유지방산(free fatty acid)

자유지방산은 각질세포간 지질의 구성성분 중 하나로서 스핑고지질, 콜레스테롤과 함께 피부장벽 기능에 직접 영향을 미친다. 자유지방산의 경우 다른 각질세포간 지질과 마찬가지로 급성 피부장벽 손상 모델이나 만성 피부장벽 손상 모델에서 합성이 증가되고, 피부장벽의 회복과 일치하여 정상화된다.

1-4-5. 황산 콜레스테롤(cholesterol sulfate)

각질세포간 지질의 성분 중 거의 대부분을 차지하는 스핑고지질, 자유지방산, 콜레스테롤 이외에 비교적 적은 양의 황산 콜레스테롤(cholesterol sulfate)이 존재한다. 황산 콜레스테롤의 양은 그다지 많지 않으나 각질세포간 지질의 다중층상구조의 유지와 각질세포의 탈락 과정에 있어서 중요하다.

황산 콜레스테롤은 스테로이드 설페타아제(steroid sulfatase)에 의하여 지속적으로 설페이트기가 떨어져 나가면서 콜레스테롤로 변한다. 이러한 효소의 작용에 의하여 각질층 내에 황산 콜레스테롤의 양은 각질층 상부로 갈수록 점차 감소한다. 즉 각질층의 상층부에서 황산 콜레스테롤이 감소함에 따라 지질 구조의 안정성과 탄력성이 감소하여 각질세포의 탈락이 촉진된다. 이는 황산 콜레스테롤이 각질 세포의 정상적인 탈락 과정에서 중요함을 뒷받침하고 있다.

1-5. 성장인자(growth factor)

성장인자는 표피의 성장 및 증식을 조절한다. EGF(epidermal growth factor)와 TGF-**α**(transforming growth factor-**α**)는 수용체((tyrosine kinase activatable receptor)에 접합되어 기저세포를 증식시킨다. TGF-**α**는 각질형성세포에 의하여 생성되고, EGF는 몸의 어디에서든지 만들어진다. KGF(keratinocyte growth factor)는 각질형성세포의 강력한 분열 촉진제(mitogen)이다. 진피에서 만들어질지라도 KGF 수용체는 각질형성세포에 있다. TGF-**β**는 표피의 상부 각질형성세포에서 소량 존재하지만 TGF-**β** 그자체와 칼슘, 포르볼 에스테르(phorbol ester)와 같은 분화 촉진인자에 의해 많아질 수 있다.

2. 진 피(dermis)

진피는 세포와 세포외 기질(extracellular matrix, ECM)로 구성되며, 세포외 기질은 진피를 구성하는 섬유와 기질로 구성되어 있다. 구성 섬유는 교원섬유(collagenous fiber)가 약 70~80%를 차지하고, 탄력섬유(elastic fiber)는 약 2~4%를 차지한다. 그 외에는 기질(ground substance)로서 글리코스아미노글리칸(glycosaminoglycans, GAGs), 당단백질(glycoprotein), 물로 구성되어 있다.

2-1. 진피의 구성 세포

피부의 진피층을 구성하는 세포는 섬유아세포(fibroblast), 대식세포(macrophage), 색소보유세포(chromatophore), 비만세포(mast cell), 랑게르한스세포(Langerhans cell), 림프구(lymphocyte), 형질세포(plasma cell) 등이 있다. 이러한 진피의 구성 세포 중 섬유아세포(fibroblast)와 대식세포(macrophage)가 대부분을 차지한다.

섬유아세포(fibroblast)는 세포외 기질인 결합조직의 섬유 성분을 합성하고, 분비하는 세포이다. 대식세포(macrophage)는 조직구(histiocyte)라고도 하며 모양은 일정하지 않으

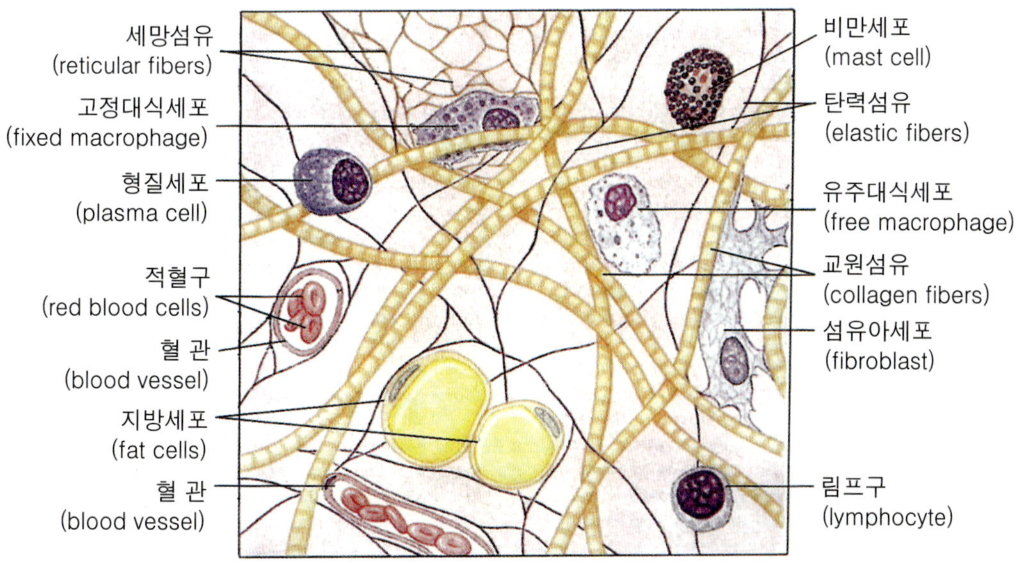

그림 5-24. 진피의 구성세포와 섬유

나 아메바 운동을 하고, 이물질을 탐식하여 신체 방어와 조직의 청소부(scavenger) 역할을 하는 세포이다.

색소보유세포(melanophore)는 색소를 보유하고 있으며 세포질 돌기를 가지고 있다. 특히 색소보유세포는 항문 주위, 유륜 등에 집중적으로 분포되어 있으며 피부색을 짙게 한다. 그러나 색소보유세포는 멜라닌세포와는 달리 색소를 만들지 않고, 다만 색소를 포식하여 보유하고 있는 세포이다. 진피층에는 멜라닌세포가 거의 존재하지 않으나 천골 부위의 진피에는 분포되어 있어서 몽고반점(Mongolian spot)을 형성하기도 한다.

얼굴과 목에서는 표정근(mimmic muscle)이라는 횡문근이 진피에 위치하며, 근육세포 일부는 진피 내 탄력섬유의 그물구조에 부착되어 있다. 비만세포(mast cell)는 구형 또는 난원형의 세포로 세포질 내에 많은 과립이 차 있다. 아메바 운동을 하며 헤파린(heparin), 히스타민(histamine), 세로토닌(serotonin) 등을 분비한다. 형질세포(plasma cell)는 B 림프구가 특수하게 분화된 것으로 항체(antibody)를 생산하며 만성염증이 있을 경우나 림프조직에서 많이 나타난다.

2-2. 진피의 구조

진피는 기저막을 사이에 두고 표피와 접해 있다. 기저막은 0.1㎛ 정도의 매우 얇은 막으로 진피와 표피를 단단히 결합하는데 기여한다. 또한 이 막은 표피 세포의 정상적인 증식과 각화를 유지하는데 중요한 역할을 한다. 표피의 기저층과 진피의 유두진피의 경계는 요철 구조로 되어 있으며, 진피가 표피로 들어간 부분을 유두(papilla)라고 한다. 나이가 들어감에 따라 요철구조는 점점 평탄해지는데 이는 각질형성세포의 증식이 저하되기 때문이다. 진피는 표피에 비하여 약 15~40배 정도 두껍고, 두께는 약 0.5~4㎜ 정도이다.

진피층은 결합조직의 구성과 세포의 밀도, 신경과 혈관의 형태에 의하여 상부에는 유두층(papillary layer) 그리고 하부에는 망상층(reticular layer)의 두 층으로 구분된다. 유두층 하부의 혈관망이 망상층과 경계면을 형성한다. 진피는 피부의 탄력에도 영향을 미치며, 모세혈관, 림프관, 신경 등이 진피 속에 복잡하게 얽혀 있다.

진피에는 세포를 제외한 섬유조직, 즉 교원섬유(collagenous fiber), 탄력섬유(elastic fiber), 세망섬유(reticular fiber)가 치밀하고 불규칙한 그물모양으로 구성되어 있다. 유두층에는 가늘고 비교적 성글며 수직방향으로 향하는 섬유가 많다. 그러나 망상층에는 조밀하고 두꺼우며 주로 수평방향으로 향하는 차이가 있다.

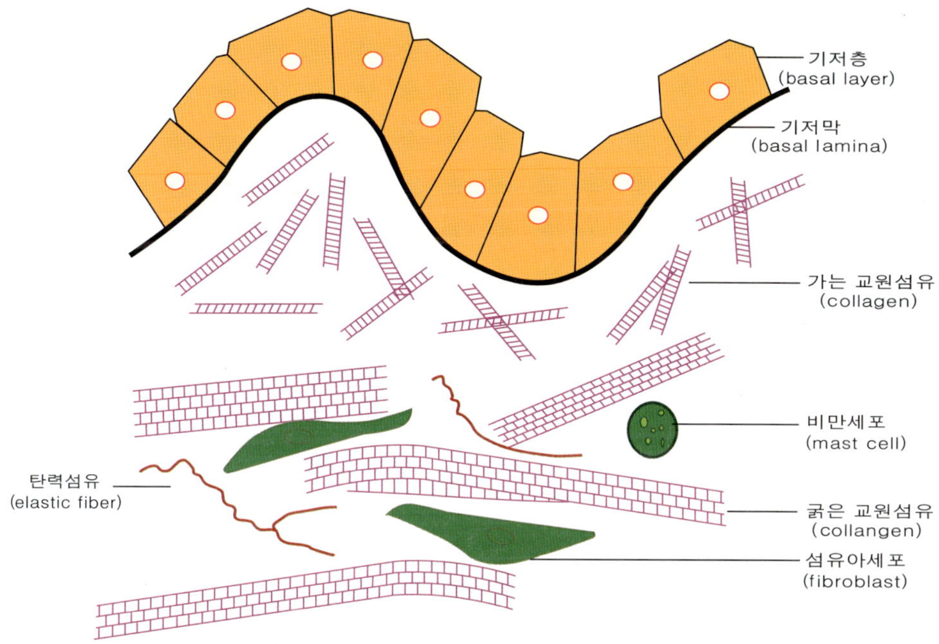

그림 5-25. 진피의 단면 구조와 구성 세포

또한 유두층에서는 모세혈관과 신경말단이 조밀하게 분포되어 있다. 세포와 섬유조직 외에 진피를 구성하고 있는 성분인 기질(ground substrate)은 무정형의 산성 점액다당류(mucopolysaccharide)로서 히아루론산(hyaluronic acid), 더마탄설페이트(dermatan sulfate), 콘드로이틴-6-설페이트(chondroitin-6-sulfate), 헤파란 설페이트(heparan sulfate) 등이 주된 구성 성분이다.

이러한 구성 성분들은 단백질과 결합하여 당단백질(glycoprotein)의 형태로 존재하는데 대량의 물을 보유하여 겔 상태로 섬유사이에 채워져 있다. 겔 내의 수분은 영양분, 대사산물, 호르몬 등을 혈관으로부터 조직 내의 세포로 확산시키는 역할을 함과 동시에 조직을 부드럽게 해 준다. 이렇게 구성된 진피는 피부의 결합조직으로서 피부에 유연성, 탄력성 그리고 장력을 제공한다.

이 외에 혈관, 림프관, 자율신경과 지각신경, 기모근(arrector pili) 등과 함께 소한선(eccrin gland)과 대한선(apocrine gland) 등의 피부부속기관으로 구성되어 있다. 또한 진피에는 지각신경과 자율신경이 분포되어 있어 감각에 대한 수용체의 역할을 하고, 표피와 상호작용을 하여 피부를 재생하는데 기여한다.

2-2-1. 유두층(papillary layer)

표피융기 사이에서 표피 속으로 진피부분에 작은 돌기가 돌출되어 있는데, 이를 유두라 하며 이 부분을 유두층이라 한다. 유두층은 얇은 교원섬유가 드문드문 성글고 불규칙하게 배열되어 있는 성긴결합조직으로 되어 있다. 이 섬유 사이에는 수분이 많이 함유되어 있으며, 유두층의 수분은 피부의 팽창과 탄력도에 영향을 미친다.

또한 유두층에는 모세혈관과 신경종말이 표피 가까이에 많이 분포되어 있다. 모세혈관이 분포되어 있는 유두를 혈관성유두(vascular papilla), 신경종말이 분포되어 있는 유두를 신경성유두(nervous papilla)라 한다. 표피에는 혈관이 분포되어 있지 않으므로 대사에 필요한 영양소와 산소는 진피 유두의 모세혈관에서 조직 내로 이동하는 조직액을 통해 확산되어 각질형성세포에 운반된다. 세포의 대사가 원활하게 이루어짐에 따라 표피의 각화과정에 의하여 피부표면이 매끄럽게 되고 피부 탄력과 긴장감을 준다.

2-2-2 망상층(reticular layer)

망상층(reticular layer)은 유두층(papillary layer) 아래에 있는 단단하고 불규칙한 결합조직으로서 진피의 대부분을 차지한다. 즉 교원섬유와 탄력섬유가 매우 치밀하게 구성되어 있으며, 깊이 들어갈수록 섬유는 더욱 굵어지고 교원섬유가 약 98%를 차지한다. 특히 탄력섬유는 모구(hair bulb)나 한선, 피지선의 주위에서 피막(capsule)을 형성한다. 섬유의 배열은 피부의 표면과 평행한 배열을 하고 있다. 그리고 망상층에는 혈관, 림프관, 신경, 한선, 피지선, 모낭 등이 복잡하게 분포되어 있다. 망상층은 탄력성과 팽창성이 큰 층으로 임산부와 비만한 사람의 피부가 늘어나더라도 지탱할 수 있게 한다. 그러나 피부가 늘어나는 한계를 지나치면 살이 트게 되는데, 이를 팽창선조(stria distensa) 혹은 Linea Albicantes라 한다. 이 팽창선조는 둔부, 대퇴부, 유방, 복부의 피부에 흔히 발생한다.

2-3. 진피의 구성 섬유

2-3-1. 교원섬유(collagenous fiber)

피부 두께의 약 85%를 차지하는 진피는 70%의 교원섬유와 5%의 탄력섬유로 구성되어 있어서 교원섬유는 진피의 대부분을 차지한다. 교원섬유는 단백질의 다발로 이루어져 있으며, 굵은 섬유와 가는 섬유가 있다. 단백질로 구성된 굵은 섬유는 진피에 장력을 제공하여 물리적 외력이나 생리적, 화학적 자극에 대한 저항력을 가지고 있다.

이러한 교원섬유는 나이가 들어감에 따라 섬유가 늘어나고, 그의 기능이 저하되어 피부의 노화를 유발한다.

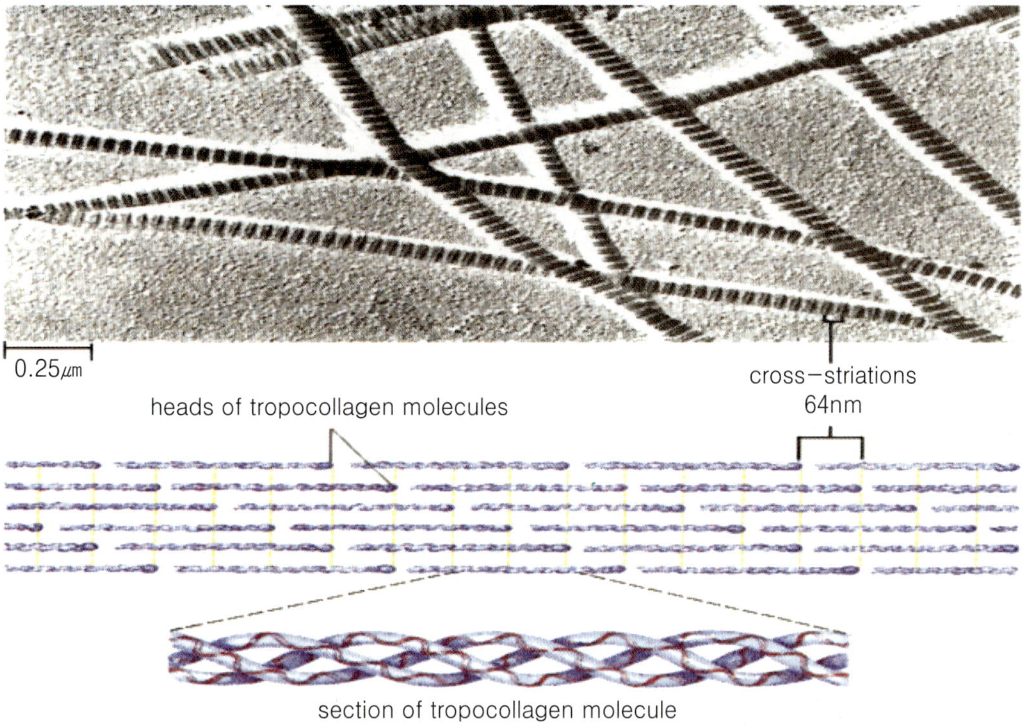

그림 5-26. 콜라겐(collagen) 구조

콜라겐(collagen)

피부, 연골, 힘줄 등은 수분이 2/3를 차지하며, 나머지는 주로 단백질과 다당류 등의 유기화합물로 구성되어 있다. 단백질로는 콜라겐(collagen)이나 엘라스틴(elastin)이 있으며, 단백질에 다당류가 결합한 프로테오글리칸(proteoglycan)이 주요 구성성분이다. 이러한 성분 중 콜라겐(collagen)이 가장 많이 함유되어 있다.

콜라겐(collagen)은 몸이나 장기를 지탱하고, 보강, 결합 등의 다양한 물리적인 기능을 한다. 또한 생체에는 여러 가지 장기의 구조나 기능에 따라 다양한 교원질이 존재한다. 특히 피부를 구성하는 교원섬유(collagenous fiber)는 강도와 유연성이 요구되기 때문에 직물과 같은 성질을 가지고 있다.

콜라겐은 세포끼리 접착하거나 세포의 성장과 기관의 형성 등 생리적인 기능과 밀접한 관계를 가지고 있으며, 너무 과다하게 생성되어 질병을 일으키는 경우도 있다. 또한 교원섬유(collagenous fiber)의 과다 증식은 노화와 깊은 관계를 가지고 있다.

콜라겐은 분자량이 약 30만이고, 굵기는 약 1.5nm, 길이는 약 300nm의 가늘고 긴 막대 모양을 하고 있다. 교원질은 약 1000개의 아미노산이 세 가닥의 나선구조를 하고 있으며, 서로 감겨서 복합 세 가닥 나선을 형성하고 있다. 콜라겐은 세 가닥 사슬 중 두 가닥은 동일하고, 다른 한 가닥은 다르다. 다만 분자의 양끝, 즉 머리와 꼬리에는 나선을 만들지 않고 짧은 사슬이 붙어 있다. 교원질의 용액을 가열하면 막대 모양의 교원질이 파괴되고 배열이 불규칙하게 됨으로서 젤라틴을 형성하게 된다.

2-3-2. 탄력 섬유(elastic fiber)

탄력섬유(elastic fiber)는 교원섬유에 비하여 짧고 가늘며 신축성이 있어서 피부에 탄력을 주는 역할을 한다. 이러한 탄력섬유는 황색을 띠며, 물에 끓여도 젤라틴으로 되지 않고 화학약품에 저항성이 강하다.

탄력섬유는 30~40 대로 나이가 많아짐에 따라 점점 파괴되어 그 효능이 저하된다. 주름은 진피의 피부조직이 변화되어 생성된다. 즉 콜라겐(collagen)과 엘라스틴(elastin)은 수분과 결합하여 탄력성을 유지한다. 교원섬유와 탄력섬유가 수분보유 능력이 저하되어 수분을 상실하고, 규칙적인 섬유의 배열이 흐트러져 탄력성이 감소하게 되면 피부에 주름이나 노화현상이 유발된다.

엘라스틴(elastin)

엘라스틴(elastin)은 콜라겐(collagen)과는 달리 특징적인 줄무늬가 없으며, 결합조직에서 탄력성을 제공한다. 또한 가열하거나 알칼리에 처리하여도 녹지 않는다. 따라서 결합조직을 열이나 알칼리에 처리한 후에도 녹지 않고 남아 있는 것은 엘라스틴(elastin) 때문이다.

2-3-3. 세망 섬유(reticular fiber)

세망섬유는 림프양기관(lymphoid organs)의 세망조직에 풍부하게 존재하고, 교원섬유에 비하여 훨씬 가늘다. 표피 바로 아래에 있는 세망섬유는 원섬유로 되어 기저판에 단단히 붙어 있으며, 진피 쪽으로는 수직으로 뻗어 있다. 기저판과 그 밑에 세망섬유를 합쳐서 기저막(basal membrane)이라 한다. 광학현미경적으로는 구분할 수 없지만 전자현미경적으로는 교원섬유에서 보다 작은 단위의 원섬유가 있고, 약 250Å 간격으로 된 횡문이 관찰된다.

2-3-4. 기질(ground substance)

세포를 제외하고 진피를 구성하고 있는 물질은 세포외 기질(extracellular matrix, ECM)이다. 세포외 기질은 교원섬유(collagenous fiber)와 탄력섬유(elastic fiber) 그리고 기질(ground substance)로 구성된다. 기질은 이와 같이 세포와 섬유조직 사이를 채우는 물질로서 글리코스아미노글리칸(glycosaminoglycans, GAGs), 당단백질(glycoprotein), 물로 구성되어 있다.

글리코스아미노글리칸(glycosaminoglycans, GAGs)은 다당류로서 히아루론산(hyaluronic acid), 더마탄설페이트(dermatan sulfate), 콘드로이틴설페이트(chondroitin sulfate), 헤파린(heparin) 등이 있다.

이와 같은 기질의 구성 물질은 수분에 대한 친화도가 매우 높다. 따라서 기질은 진피 내의 수분을 일정하게 유지시켜주는 역할을 하는데, 글리코스아미노글리칸의 기능을 잃게 되면 피부에 함유된 수분이 감소됨으로서 피부노화의 원인이 된다.

친수성 탄수화물과 단백질의 복합체인 글리코스아미노글리칸(glycosaminoglycans, GAGs)은 건조 중량이 진피의 0.1~0.2%를 차지하며, 혈청 단백, 다른 비섬유성 단백질, 물, 전해질 등과 함께 겔을 이루고 있다. 또한 글리코스아미노글리칸(GAGs)은 진피층에서 수분을 유지하는 기능이외에도 박테리아의 침입을 저지하는 장벽으로 작용할 뿐만 아니라 혈액에서 공급된 영양 성분이나 염 등을 다시 표피세포로 전달하는 기능을 한다. 이와 같은 글리코스아미노글리칸(GAGs)은 섬유아세포나 비만세포에서 대사되고 분해된다.

3. 진피-표피 연접(dermamis-epidermis junction, DEJ)

표피의 기저층과 진피의 유두층은 굴곡 형태의 경계부위를 따라 기저막(basal membrane)에 의하여 접합되어 있다. 기저막은 바로 위에 기저판(lamina densa)이 있고, 기저판은 표피의 기저세포와 고정섬유(anchoring filament)에 의하여 연결되어 있다.

진피-표피의 연접(dermamis-epidermis junction, DEJ)은 표피의 기저세포를 기저막에 부착하여 고정시키고 지지하는 중요한 역할을 한다. 뿐만 아니라 진피와 표피사이에 영양물질을 이동시키고 표피분화의 조절 등에 관한 역할을 하는 것으로 알려지고 있다.

그러나 피부노화가 진행됨에 따라 DEJ가 손상되면 기저막은 굴곡 형태로 나열되지 않고 편평해지며 다중화, 단열 등으로 인하여 주름이 생성된다. 더불어 피부가 가늘어지며 쉽게 상처가 생길 가능성이 높아진다. 또한 피부의 장벽 기능이 상실되면 외부 환경의 오염물질을 DEJ가 걸러주지 못하여 쉽게 유해물질이 진피까지 침투할 가능성이 높아져서 피부가 보다 더 쉽게 손상된다.

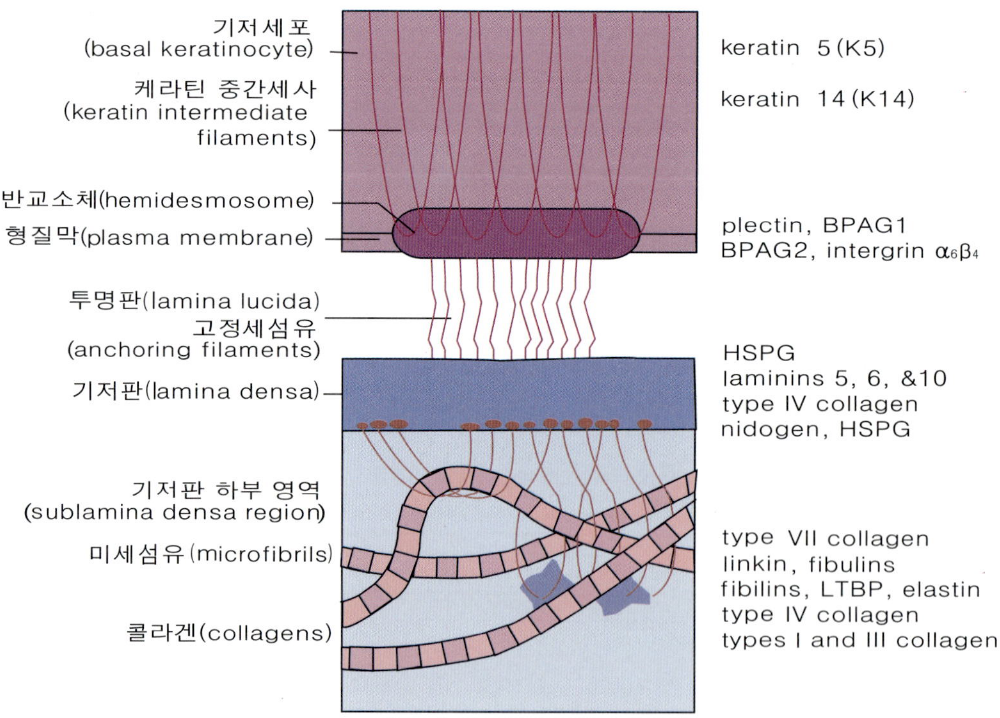

그림 5-27. 진피-표피 연접(dermamis-epidermis junction, DEJ)의 모형도

4. 피하지방층(subcutaneous fat layer)

4-1. 지방조직(fat tissue)

진피의 망상층은 섬유질이 대부분을 차지하고 있는 연결조직으로 구성되어 있지만 피하지방층은 지방조직이 대부분을 차지한다. 이러한 지방조직의 분포 및 두께는 신체의 영양상태, 부위, 성별, 연령에 따라 다르다. 피하지방층은 진피의 망상층 아래에 지방세포가 모여 지방조직층 또는 지방조직덩어리를 형성하는 층이다. 그러나 피하지방층은 피부에 속하지 않는다.

피하지방층의 두께는 복부에서 약 3㎝ 이상이며, 음경(penis), 음낭(scrotal), 눈꺼풀(palpebra) 등에는 피하지방층이 없다. 피하지방층은 신체의 체온을 조절하며 영양소를 저장하여 에너지원으로 사용할 수 있게 한다. 또한 외부로부터의 충격을 완화하고 피부의 운동성을 향상시키는 역할을 한다. 그리고 신체의 윤곽을 결정하는 심미적인 역할도 한다. 일반적으로 남성보다는 여성의 경우에 잘 발달되어 있고, 성인 보다는 소아의 경우에 잘 발달되어 있다.

4-2. 셀룰라이트(cellulite)

셀룰라이트(cellulite)는 수분. 노폐물. 지방으로 구성된 물질이 피하지방층에 과축적되어 지방이 진피층의 결합조직을 밀고 올라와 피부 표면이 오렌지껍질처럼 울퉁불퉁 해 보이는 상태이다.

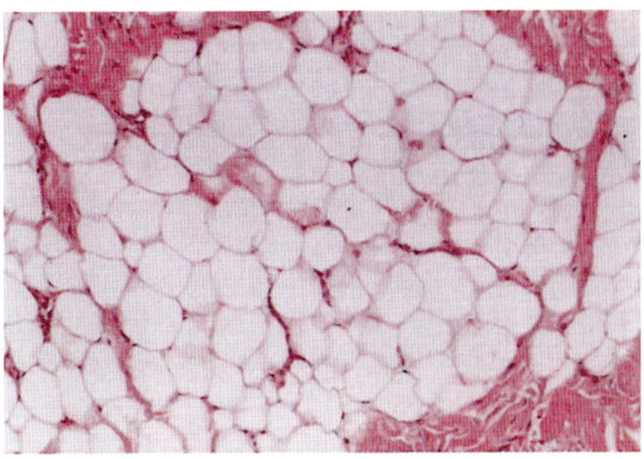

그림 5-28. 지방 세포

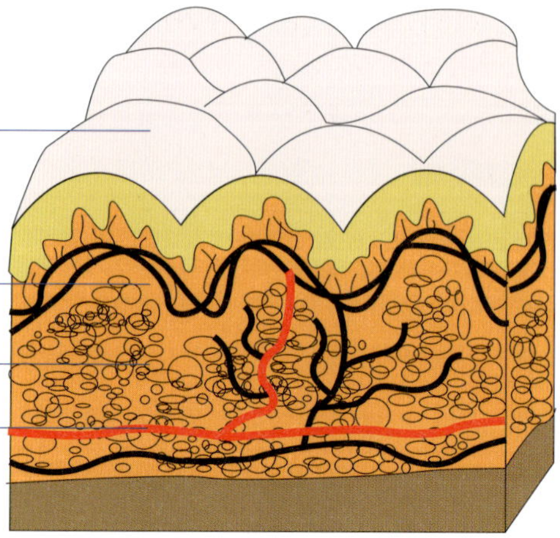

그림 5-29. 셀룰라이트의 모형도

신체의 대사과정에서 배출되는 노폐물과 독소 등이 몸 밖으로 배설되지 못하고 피하지방층에 축적되어 형성된 독소성 체내 염증으로써 피부표면이 매끄럽지 않은 상태의 피부를 나타낸다. 셀룰라이트의 발생 부위는 주로 아랫배, 허벅지, 엉덩이, 팔 바깥쪽, 목의 뒤 부위 등이다. 과도한 에너지 섭취와 불균형으로 인하여 여분의 에너지가 지방으로 축적됨으로써 생성된다.

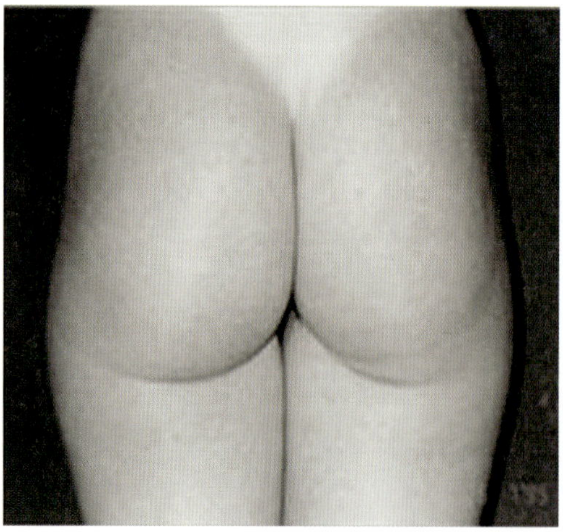

정상 피부

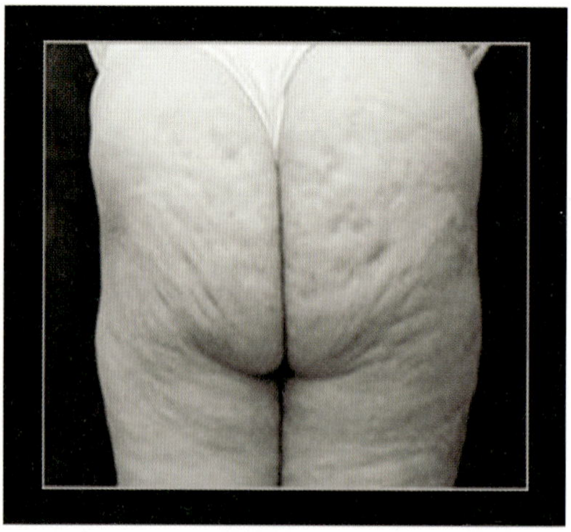

셀룰라이트 피부

그림 5-30. 정상피부와 셀룰라이트의 비교

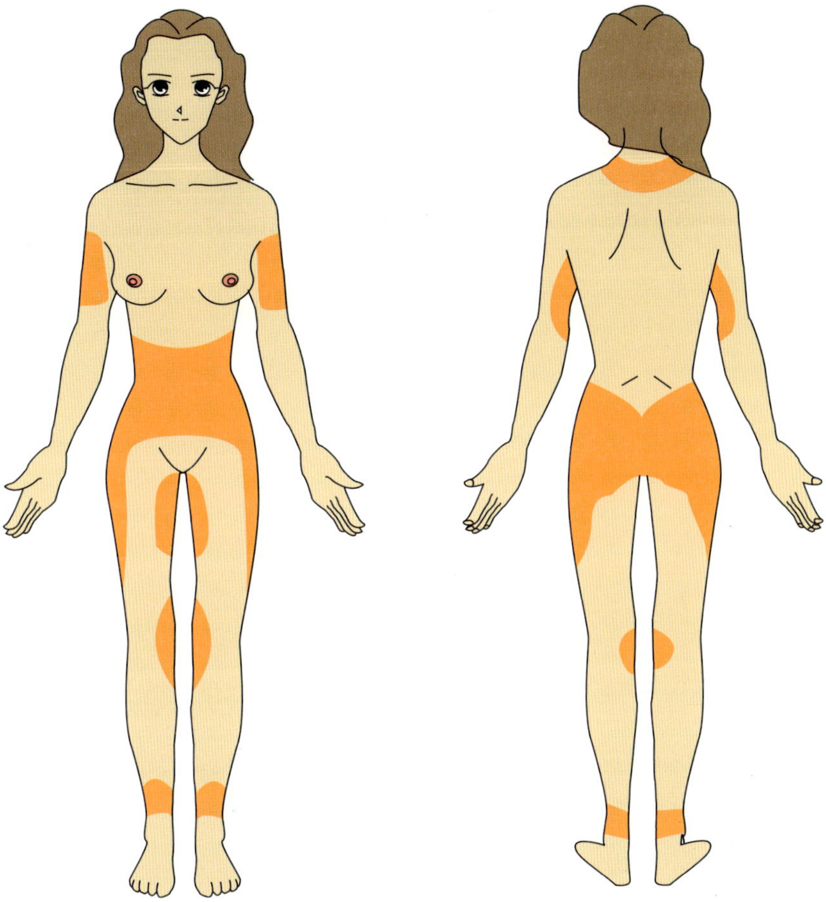

그림 5-31. 셀룰라이트 형성 부위

이와 같은 셀룰라이트는 심한 경우에 정맥, 림프순환장애, 결합조직과 신경 압박으로 신체의 말단 부위에서 마비되는 느낌과 차가운 느낌, 다리의 경련 등을 유발시킨다.

또한 셀룰라이트는 여성호르몬의 영향으로 사춘기나 임신 동안에 특히 많이 생성되고 신진대사 저하와 지방의 과다, 림프순환 저하, 유전적 요인, 스트레스, 과다한 염분섭취와 불규칙한 식습관 등이 원인으로 추정하고 있다.

이러한 셀룰라이트를 예방하고 효과적인 관리 방법은 적절한 식이요법과 적당한 운동 그리고 피부미용학적 여러 가지 기법이 함께 이루어져야 한다. 또한 생활습관 개선과 충분한 수분섭취 등으로 사전에 예방하는 것이 무엇보다 중요하다.

6

피부부속기관

Skin Appendage

피부에는 피부 내·외에 피부를 보호하고 기능을 도와주는 피부부속기관이 있다. 한선(sweat gland), 피지선(sebaceous gland), 모발(hair), 손(발)톱(nail) 및 유선(mammary) 등이 피부부속기관이다.

1. 한 선(sweat gland)

한선은 땀을 분비하기 때문에 땀샘이라고도 하며, 소한선(eccrine sweat gland)과 대한선(apocrine sweat gland)의 두 종류가 있다.

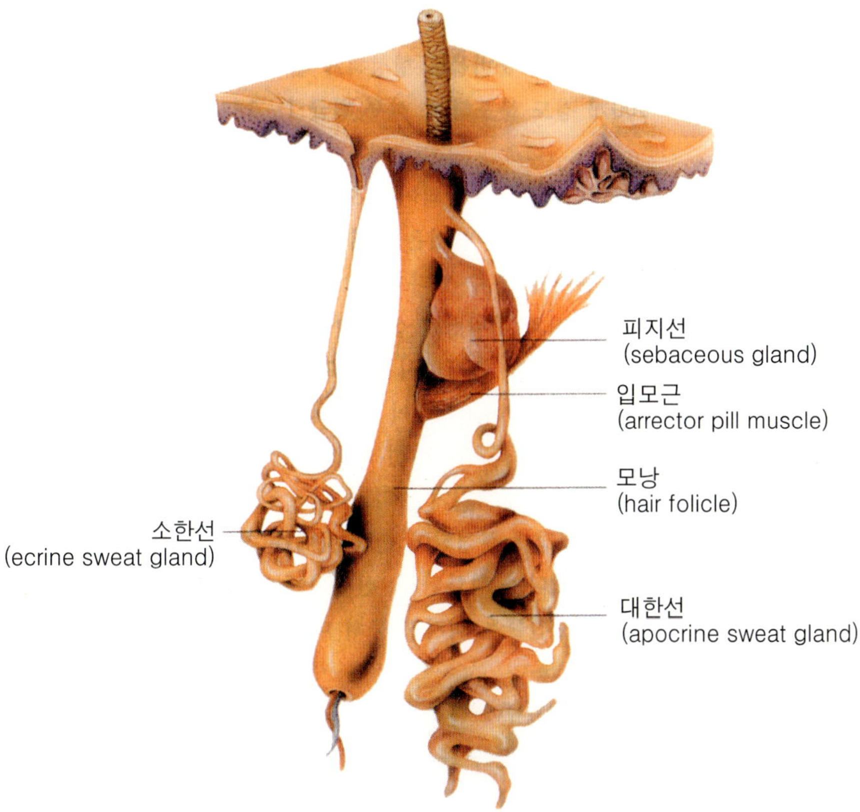

그림 6-1. 피부부속기관의 구조

1-1. 소한선(eccrine sweat gland)

1-1-1. 소한선의 분포

소한선(eccrine sweat gland)은 땀을 분비하는 나선형의 분비선과 한관으로 구성되어 있다. 진피 내에서의 소한선은 직선 형태를 보이며 두층의 입방형 세포로 구성되어 있고, 표피 내의 소한선은 표피에 직접 연결되어 있다. 점막과 입술경계부 등의 피부 경계부, 소음순, 귀두부, 조갑상을 제외한 전신의 피부에 존재한다.

특히 손바닥, 발바닥, 두피, 이마, 겨드랑이에 주로 분포되어 있다. 소한선은 실타래 모양의 선체가 진피 하층 혹은 피하조직 내에 있으며, 도관을 통하여 진피와 표피를 지나 피부의 표면에 이른다.

1-1-2. 소한선의 기능과 땀의 분비

소한선은 여러 가지 운동으로 인하여 체온이 상승하거나 고온에 노출되는 경우 땀을 분비하여 체온을 저하시킨다. 또한 신 맛과 매운 맛을 내는 음식물이나 정신적인 스트레스에 의하여 땀이 분비된다. 소한선에서는 저장액(hypotonic)을 분비하여 몸의 표면에서 증발된다. 땀의 특징은 무색, 무취의 저장액으로서 혈장성분과 유사하다.

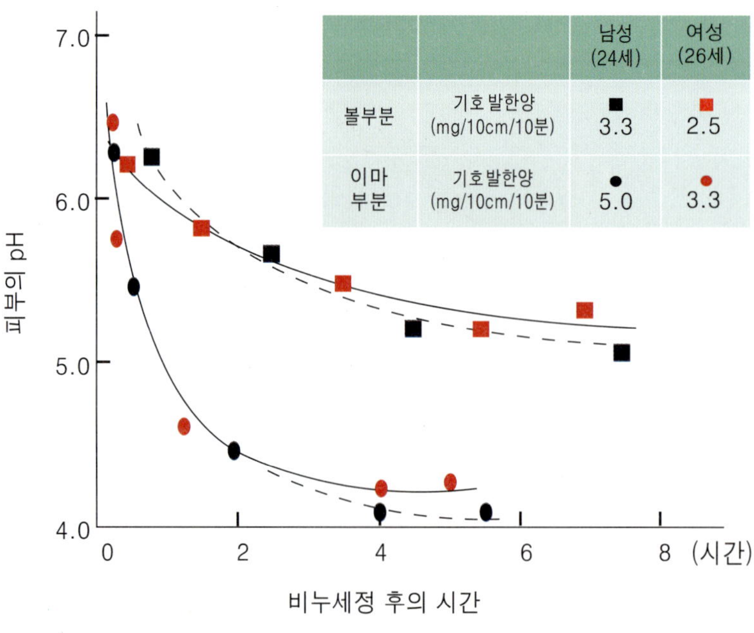

그림 6-2. 성별, 부위별 알칼리 중화 기능

표 6-1. 땀의 구성 성분

땀의 성분	함 량(wt %)	땀의 성분	함 량(wt %)
식 염	0.648~0.987	암모니아	0.010~0.018
요 소	0.086~0.173	요 산	0.0006~0.0015
젖 산	0.034~0.107	크레아틴	0.0005~0.002
황화물	0.006~0.025	아미노산	0.013~0.020

1-1-3. 땀의 구성 성분

소한선에서 분비되는 땀은 99%가 수분이고, 주요 성분이 소금(NaCl)이며 그 외의 성분은 요소, 젖산, 황화물, 암모니아, 요산, 크레아틴, 아미노산 등도 함유되어 있다. 땀의 pH는 4.5~5.5의 약산성으로 세균의 번식을 억제하며, 피부 표면에 도달하면 더욱 묽어진다.

1-2. 대한선(apocrine sweat gland)

대한선(apocrine sweat gland)은 겨드랑이, 사타구니, 음낭, 대음순, 항문주위 등의 털이 있는 부위와 젖꼭지 주변의 유륜에 분포되어 있다. 대한선의 분비구의 구조는 나선형 형태로 분비세포와 근상피세포로 구성되어 있으며, 아드레날린, 콜린성 신경섬유의 지배를 받는다.

대한선은 피지선과 함께 모포와 일체를 이루고 있으며, 피부 표면에 노출되어 있지 않고 모공으로 연결되어 있다. 대한선에서 분비된 땀은 성분이 다양하고, 소한선에서 분비된 땀과는 다르게 끈끈하게 냄새가 나는 물질도 포함되어 있다. 피부의 표면에 존재하는 미생물이 땀의 성분인 유기성 물질을 분해함으로써 체내의 냄새를 유발한다.

대한선에서 분비된 땀은 사춘기에 분비되기 시작하며, pH는 5.5~6.5이나 액취증의 경우 약알칼리로 변한다. 소한선은 자율신경의 지배를 받지만 대한선은 주로 호르몬의 영향을 받는다. 대한선은 나이가 들어감에 따라 구조가 달라지고 분비세포가 위축됨에 따라 땀의 분비가 감소된다.

2. 피지선(sebaceous gland)

2-1. 피지선의 분포

피지선은 손바닥, 발바닥을 제외한 전신의 피부에 존재한다. 신체의 각 부위에 따라 피지선의 크기, 형태, 분포, 밀도가 다르며, 두피, 얼굴, 목, 등과 가슴에 주로 분포되어 있다. 얼굴에서도 피지선 분포의 차이가 있으며, 얼굴의 중앙부위 즉, 이마, 눈썹 사이, 콧방울, 입 주변에 이르는 T-존(T-zone) 부위에 발달되어 있다. 두피, 이마, 뺨 부위에는 $1cm^2$당 400~900개의 피지선이 존재하지만 기타 부위는 100개 이하이다.

일반적으로 피지선은 모공과 연결되어 있기 때문에 모공을 통하여 피지(sebum)를 표피 밖으로 배출한다. 모낭이 없는 손바닥과 발바닥의 경우에는 피지선이 존재하지 않는다. 그러나 구강점막, 입술 경계부, 여성의 유륜, 소음순, 눈꺼풀 부위에 존재하는 피지선의 경우 모공과 연결되어 있지 않다. 이러한 피지선을 독립피지선(free sebaceous gland)이라 한다.

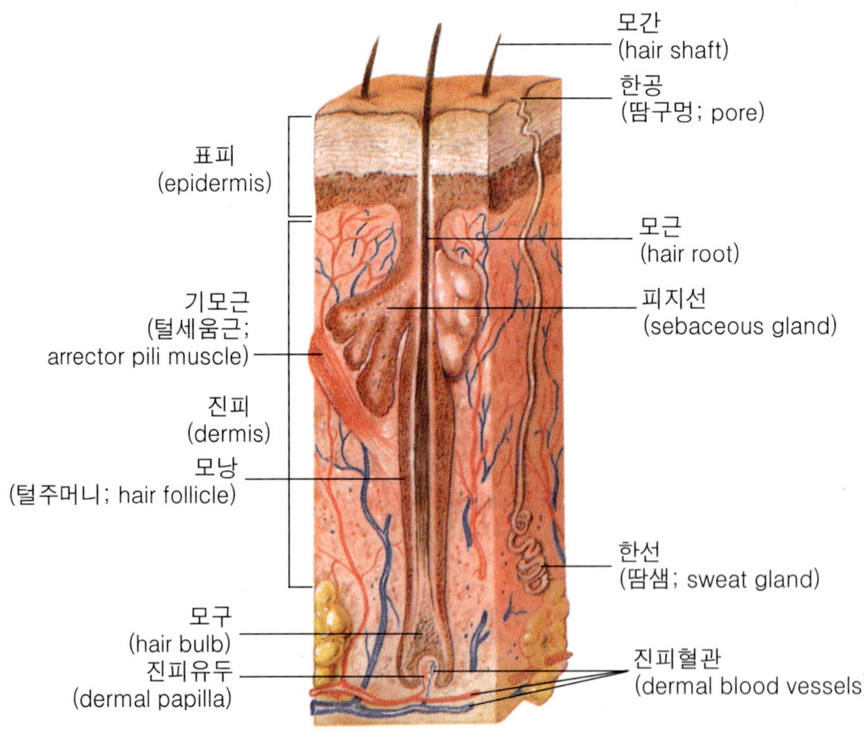

그림 6-3. 피지선

2-2. 피지선의 발생과 피지 분비

피지선은 전분비(holocrine)하는 특징을 지니고 있다. 즉 피지(sebum)의 분비는 피지세포의 분화에 의하여 일어난다. 피지선에 연결되어 있는 소엽의 외각부는 미분화된 피지세포로 이루어져 있으며, 교소체에 의하여 기저막에 연결되어 있다. 약 1주일간의 분화 과정을 통하여 피지세포가 성숙하게 되면서 많은 수의 피지 액포(vacuole)를 지니게 되고, 피지관을 통해 피지를 분비하게 된다. 결국 피지선 세포는 붕괴와 증식을 반복하면서 피지를 생성한다.

피지선의 크기는 피지 분비량과 상관관계를 가지고 있다. 피지선은 임신 4개월에 발생하여 출생 시 모체로부터 성호르몬의 영향으로 기능이 항진하지만 출생 이후 쇠퇴하여 작아진다. 8~10세에 기능이 성숙되고, 사춘기에 이르면 성호르몬의 영향에 의하여 피지선의 기능이 최고에 이르게 된다.

그 후 여성은 폐경기 이후 난소 기능이 저하되면서 피지선의 기능이 감소되고, 남성은 50~60세 이후 피지선의 기능이 감소된다.

피지선의 기능은 성호르몬과 밀접한 관계를 가지고 있으며, 남성 호르몬인 안드로겐(androgen), 특히 테스토스테론(testosterone)에 의해 많은 영향을 받는다. 일반적으로 남성이 여성에 비하여 피지선의 크기가 크고, 피지 분비량도 많다.

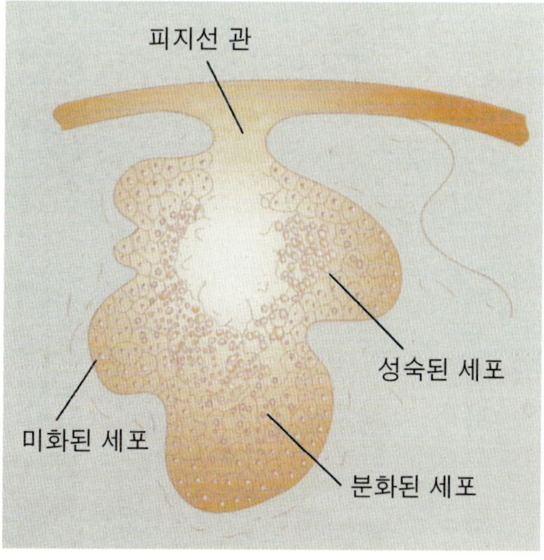

그림 6-4. 피지선의 구조와 구성 세포

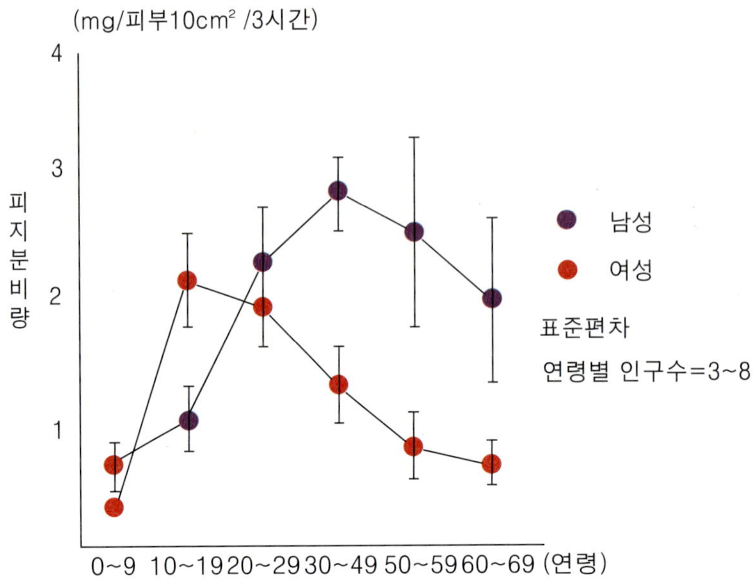

그림 6-5. 연령별 피지분비량

피지의 분비량은 호르몬 이외에 인종, 신체의 부위, 연령, 성별, 계절, 음식물, 시간, 온도 등의 영향을 받고, 피지의 분비 균형이 상실되면 다양한 피부의 이상 즉, 건성피부, 여드름 등을 유발한다. 피지 분비는 하루에 1~2㎎이 생성된다.

2-3. 피지의 구성 성분

피지선에서 분비된 피지의 구성 성분은 중성지질(triglyceride)이 대부분을 차지하고, 왁스(wax), 스쿠알렌(squalene), 콜레스테롤(cholesterol), 콜레스테롤 에스테르(cholesterol ester) 등이다. 이러한 피지 중 중성지질은 지질의 분해 효소인 리파아제(lipase)에 의하여 유리지방산(free fatty acid), 모노글리세라이드(monoglyceride) 그리고 디글리세라이드(diglyceride) 등으로 분해된다.

2-4. 피지의 기능

피지선에서 분비되는 피지는 각질층의 수분증발을 억제하여 수분을 일정하게 유지시키고, 유연성을 부여한다. 또한 피지는 땀과 섞여서 피지막을 형성하여 피부의 pH가

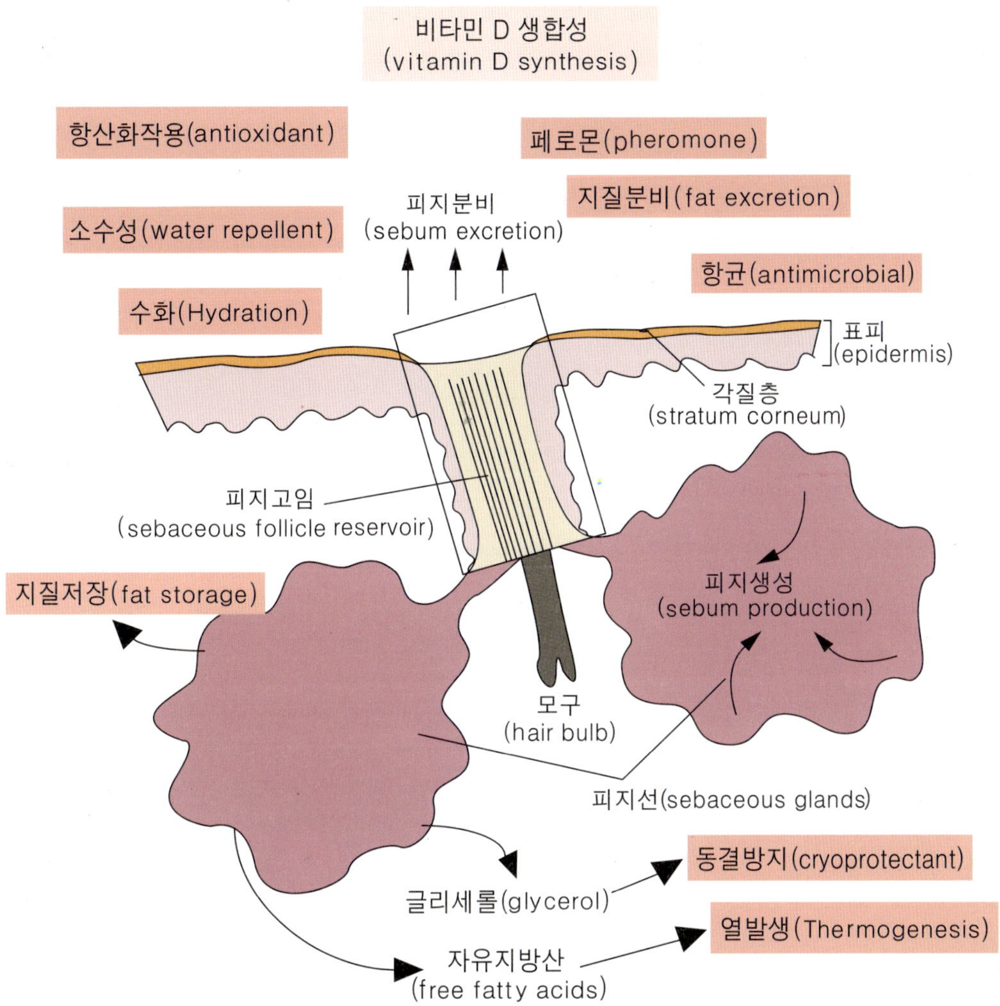

그림 6-6. 피지의 기능

4.5~5.5로서 일정한 약산성을 유지한다. 이와 같이 피지막은 외부로부터 유해물질이나 세균의 침입을 막아 피부를 보호하는 기능을 한다. 그래서 피지막을 산성막 혹은 보호막이라고도 한다. 또한 피지 세포는 염증 반응과 관련된 사이토카인을 분비한다.

그 외에 피지는 피부장벽의 항상성 유지와 피부 표면에 항산화물질을 공급하며 UVB로부터 각질형성세포를 보호하는 역할을 한다. 또한 피부 상재균이 분비하는 리파아제(lipase)에 의하여 생성되는 자유지방산은 항균작용(세균, 박테리아)을 하지만 여드름을 유발하는 면포를 형성하기도 한다.

표 6-2. 피부 표면의 지질 구성 성분

지질 성분	피 지(wt %)	세포간지질(wt %)	화장품
중성지질(triglyceride)	41.0		유지, 올리브유 등
디글리세라이드(diglyceride)	2.2		
지방산(fatty acid)	16.4	30.0	스테아린산, 팔리틴산 등
왁스에스테르(wax ester)	25.0		밀랍, 경랍 등
스쿠알렌(squalene)	12.0		스쿠알렌
콜레스테롤(cholesterol)	1.4	15.0	
콜레스테롤 에스테르 (cholesterol esterol)	2.1	5.0	라놀린, 콜레스테롤 등
세라마이드		50.0	
기타			

2-5. 피부 표면의 지질

피부 표면의 지질은 크게 피지선, 각질형성세포 등에서 유래한 지질과 외부 환경 및 화장품 등에서 유래한 지질로 구분할 수 있다. 이와 같은 피부 표면 지질은 주로 피부의 항상성 유지와 투과 장벽 기능을 한다. 특히 각질층의 세포간지질은 피부의 투과장벽 기능에 있어서 중요한 역할을 한다.

3. 모 발(hair)

태아의 생모(lanugo)는 태아기 8개월째에 모두 빠지고, 2㎝까지 자란 다소 굵은 연모를 지닌 상태에서 사람은 태어난다. 사람은 태어난 후에 모기관이 새로이 생기지 않는다. 또한 성장과 함께 부위에 따라 길고 두꺼운 경모(terminal hair)로 바뀐다. 경모는 성장시기, 부위 그리고 성별에 따라 다르며, 경모는 모발이 길어날 수 있는 길이에 따라 단모와 장모로 나눈다.

모발은 피부의 부속기관 중의 하나로 손바닥, 발바닥, 입술, 생식기 등 특정 부위를 제외하고 신체의 모든 부위에 존재한다. 사람의 신체 표면에는 약 500만개의 체모가 있다. 그 중 두피에는 약 10만개의 두발이 존재한다.

이와 같은 체모는 신체의 각 부위에서 태양광선, 마찰, 충격 등을 완화시켜 주고, 땀과 먼지 그리고 세균 등 여러 가지 이물질의 침입을 방지하여 신체를 보호한다. 그리고 여러 가지 환경적인 영향에 의한 체온을 조절과 이성을 유혹하는 역할을 하며, 그 외에도 두발 같은 경우에는 사람의 개성과 미적 효과를 높이기 위한 장식적인 역할도 한다.

3-1. 모발의 형태와 굵기

3-1-1. 모발의 형태

모발은 인종이나 개인에 따라 형태가 다르며, 동일한 사람이라 하더라도 발생부위에 따라서 모발의 형태가 다르다. 모발의 형태에 따라 직모(straight hair), 반곱슬(wavy hair), 곱슬(kinky hair)의 세 부류로 분류할 수 있지만 명확한 기준은 없다.

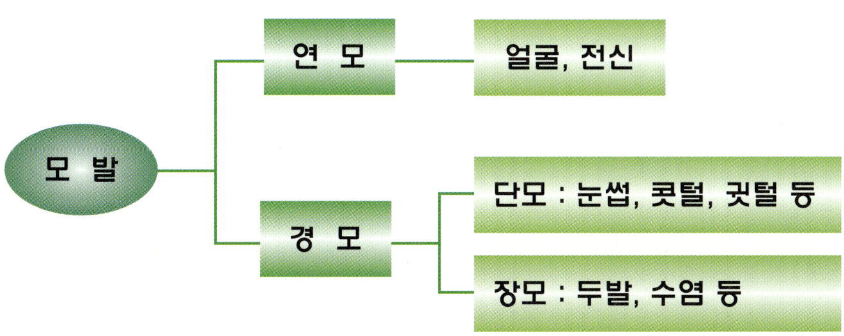

그림 6-7. 모발의 종류

모발의 단면은 원형에 가까운 것과 타원형 그리고 편평형이 있으며, 직모의 경우는 대개 둥근 원형에 가깝고 반곱슬모나 곱슬모의 경우는 타원형과 편평형에 가깝다.

모발 단면의 최소직경에 대한 최대직경의 비율을 모경지수라 하며, 모경지수가 1에 가까우면 원형에 가깝고, 0에 가까우면 타원형에서 편평형에 가깝다. 동양인의 경우 모경지수는 0.75~0.85로서 직모인 원형에 가깝고, 흑인의 경우 모경지수가 0.50~0.60으로서 곱슬모인 편평형에 가깝다. 그리고 서양인은 모경지수가 0.62~0.72이다.

$$\text{모경지수} = \frac{\text{모발의 최소 직경}}{\text{모발의 최대 직경}}$$

3-1-2. 모발의 굵기

모발의 굵기는 인종, 연령, 성별에 따라 다르다. 일반적으로 가는 모발은 모발의 직경이0.05~0.07㎜이고 부드러우며, 굵은 모발은 모발의 직경이 0.10~0.15㎜이고 다소 뻣뻣하고 질기며 단단하다.

3-2. 모발의 구조와 색깔

모발은 피부 표면의 아래쪽에 있는 모근(hair root)과 피부의 표면의 밖으로 나와 있는 모간(hair shaft)으로 구분된다.

3-2-1. 모근(hair root)

모근을 싸고 있는 모낭(hair follicle)은 모발이 생성되어 모간으로 각화되는 과정에서 모근을 안내하는 역할을 하며, 피지선과 연결되어 있기 때문에 피지의 배출에 중요한 역할을 한다. 모근을 따라 아래쪽으로 내려가면 피지를 분비하는 피지선 입구가 있고, 아래로 더 내려가면 자율신경의 지배를 받고 무서움증이나 화가 날 때 수축되어 모발을 세우는 입모근(arrector pili muscle)있다.

입모근 아래에는 둥근 모양의 모구(hair bulb)가 있으며, 모구의 아래 부분에 유두 모양의 오목하게 들어간 모유두(dermal hair papilla)가 있다. 모유두에는 모발의 영양과 산소를 공급할 수 있는 모세혈관과 신경이 분포되어 있다.

모유두 위에 접해 있는 모모세포(hair matrix cell)는 모유두의 모세혈관에서 모발의 영양소와 산소를 공급받아 새로운 모발을 만드는 모모세포의 분열과 증식을 계속함으로써 각화되어 모발을 형성한다.

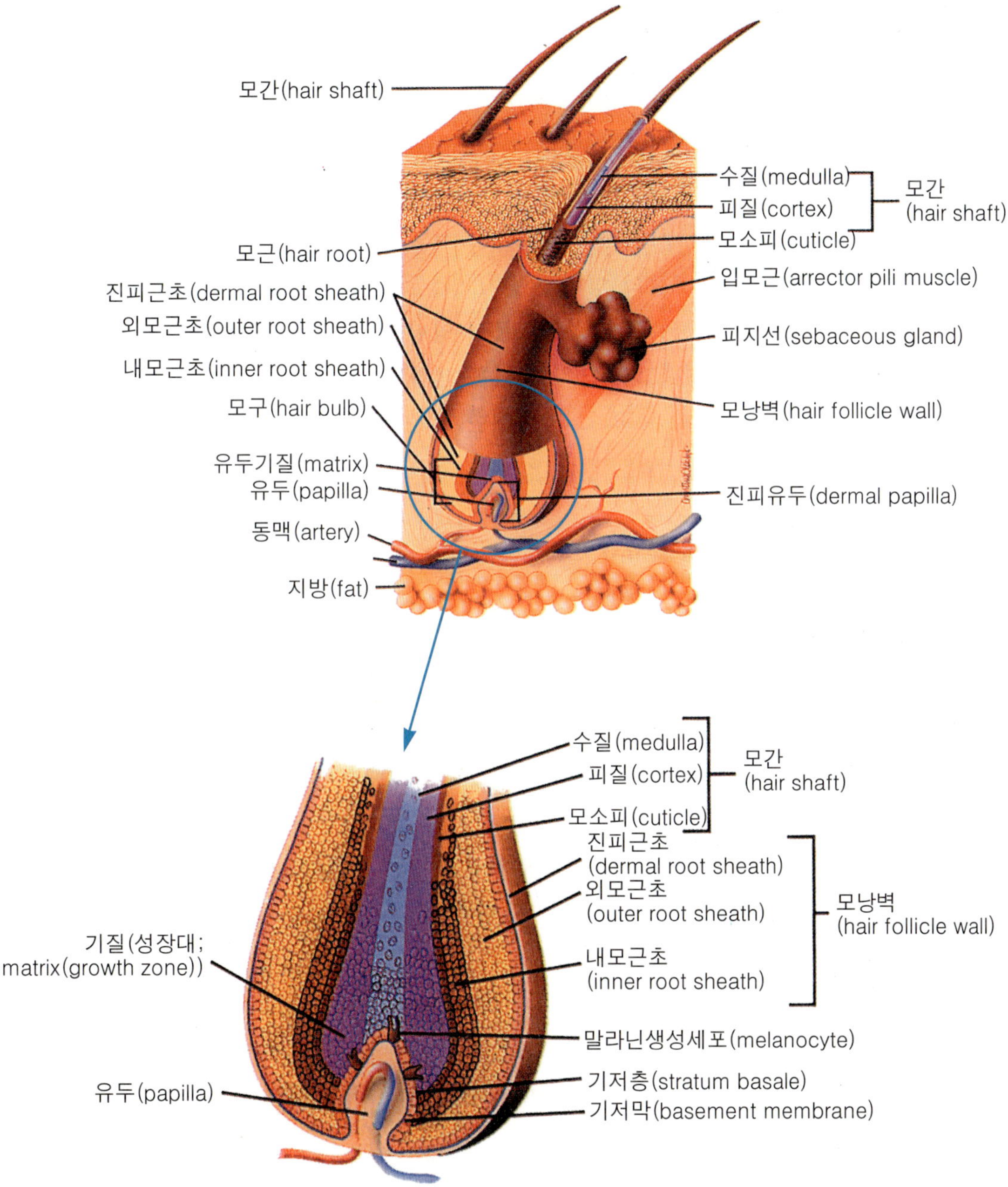
모간(hair shaft)
수질(medulla)
피질(cortex)
모소피(cuticle)
모간
(hair shaft)
모근(hair root)
입모근(arrector pili muscle)
진피근초(dermal root sheath)
외모근초(outer root sheath)
피지선(sebaceous gland)
내모근초(inner root sheath)
모낭벽(hair follicle wall)
모구(hair bulb)
유두기질(matrix)
유두(papilla)
진피유두(dermal papilla)
동맥(artery)
지방(fat)
수질(medulla)
피질(cortex)
모소피(cuticle)
모간
(hair shaft)
진피근초
(dermal root sheath)
외모근초
(outer root sheath)
모낭벽
(hair follicle wall)
기질(성장대;
matrix(growth zone))
내모근초
(inner root sheath)
말라닌생성세포(melanocyte)
기저층(stratum basale)
유두(papilla)
기저막(basement membrane)

그림 6-8. 모발의 구조

모모세포는 기저세포에서 유래되었으며, 모발도 표피의 기저세포가 분열과 증식되어 각화과정에 의하여 각질층을 형성하고 탈락되는 것과 유사하다. 그러나 표피의 각질형성세포는 각화되어 균일한 각질층을 구성하지만 모발의 경우는 모모세포가 분화되는 과정에서 화학적 조성이 다른 세 가지의 특정한 케라틴을 형성하여 모간을 구성한다.

따라서 모간은 화학적 물리적 성질이 다른 모표피(cuticle), 모피질(cortex), 모수질(medulla)로 구성된다. 또한 표피의 기저층과 마찬가지로 모모세포와 멜라닌생성세포가 같이 존재하기 때문에 멜라닌생성세포(melanocyte)로부터 생성된 멜라닌(melanin)은 모발의 색깔을 결정짓는다.

모발의 색깔은 인종과 사람의 개인에 따라 흑색, 갈색, 황금색, 적색 등 다양하다. 이와 같은 모발 색깔의 다양성은 멜라닌생성세포의 활성이나 생성된 멜라닌에 따라 다르기 때문이다.

멜라닌은 티로신(tyrosine)이 티로시나아제(tyrosinase)에 의하여 산화되는 과정에 따라 유멜라닌(eumelanin)과 페오멜라닌(pheomelanin)으로 생성된다. 유멜라닌(eumelanin)은 흑갈색을 띄고 있으며, 탈색제에 의하여 쉽게 탈색되는 성질을 가지고 있는 반면에 페오멜라닌(pheomelanin)은 적색을 띄는 멜라닌으로써 화학적으로 안정하여 쉽게 탈색되지 않은 멜라닌이다. 따라서 이러한 두 가지 멜라닌의 구성 비율에 따라 모발의 색깔이 결정되며, 탈색제를 적용하여 탈색을 시킬 때 탈색 정도에 따라 모발의 색깔이 다양하게 변화되는 원인이다.

3-2-2. 모간(hair shaft)

모간(hair shaft)은 모표피(cuticle), 모피질(cortex), 모수질(medulla)의 3층으로 구분된다.

1) 모표피(cuticle)

모표피(cuticle)는 큐티클층(cuticle layer)이라고도 하며, 색깔이 없는 비닐모양의 각질세포로 구성되어 있다. 비닐모양의 각질세포가 7~8층으로 조밀하게 겹쳐진 모표피는 모간의 가장 외측에서 내부의 모피질(cortex)을 물리적, 화학적 자극으로부터 보호한다. 겹쳐진 비닐모양의 각질세포를 문리라 하는데, 문리는 모근에서 모간 쪽을 향하여 규칙적으로 겹쳐져 있다.

모발에서 모표피가 차지하는 비율은 10~15%이며, 경질의 케라틴(hard keratin)으로 구성되어 있어서 딱딱하고 부서지기 쉽다. 따라서 화학 약품에 대한 저항성을 강하지만 물리적인 자극, 즉 마찰이나 브러싱 그리고 거친 샴푸에 의하여 쉽게 손상된다.

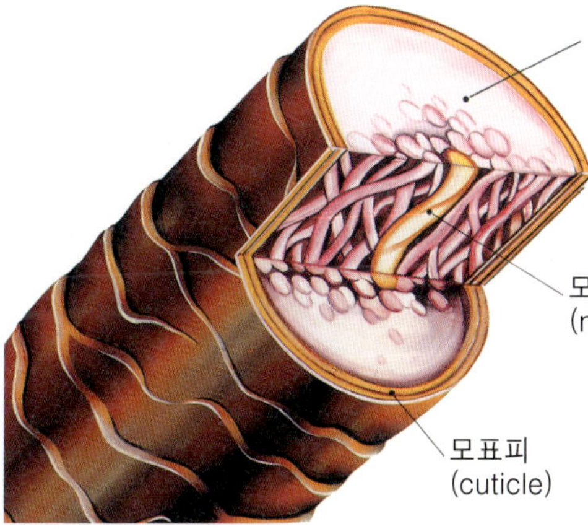

그림 6-9. 모간(hair shaft)의 구조

2) 모피질(cortex)

모피질(cortex)은 모발의 85~90%를 차지하고 있으며, 모발의 유연함, 탄력성, 강도 등 물리적, 화학적 혹은 역학적 특성을 좌우하는 중요한 부분이다. 모피질은 모표피의 안쪽에 있으며, 피질세포와 핵의 잔사, 멜라닌과립 그리고 세포간충물질(intermacrofibrilla material)로 구성되어 있다.

케라틴으로 구성된 피질세포(cortical cell)는 모발의 길이 방향으로 비교적 규칙적인 배열을 하고 있는 세포집단 이다. 피질세포는 섬유상 단백질인 다수의 거대섬유(macro fibril, MF)와 기질(matrix)로 구성되어 있다. 그리고 거대섬유는 미세섬유(micro fibril)의 다발로, 미세섬유는 원섬유(protofibril)의 다발로 구성되어 있고, 원섬유는 3가닥으로 된 2중 나선형(α-helix)의 단백질로 구성되어 있다.

모피질은 모발의 색상을 결정하는 과립상의 멜라닌소체(melanosome)를 함유하고 있다. 미용학적인 측면에서 퍼머나 염색과 탈색 등에 의하여 여러 가지 디자인을 연출할 수 있는 부분도 모피질의 화학적, 물리적 작용에 의해서 이루어진다. 그러나 과도한 화학약품이나 샴푸 등으로 간충물질이 유출될 수 있으며 이로 인해 모발의 손상을 가속화 시킬 수 있다.

3) 모수질(medulla)

모간의 중심부에 있으며 벌집형태의 세포가 축 방향으로 연결되어 있고, 멜라닌과립을 함유하고 있다. 모발에 따라서 연필심과 같이 완전히 연결된 것, 군데군데 끊어져 있는 것, 완전히 없는 것 등이 있다. 굵은 모발의 경우에 대부분 모수질이 있고 생모나 유아의 모발에는 거의 존재하지 않는다.

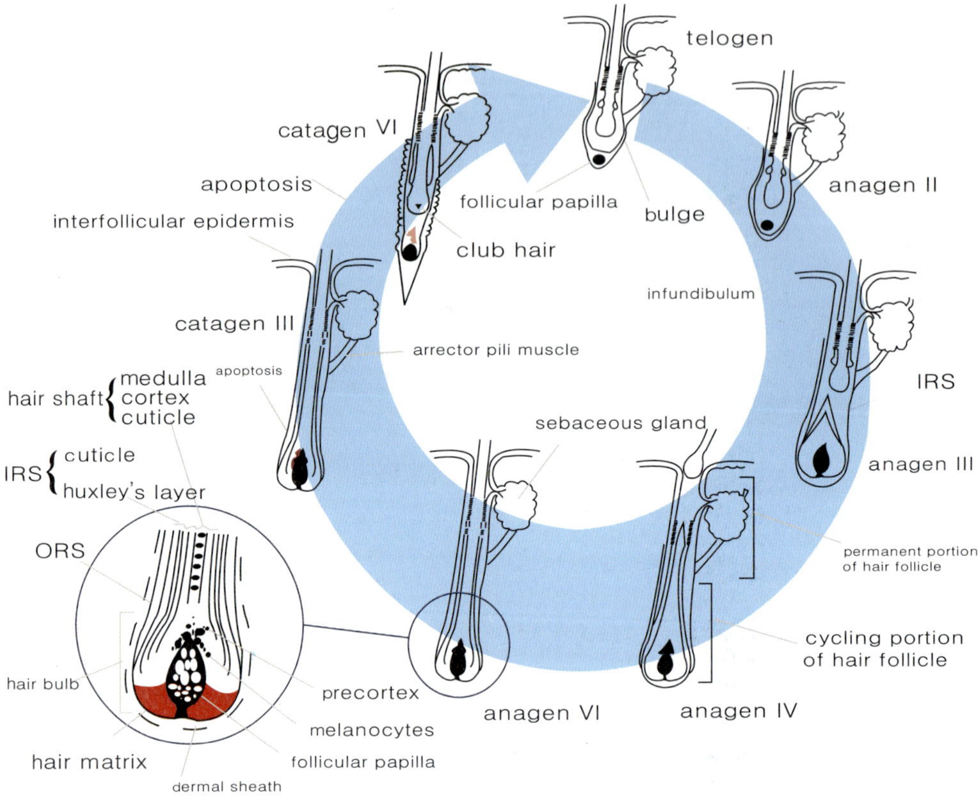

그림 6-10. 모발의 성장 주기(hair growth cycle)

3-3. 모주기(hair cycle)

모발은 계속해서 자라나는 것이 아니고 일정 기간 동안 자라다가 어느 기간이 지나면 스스로 빠지고 다시 자라는 일정한 주기를 갖는다. 즉 모발은 주기적으로 성장기(anagen), 퇴행기(catagen), 휴지기(telogen)를 반복하여 모발의 성장과 탈모 그리고 새롭게 자라나는 과정이 일어난다.

모발의 성장기는 5~6년 정도이며, 이러한 성장기에 모발은 만들어진다. 모발 성장기의 모유두는 크고 모모세포가 활성화되어 모발이 길어나며, 모구는 피하조직까지 길게 뻗어 있다. 모발의 성장기가 지나면 모모세포는 세포의 증식이 감소되고 모낭이 쭈그러들게 됨으로써 더 이상 모발이 생성되지 않는다. 즉 모발은 성장기가 끝나면 퇴행기를 맞이하여 2~3주간 지속되다가 결국 모발의 성장이 정지된다.

모근은 입모근이 시작되는 부위의 아래까지 단축되어 2~3개월 동안 휴지기에 들어가게 된다. 휴지기의 모발은 고착력이 약해짐과 동시에 모낭에서는 새로운 모발이 휴지기 모발을 밀어냄으로써 자연스럽게 모발이 빠져 나간다. 이와 같은 과정에서 모발은 매일 탈모가 발생하는데 정상인의 경우 하루에 보통 50~100개의 모발이 빠지는 것으로 알려져 있다.

3-4. 모발의 화학적 특성

모발은 대부분 경케라틴(hard keratin)이라는 단백질로 구성되어 있으며, 그 외에 멜라닌색소, 지질, 미량의 무기질, 수분 등으로 구성되어 있다. 모발의 주성분인 경케라틴(hard keratin)은 다른 단백질에 비하여 시스틴결합(cystine bond)이 많은 특성을 가지고 있으며, 아미노산의 펩티드 결합이 주사슬(main chain)인 고분자화합물이다.

모발을 구성하고 있는 단백질은 펩티드결합 뿐만 아니라 염결합, 수소결합 시스틴결합 등의 화학결합과 이중 나선형 구조를 하고 있다. 그리고 섬유사이의 간충물질 등으로 인하여 모발을 당기면 일정부분 늘어나다가 한계점 이상으로 힘이 가해질 때에는 끊어진다. 또한 모발은 흡습능력이 있기 때문에 주위의 환경에 따라 수분 함량이 달라진다.

보통 25℃, 65% 상대습도에서 모발은 12~15%의 수분을 함유하고 있다. 모발은 여러 가지 요인에 의하여 모발의 특성이 달라지는데 물리적, 화학적 특성에 영향을 크게 미치는 것은 모발을 구성하고 있는 단백질의 여러 가지 화학결합이다.

1) 펩티드 결합(peptide bond)

단백질을 구성하는 산성 아미노산과 염기성 아미노산이 탈수 반응을 함으로서 펩티드결합을 형성하여 단백질의 주사슬을 구성한다. 펩티드 결합은 생체 내에서의 여러 가지 특성을 가지고 있으며, 화학적 결합력이 매우 높기 때문에 쉽게 파괴되지 않는다.

2) 시스틴 결합(cystine bond)

아미노산 잔기 중 시스테인(cysteine)과 시스테인(cysteine) 사이에서 형성된 시스틴결합(cystine bond)은 모발의 화학적, 물리적 특성에 영향을 크게 미친다. 모표피(cuticle)는 모피질(cortex)에 비하여 시스틴의 함량이 많으며 화학적 저항성이 큰 반면에 물리적인 특성이 약하다.

시스틴 결합(cystine bond)은 단백질과 단백질사이의 가교결합(cross-linking)을 형성하여 케라틴을 딱딱하게 한다. 모피질의 시스틴 결합을 이용하여 환원반응과 산화반응으로 모발의 퍼머(permanent waving)를 하게 된다.

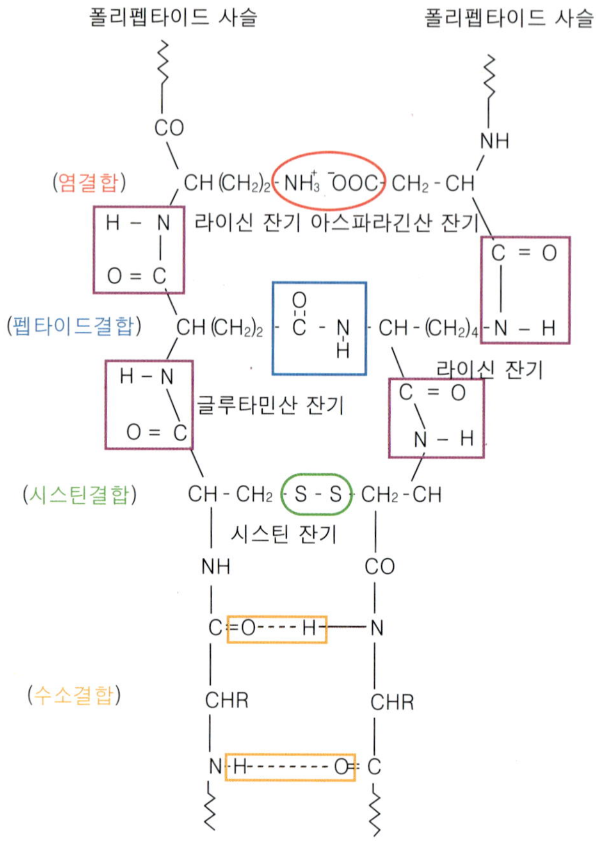

그림 6-11. 모발의 화학 결합

3) 염 결합(salt bond)

염 결합(salt bond)은 모발 내에서 단백질을 구성하는 아미노산의 잔기 중 음이온성 아미노산과 양이온성 아미노산의 정전기적인 인력에 의하여 형성된 결합이다. 이와 같은 염 결합은 이온 결합(ionic bond)이며 물에 의하여 쉽게 파괴된다. 이러한 특성은 모발의 일시적인 세팅(setting) 효과를 부여할 수 있다.

4) 수소 결합(hydrogen bond)

모발을 구성하는 단백질의 이중나선형(*α*-helix) 구조도 아미드기의 산소와 수소에 의한 수소결합에 의하여 안정화되어 일정한 모양을 유지하고 있다. 그리고 단백질을 구성하고 있는 아미드기의 산소와 수소뿐만 아니라 모발을 구성하고 있는 단백질 주위의 물과도 수소결합을 한다.

수소결합은 모발을 구성하는 화학결합 중 가장 약한 결합이다. 그러나 모발의 흡습력에 의하여 단백질 주위에 물 분자가 많기 때문에 단백질과 물 분자 간에 다수의 수소결합으로 인하여 모발의 화학적, 물리적인 특성에 영향을 미치게 된다.

3-5. 모발의 물리적 특성

3-5-1. 모발의 인장 특성

모발에 일정한 하중을 주어 잡아당기면 점점 늘어남과 동시에 모발의 굵기도 동시에 가늘어지면서 어느 한계점 이상에서는 절단된다. 모발의 원래 길이에 비하여 끊어지지 않고 늘어난 길이의 비율을 신장율(elongation)이라 하고, 모발 절단 시 받는 하중을 인장강도(tensile strength)라 한다. 이와 같은 모발의 인장 특성은 모발의 표면에서 나타나는 현상뿐만 아니라 모발을 구성하는 섬유 전체의 특성, 즉 모발의 구성 중 가장 많은 중량을 차지하는 모피질의 특성을 예측할 수 있다.

모발을 구성하고 있는 케라틴 단백질의 주사슬은 이중나선형(α-helix) 구조를 하고 있지만 잡아당기면 펼쳐진 병풍구조(β-plated sheet)를 하게 되어 길이가 늘어난다. 끊어지지 않는 상태에서 하중을 주지 않으면 다시 원래의 길이로 되돌아가는 것은 이중나선형(α-helix) 구조로 되돌아가기 때문이다. 이와 같은 현상은 모발이 물에 젖어 있는 경우에는 건조한 모발에 비하여 더욱 크게 달라지며, 그 외에 알칼리제 등의 유기 용매에 의해서도 더욱 큰 변화가 일어난다.

3-5-2. 모발의 흡습성

모발은 공기 중에 노출되어 있으면 여러 가지 요인에 의하여 머리카락의 상태가 달라진다. 우선 모발은 수분의 흡수 능력이 있기 때문에 주위 온도와 습도 등 환경의 영향을 많이 받는다. 즉 모발은 상대습도가 높아짐에 따라 모발의 수분 함량이 증가한다. 비오는 날에 머리의 헤어스타일이 달라지는 것은 흡수된 모발의 수분이 수소결합에 영향을 미치기 때문이다.

반면에 건조한 상태의 환경에서는 빗질만 하여도 정전기를 유발되며 모발이 거칠게 느껴지는 것은 모발의 수분이 부족하기 때문에 나타나는 현상이다. 모발의 수분 함량에 따라 모발의 여러 가지 특성이 달라진다.

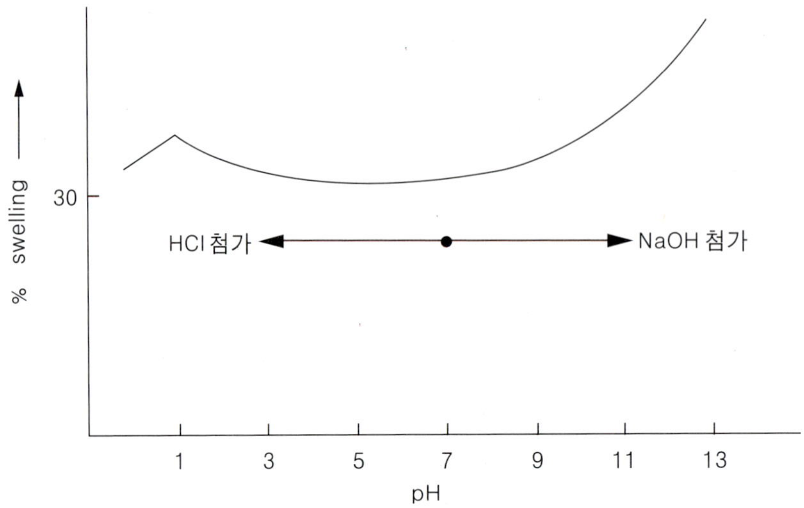

그림 6-12. pH에 따른 모발의 팽윤도

3-5-3. 모발의 팽윤성

모발을 구성하는 경케라틴(hard keratin)은 pH에 크게 영향을 받는다. 일반적으로 물(water) 뿐만 아니라 여러 가지 유기 용매가 모발에 침투됨에 따라 모발이 부풀리는 정도가 달라지는데 이를 팽윤(swelling)이라 한다.

특히 모발을 구성하는 단백질이 양이온성과 음이온성이 같아지는 전기적인 중성상태에서 모발은 가장 안정한 상태가 된다. 이러한 모발의 상태가 될 때 pH를 등전점(isoelectric point)이라 하며, 모발은 등전점에서 가장 안정한 상태이고 건강한 모발이 된다. 일반적으로 모발의 등전대는 pH가 3.8~5.0 영역이며, 이 영역을 벗어나서 pH가 높아지면 팽윤이 심해지고 강알칼리성에서는 모발이 용해된다. 그리고 pH가 낮아지면 다소 수축되었다가 강산에서도 역시 모발은 용해된다.

4. 손(발)톱(nail)

손톱과 발톱은 딱딱한 케라틴(hard keratin)으로 얇은 판 모양의 각화세포가 밀착된 표피의 각질층과 같다. 손톱은 손가락의 끝을 보호하며 감촉을 예민하게 하고 힘을 가할 수 있게 하여 미세한 동작이나 작은 물건을 잡는데 유용하다.

건강한 사람의 경우 손톱은 하루에 0.1~0.15㎜ 정도 자라지만 개인 그리고 여러 가지 요인에 따라 다르다. 일반적으로 손톱이나 발톱의 경우 뿌리에서 끝까지 자라는 데는 6개월 정도 걸린다. 유아기에서 청년기에는 빠르게 자라고 노년기에는 자라는 속도가 느리다.

손톱의 윤기나 색깔이 건강과 관련되며, 건강상태가 좋지 않을 경우에는 손톱의 윤기가 없고 거칠어지며 부서지기 쉽다. 또한 계절에 따라 길어나는 속도가 다르며, 여름에는 가장 빠르게 길어나고 겨울에는 느리다. 일반적으로 손톱이 발톱에 비하여 비교적 빠르게 자란다.

4-1. 손톱의 구조와 조성

일반적으로 손가락 끝을 보호하고 미세한 힘을 가할 수 있도록 하는 손톱의 딱딱한 부분을 조갑(nail plate)이라 한다. 손톱이 피부에 덮여 있는 부분을 조근(nail root)이라 하고, 그 선단을 조모(nail mother)라 하는데 새롭게 손톱이 만들어지는 부분이다.

조갑은 조갑기질(nail matrix)에서 만들어지며, 조상부(nail bed)의 위를 조상의 방향으로 조갑과 조상이 하나가 되어 손끝을 향하여 진행된다. 손톱은 이와 같은 과정에 의해서 자라난다.

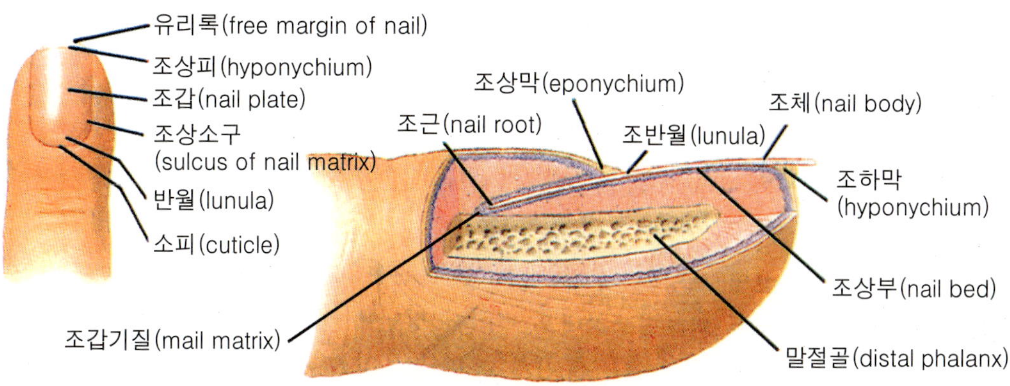

그림 6-13. 손톱의 구조

조상부는 조갑(nail plate)에 수분을 공급하기도 하고, 조곽(nail wall)과 함께 조갑이 일정한 방향으로 자라도록 형태를 잡는데 기여한다. 조갑이 자라서 조상부로부터 분리된 부분을 유리록(free margin of nail)이라 한다. 이 부분은 조갑으로부터 수분 공급이 어렵기 때문에 수분 함유량이 감소하여 약하고 부서지기 쉽다.

조반월(lunula)은 손톱 뿌리 부분에 반달형의 유백색을 띠고 있는 부분이다. 이 부분에서의 조갑의 형성은 불완전하고, 충분히 각질화되어 있지 않다. 조반월은 조갑의 다른 부분에 비하여 약간 부드럽고, 하부와의 접착도 불완전하다. 조갑을 둘러싼 피부의 부분을 조곽(nail wall)이라한다. 조갑의 뿌리 쪽을 후조곽, 양 옆 부분을 측조곽이라 한다.

조갑(nail plate)의 위를 덮은 피부를 조상피(eponychium)라 하는데, 미완성의 조갑을 보호하는 역할을 한다. 조상피가 없으면 조갑은 손상될 수 있고, 새로이 생긴 조갑의 형태에 이상이 생긴다. 조갑기질에는 멜라닌 색소를 생산하는 멜라닌생성세포(melanocyte)가 존재하기 때문에 조갑 중에도 미량의 멜라닌 색소가 존재한다.

조갑(nail plate)은 지질의 함량이 0.15~0.75%로 피부의 각층과 비교하여 지질의 함량이 상대적으로 적다. 그러나 유황의 함량은 3% 이상으로 피부의 각층에 비하여 많이 존재 한다. 손톱은 모발과는 형태적으로 다르지만 동일한 경케라틴(hard keratin)으로써 손톱의 아미노산 조성이 연케라틴(soft keratin)으로 구성된 피부의 각질층보다는 모발에 가깝다.

4-2. 손톱의 물리적 성질

손톱의 경우도 모발과 같이 주위 환경에 따라 흡습력과 건조에 의한 딱딱한 정도가 다르다. 손톱의 수분 함량은 외부 환경에 의하여 5~24% 정도까지 변할 수 있다. 수분의 함량이 많아지면 유연해지고, 건조하면 딱딱해 진다. 흡습에 의한 손톱의 체적 변화는 종, 횡 방향보다도 두께의 방향으로 변화가 크다.

4-3. 손톱의 손상

조갑층상 분열증(onychoschsis)은 조갑 선단의 유리록 부분이 마치 운모가 벗겨지듯이 층상으로 박리되는 현상이다. 이러한 현상은 조갑 끝의 유리록에서 조상부로부터 수분을 공급받기 어렵기 때문에 수분이 감소하여 나타난다. 즉 네일 에나멜이나 리무버의 빈번한 사용에 의하여 탈수, 탈지작용 그리고 비누나 세제에 의한 탈지 등도 또 하나의 요인이다. 따라서 네일 에나멜과 리무버 등을 사용하여 손톱관리를 하고자 할 때에는 손톱의 탈지나 탈수에 대하여 고려하여야 하고, 평소에 네일 트리트먼트로 손톱을 보호하여야 한다.

7

피부의 생리적 작용

the Physiological Function of Skin

피부는 인체의 외부 환경과 접촉하고 있기 때문에 인체에 해로운 여러 가지 물질에 노출되어 있으며, 인체의 개구부에서 점막과 연결되어 있다. 따라서 피부는 물리적, 화학적 자극 또는 미생물로부터 인체를 보호하는 기능을 한다. 그리고 혈관계와 땀샘을 통하여 체온을 조절하고, 광범위하게 분포되어 있는 신경세포를 통하여 외부 환경에 대한 정보를 인체에 전달하는 역할을 한다.

이외에도 면역반응, 분비와 배설작용, 대사, 흡수 및 호흡 작용 등 다양한 기능을 수행하는 중요한 기관 중 하나이다.

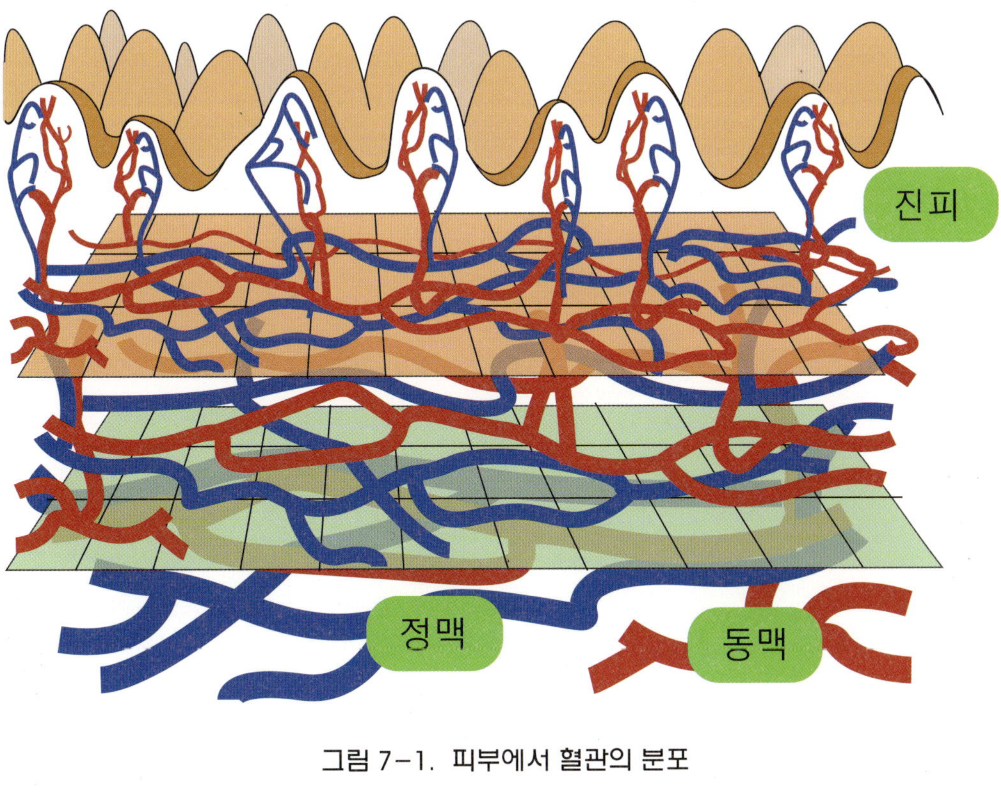

그림 7-1. 피부에서 혈관의 분포

1. 보호 작용(protective function)

1-1. 물리 · 화학적 보호 작용

피부는 인체와 주위 환경과 직접 접촉하기 때문에 여러 가지 물리적 자극이나 화학적인 자극으로부터 인체를 보호한다. 즉 절단, 분쇄, 찌름, 당김, 쇼크 등 인체에 크고 작은 외상에 위험을 줄 수 있는 여러 가지 기계적인 자극은 물론 실생활에서 사용되고 있는 다양한 화학물질과 환경오염으로 발생한 화학물질 등으로부터 인체를 보호한다.

먼저 피부의 가장 바깥쪽을 싸고 있는 각질층은 물리적 자극이나 화학적 자극으로부터 인체를 보호한다. 즉 표피의 각화과정에 의하여 생성된 각질층의 케라틴과 각질 비후막은 기계적 자극 뿐만 아니라 화학 물질에 대해서도 저항성이 강하다.

팔꿈치나 발꿈치 그리고 무릎과 같이 지속적으로 기계적 자극을 받는 부위는 다른 부위에 비하여 각질층이 두껍고, 보다 강하게 변화한다. 진피의 구성 성분으로 피부에 탄력을 주는 탄력 섬유나 피부에 강도를 부여하는 교원섬유 그리고 피하조직은 외부로부터의 물리적인 힘이 내부에 직접 미치지 않도록 쿠션역할을 한다.

화학물질 중에도 알칼리는 각질층에 존재하는 젖산이나 지방산에 의하여 중화됨으로써 피부는 항상 약산성(pH 4.5~5.5)을 유지한다. 피부는 산(acid)에 침입당하면 단백질이 응고하기 때문에 그 장해는 비교적 표층에서 머물지만, 알칼리에 침해당할 경우에는 단백질이 용해되기 때문에 장애가 깊은 곳까지 미치는 경향이 있다.

1-2. 미생물에 대한 보호 작용

자연환경과 직접 접해 있는 인체의 피부는 여러 가지 요인들로부터 미생물에 의해 쉽게 오염된다. 피부 표면에는 한선에서 분비되는 땀과 피지선에서 분비되는 피지에 의하여 얇은 막이 형성되는데 이러한 막을 보호막(산성막, 피지막)이라 한다. 이러한 보호막은 약산성으로써 미생물의 번식을 막아준다. 또한 비병원성균인 부생균류(saprophyte)의 미생물들은 서로간의 경쟁을 통하여 병원균의 생성을 억제하며, 병원균에 저항하는 상대적인 보호기능을 한다.

피부의 각질층은 미생물의 침투를 막는 물리적, 수동적인 방어막이다. 상처나 화상에 의하여 각질층이 파괴되면 진피의 염증 반응이 나타난다. 염증 반응은 혈관 확장, 모세혈관의 투과성 증가로 다핵세포(polynucleocyte)와 대식세포(macrophage)가 감염부위에 모여들면서 대식작용(phagocytosis)에 의해 세균을 박멸한다. 염증부위에 고름이 생성되는 것은 이러한 세포들이 모여서 죽은 덩어리이다.

1-3. 면역 작용

피부는 인체에 이물질이 침입하는 것을 방지하는 역할을 한다. 특히 표피의 각질층에서부터 이물질의 침입을 저지한다. 그러나 세균 등의 병원성 미생물이 피부의 상처 난 부위로 침입한 경우에 면역 반응(immune reaction)에 의해 이물질을 배제하는 기능을 가지고 있다.

단 이러한 이물질에 대한 면역학적 응답은 유해한 병원성 미생물에 한정하지 않고 이종 단백질(항원)이나 그런 자신은 항원성이 없으나 자기의 단백질과 결합하여 항원성을 나타내는 화학물질(하프텐)에 대해서도 마찬가지로 작용한다. 그리고 신체 주위의 물질에 대한 필요이상의 과도한 면역반응, 즉 알레르기 반응을 일으키기도 한다. 결국 염증이라는 피부반응을 일으킴으로써 이물질이 배제된다.

면역 응답 반응의 제1단계는 항원성이 있는 이물질을 인식하는 것으로 시작된다. 표피에 존재하는 랑게르한스 세포가 그 역할과 항원(antigen) 제시 기능을 한다. 항원이 진피에 도달한 경우에는 대식세포(macrophage)가 항원 제시 역할을 한다.

랑게르한스 세포는 표피에 수지상돌기를 통하여 외부로부터 침입한 이물질(항원)을 인식한 후 표피로부터 림프절로 이동하고, 그 항원을 특이하게 인식하는 T림프구(Lymphocyte T)를 증식시킨다. 이 후에 또 다시 그 항원이 표피로 침입하면 아주 적은 양이라도 랑게르한스 세포로부터 T림프구에 정보가 전해진다. 그 결과 표피의 세포는 염증성 사이토카인을 방출시켜서 혈관 확장, 세포 침윤, 유종 등의 염증 반응을 유발시킨다.

이와 같은 T림프구가 주체로써 일어나는 접촉성 알레르기 반응에 의한 습진이나 피부 염증 반응은 알레르기 물질이 침입하고 난 후 1~3일이 반응의 절정으로 인식되기 때문에 지연형 알레르기 반응이라고 한다.

항원의 종류나 양 등에 따라서 B림프구에 IgE 항체가 생겨서 비만세포(mast cell)의 세포 표면에 결합된다. 다시 침입한 항원은 이 비만세포 상의 IgE와 즉각 반응하고, 혈관 확장 작용을 가진 히스타민 등의 염증성 물질을 방출시켜서 즉시형 알레르기 반응을 일으킨다.

이러한 유형의 대표적인 염증 반응이 접촉성 두드러기이다. 아토피성 피부염은 IgE 항체를 만들기 쉬운 경우인데, 아토피성 피부염의 습진형 반응은 T림프구에 의한 지연형 알레르기 반응에도 관여한다.

그리고 표피의 대부분을 차지하는 각질형성세포(keratinocyte)도 IL-1, IL-6 그리고 IL-8을 시작으로 하는 염증 반응의 발현에 관여하는 각종 사이토카인을 생산하여 피부면역에 관여하고 있다.

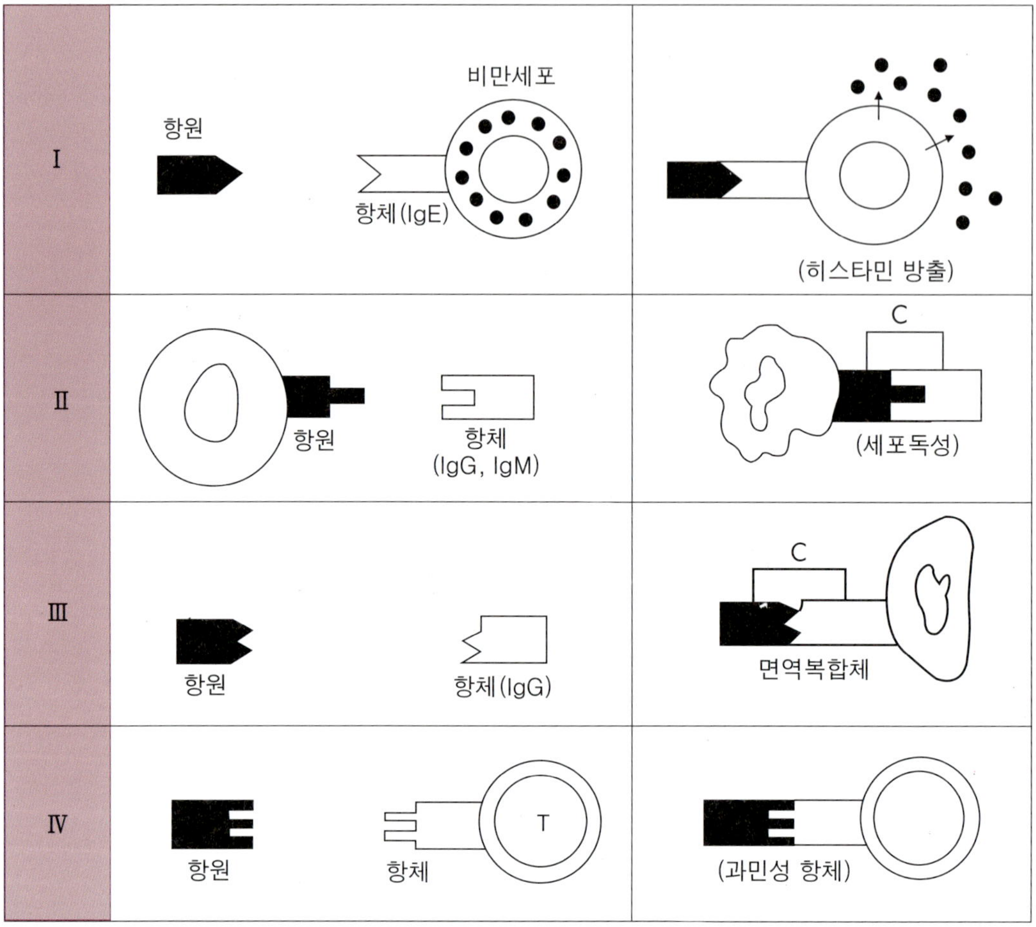

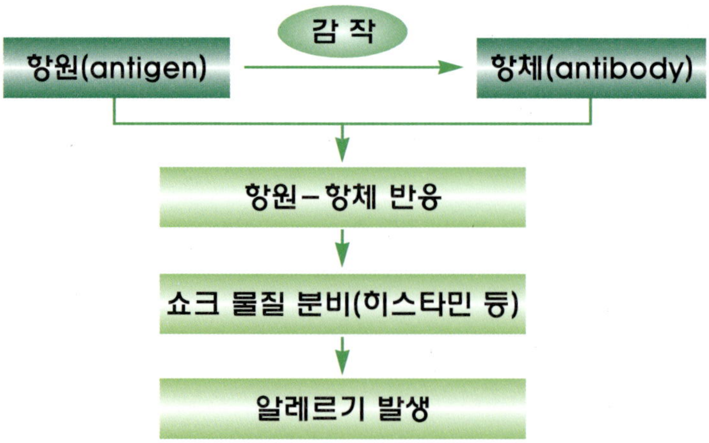

그림 7-2. 알레르기 반응 메카니즘

1-4. 자외선 방어 작용(UV protective function)

태양에서는 여러 가지 광선이 지구에 도달한다. 이러한 광선은 생물에 여러 가지 이로운 작용도 하지만 사람의 피부에 해로운 작용도 한다. 특히 이러한 광선 중 자외선은 사람 피부의 노화와 색소 침착을 유발하는 광선이다. 따라서 이러한 유해한 광선에 대하여 일반적으로 보호하는 기능을 맡고 있는 것은 표피이다.

피지막의 경우 광선에 대한 보호기능은 약하다. 그러나 주로 땀 속에 함유되어 있는 유로칸산(urocanic acid)은 UVB를 흡수하여 피부를 보호한다. 또한 각질층 표면의 요철에 의하여 자외선을 반사시키거나 분산 혹은 흡수함으로써 피부를 보호한다.

피부 내에 투과된 자외선의 방어에는 멜라닌생성세포(melanocyte)가 만드는 멜라닌(melanin)이 가장 중요한 역할을 한다. 자외선에 노출된 피부는 멜라닌생성세포를 활성화시킴과 동시에 각각의 멜라닌생성세포의 멜라닌 합성 능력을 높여서 자외선의 방어능력을 더욱 높인다. 멜라닌은 각질층을 통과한 자외선의 90% 이상을 흡수하고 산란시켜 피부를 보호한다.

이러한 멜라닌은 각 개인의 유전적인 요인에 따라 다르다. 멜라닌은 크게 갈색을 띠는 유멜라닌(eumelanin)과 붉은색을 띠는 페오멜라닌(phaeomelanin)이 있는데 유멜라닌이 보다 더 효과적인 자외선 방어 기능이 있다. 피부의 부속기관인 모발도 자외선으로부터 두피를 보호하는 역할을 한다. 그래서 피부암은 대머리를 제외하고 이 부위에서 거의 발병하지 않는다.

2. 보습 작용

2-1. 수분 보유능(water retention capacity)

각질층의 수분 보유 능력에 중요한 역할을 하는 것은 각질층에 존재하는 수용성 성분이다. 이를 천연보습인자(natural moisturizing factor; NMF)라 한다. NMF의 주요 성분은 아미노산(amino acid)과 피롤리돈 카르복실산(pyrrolidonic acid) 등의 단백질 대사 산물이다.

각질층 내의 아미노산은 과립층의 케라토히알린 과립(keratohyalin granule)을 구성하는 필라그린(filaggrin)이라는 단백질이 각질층으로 이행하면서 완전히 분해 됨에 따라 생성된다.

따라서 각질층의 수분 보유 기능이 유지되기 위해서는 정상적인 각화과정이 일어나는 것이 중요하다. 피부가 거칠어지거나 건조하는 등 약간의 변화에도 아미노산 함량, 나아가서 수분 보유능의 저하가 쉽게 나타난다.

일반적으로 각질층 내의 아미노산 함량이 적어지면 피부가 건조해지는 경향이 크다. 수분 함량이 10% 이하가 되면 각질층은 유연성을 잃고 딱딱하거나 약해지고 갈라지거나 부스러기가 생긴다.

손바닥, 발바닥에는 아미노산의 함량이 적기 때문에 습도가 낮은 겨울철에 피부가 갈라지는 경향이 크다.

표 7-1. 천연보습인자(NMF)의 조성

성 분	조 성 (%)
아미노산(amino acid)	40.0
피롤리돈 카르복실산(PCA)	12.0
젖산염(lactate)	12.0
요소(urea)	7.0
암모니아(NH_3)	1.5
무기염	18.5
– Na^+, K^+, Ca^{2+}, Mg^{2+}	
– Cl^-, 인산염 등	
당류, 기타	9.0

2-2. 피부장벽기능

피부의 가장 중요한 기능 중의 하나는 피부장벽(skin barrier)으로서의 역할이다. 피부의 가장 바깥에 위치하여 외계와 직접 접촉하고 있는 각질층은 비록 세포가 죽어 있는 상태이지만 피부 장벽 기능의 중요한 역할을 한다. 즉 각질층은 피부를 통한 수분과 전해질의 손실을 억제함으로써 피부가 정상적인 생물학적 기능을 유지할 수 있는 환경을 제공한다. 또한 외부 환경으로부터 유해한 인자가 피부를 통해 침범할 때 이를 제일선에서 막아내는 역할을 한다.

각질층의 구조는 단백질이 풍부한 각질형성세포(corneocyte)와 그 사이를 채우고 있는 각질세포간 지질로 이루어져 있다. 표피가 분화되면서 세포간격은 점점 증가한다. 과립층에서는 세포간격이 전 부피의 약 1%를 차지하는데 반하여 각질층에서는 약 5~30%을 차지한다.

특히 각질세포간 지질은 과립층의 층판소체에서 유래하며 각질형성세포가 분화되는 마지막 단계에서 세포외유출(exocytosis) 과정을 거쳐 과립층과 각질층의 경계부위에서 배출된다. 이러한 유출단계에서 각 지질의 전구체가 층판소체 내부의 효소에 의한 작용과 세포외 변환(extracellular processing) 과정을 거쳐 구성성분이 달라진다. 즉 각질세포간 지질 성분인 세라마이드, 콜레스테롤 그리고 자유지방산 등으로 변환되어 다중층상 구조를 이룬다. 이러한 각질 세포간 지질은 장벽의 주된 역할을 한다.

피부장벽의 주된 지질인 세라마이드, 콜레스테롤, 자유지방산 등은 각질층의 모든 층에 같은 양으로 존재하는 것이 아니라 상부로 올라갈수록 점차 많아진다. 또한 교소체에 의한 각질세포간 결합도 상부로 올라갈수록 약해지고 교소체의 숫자도 적어지면서 형태도 점차적으로 소멸된다.

표 7-2. 각질 세포간 지질의 구성

성 분	조 성 (%)
세라마이드(ceramide)	41.1
세라마이드 에스테르(ceramide ester)	3.8
콜레스테롤(cholesterol)	26.9
콜레스테롤 에스테르(cholesterol ester)	10.9
지방산(fatty acid)	9.1
황산 콜레스테롤(cholesterol sulfate)	1.9
기 타	6.4

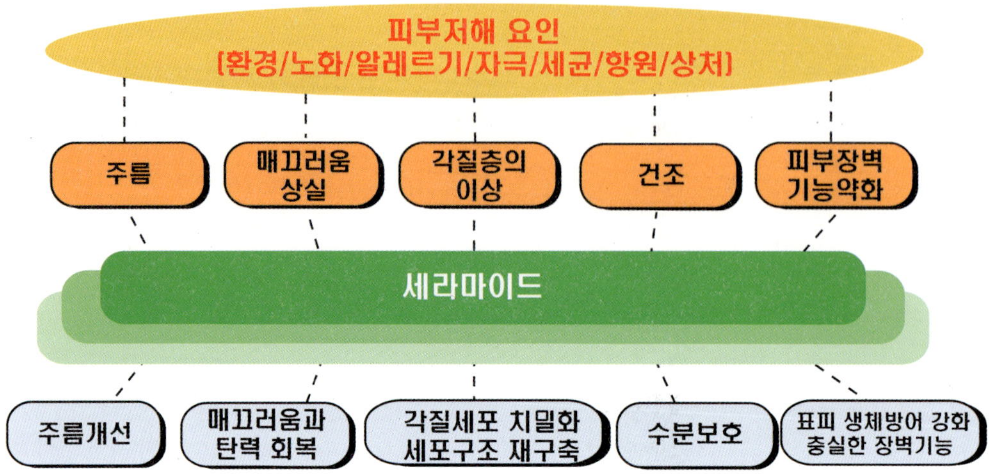

그림 7-3. 세라마이드의 기능

이와 같은 현상은 글리코시다아제(glycosidase)와 단백질분해효소(protease) 등이 교소체에 작용하기 때문이며 각질세포의 탈락에 중요한 역할을 한다. 이러한 효소들은 층판소체에 의해 각질층으로 운반되며 부위에 따라 교소체의 해체 정도가 다른 것은 효소에 저항하는 단백질이나 교소체를 보호하는 역할을 하는 당류 등에 의한 감수성이 다르기 때문이다.

따라서 외부 환경과 접하고 있는 피부는 수분 손실을 막고 NMF 성분의 아미노산 방출을 막을 뿐만 아니라 유해한 환경으로부터 신체를 보호하는 가장 중요한 일차 방어선이다. 또한 독성 물질이나 미생물, 기계적인 자극이나 자외선에 대한 장벽 기능을 담당한다.

3. 항산화 작용(antioxidation)

사람은 생활하는데 필요한 에너지를 얻기 위해서 절대적으로 산소가 요구된다. 인체의 대사에 활용되는 산소는 호흡을 통하여 유입되고 혈액에 의하여 세포로 까지 전달되기 때문에 체·내외에 항상 산소가 존재하게 된다. 이와 같은 산소는 인체의 생리작용, 자외선이나 환경오염 등 여러 가지 요인에 의하여 인체의 대사에 필요한 산소보다 훨씬 불안정한 산소종이나 자유라디칼로 변하게 된다. 이러한 산소 종을 유해산소종 혹은 활성산소종(reactive oxygen species, ROS)이라 한다. 슈퍼옥사이드음이온라디칼(O_2^{-}, superoxide anion radical), 과산화수소(H_2O_2, hydrogen peroxide), 단일항산소($^1O_2$, singlet oxide), 히드록시라디칼(·OH, hydroxy radical) 등이 이러한 활성산소종에 속한다.

이러한 활성산소종은 피지막이나 세포막을 구성하는 지질을 과산화시키고, 유전자와 단백질 등과 화학 반응, 즉 산화반응을 일으켜 피부에 손상을 입힌다. 이와 같은 활성산소종은 정상적인 생활에서도 생성될 뿐만 아니라 스트레스 그리고 질병, 담배 등 여러 가지 요인에 의하여 생성되며 인체 내에 축적되어 노화를 유발시킨다.

피부에는 이러한 활성산소종을 제거하기 위하여 효소와 비효소성 물질의 항산화 분자가 존재한다. 인체 내의 효소는 카탈라아제와 SOD 등이 과산화수소와 슈퍼옥사이드음이온라디칼에 대하여 항산화 작용을 한다.

그리고 이러한 효소에 의하여 항산화작용을 억제시킬 수 없는 단일항 산소나 히드록시 라디칼의 경우는 항산화제, 즉 토코페롤이나 아스코르브산 그리고 플라보노이드 등을 이용하여 항산화작용에 활용한다.

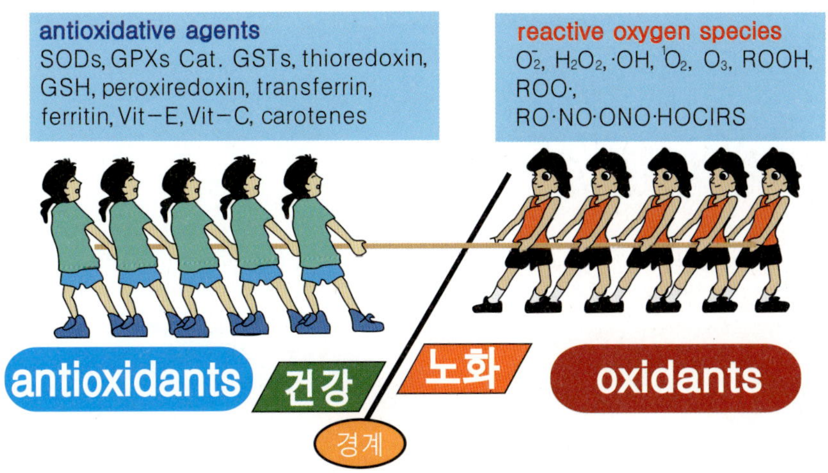

그림 7-4. 산화와 항산화

4. 흡수 작용

피부를 통하여 여러 가지 물질들이 인체 내로 흡수된다. 이와 같은 흡수는 크게 2가지 방법이 있다. 하나는 경피를 통한 흡수이고, 다른 하나는 피부부속기관, 즉 한선이나 피지선 그리고 모공을 통한 흡수이다.

경피 흡수에 비하여 피부부속기관을 통한 흡수가 보다 빠르다. 그러나 피부부속기관은 평균적으로 피부 1㎠ 당 한공이 200~250개이고 모공이 40~70개 정도 분포, 즉 총 피부표면적의 0.1% 미만을 차지하므로 전체 흡수에 기여하는 정도는 매우 적다. 따라서 대부분 경피를 통하여 흡수된다.

또한 살아있는 표피와 진피의 세포 그리고 모세혈관의 흡수는 상대적으로 용이하지만 각층의 두께와 구조적으로 흡수가 어렵기 때문에 물질 흡수에 대한 장벽기능을 하는 것이다.

경피흡수경로는 피부각질세포를 직접 통과하는 경로(transcellular)와 각질세포간지질을 통과하는 경로(intercellular)로 나눌 수 있다. 일반적으로 수용성 물질은 피부각질세포를 직접 통과하는 반면에 지용성물질은 각질세포간지질을 통과한다.

남성호르몬, 여성호르몬 그리고 부신피질호르몬 등 스테로이드성 물질이나 비타민 A, D, E, K 등의 지용성 물질은 경피 흡수가 비교적 잘된다. 그러나 표피의 각 층에는

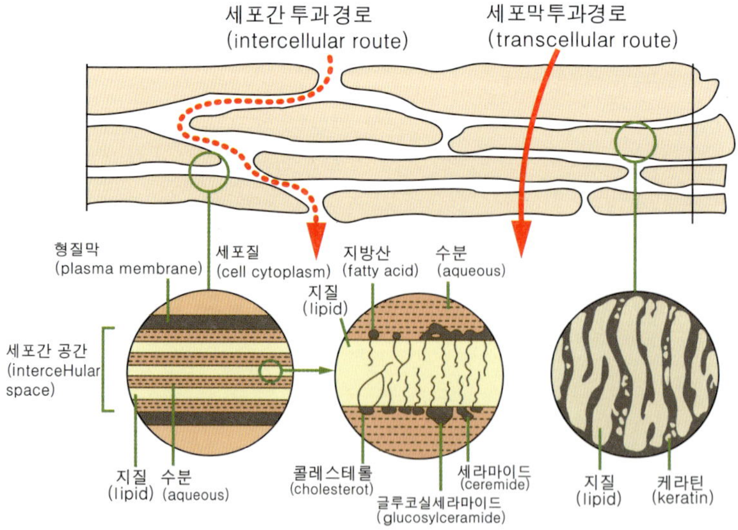

그림 7-5. 경피의 흡수 경로

세포막이나 세포간지질이 소수성이므로 물이나 수용성 물질은 경피를 통하여 흡수되기 어렵다.

이와 같이 흡수되는 물질의 친수성과 소수성도 중요하지만 흡수될 수 있는 물질의 분자량을 고려하여야 한다. 즉 경피를 통하여 흡수될 수 있는 분자량은 200~600 달톤(dalton) 정도이기 때문에 분자량이 이보다 커지면 흡수속도가 느려지거나 흡수가 불가능하다.

그 외에도 경피 흡수에는 물질의 지용성 정도, 연령, 피부 국소 혈류량, 피부의 온도, 각층의 수화성, 각질층의 손상 정도, 주위의 온도와 습도, 기제 등 여러 가지 요인이 영향을 미친다.

1) 피부의 습도와 온도

각질층은 습도가 높아지면 연화되어 물질의 투과가 잘되고, 각질층의 온도가 상승하면 모공이 열려 투과가 잘된다.

2) 각질층의 두께

각질층이 두꺼운 손바닥, 발바닥에서는 물질이 잘 흡수되지 않는 반면에 각질층이 얇은 얼굴에서는 물질이 잘 흡수된다. 특히 각질층이 얇은 점막, 음부에서는 흡수가 훨씬 잘된다. 각질층이 얇은 예민 피부의 경우에도 유해물질의 흡수가 빠르게 일어난다.

3) 연령

유아와 노인의 경우 일반 성인보다 피부 두께가 얇기 때문에 흡수가 잘된다.

4) 피부의 혈류량

피부의 혈류량이 많을 수록, 즉 혈액순환이 잘 될수록 흡수가 용이하다. 사우나나 목욕 직후 혈액순환이 잘 될 때 평소에 비하여 경피 흡수가 평소보다 쉽게 일어난다.

5) 물질의 상태

각질층의 세포사이를 각질세포간 지질로 채우고 있기 때문에 친유성 물질은 흡수가 잘된다. 물질의 분자량이 작을수록 흡수가 잘된다. 특히 분자량이 500 이하인 지용성 물질이 피부의 흡수에 용이하고 고분자일 경우에는 흡수가 매우 어렵다. 또한 각질세포간 지질이나 세포막의 구성 물질과 유사한 물질일수록 피부와의 친화력이 높고 흡수가 용이하다.

5. 분비 · 배설 작용

피부에는 한선과 피지선에 의해서 땀과 피지가 분비된다. 땀의 구성 성분은 99%가 수분이고 1%가 용해물이며, 소변과의 별 차이가 없는 투명한 액체이다. 평상시에도 땀은 지속적으로 분비되지만 양이 매우 적기 때문에 육안으로 보이지 않는다. 그러나 외부의 온도가 높을 때에는 분비가 많기 때문에 피부를 따라서 흐르게 되고 육안으로 쉽게 볼 수 있다.

땀의 분비는 온열성과 정신성이 있다. 온열성의 경우 체온이 높아질 때 말초 혈관에서 뇌로 운반된 더운 혈액에 의하여 자극되는 것으로 온 몸에서 땀이 나게 된다. 그리고 정신성의 경우 긴장이나 흥분 등의 정신적인 요소가 있을 때 손바닥이나 발바닥 그리고 겨드랑이에서 땀이 분비된다. 땀의 분비는 수분이나 노폐물을 몸 밖으로 분비함으로써 신장의 소변 배설 기능을 보충함과 동시에 체온 조절에도 큰 역할을 한다.

피지는 모근을 따라 피부 표면에 분비되어 피지막을 형성하여 피부의 건조를 막고 피부를 부드럽고 매끄럽게 해준다. 또한 수분이나 물에 녹아 있는 유해 물질이 피부 내에 침입하는 것을 막는다.

피지는 땀과 달라 전신에서 일정하게 분비되는 것이 아니고, 얼굴의 T-존(T-zone) 영역과 가슴 등에 가장 많이 분비된다. 또한 온도에도 민감하다. 그리고 피지선은 남성 호르몬에 의해 지배를 받기 때문에 청년기에 피지 분비가 가장 많다. 그러나 나이가 들어감에 따라 성호르몬의 분비가 감소하면서 피지의 양도 줄게 된다. 땀과 피지는 피지막을 형성하여 피부를 보호하는 기능을 한다.

6. 호흡 작용

피부는 폐호흡의 약 2%에 해당하는 양의 산소와 이산화탄소를 교환하는 호흡작용을 한다.

7. 재생 작용

정상적인 피부는 각화과정에 의하여 낡은 각질세포는 탈락되고, 탈락된 세포의 분량만큼 기저세포가 차례로 분열하여 새로운 표피세포를 생성한다. 즉 표피의 재생은 각화된 세포의 탈락이 자극이 되어 일어난다. 피부의 결손이 표피에 한정될 경우 기저세포가 남아있으면 기저층으로부터 재생되어 상처를 남기지 않고 회복된다. 따라서 피부 조직은 외부의 물리적인 힘에 의해 손상을 당한 경우 일정 시간이 지나면 피부 조직의 복구능력에 의하여 원래의 모양으로 되돌아간다. 그러나 진피층이나 표피의 기저층의 세포에 손상을 당한 경우에는 재생되지 않고 흉터를 남기게 된다. 피부이식이나 성형술은 이와 같은 재생능력을 바탕으로 이루어진 것이다. 또한 털이 많이 있는 부위는 그렇지 않는 부위에 비하여 재생력이 높다.

8. 표정 작용

얼굴 근육의 움직임과 얼굴에 분포되어 있는 혈관 등으로 내면의 감정 상태를 표시한다. 따라서 반복적으로 사용한 곳에는 주름이 형성되고 사람의 인상을 결정짓는다. 또한 사람이 화가 나거나 부끄러울 때 붉은 혈색을 나타내고 좋지 않은 감정이나 놀랄 때 푸른색을 나타내는 것처럼 피부의 색으로도 감정을 표시한다. 그리고 털 세움근에 의하여 피부의 감정 전달 기관이기도 한다.

9. 체온 조절 작용

피부는 혈관의 확장과 수축에 의한 혈류량 변화와 땀을 분비함으로써 체온을 조절한다. 피부의 혈관과 소한선(eccrine sweat gland)은 자율신경의 지배를 받고, 체온 조절 중추는 시상하부에 있다. 체온이 낮아지면 피부의 혈관을 수축시켜 체온의 저하를 막아주고, 체온이 높아지면 혈관이 확장되어 열의 발산을 증가시킨다. 땀의 분비 기능 중추도 시상하부에 있다.

피부의 각질층과 피하조직도 신체의 열 발산을 방지하기도 하고 외부의 온도 변화를 신체의 내부에 전달하지 않는 단열작용을 함으로써 신체의 온도 조절을 돕는다. 또한 체온이 낮아지면 자율신경의 지배를 받는 입모근도 수축되어 체내로부터 열 확산을 감소시킴으로써 체온 조절을 돕는 역할을 한다.

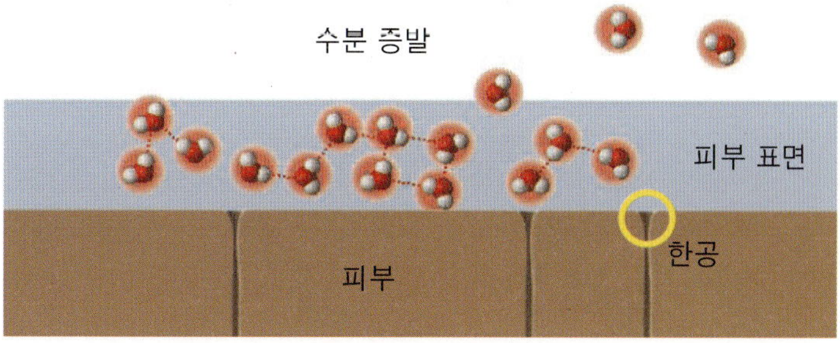

그림 7-6. 물에 의한 체온 조절

10. 저장 작용

표피와 진피는 수분을 포함한 영양물질을 저장하고 있다. 피부는 섭취한 영양물질을 에너지원으로 사용하며, 여분의 영양물질을 피하지방에 저장한다. 이러한 지방은 물리적 충격으로부터 신체를 보호하고, 필요할 때 에너지원으로 사용된다. 피하지방조직은 지방 외에 유동체나 염분도 저장한다.

11. 비타민 D 형성 작용

표피 내에서 생성되는 프로비타민 D(provitamin D)가 자외선에 의해 변화되어 비타민 D(vitamin D)를 생성한다. 생합성된 비타민 D는 체내에 재흡수 되어 칼슘의 흡수 촉진과 인의 대사에 관여함으로써 뼈와 치아의 형성에 도움을 준다.

12. 감각 작용

피부에는 신경종말(nerve ending)과 수용체가 존재하여 외부 환경의 변화를 수용하는 피부 감각을 가지게 한다.

피부 감각에는 압각, 촉각, 통각, 온각, 냉각이 있다. 이러한 감각은 신체의 방어기능으로써 역할을 하며, 척수, 뇌간, 시상을 경유하여 대뇌피질에 전달되어 감지된다. 말초신경은 1개 혹은 몇 개의 종말분지를 이루어 말초기관에 분포한다. 이러한 신경종말은 운동신경과 감각신경에서 각각 특수한 형태를 가지고 있다.

1) 운동신경종말(motor nerve ending)

골격근에서 운동신경종말은 근섬유 표면에 축삭의 끝이 독특한 구조의 종말장치로 부착되어 있다. 즉 신경섬유의 끝과 근섬유의 경계부에는 작고 진한 핵과 미토콘드리아가 모여 있다. 이 신경섬유의 끝과 근형질이 모인 덩어리를 운동종판(motor end plate)이라 한다. 그러나 불수의근에 분포하는 자율신경의 절후신경종말은 무수신경섬유이고 그 끝은 자유종말로 그친다.

2) 감각신경종말(sensory nerve ending)

체내 및 체외에서 발생되는 각종 자극을 수용하는 감각 신경종말은 신경원의 수상돌

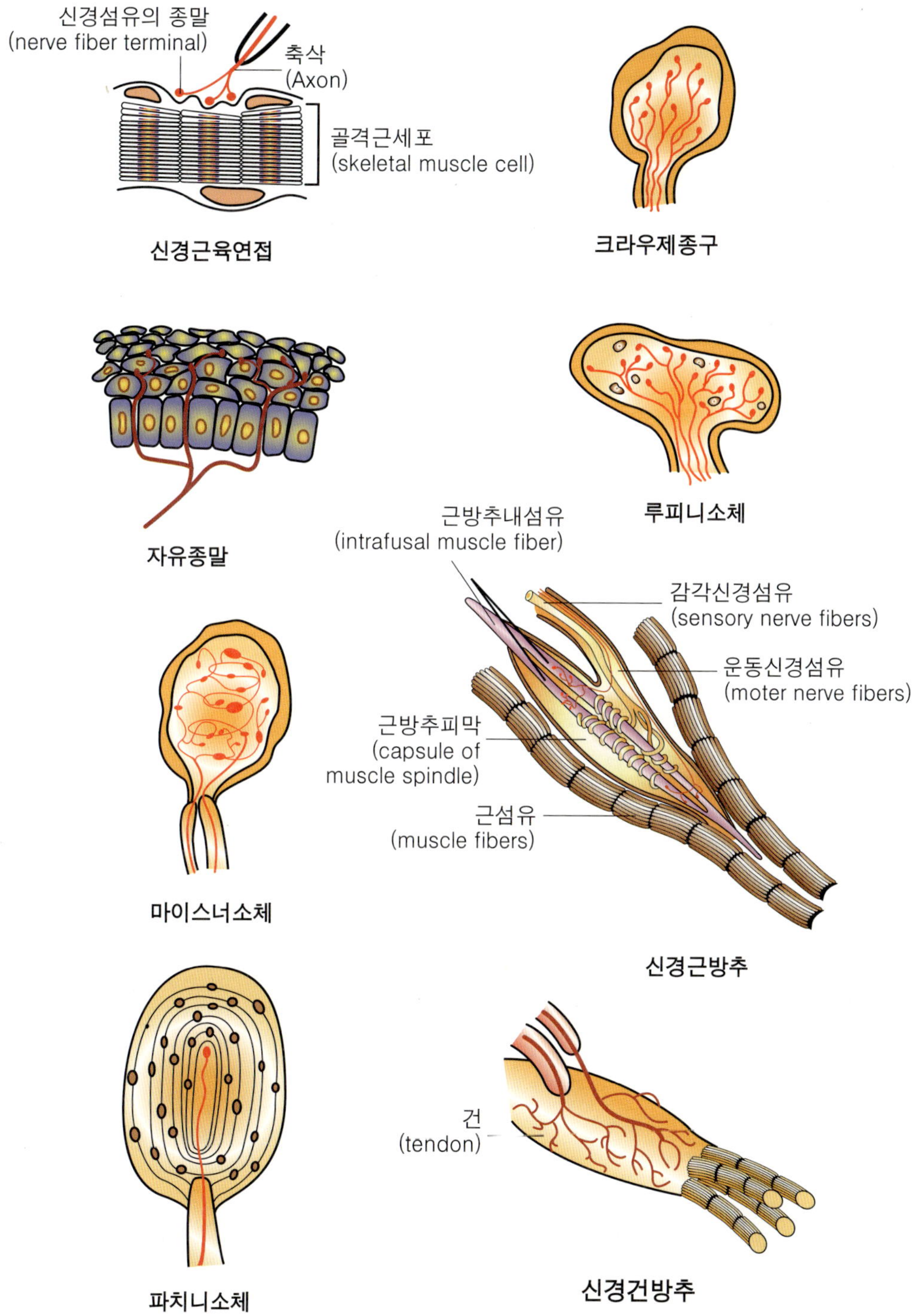

그림 7-7. 신경종말의 종류

기에 해당되며 온몸에 분포되어 있다. 그러나 감각에 따라 그 수용기의 구조는 다르다. 전체적으로 통각 수용기는 수상돌기가 아무런 피막도 없이 끝나는 단순한 자유종말이고 나머지 감각종말은 복잡한 종구 형태를 이루고 있다.

① 자유종말(free ending)

통각(pain) 수용기로 수상돌기가 피막이 없이 상피조직과 결합조직, 근조직 및 점막조직 내에 그치고 있다. 따라서 일부 촉각이나 온각 및 냉각 등의 감수기로도 작용한다.

② 마이스너소체(Meissner's corpuscle)

경촉각(light touch) 수용기이며 나선상으로 구부러진 수상돌기를 결합조직이 싸고 있는 타원형의 작은 소체이다. 진피의 유두 내에 있으며, 특히 손과 발, 입술, 혀의 점막 등에 많이 분포되어 있다.

③ 파치니소체(Pacinian corpuscle)

압각(heavier pressure) 수용기로 피하와 장막하 및 소성결합조직 내의 깊은 곳에 위치한다.

④ 크라우제종구(end-bulb of Krause)

냉각(cold) 수용기로 몸 전체에 널리 퍼져 있다.

⑤ 루피니소체(Ruffini's corpuscle)

온각(heat) 수용기로 피하조직 내에 분포하고 있으며 모양은 난원형이다.

⑥ 근방추(muscle spindle)

골격근의 긴장도를 수용하는 복잡한 소체로 몇 개의 근방추내 근섬유와 이들을 둘러싸고 있는 결합조직으로 구성되어 있다.

⑦ 골지건기관(Golgi tendom organ)

근 신장수용기로 모양은 근방추와 비슷하나 더 작고 건과 근의 연결부에 있다.

8

피부상태 분석

Skin Analysis

1. 피부 표면 형태와 피부의 색깔

1-1. 피부 표면 형태(types of skin surface)

피부표면을 확대경으로 관찰하면 가는 고랑이 그물모양으로 펼쳐져 있고, 가는 고랑에 의하여 둘러싸인 마름모 혹은 사각형 등의 면으로 되어 있다. 피부의 가는 고랑은 피부소구(furrow)라 하고, 피부소구로 둘러싸인 피부 면(ridge)은 피부소릉(hill)이라 한다. 이들로 만들어진 문양을 피부결(grain)이라 한다.

피부소구가 교차하는 곳에는 털이 나 있고 피지가 분비되는 출구를 모공이라 하고, 피부소릉에 땀이 분비되는 한선의 출구를 한공이라 한다.

피부 표면에는 피부소구(furrow), 피부소릉(hill), 한공, 모공이 있다. 이러한 피부소구의 폭과 깊이 그리고 한공과 모공의 크기는 사람마다 약간의 차이가 있다. 피부소구의 폭이 좁고 얕은 경우 우리의 눈에는 고운피부로 보인다. 그러나 피부소구의 폭이 넓고, 깊으면 감촉이 거칠고, 윤기가 없으며 거칠어 보인다.

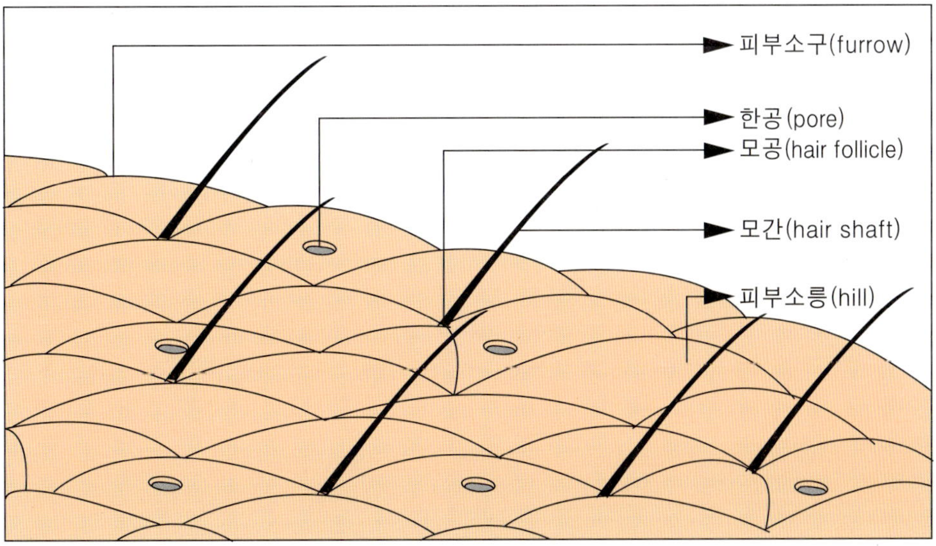

그림 8-1. 피부의 표면 구조

나이가 어린 경우의 피부는 매우 미세하고, 피부소구와 피부소릉의 요철이 명료하며 피부소릉의 형상이 정돈되어 있어서 피부에 치밀한 질감을 준다. 나이가 들어감에 따라 피부결은 성글어짐과 동시에 피부소구와 피부소릉의 요철은 얇고 불선명해진다. 또한 피부소구의 균질성을 잃고 모공이 커지는 경향이 있으며, 이로 인해 전체적으로 피부결이 거칠은 질감으로 변화한다.

피부 표면은 실리콘 수지를 이용하여 피부 표면의 주형(negative replica)을 떠서 확대하면 자세하게 관찰할 수 있다. 피부결의 규칙성, 형상의 선명도가 다른 얼굴의 특정 부위의 복제(replica)를 나타내고 있다.

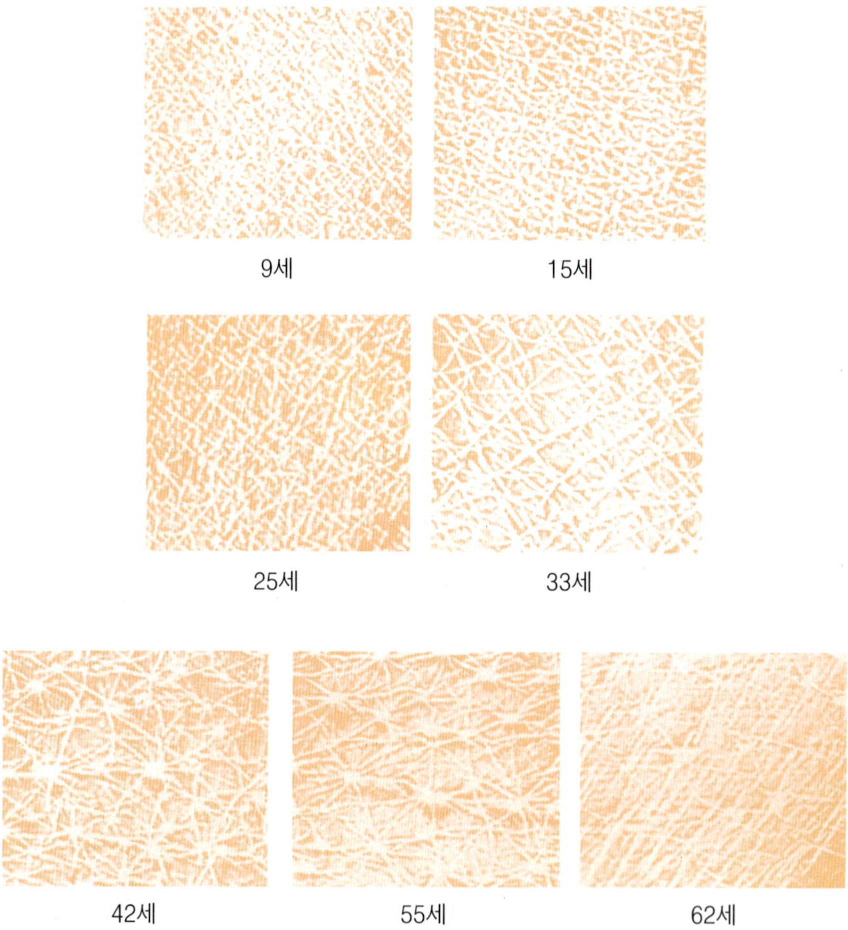

그림 8-2. 연령에 따른 피부결

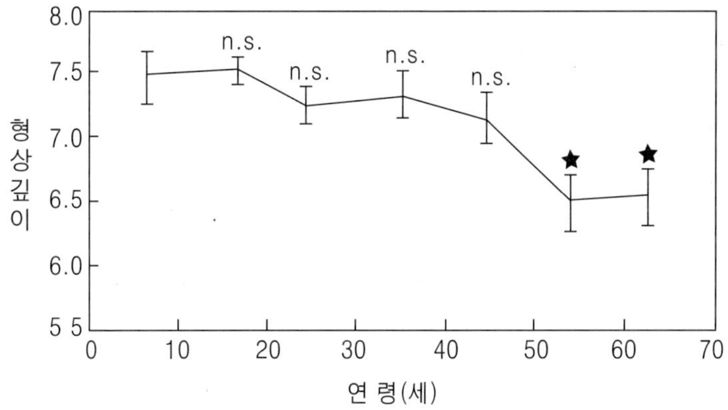

그림 8-3. 연령에 따른 형상의 깊이

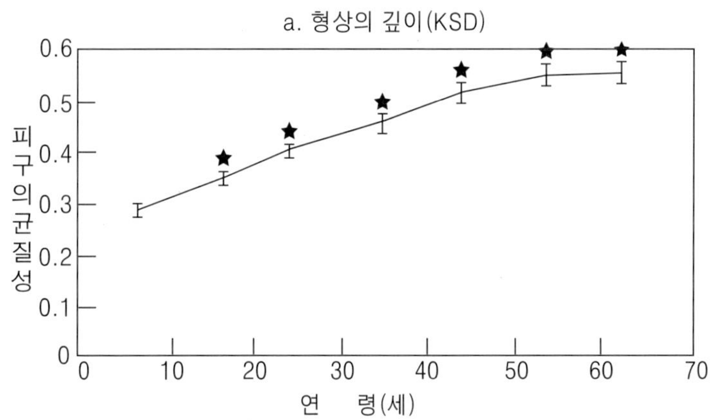

그림 8-4. 피구의 균질성

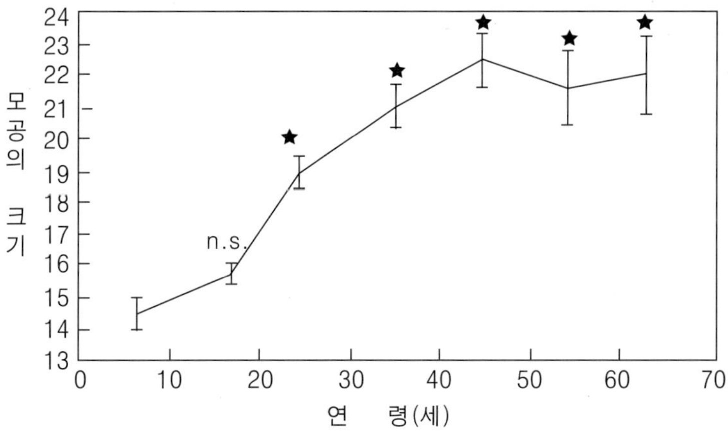

그림 8-5. 모공의 크기

[A] 거칠어진 피부

[B] 거칠어진 피부

[C] 중간피부

[D] 아름다운 피부

[E] 아름다운 피부

[A] 피부소구, 피부소릉의 소실, 광범위한 각층 박리
[B] 피부소구, 피부소릉의 불명료, 부분적인 각질층 박리
[C] 피부소구는 인지되나 평탄하여 피부소릅 형태는 불명료
[D] 피부소구, 피부소릉이 선명하게 정돈됨

그림 8-6. 피부 표면의 형태

피부가 외관상 젊고 건강한 피부는 피부결이 명료하고 고우며 규칙적이다. 반대로 각질이 일어나고 거친 피부는 피부결이 불분명하고, 최악의 경우에는 피부결이 없어진 경우도 있다. 이러한 방법으로 피부 표면을 확대하여 관찰하면 외관의 관찰만으로는 나타나지 않은 피부결의 변화가 있음을 알 수 있다. 피부 표면에 나타나는 형태의 변화는 피부 내부의 변화, 즉 각화에 의한 피부 변화나 피부의 노화정도에 의하여 영향을 받기 때문에 피부의 내부에 변화가 있음을 예측할 수 있다.

1-2. 피부 표면의 색깔(the color of skin surface)

1-2-1. 피부의 색

피부색은 신체의 부위, 성별, 연령, 계절, 지역 그리고 개인의 건강상태나 스트레스 등에 의해서 달라진다. 신체의 경우 손바닥이나 발바닥에는 색소가 적고, 음낭, 음순, 항문주위 그리고 유두 등에는 색소가 많이 존재한다. 일반적으로 여성보다는 남성이, 나이가 어린 사람보다는 노인의 경우에 피부의 색소가 많이 존재한다.

따라서 나이가 들어감에 따라 피부색은 변하고, 색상은 적색에서 황색으로 변하며 명도는 낮아진다. 또한 인종에 따라 피부색은 현저하게 다르며, 동양인은 백인에 비하여 멜라닌의 흡수가 강한 황색에 가까운 피부이다.

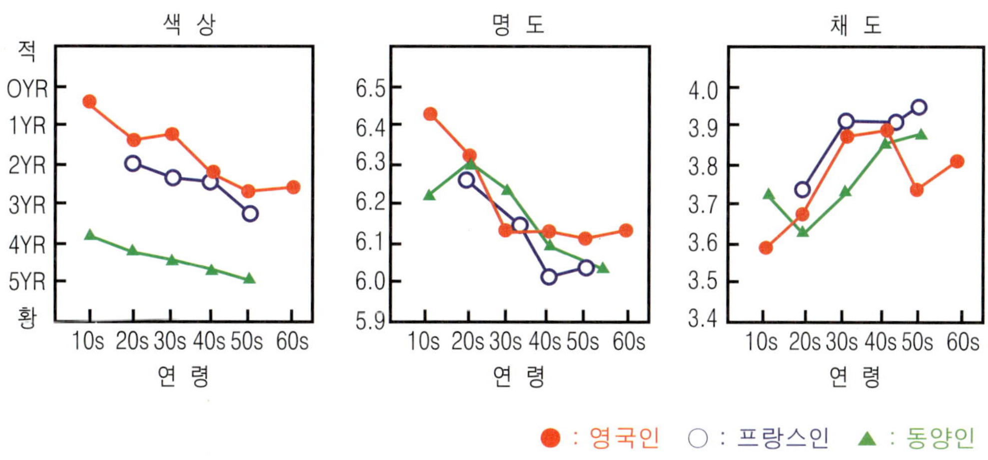

그림 8-7. 피부색의 연령별 변화

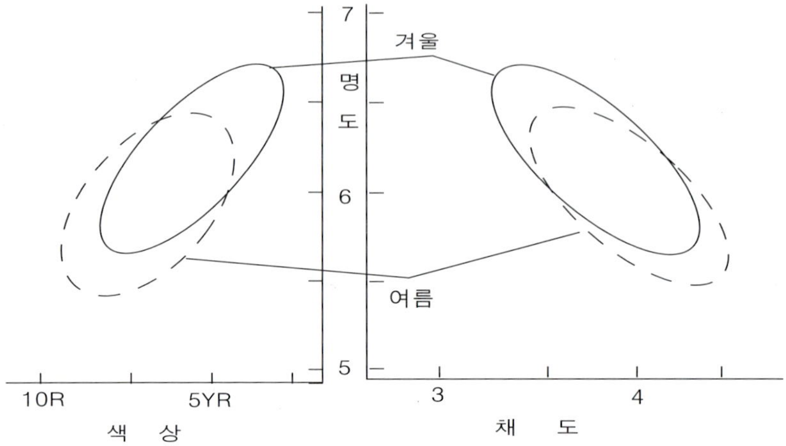

그림 8-8. 계절에 따른 피부색

1-2-2. 피부색의 결정 인자

사람의 피부색을 결정하는 근본적인 인자는 각질층의 두께, 혈관의 분포, 헤모글로빈, 카로틴, 멜라닌 등이 있다. 이와 같은 피부색의 결정 인자 중 멜라닌(melanin), 카로틴(carotene), 헤모글로빈(hemoglobin) 등이 가장 많은 영향을 미친다.

1) 멜라닌(melanin)

사람의 피부색을 결정하는 가장 큰 인자는 멜라닌이다. 멜라닌은 멜라닌소체(melanosome) 내에서 티로신(tyrosine)이 티로시나아제에 의하여 산화되는 등 여러 가지 복잡한 과정을 거쳐서 합성된다. 멜라닌소체는 멜라닌생성세포의 소기관인 리보솜(ribosome)에서 만들어지며, 멜라닌생성세포의 가지모양돌기를 통과하여 표피의 각화세포로 전달된다. 멜라닌생성세포의 수는 개인차가 있으며, 동일인에 있어서도 신체의 부위에 따라 다르다. 일반적으로 신체의 피복 부위에는 멜라닌생성세포 수가 적고 노출 부위에는 많다.

자외선에 피부가 노출되면 티로시나아제의 활성을 증가시키는 멜라닌생성세포 자극호르몬(melanocyte stimulated hormone, MSH)이 분비되어 멜라닌 합성이 증가된다. 피부가 자외선에 노출되지 않게 되면 멜라닌생성세포의 활성이 원래의 상태로 되돌아간다.

인종에 따라 피부색이 다르지만 멜라닌생성세포의 밀도는 큰 차이가 없다. 그러나 멜라닌의 합성 능력, 각화세포로 이행되는 멜라닌소체의 수와 그 성숙도에 따라 피부색에 큰 영향을 미친다. 피부 상층의 각화세포 내에서 백인의 멜라닌소체는 가늘게 단절되어 있는데 반하여 흑인의 멜라닌소체는 각질층까지 그대로 형태가 남아있어서 피부색에 큰 차이를 보인다.

2) 카로틴(carotene)

카로틴은 카로티노이드 색소의 일종이며, α, β, γ의 3종의 이성질체가 존재한다. 카로틴의 유도체인 크산토필도 카로티노이드의 일종이다. 이들을 경구 섭취하면 주로 장 점막에서 비타민 A가 생성되지만 비타민 A로 전환되지 않고 장에서 흡수된 카로티노이드는 혈중으로 이동하여 β-리포단백질과 결합한다.

혈중 카로티노이드는 각질층에 침착하기 쉬워서 각질층의 두꺼운 부위나 피하조직이 특유의 황색을 보이는 요인이 된다. 피부의 황색은 주로 카로틴에서 유래하며 여성보다 남성의 피부에 많이 존재한다.

3) 헤모글로빈(hemoglobin)

혈액의 적혈구에는 헴 4분자와 단백질의 일종인 글로빈이 존재한다. 헴은 글로빈 분자의 히스티딘 측쇄의 이미다졸과 결합하고 있다. 산소 분자와는 가역적으로 결합하고 산소를 폐로부터 조직으로 운반한다. 정맥의 혈액에 있는 환원형 헤모글로빈은 푸른 홍색을 띠고, 동맥의 혈액에 있는 산화형 헤모글로빈은 선홍색이다.

모세혈관이 분포되어 있는 안면, 목 부위 등의 표피에서는 헤모글로빈의 홍색이 피부 색깔에 큰 영향을 미친다. 따라서 혈색을 이용하여 건강상태를 예측할 수 있고, 또한 갑자기 얼굴이 빨게 지는 것도 모세혈관에 의한 혈액의 집중 때문에 나타나는 현상이다.

2. 피부의 상태

2-1. 피부타입의 분류

올바른 피부 관리를 하고 피부미용의 효과를 높이기 위해서는 피부타입을 정확하게 파악하는 것이 무엇보다도 중요하다. 또한 피부 타입을 이해하기 위해서는 피부의 각화 상태를 파악하는 것이 중요한 요소 중의 하나이다.

일반적으로 각질층의 수분 함량과 유분의 상태 그리고 피부의 거친 정도에 따라 정상피부, 건성피부, 지성피부 등 크게 3가지 피부 타입으로 분류된다. 그러나 최근에는 객관적이고 과학적인 방법으로 여러 가지의 피부 생리 기능을 평가할 수 있기 때문에 피부타입이 세분화 되고 있다. 따라서 각질층의 수분 함량과 피지량을 조합하여 4가지로 분류되고 있다.

피지량은 보통보다 적고 수분함량이 많은 정상피부, 피지량과 수분함량이 적고 거칠게 보이는 건성피부, 피지량이 많고 수분함량도 많은 지성피부와 피부가 거칠고 건조하며 피지량이 많은 건조형 지성피부로 분류할 수 있다. 또한 이외에 피부 상태에 따라서 복합성피부와 민감성피부로 분류되는 경우도 있다.

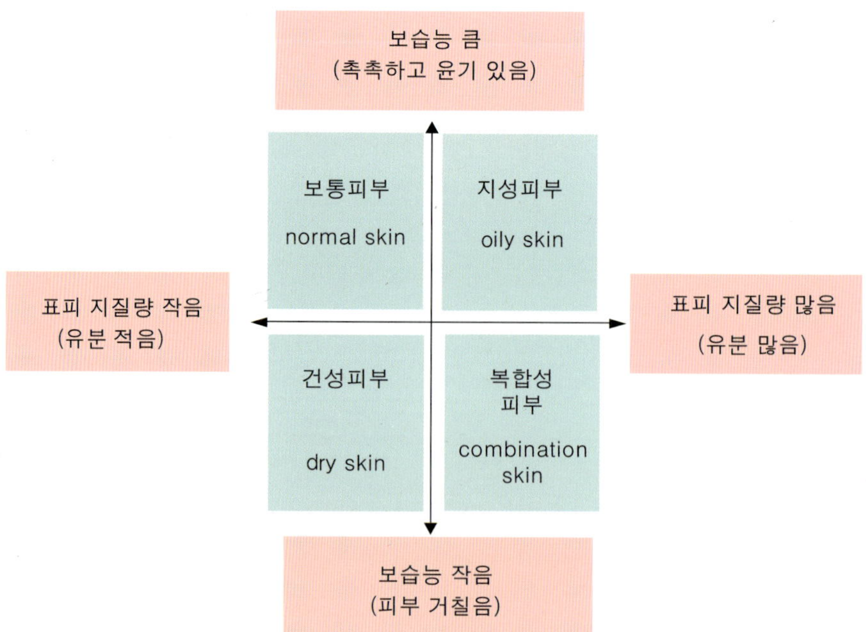

그림 8-9 . 피부타입 분류의 기본 개념

2-1-1. 정상피부(normal skin)

정상피부란 피부조직 뿐만 아니라 피부의 생리적 기능이 모두 정상적으로 이루어지는 가장 이상적인 피부상태이다. 정상피부는 피지 분비와 수분 함량이 적당하여 부드럽고 촉촉하며 피부결도 섬세하고 매끄럽다. 또한 피부결이 섬세하고 윤기가 있으며 모공이 작아서 눈에 잘 띄지 않고, 여드름이나 뾰루지가 생기지 않는다. 그리고 혈액순환이 잘 이루어지므로 피부색이 맑고 분홍빛을 띈다.

피부에 수분이 비교적 많고 매끄러운 편이지만 피지가 적기 때문에 계절이나 환절기에 피부상태가 지성피부로 되거나 건성피부 혹은 민감성과 복합성피부로 되는 경우도 있다. 특히 나이가 들어감에 따라서 생리적인 노화, 세포의 손상과 활성 산소, 생활환경, 계절적인 요인, 식생활, 스트레스 등 여러 가지 원인에 의하여 실제적으로 정상피부는 찾아보기가 쉽지 않다.

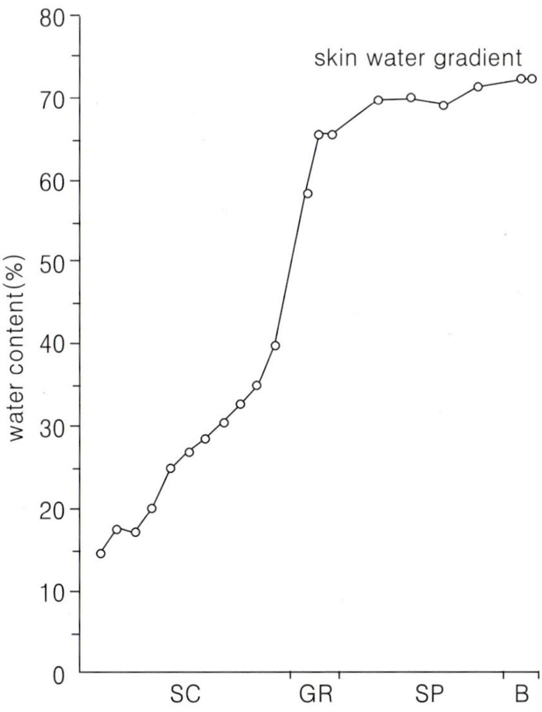

그림 8-10. 정상 표피의 수분 함량
(SC:각질층, GR:과립층, SP:유극층, B:기저층)

이와 같은 피부의 상태를 결정짓는 가장 중요한 것은 표피의 각질층과 피부 표면 상태이다. 각질층의 중요한 기능은 우리 몸에서 외부로 수분과 전해질의 손실을 막고 외부의 물리적, 화학적 손상으로부터 보호하는 것이다. 각질층은 주로 단백질로 이루어진 각질세포와 각질세포를 둘러싸고 있는 각질세포간 지질로 구성되어 있다.

표피의 기능 중 하나는 각질세포를 생성하는 것이다. 인체에서 각질세포 수와 면적은 신체 부위에 따라 다르다. 건강한 피부상태를 유지하기 위해 각질층에는 약 10~20%의 수분과 각질세포간 지질, 아미노산, 요소, 젖산 등의 천연보습인자(natural moisturizing factor) 및 피지가 존재하여야 한다. 과립층, 유극층 그리고 기저층으로 갈수록 수분의 함량은 많아지며 유극층과 기저층에서는 70~75%의 수분이 함유되어 있다. 정상상태에서는 피부의 각화과정과 피부 생리 기능이 정상적으로 이루어지기 때문에 피부의 항상성 유지와 피부장벽기능이 적절하게 유지된다.

일반적으로 정상피부의 특성을 요약해 보면 다음과 같다.

① 피부결이 종횡으로 균일하게 이루어져 있다.
② 각질층의 수분함유량이 10~20%를 유지한다.
③ 적당한 피지 분비로 피부 표면이 매끄럽고 부드럽다.
④ 피부에 탄력이 있고 혈색이 좋다.
⑤ 모공은 작고 눈에 잘 띄지 않는다.
⑥ 피부 결이 섬세하고 윤기가 있다.
⑦ 눈 가장자리의 잔주름 이외에는 전반적으로 주름이 없다.
⑧ 기미, 주근깨 등의 피부에 색소침착이 없고 깨끗하다.
⑨ 혈액순환이 원활하다.
⑩ 표피 세포의 신진대사가 원활하다.
⑪ 세안 후 피부 당김이 별로 느껴지지 않는다.
⑫ 색조 화장 시 화장이 잘 되며 쉽게 지워지지 않는다.

2-1-2. 건성피부(dry skin)

일반적으로 건성피부는 각질층의 수분함량이 10% 이하의 부족한 상태이다. 또한 약간의 홍반과 균열이 있으면서 인설이 있고 거친 피부 상태를 말한다. 건성피부의 특성은 피부 조직이 비교적 곱고 얇으며 모공은 매우 작아 눈에 잘 띄지 않는다. 또한 피부가 거칠고 세안 후나 건조한 곳에서는 심하게 당기는 현상이 있다.

특히 건성피부는 주름과 색소침착이 두드러지게 나타나는 피부유형이다. 그러나 건성피부는 복합적이고 다양한 생화학적, 생리적인 변화를 내포하고 있으므로 간단히 정의하기는 어렵다. 정상피부에서 설명한 바와 같이 건강한 피부상태를 유지하는 요소들의 균형이 깨지거나 결핍될 때 건성피부가 유발될 수 있다. 피부의 건조는 흔히 겨울철에 발생하나 정확한 원인은 밝혀져 있지 않다. 그러나 일반적으로 외적 요인과 내적 요인에 의해 건성피부로 변화될 수 있는 것으로 알려져 있다. 외적 요인으로는 자외선, 바람, 대기오염 등의 환경, 수분부족, 잘못된 식습관, 의약품 사용 등의 생활습관 그리고 계절적요인 등이 있다. 그리고 내적 요인으로는 생체리듬, 정신적 스트레스 그리고 생리주기 등을 들 수 있다. 표피 상층부 중에서도 표피의 장벽 기능을 하는 각질층의 변화가 건성피부의 중요한 원인 중의 하나이다. 그러나 건성피부는 표피와 진피를 포함한 피부의 전 층에서 일어나는 변화에 영향을 받는다.

건성피부의 근본적인 원인은 피지, 각질세포간 지질, 각질세포 내의 천연보습인자 그리고 교소체의 분해에 의한 각질세포의 탈락 등이다. 이러한 생화학적 과정에 장애가 발생할 경우에 피부가 건조해 진다.

천연보습인자(NMF)는 프로필라그린(profilaggrin)에서 유래된 필라그린(filaggrin)이 변화된 것이다. 천연보습인자는 보습능력이 매우 강해서 상대습도 60%에서도 수분을 보유할 수 있는 능력이 있다. 이러한 건성피부에서 뿐만 아니라 건선, 심상성 어린선 등에서도 천연보습인자가 감소되어 있다. 건선이나 심상성 어린선의 경우 정상적인 표피분화가 일어나지 않고, 프로필라그린의 합성에 결함이 나타난다.

건성피부에서는 흔히 각질세포의 수분이 감소하여 단단해지고 부서지게 되어 미세한 흰색 분말의 건조한 각질이 생성된다. 이러한 원인은 각질층의 외측 각질세포 수분을 유지시켜 주는 천연보습인자가 충분하지 못하거나 각질세포 사이의 지질 다층막에 변형이 생긴 경우 그리고 물에 접촉하여 천연보습인자가 빠져나간 경우이다.

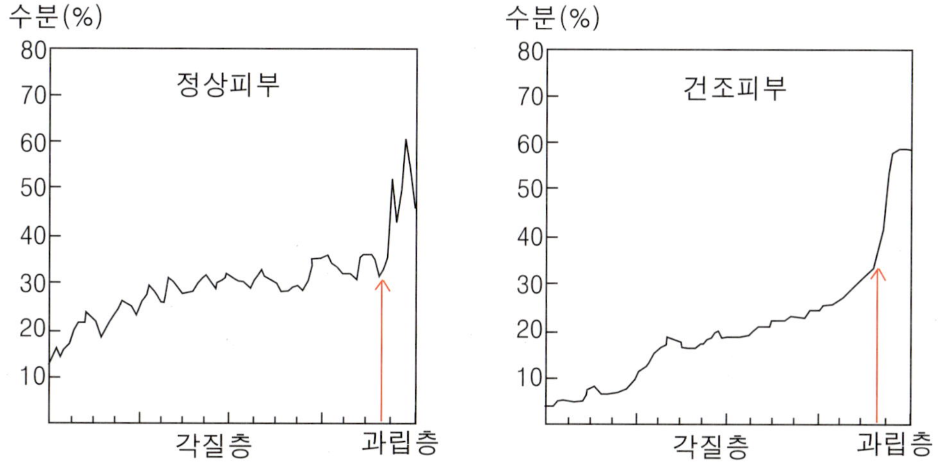

그림 8-11. 정상피부와 건성피부의 수분함량

교소체(desmosome)는 각질형성세포와 각질형성세포를 연결하는 단백질 구조로서 각질층에서는 정상 각질세포탈락에도 필요한 요소이다. 즉 교소체가 정상적으로 분해 되면 각질세포는 잘 탈락된다. 그러나 적절히 분해가 되지 않으면 각질세포는 서로 결합하고 쌓이게 되어 마르고 단단해져서 부스러지기 쉽게 되며 수분함량이 정상보다 낮아지게 되어 건성피부를 유발시킨다. 건성피부와 관련된 대표적인 피부이상 현상은 아토피성 피부이다.

건성피부의 중요한 원인 중 또 하나는 표피지질(epidermal lipid)의 구성성분과 함량의 변화이다. 각질층의 지질은 각질세포사이에 다층상 형태로 존재하는데 이 지질은 건조시킨 각질층 무게의 14%를 차지한다. 이러한 건성피부의 유발 원인들 이외에도 화상이나 수술 후 반흔이 생긴 부위, 방사선 치료를 받은 부위에서 이차적으로 발생하고, 한랭한 장소에서 장기간 있을 때 발생하기도 한다. 건성피부와 관련된 피부의 이상 현상은 아토피성 피부, 어린선, 건선, 만성 습진, 건성 습진 등이 대표적이다.

건성피부 관리의 첫 단계는 세정이다. 가능한 천연보습인자의 손실을 막고, 계면활성제의 피부 잔류를 적게 하여 피부에 자극을 최소화하는 것이다. 두 번째 단계는 각질층에 수분을 공급하고 유지시켜주는 것이다. 건성피부 관리에는 일반적으로 보습제와 밀폐제를 사용한다. 보습제는 천연보습인자를 대치할 수 있는 글리세린(glycerin), 프로필렌글리콜(propylene glycol), PCA(pyrrolidone carboxylic acid), 젖산염(sodium lactate) 그리고 요소(urea) 등이 주로 사용된다.

특히 글리세린은 가장 오래 동안 사용되어 온 보습제이다. 이는 각질층 내의 지질을 안정화시키고 교소체의 분해를 촉진시키며 각질층에 침투해 들어가 각질층 내의 단백질이나 지질과 단단히 결합하여 경피수분손실을 억제한다. 피부 밀폐제는 지성 물질로서 피부 표면에 지질막을 형성하여 수분 손실을 억제한다. 밀폐제로는 바셀린, 호호바 오일, 파라핀, 올리브 오일 등과 지방 혼합제(lipid mixture) 등이 사용된다.

65세 이상의 노인층에서 최소한 75%의 건성피부를 발견할 수 있다. 노인피부에서 건성피부가 발생할 때에는 소양증을 유발할 뿐만 아니라 피부의 탄력이 소실되고 피부 표면이 거칠게 나타난다. 또한 노인 피부는 각질세포간 지질의 양적인 감소와 각질세포간 지질 다층막의 수가 감소되어 있다. 그리고 정상상태의 피부에서는 장벽기능을 적절하게 수행하지만 노인피부에서는 급성 손상 후에 회복되는 능력이 감소된다.

일반적으로 건성피부의 원인으로 논의되고 있는 수분손실과 아미노산의 구성성분의 변화 등은 노인피부에서 건성피부의 원인으로 작용하지 않는 것으로 알려져 있다. 과거에는 노인피부에서 피지의 분비량이 감소되는 것이 건성피부의 중요한 원인으로 지적되기도 하였다.

그러나 사춘기 이전의 소아에서 실제로 피지선의 미성숙으로 인하여 피지의 분비량이 매우 적음에도 불구하고 피부가 탄력이 있고 습윤성을 잘 유지하므로 피지의 감소가 노인에서 건성피부를 일으킨다는 것은 충분한 설명이 되지 못한다.

노인피부는 각질층의 지방성분 중 가장 많은 양을 차지하고 가장 중요한 기능을 하는 것은 세라마이드 이다. 나이가 많아질수록 세라마이드의 양은 감소되며 세라마이드를 분해하는 효소인 세라마이다아제(ceramidase)의 활성도가 나이에 비례해서 증가된다. 또한 노인 피부의 경우 지질의 양적인 감소와 각질세포간 지질의 이중 막 숫자도 감소되어 있다.

노인피부에서 경피수분손실은 정상이거나 다소 낮으며 피부장벽을 손상시키면 장벽이 쉽게 파괴되고 손상 후에 회복도 지연된다. 노화된 각질층에서 지질의 다중 층상구조를 형성하는데 중요한 역할을 하는 지질성분의 이상은 노화피부에서 피부장벽기능 저하의 주된 원인이다. 일반적인 건성피부의 특성은 다음과 같다.

건성피부는 피부 상태에 따라 일반 건성 피부, 표피 건성 피부, 진피 건성 피부로 구분된다.

1) 일반적인 건성피부의 특성

① 모공은 매우 작아 눈에 잘 띄지 않는다.
② 세안 후 또는 건조한 환경에 노출되면 피부가 심하게 당긴다.
③ 피부가 거칠어 보이며 부분적으로 각질이 일어나고 심하면 버짐이 생긴다.
④ 피부 조직은 비교적 곱고 얇다.
⑤ 화운데이션이 잘 받지 않고 발라도 들뜨기 쉽다.
⑥ 입가나 눈꼬리 등에 잔주름이 쉽게 생기게 된다.
⑦ 표피의 심한 건조도에 비하여 피부 늘어짐 현상은 심하지 않다.
⑧ 저항력이 약하기 때문에 피부의 조그만 상처에도 쉽게 아물지 않고 손상되기 쉬우며 노화 현상이 빨리 온다.

2) 표피 건성 피부의 특성

피부의 수분과 피지의 균형이 유지되지 못하는 피부유형을 표피건성피부라고 한다. 표피건성피부는 나이와 계절에 따라 노화 현상이 급속하게 나타날 수 있으며 내적 요인보다는 외부 환경적 요인에 의한 영향이 크다.

① 건성피부의 특성과 거의 유사하다.
② 건성피부와는 달리 피부조직이 별로 얇지 않고 잔주름이 거의 나타나지 않는다.
③ 각질이 일어나고 소양감이 심하다.

3) 진피 건성 피부의 특성

진피 건성은 내적 요인, 즉 섬유아세포 기능의 이상으로 콜라겐이 원활히 생성되지 못하거나 교원 섬유(collagenous fiber)의 손상이 원인 중 하나이다. 이와 같은 상태가 지속되면 피부 노화를 초래한다.

① 피부 표면이 거칠어 보인다.
② 피부 당김이 심하다.
③ 피부 조직에 생기가 없어 보인다.
④ 얼굴에 주름이 많이 나타나며, 눈밑, 뺨, 턱, 입가 등에 피부가 처지게 된다.
⑤ 색소 침착 현상이 두드러져 보인다.
⑥ 화장이 잘 받지 않는다.

2-1-3. 지성피부(oily skin)

지성피부는 정상피부와 비교할 때 피지선과 한선의 기능이 항진되어 피지 분비량이 많은 피부이다. 이로 인하여 피부가 거칠고 모공이 넓으며 끈적임이 있고 유분이 많아 번들거린다. 또한 T-존(T-zone) 부위는 모공에 기름이 쌓여 개방면포(black comedo)가 관찰되고 화장이 잘 지워지며 시간이 지날수록 피부는 거무칙칙하게 보인다.

반면에 외부 자극에 대한 저항력이 비교적 강하여 햇빛이나 바람에 대한 저항력이 있으므로 다른 피부유형에 비하여 노화 속도가 느리다. 그러나 피지분비가 많아 모공에 기름이 막혀 거칠어지고 여드름이 생기기 쉽다. 그리고 건성피부보다 잔주름이 잘 나타나지는 않지만 주름이 형성되면 깊고 굵은 주름이 생기는 경향이 있다.

지성 피부는 그 양상에 따라 건성 지루피부와 유성 지루피부로 나눌 수 있다. 일반적으로 내분비계의 영향으로 인한 피지의 과잉분비와 스트레스로 인한 남성 호르몬 증가 등이 한 원인이다.

1) 건성 지루피부

건성 지루피부는 피지 분비 기능의 유전적, 이상 항진으로 피지는 과다 분비되어 표피에 기름기가 흐르게 된다. 그러나 잦은 세안 또는 잘못된 세안 습관으로 한선 및 피부의 보습 기능이 저하되어 유·수분의 불균형으로 인한 피부표면의 당김 현상이 일어나는 피부 유형이다. 건성 지루피부도 지성피부에서 나타날 수 있는 여드름의 발생과 동시에 건성 피부에서 나타날 수 있는 주름과 색소 침착 등을 들 수 있다. 일반적으로 건성 지루피부의 특성은 다음과 같다.

① 각질이 과다하게 쌓이게 되어 두껍고 거칠다.
② 피지의 분비는 정상보다 과다하고 보습상태는 저하되어 있다.
③ 피부가 매우 예민하여 기후 변화에도 민감하다.
④ 표피 박리 현상이 쉽게 나타난다.
⑤ 피부가 투명해 보이지 않고 탁해 보인다.
⑥ 건성 피부에 비하여 잔주름은 잘 나타나지 않으나 주름이 형성되기 시작하면 깊고 굵게 생성되는 경향이 있다.
⑦ 자외선에 의한 피부에 과색소침착 된다.
⑧ T-존(T-zone) 부위의 모공확장 현상이 일어난다.

2) 유성 지루피부

유성 지루피부는 피부표면의 피지량이 과다하여 피지막이 두껍게 되어 있는 피부이다. 계속되는 피지 분비는 산성을 띠는 피부를 알칼리성으로 전환하게 되어 외부의 세균에 대한 저항력이 감소됨으로써 여드름을 초래한다. 또한 모낭 속에 축적되어 있는 피지가 모낭 밖으로 흘러나오지 못하고 모낭 안에서 단단하게 고형화되어 개방 면포(open comedo)나 폐쇄 면포(closed comedo)가 될 수 있다. 이러한 피부는 피부의 유형이 복합적으로 나타나기 때문에 복합성 피부의 특성을 지니고 있다. 일반적으로 유성 지루피부의 특성은 다음과 같다.

① 피부조직이 두껍다.
② 모공이 열려 있어 피부 표면이 울퉁불퉁하다.
③ 얼굴 표면의 번들거림이 매우 심하여 화장이 쉽게 지워진다.
④ 피부의 투명감이 전혀 보이지 않는다.
⑤ 표피 유분의 산성균형이 알칼리성을 띤다.
⑥ 모낭벽 표피의 각화과정이 빠르게 촉진된다.

2-1-4. 복합성피부

복합성피부는 피지 분비량의 불균형으로 2가지 이상의 피부유형이 공존하는 피부 상태이다. 예를 들면 지성피부와 건성피부가 부위에 따라 다르게 나타나고 있는 경우도 복합성피부 중 하나이다.

일반적으로 나이가 들어감에 따라서 얼굴의 T-zone 부위는 모공이 크고 피지 분비가 많으므로 윤기가 흐르며 여드름이 잘 발생하는 전형적인 지성피부이다. 그러나 볼 부위와 눈 주위에는 피지 분비가 적고 수분함량이 적은 등 건성피부의 특징을 나타내는 복합성피부의 특성을 갖는다.

복합성피부는 대개 중년 이후의 사람들에게 나타나는 피부유형으로서 선천성 요인보다는 후천성 요인에 의하여 나타난 것으로 알려졌다. 특히 정상피부라 하더라도 나이가 들어가거나 잘못된 피부관리 그리고 여러 가지 환경에 의하여 복합성 피부 유형의 특징을 보이는 경우가 있다. 일반적으로 복합성피부의 특성은 다음과 같다.

① T-zone 부위에 유분기가 많고 다른 부분은 건조하므로 세안 후 눈가나 뺨 등의 부위가 심하게 당긴다.
② 피곤하거나 스트레스를 받을 때 여드름이 발생한다.
③ 눈가에 잔주름이 많이 나타난다.
④ 광대뼈 부분에 기미가 나타나는 경우가 많다.
⑤ 화장품에 의한 면포(comedo)가 잘 발생한다.
⑥ 피부에 맞는 화장품 선택이 어렵다.
⑦ 화장이 잘 받지 않는다.

2-1-5. 민감성피부

아직 민감성피부에 대한 명확한 정의는 없지만 일반적인 피부의 자극성 또는 알레르기성 피부염과는 분류되지 않는 이상 피부들을 말한다. 민감성피부는 연령이나 피부타입과 관계없이 외부 자극에 대한 저항력이 약하고, 화학적, 물리적인 반응에 예민한 피부유형이다. 민감성피부의 원인과 반응은 개인에 따라 다르고 어떤 메카니즘에 의해서 발생하는지 아직 구체적으로 밝혀지진 않았다.

민감성피부는 어떤 물질이 도포된 경우나 특별한 환경에 노출될 때 홍반(erythema), 화끈거림(burnung), 따가움(stinging), 가려움(itching), 당김(tightness), 인설(scale), 통증(pain) 등이 나타난다. 즉 비누, 일광차단제, 화장품 등을 피부에 사용한 후에 과민하게 반응하는 감수성 때문에 피부의 따가움, 붉어짐, 여드름, 각질 또는 건조함이 유발될 수 있다. 그러나 특별한 물질이나 알려진 노출물과 연관되지는 않는다.

이러한 피부의 이상 현상은 열, 추위, 거친 바람과 같은 환경적인 요인에 의해서도 유발될 수 있다. 또한 주사(rosacea)나 지루성 피부염(seborrheic dermatitis)과 같은 피부병이 원인이 될 수 있으며, 심리적 요인과도 연관성이 있는 것으로 알려져 있다. 일반적인 민감성피부의 특성은 다음과 같다.

① 정상피부에 비하여 환경 변화에 예민하다.
② 피부 조직이 섬세하고 얇다.
③ 피부 표면이 투명하다.
④ 모공이 거의 보이지 않는다.
⑤ 피부 입자가 섬세하고 조밀하다.
⑥ 피지 분비량이 일정하지 않고 복합성 피부 상태일 경우가 많다.
⑦ 표정에 의한 피부 주름이 일시적으로 나타난다.
⑧ 추운 곳에서 갑자기 따뜻한 곳으로 들어오면 피부가 붉어지고 가렵다.
⑨ 모세혈관이 피부 표면에 잘 드러나 보인다.
⑩ 약품이나 화장품에 민감하여 피부에 부작용을 일으킨다.
⑪ 피부 건조화가 쉽게 이루어져 피부 당김이 심하다.
⑫ 피부 색소침착 현상이 쉽게 나타난다.

이러한 특성은 대부분 얼굴에서 주로 발생하고, 감수성이 예민한 사람들의 경우 도포한지 1시간 이내에 발생한다. 여러 가지 물질들이 이러한 반응을 나타내지만 임상적으로 객관적인 자극 증상은 나타나지 않는다.

일반적으로 알려진 민감성피부의 원인 물질은 프로필렌글리콜(propylene glycol), 안식향산(benzoic acid), 하이드록시산(hydroxy acid), 에탄올(ethanol) 등이 있다. 이러한 물질은 '피부민감도(skin sensitivity)'를 결정하는 선별 검사에 사용되고 있다.

민감성피부의 강도는 가벼운 정도에서 심한 정도에까지 다양하고, 증상 발현시간도 즉시 나타나는 것부터 일시적, 하루 종일 지속되는 것까지 다양하다. 민감성피부의 발생률은 폐경기전(premenopausal) 여성에게 가장 많이 발생되며 나이가 들어감에 따라 감소한다. 민감성피부의 경우는 경피수분손실(TEWL)이 크고, 건성피부와도 매우 관련이 높다.

민감성은 특정 성분에 의해 악화되는데 몇가지 방부제 성분으로 민감성이 되거나 꽃가루, 얼굴 스크럽제, 알코올 농도가 높은 아스트린젠트 사용으로도 악화될 수 있다. 따라서 민감성 피부에는 반드시 순하고 섬세한 화장품을 사용해야 한다. 또한 항 알레르기원, 진정효과와 치유효과가 있는 성분이 함유된 제품을 사용하고 항염증 약품도 효과적이다.

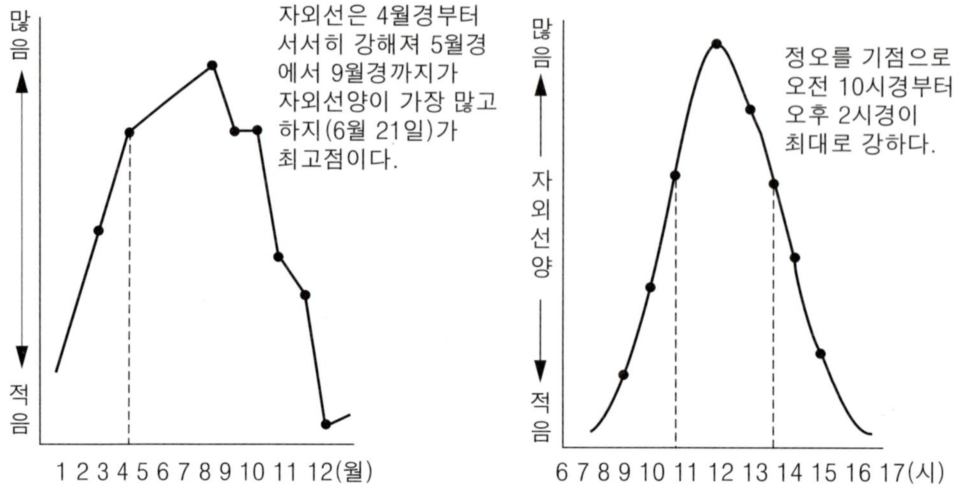

그림 8-12. 계절에 따른 자외선의 강도

2-2. 계절에 따른 피부 상태

사람의 피부 상태는 건강상태 등의 내적요인과 온도, 습도, 자외선 등 외부 환경의 여러 가지 요인에 의하여 달라진다. 특히 4계절이 뚜렷한 우리나라의 경우 온도와 습도 그리고 자외선 조사량이 다른 계절적인 특성은 피부상태와 밀접한 관계를 가지고 있다. 즉 계절의 변화에 따라 피부의 상태는 달라진다.

2-2-1. 봄철 피부 상태

1) 봄철 피부의 특징

① 불안정한 피부 상태

봄철은 날씨의 변화나 일교차가 심하기 때문에 피지(sebum)나 땀(sweat)의 분비가 일정하지 않아서 피부의 상태가 불안정하다. 겨울 동안의 환경적 영향으로 봄철 피부는 일반적으로 거친 피부 상태이다. 기온이 점차 상승됨에 따라 피부의 기능, 즉 피지선 등이 활발해지면서 지성피부가 되는 경향이 있다. 그 결과 T-존(T-zone) 부위에는 피지에 의하여 번들거림이 심해진다. 또한 공기 중의 먼지와 꽃가루 등이 피부에 쉽게 부착되어 피부를 오염시키고 모공이 막혀 여드름, 뾰루지 같은 피부의 이상 현상이 발생한다.

② 건조하고 거친 피부 상태

기온의 상승으로 인한 피부의 분비 기능이 서서히 활발해 지는 계절로서 건조한 공기와 바람으로 인하여 피부의 수분이 증발된다. 그 결과 피부 표면이 건조하고 거칠어진 상태가 되기 쉽다.

③ 기미, 주근깨 등 색소침착이 두드러지게 나타나기 쉬운 피부상태

겨울 기간 동안 일광에 노출 시간이 적음으로서 봄철 피부는 자외선에 의한 저항력이 약화된 피부 상태이다. 따라서 저항력이 회복되지 않은 피부에 봄볕의 강한 자외선에 노출되면 민감하게 반응하기 때문에 봄철, 특히 3~4월경에 자외선을 가장 주의하여야 한다. 봄철 피부의 가려움증은 일광에 의하여 일종의 가벼운 염증을 일으키고 있는 상태이다. 자외선에 대한 저항력이 회복되지 않은 상태로 피부가 갑작스럽게 자외선에 노출되면 기미, 주근깨 등의 색소침착이 짙어진다.

2) 봄철 피부 관리

민감해진 봄철 피부는 자외선 등을 차단시키고 피부의 오염물을 세정하여 항상 청결하게 유지시킨다. 그리고 pH 균형 유지와 충분한 수분 및 영양공급으로 피부의 균형을 유지시켜 투명하고 건강한 피부로 관리하는 것이 중요하다.

2-2-2. 여름철 피부 상태

여름에는 강한 자외선을 내뿜는 태양광선, 높은 온도와 습도 그리고 피부의 노출에 의하여 피부의 상태는 손상받기 쉽다. 또한 뜨거운 도시의 열기를 피해 산이나 바다로 휴가를 떠나 강한 햇볕을 쪼이게 된다. 피부가 햇볕 속의 강한 자외선에 과도하게 노출되어 기미, 주근깨 등 여러 가지 색소침착과 일광화상이 생길 수 있다.

또한 여름에는 높은 온도와 습도로 인하여 피부에 많은 땀과 피지가 배출되면 땀 속에 있는 염분에 의해서 피부의 산도가 높아져 거칠어지고, 유해물질의 피부 침입을 막아주는 각질층의 장벽기능이 저하된다. 과다한 피지 분비에 의하여 여드름이 악화되기도 하며 화장이 잘 안 먹히기도 한다.

1) 여름철 피부의 특징

① 오염되기 쉬운 피부 상태

피부의 생리기능이 활발해짐으로써 피지와 땀의 분비가 많아지고, 공기 중의 먼지가 피부에 쉽게 부착되어 오염되기 쉽다. 피지와 땀이 많아짐에 따라 피부가 끈적거리고 화장도 쉽게 지워진다.

② 저항력이 약해진 피부 상태

땀이 많이 흐름으로써 피부의 표면은 pH가 높아져 세균 번식이 쉽고, 피부의 저항력이 약해져서 피부문제가 발생하며 여드름 피부는 더욱 악화된다. 또한 땀은 대부분이 수분이며 약간의 염분과 젖산(lactic acid)으로 구성되어 있다. 수분이 증발되고 난 후 염분에 의하여 피부가 거칠어지기 쉽다.

③ 피부 탄력이 저하된 피부 상태

고온 다습한 환경과 자외선으로부터 피부는 쉽게 탄력을 잃게 되고 모공이 늘어나서 커지게 되는 경향이 있다.

④ 건조해지기 쉬운 피부 상태

잦은 세안과 일광에 노출 그리고 냉방으로 인하여 공기의 건조와 더불어 건조한 피부가 되기 쉽다.

2) 여름철 피부 관리

여름철의 피부 관리는 피부에 여러 가지 영향을 미치는 계절적인 요인으로부터 피부를 보호하기 위해서이다. 즉 자외선으로부터 피부를 보호하여 일광에 그을리지 않도록 하며 적절한 일광을 통하여 여드름, 버짐 및 습진 등의 개선 효과를 유도한다. 피부 기능의 활성화로 분비된 땀과 피지는 산성막을 만들어 피부를 보호한다. 그러나 기온이 높은 여름철에는 땀의 분비량이 더욱 많아지는데, 이를 방치하면 박테리아나 대기 중의 오염물 그리고 각질층의 분해산물 등이 피부에 부착된다.

이와 같은 여러 가지의 불순물과 메이크업 제품 등의 화장품 잔여물이 피부에 축적되어 모공을 막아 피지와 땀이 원활히 배출되지 못하고, 신진대사가 원활하지 못하여 피부노화를 촉진시킨다. 따라서 세안을 통하여 피부를 청결히 하여야 한다. 그리고 땀의 성분 중 염분은 피부를 거칠게 하고, 실내의 냉방에 의한 수분 증발과 실내·외의 기온차에 의한 각질층의 수분 불균형이 유발되므로 화장품을 이용하여 pH와 유·수분 균형을 맞추어야 한다. 또한 일조 시간이 길어지고, 옥외 활동 시간이 많아짐에 따라 피부의 탄력이나 윤기를 잃게 되므로 마사지와 팩을 이용하여 피부 관리에 의한 건강한 피부를 유지할 필요가 있다.

2-2-3. 가을철 피부 상태

여름철의 강한 태양광선에 의하여 지나친 땀과 피지의 분비로 모공이 열린 상태에서 가을의 찬바람은 피부의 기능을 저하시킨다. 가을철 피부의 가장 큰 특징 중에 하나는 피부의 건조이며, 기온의 하락으로 피지와 땀의 분비가 저하됨으로써 산성막 생성이 저하된다. 그 결과 피부 표면의 수분 손실이 쉽게 되어 피부는 건조해지고 피부의 당김 현상이 나타난다.

1) 가을철 피부의 특징

① 딱딱하고 두꺼운 각질층

여름철의 강한 자외선을 받은 피부는 각질층이 두꺼워진다. 이와 같은 결과는 피부가 자외선으로부터 보호하기 위한 자체방어수단으로 각질층이 두꺼워져서 피부결이 매끄럽지 못하고 투명감이 없어진다.

② 피부의 건조와 잔주름 형성

각질층의 피부가 10%이하에서 피부의 건조와 거칠어지는 현상이 나타나게 된다. 확대경을 이용하여 거친 피부를 관찰하면 각질층이 표피로부터 들떠 보이고 배열이 매끄럽지 않는 것을 볼 수 있다. 특히 가을에 접어들어 피지분비가 서서히 감소하고 땀의 분비도 줄어들게 되면 피부가 건조해지면서 잔주름이 생기기 쉽다.

③ 피부의 윤기와 탄력성 저하

건조한 상태의 피부는 거칠어지고 잔주름이 생기기 쉬우면서 동시에 탄력이 떨어진다. 강한 자외선에 노출, 땀과 피지의 과도한 분비, 실내의 냉방 등으로 여름 내내 시달린 피부는 지치고 피로해져 피부의 윤기와 탄력성이 저하되어 있다.

④ 기미, 주근깨 등 색소침착이 진해짐

여름철의 강한 자외선으로부터 피부를 보호하기 위하여 생성된 멜라닌 색소의 증가로 눈에 띄지 않았던 기미나 주근깨가 가을철에 접어들면서 두드러지게 나타난다. 특히 민감한 부위인 눈 주위에는 더욱 두드러지게 나타난다.

2) 가을철 피부 관리

가을철 피부는 여름동안 두꺼워진 각질층을 부드럽게 해주어야 한다. 또한 여름 내내 두꺼워진 각질층을 적절한 강도로 박리(peeling)하여 제거하고 모공내의 피지 배출을 원활하게 함으로서 피부 문제를 제거할 수 있다. 또한 교원질(collagen)을 이용한 피부의 재생 관리도 적절하게 이루어져야 한다. 그리고 가을철에 접어들면서 기온의 하강으로 피부기능이 저하되기 때문에 피부의 신진대사를 촉진시켜 주어야 한다.

피부가 건조하면 잔주름이 생기기 쉬우므로 수분과 유분을 공급하여 피부의 수분 증발을 막아야 한다. 색소침착으로 인한 기미나 주근깨를 위한 미백관리와 마사지와 팩을 이용하여 윤기와 탄력을 회복시켜주어야 한다.

2-2-4. 겨울철 피부 상태

영하 이하의 기온과 찬바람은 신체의 모든 기능을 저하시킬 뿐만 아니라 외부 환경에 접하고 있는 피부의 기능 저하는 더욱 심하게 나타난다. 혈액순환과 피부신진대사의 저하, 땀과 피지분비의 감소로 인한 피부의 건조, 거칠음, 버짐 등이 생기기도 하고 심한 경우 피부가 트기도 한다. 그러므로 겨울철에는 피부에 대한 세심한 관리와 손질이 요구되는 시기이다.

1) 겨울철 피부의 특징

① 혈액순환과 신진대사 저하

겨울철에는 기온이 내려감에 따라 피부를 구성하는 세포에 산소와 영양을 공급하는 혈액순환이 둔화되고, 피부의 신진대사 주기도 늦어지는 경향이 있다. 그러므로 정상피부도 건성피부로 되며 건성피부가 더욱 악화되는 경향이 있다.

② 피지와 땀 분비의 저하로 인한 거친 피부

겨울철은 사계절 중에서 땀과 피지의 분비가 가장 적은 계절로서 피부에 윤기가 없어지게 되고 차가운 기온으로 인한 피지막 형성이 어려워서 피부는 더욱 거칠어지게 된다. 그 결과 피부는 잔주름과 피부 노화 현상이 일어나기 쉽게 된다.

③ 실내 난방으로 인한 피부의 건조

겨울철의 실내 난방으로 인하여 실내가 건조해지면 피부의 수분손실이 발생하여 더욱더 피부는 건조해 진다.

④ 눈에 의한 자외선 반사로 인하여 피부가 그을리기 쉬움

겨울철 스포츠 중 스키는 눈에 의한 자외선 반사 때문에 피부를 그을리게 할 뿐만 아니라 피부손상을 주는 경향이 있다.

2) 겨울철 피부 관리

겨울에는 찬 기온과 찬바람 등 피부를 외부 환경에 노출시키지 않고 보호하여야 한다. 차갑고 건조한 외부 환경에 의하여 피부는 수분손실이 증가하고, 촉촉함이 부족해진다. 또한 기온 저하로 인하여 피지와 땀의 분비가 둔화되어 피지막의 형성이 어렵다.

따라서 겨울철 피부는 혈액순환 촉진과 피부의 신진대사를 원활하게 하는 피부 관리를 실시하여야 하고, 풍부한 영양 공급뿐만 아니라 마사지를 통하여 혈관벽을 튼튼하게 함으로써 피부를 건강하고 탄력 있게 피부손질이 필요하다.

3. 피부의 상태 분석 방법

피부의 상태를 정확하게 파악하는 것은 피부 관리에 있어서 매우 중요하다. 이는 피부관리 수행 시 정확성과 효율성, 피부 문제 발생의 최소화 그리고 과학적이고 합리적인 관리를 할 수 있다. 또한 전문가로서의 신뢰감과 만족감을 줄 수 있다.

피부상태 분석은 질의응답을 통하여 피부상태를 파악하는 방법, 피부를 만져 보는 방법, 확대경 등 기기를 이용하여 피부를 세밀하게 관찰하는 방법 그리고 피부 분석기기를 이용하는 방법 등이 있다. 이러한 다양한 방법을 통하여 복합적으로 정확한 피부 상태를 파악함으로써 피부미용 및 두피관리 그리고 화장품 사용 효과를 높일 수 있다.

1) 문 진

질의응답을 통하여 세안 후의 얼굴 당김 정도, 가려움 증 등 피부에 나타나는 여러 가지 현상과 식생활습관, life style, 직업, 질병 등을 파악함으로써 주관적으로 피부상태를 분석하는 1차적인 방법이다.

2) 촉 진

문진과 더불어 피부의 표면을 직접 만져보고, 촉감과 탄력성을 감지함으로써 피부의 상태를 분석하는 2차적인 방법이다.

3) 견 진

피부상태를 세밀하게 관찰하고 분석하기 위하여 확대경, 우드램프 그리고 피부분석기 등을 이용하는 방법이다.

① 확대경(magnifying lamp)

확대경은 물체의 확대는 물론 피부상태를 분석할 때 미세한 결함을 찾아낼 수 있는 피부상태 분석 기기이다. 확대경의 배율에 따라 사물이 확대되는 정도가 다르며 일반적으로 피부상태를 판단하는데 사용되는 확대경은 3.5~5 배율의 확대경이 사용된다.

확대경은 피부의 표면을 확대시켜 관찰함으로써 잔주름, 모공상태, 색소침착 그리고 면포를 비롯한 여드름 등의 피부상태를 육안으로 자세히 파악할 수 있는 기기이다. 또한 검은 면포(black head comedo), 백색면포(white head comedo) 그리고 농포(pustle) 등의 여드름을 제거할 때에도 효과적으로 이용된다.

② 우드램프(Wood's lamp)

우드램프는 미국의 우드(Robert Williams Wood)에 의해 최초로 개발되었다. 백선과 같은 피부 질환을 진단하기 위하여 의료분야에서 처음으로 사용되었다. 그 후 피부미용 분야에서도 피부상태를 분석하기 위해 사용되고 있다. 육안으로 잘 판별되지 않은 피부 상태를 우드램프를 이용하여 피부를 관찰하면 피부의 상태에 따라 다양한 색깔과 형광으로 나타난다. 즉 피부 표피의 보습상태, 민감 상태, 피지, 여드름, 염증, 색소침착 등의 피부상태를 다양한 색상으로 관찰할 수 있다.

그림 8-13. 확대경

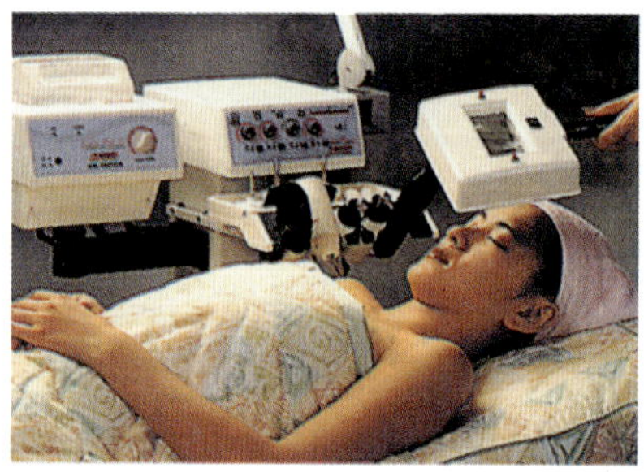

그림 8-14. 우드램프

표 8-1. 피부상태에 따른 우드램프의 색상

피부 상태	우드램프 상태
두꺼운 표피층의 피부	흰색 형광
죽은 세포와 각질	흰색 빛
건강한 정상 피부	푸른빛을 띠는 흰색형광
건조성의 얇은 피부, 모세혈관 확장 피부	자주색 형광
건조한 피부	밝은 보라색
보습성 피부	밝은 형광
지성 피부, 피지	노랑, 오렌지색
색소 참착성이나 검은 점이 있는 피부	갈색
화농성 여드름, 산화된 피지	크림색, 담황색

그림 8-15. 확대된 모발, 두피

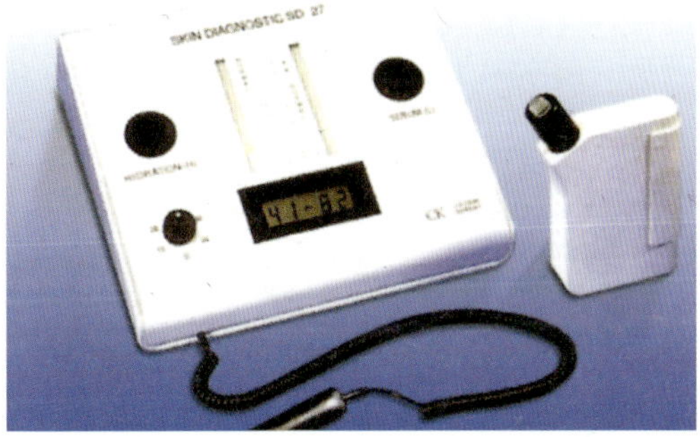

그림 8-16. 종합 피부분석기

③ 피부 · 모발 분석기(Derma scope, Skin scope)

피부 · 모발 분석기(derma scope, skin scope)는 피부와 두피, 모발 상태를 30~800배 정도의 배율로 확대하여 비교, 분석할 수 있는 기기이다. 모니터를 통해 피부와 모발의 상태를 관찰하고 모니터에 나타난 영상자료를 인쇄할 수 있다. 일반적으로 피부, 두피의 상태는 80배율, 두피의 모공, 모근, 모발의 큐티클은 200~300배율, 모발의 큐티클 상태를 더욱 정확하게 판단해야 할 때에는 800배율의 렌즈를 사용하여 확대 · 분석할 수 있다.

4) 피부분석기기

비침습적인 방법으로 인체의 피부에 탐침(probe)을 직접 접촉시켜 피부 상태를 객관적으로 평가하는 방법이다. 본 장에서의 피부분석기는 독일 Courage+Khazaka 회사의 비침습적인 피부상태 분석기기를 이용하여 설명하였다.

① 피부의 온도

일반적으로 정상피부의 표면온도는 환경의 영향을 받는다. 피부 온도의 변화는 피부 장벽 기능에 영향을 미친다. 즉 피부에 얼음을 접촉하여 저온으로 유지시키는 경우 피부 장벽의 손상 후에 회복이 거의 일어나지 않지만 피부의 온도가 정상으로 회복됨에 따라 경피수분손실은 급격히 증가하여 최초의 장벽 손상 정도 이상의 수치를 나타낸다. 냉동 창고에서 생선을 취급하는 근로자의 피부 병변은 온도에 의한 손상의 대표적인 예이다.

따라서 피부 장벽 기능 손상 시 적당한 피부 온도를 유지하는 것이 피부 손상으로부터 회복을 촉진한다.

또한 높은 열에 의하여 피부의 주요 구성성분인 콜라겐의 합성감소와 교원질 분해효소의 발현 증가로 피부노화가 일어남이 알려져 있다. 즉 열에 의한 피부 온도 상승이 피

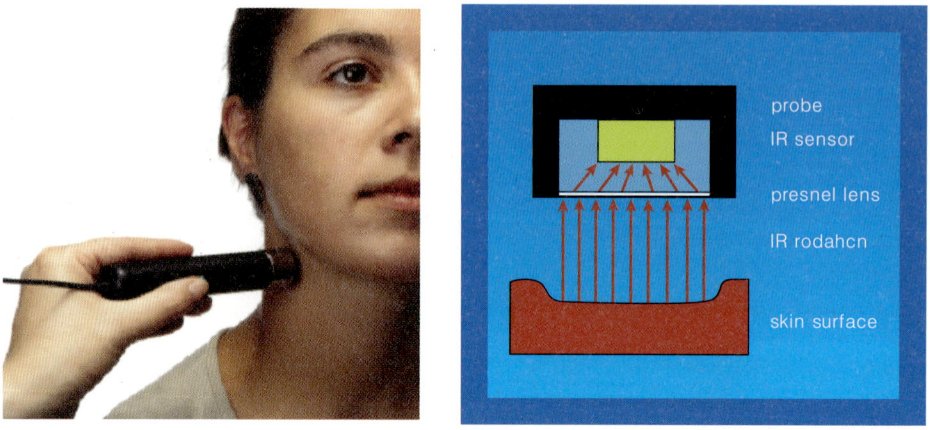

그림 8-17. Skin-Thermometer 탐침의 모식도

부노화의 중요한 원인일 뿐만 아니라 자외선에 의한 피부노화를 촉진시키는 작용을 하는 것으로 알려져 있다.

Skin-Thermometer®(Courage+Khazaka, Germany)는 적외선 감지 센서를 이용하여 피부 표면의 온도를 측정하는 기기이다.

② 각질층의 수분 함유량(water content of horny layer)

각질층이 정상적인 기능을 하고 건강한 상태를 유지하는 데는 10~20%의 수분을 함유하는 것이 필요하다. 각질층의 수분량이 감소하면 유연성이 소실되어 굳어지며 잔주름이나 각질층 탈락의 요인이 된다. 각질층 수분 함량의 주요한 결정 인자는 각질층 내의 천연보습인자(natural moisturizing factor, NMF)이며, 각화세포의 상태와 밀접한 관련이 있다.

Corneometer는 피부에 전극을 접촉하여 표피에 있는 수분과 다른 물질간의 유전 상수의 차를 측정함으로써 피부의 수분함량을 간접적으로 측정하는 방법이다. 이는 표피의 30~40㎛ 깊이의 전기전도도(conductance) 차에 의하여 정격용량을 측정함으로써 각질층의 수분 함량을 측정하는 것이다.

이와 같은 측정치는 재현성이 높으며 미세한 차이도 감지되기 때문에 피부의 수분함유량을 쉽게 측정할 수 있다.

신체부위별 수분함유량 지수는 표 8-2와 같다. 보통 건강한 피부의 경우 수분 함유지수는 이마, T-존 부위, 두피, 목, 등 그리고 눈꺼풀의 경우는 50~59를 나타내고 있고, 팔, 다리 그리고 손은 30~39로 부위에 따라 다소 차이를 보인다. 이와 같은 결과는 측정 온도와 습도 그리고 여러 가지 요인에 의하여 다르게 나타날 수 있다.

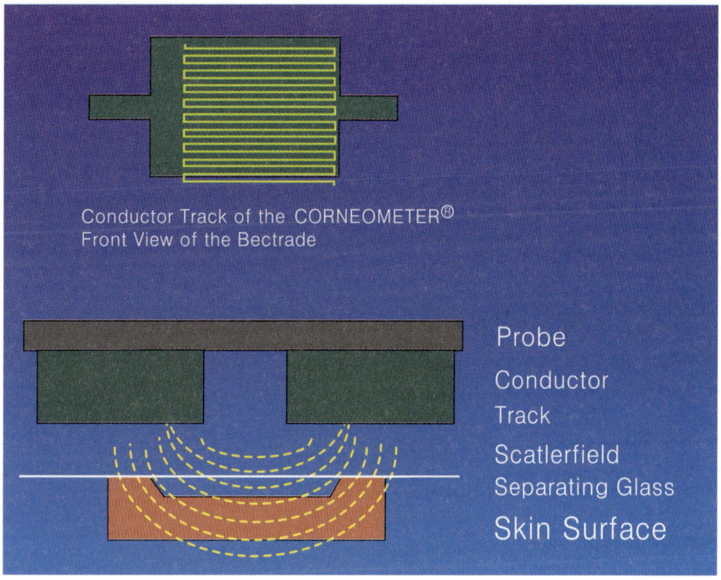

그림 8-18. Corneometer 탐침의 모식도

표 8-2. 신체 부위별 수분 함량

신체부위 / 피부상태	이마, T-존, 두피, 뺨, 눈꺼풀, 관자놀이, 목, 등	팔, 손, 다리, 팔꿈치
매우 건조	＜30	＜15
건조	30~49	15~29
보통 보습	50~59	30~39
충분한 보습	＞60	＞40

*측정조건 : 항온항습(20~25℃, 상대습도 40~60%) 조건에서 측정

그림 8-6에서 보여준 볼 부위의 피부표면이 거친 정도에 따라서 그림 8-19와 같이 각질층의 수분 함유량이 적고 아름다운 피부의 경우 각질층의 수분 함유량이 많다. 이와 같이 피부결의 소실 혹은 불선명한 거친 피부에서는 각질층의 수분함량이 현저하게 감소한다.

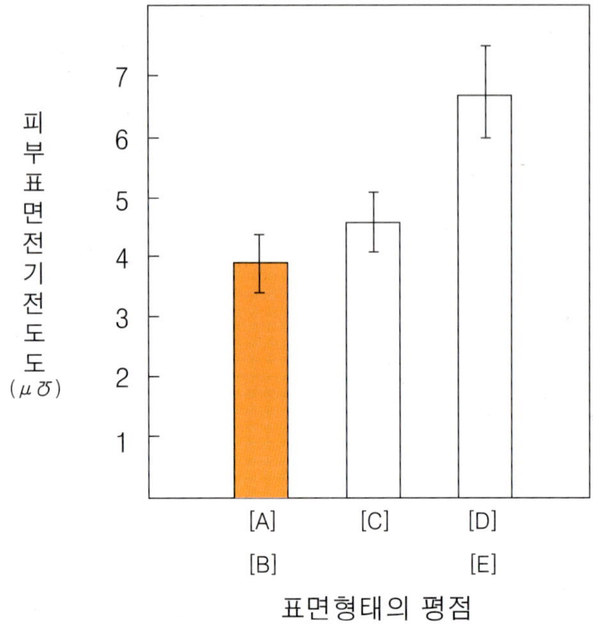

그림 8-19. 각질층의 수분 함유량

③ TEWL(transepidermal water loss)

피부 내부로부터 피부를 통하여 증발하는 수분량을 측정하여 각질층의 피부장벽기능(skin barrier function)의 지표로 활용할 수 있다. 경피 수분 손실(transepidermal water loss, TEWL)은 한선에서 분비된 땀과는 구별되며, 피부 표면으로부터 이탈하는 수분의 손실을 의미한다. 경피수분손실은 피부 표면상의 습도 기울기로부터 산정하여 측정하는 장치이다. 각질층의 피부장벽기능은 각질세포 내의 응집된 세포구조와 각질층의 비후한 세포막 그리고 각질 세포간 지질 등에 의해 유지된다.

피부가 거칠어질수록 경피수분손실은 커지고, 고운피부 일수록 경피수분손실은 낮다. 경피수분손실은 피부의 자극, 피부 장벽기능과 손상 후 회복, 자외선과 같은 물리적, 화학적 물질에 대한 보호 효과 등을 판정하는 경우에 이용된다. 또한 피부관리의 효용성과 화장품 및 피부관리 제품들의 적용효과 및 피부 기능 개선의 정도를 객관적으로 검증하는 경우에도 이용된다.

경피수분손실은 피부 내 수증기의 기울기에 기초하여 피부장벽 기능을 측정하는 방법으로써 몇 가지 방법이 있지만 주로 개방된 챔버(open chamber)를 이용한다. 즉 경피수분손실은 생체 내 수분이 각질층을 통하여 확산되는 값으로 나타낸다.

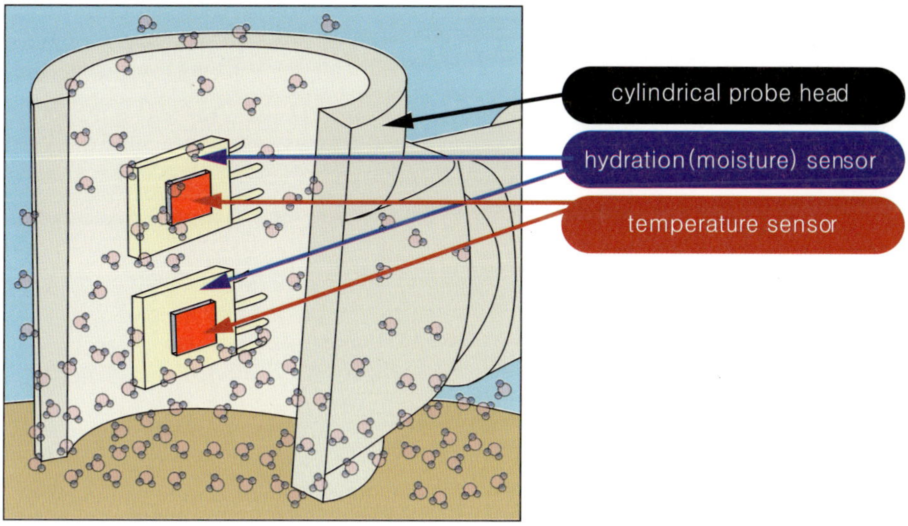

그림 8-20. Tewameter® 탐침의 모식도

경피수분손실의 다른 변수는 땀샘을 통하여 발산하는 수분량에 의하여 변할 수 있다. 이의 변수를 제거하거나 작게 하기 위하여 측정부위가 땀샘이 적은 곳, 측정 시 땀이 나지 않는 서늘한 곳을 택하여 측정한다. 따라서 실제의 경피수분손실량은 땀샘을 통하여 발산되는 수분의 양과 각질층을 통하여 발산되는 수분의 양을 합한 전체 수분 발산량을 의미한다.

경피수분손실량은 각질층의 수분량이라고 말할 수 없지만 피부장벽기능과 보습기능이 서로 밀접한 관계가 있다. 경피수분손실량 측정 원리는 수분이 피부 표면에서 공기 중으로 Fick의 확산 법칙에 의하여 확산된다고 가정하고 피부에서 일정한 높이에 있는 두 지점의 증기압을 측정하여 피부로부터 발산하는 수분량을 산정한 것이다.

기기의 측정 방법은 쉽지만 발한의 영향이나 공기의 흐름이 없는 조건 하에서 측정하여야 한다. Tewameter®(Courage+Khazaka, Germany)를 이용하여 경피수분손실을 측정한 결과와 피부상태를 표 8-3에 나타내었다.

그림 8-6에서 보여준 볼 부위의 피부표면의 거친 정도에 따라서 그림 8-21과 같이 각질층의 수분손실량은 많게 나타나고 아름다운 피부의 경우 각질층의 수분손실량은 적게 나타나고 있다. 즉 경피수분손실이 많을 수록 피부장벽 기능이 소실되고 있음을 알 수 있다.

표 8-3. 피부 상태와 경피수분손실과의 상관관계

피부상태	매우 건강한 상태	건강한 상태	보통피부	긴장된상태	임계상태
TEWL	(g/h/㎡)	0~9	10~14	15~24	25~29

* 측정조건 : 항온항습(20~25℃, 상대습도 40~60%)조건에서 측정

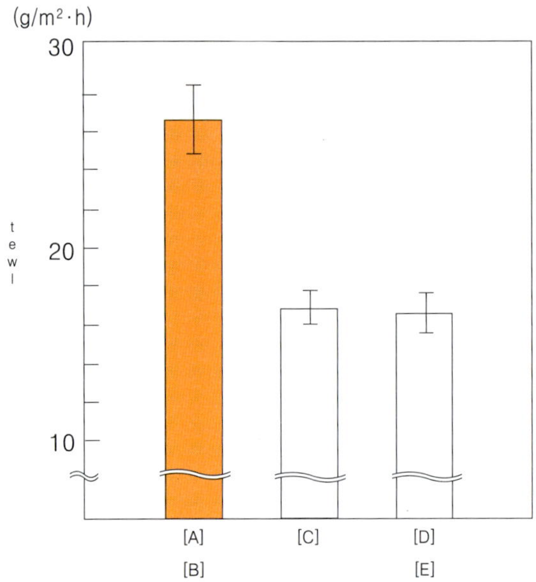

그림 8-21. 피부표면의 거친 정도와 경피수분손실과의 상관성

④ 피부의 불완전 각화(incomplete keratinization)

정상적인 각화과정을 통하여 생성된 각질세포에는 핵이 존재하지 않는다. 그러나 염증 등의 원인으로 표피의 증식이 현저하게 높아지고, 각화 속도도 비정상적으로 빨라져서 핵이 존재하는 상태로 불완전한 각질세포가 생성되는 경우가 있다. 이러한 각화과정을 피부의 불완전 각화(incomplete keratinization)라 한다.

건강한 사람의 얼굴과 두피에는 종종 유핵세포의 집괴가 반점 상으로 나타나는 경우가 있다. 얼굴의 경우에는 피부가 거칠어지고, 두피의 경우에는 비듬이 나타나는 원인이 된다. 접착테이프를 이용하여 표피의 각질층을 제거(skin surface biopsy, SSB)하여 조직염색을 통해 핵의 유무를 관찰할 수 있다.

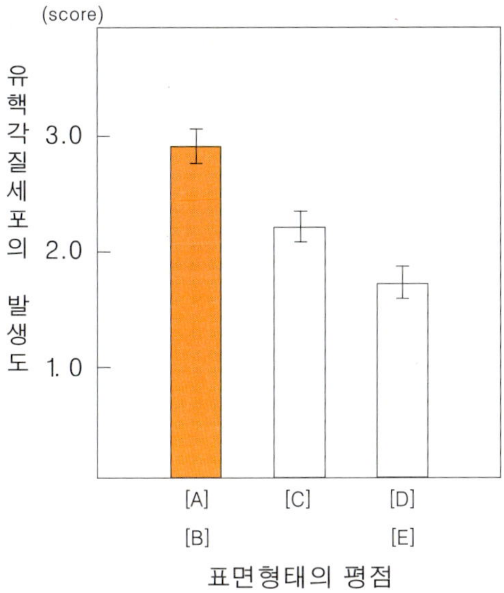

그림 8-22. 유핵각질세포의 발생도

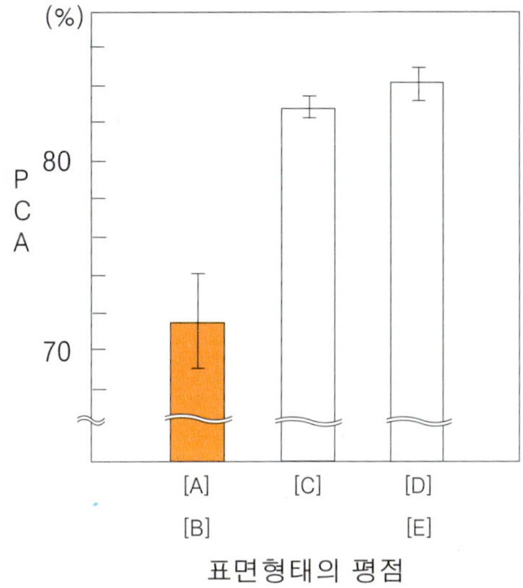

그림 8-23. 각질층의 PCA 함량

또한 피부 표면의 각화 상태와 관련된 턴오버(turn over) 속도와 각질세포의 면적 그리고 각질층 내의 글루타민으로부터의 피롤리돈 카르복실산으로의 대사 등 아미노산의 대사의 정도 등도 각화와 관련된 피부상태를 파악 할 수 있는 지표가 된다. 그림 8-6에서 보여준 볼 부위의 피부표면의 거친 정도에 따라서 그림 8-22와 같이 각질층의 유핵각질세포의 발생도가 높게 나타나고 아름다운 피부의 경우 유핵각질세포의 발생도가 낮게 나타나고 있다.

각질층에 존재하는 천연보습인자(NMF) 중 하나인 피롤리돈카르복실산(pyrolidone carboxylic acid, PCA)의 함량은 피부의 상태와 밀접한 관련이 있다. 그림 8-6에서 보여준 볼 부위의 피부표면의 거친 정도에 따라서 나타낸 그림 8-23과 같이 거친 피부의 경우 각질층의 피롤리돈카르복실산(pyrolidone carboxylic acid, PCA)의 함량은 낮게 나타나고 아름다운 피부의 경우는 높게 나타나고 있다.

③ 피부의 pH

건강한 피부는 피부 보호막이 잘 유지되고 보습정도나 청결정도가 최적의 상태이다. 일반적으로 사람의 피부는 pH 4.5~6.5 정도의 약산성 막으로 코팅되어 있을 때 외부의 균으로부터 안전하게 보호해주고 가장 좋은 피부의 상태이다. 즉 피부의 약산성은 피부 장벽기능의 항상성 유지에 매우 중요하다. 그러나 환경오염 및 먼지 그리고 메이크업 등에 의해 피부의 pH는 약산성을 유지하기가 어렵게 된다.

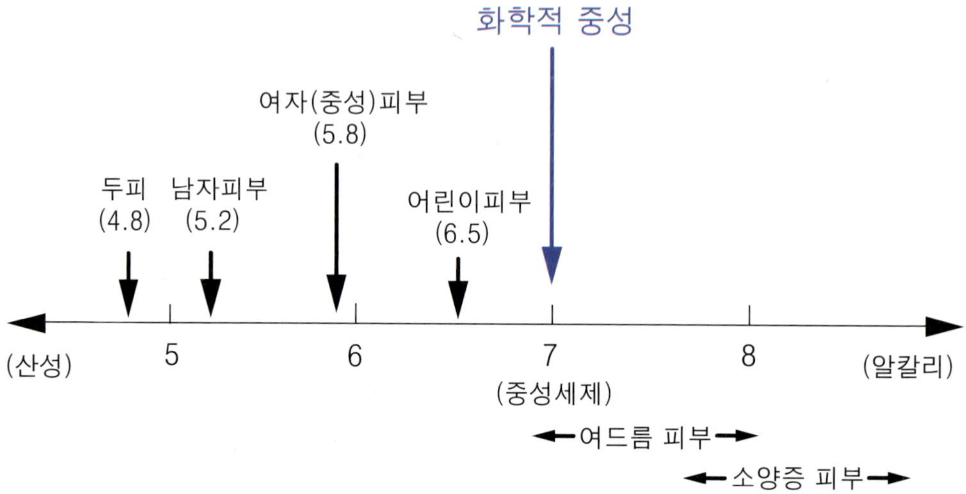

그림 8-24. 피부 유형에 따른 pH

표 8-4. 사람의 피부와 pH와의 상관성

pH 지수	<3.5 3.8 4.0 4.3 4.5	5.0 5.3 5.5 5.7 5.9	6.2 6.5 >6.5
여성	산성	정상	알칼리성
남성	산성	정상	알칼리성

* 측정조건 : 항온항습(20~25℃, 상대습도 40~60%)조건에서 측정

또한 피부의 여러 가지 노폐물과 피지를 제거하기 위하여 사용하는 대부분의 비누나 폼클렌징 등의 세안료는 알칼리성이기 때문에 pH 벨런스를 파괴하게 된다. 이러한 피부의 알칼리화는 피부장벽기능의 악화와 관련되며, 인위적으로 유발된 접촉피부염이 피부 알칼리화에 의해 악화된다. 피부장벽손상 후 회복에 있어서 피부의 약산성은 정상적인 피부회복과정을 보이지만 중성 또는 알칼리성에서는 피부장벽의 회복이 지연된다.

Skin-pH-meter는 피부의 pH를 측정하는 기기이며 완충액이 채워진 원통형 초자봉을 피부에 접촉시켜 피부의 pH를 쉽게 측정할 수 있다. 세정제의 사용 혹은 화상수포 그리고 피부염증 등 병적인 피부손상에 따른 피부표면의 산도 변화를 실시간으로 측정할 수 있다.

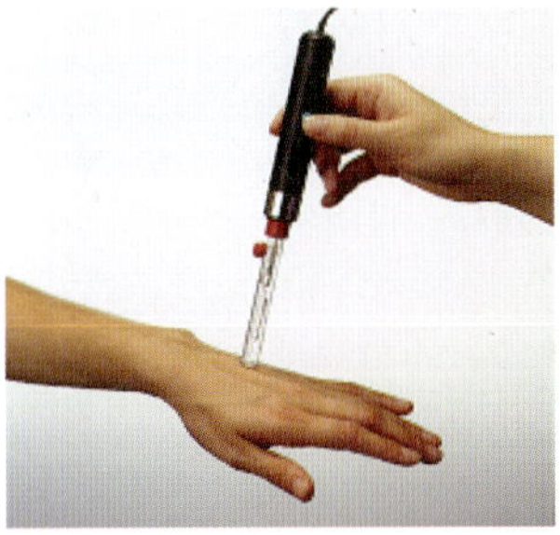

그림 8-25. Skin-pH meter를 이용한 피부의 pH 측정

Skin-pH meter(Courage+Khazaka, Germany)를 이용하여 경피수분손실을 측정한 결과와 피부상태를 표 8-4에 나타내었다.

성인 여성의 정상피부는 pH 5.0~5.9 정도의 영역이고 성인 남성의 정상피부는 pH 4.5~5.9 정도의 영역을 나타낸다.

⑥ 피부 표면의 피지(sebum) 함량

피부표면의 지질은 크게 피지선과 각질형성세포 등에서 유래한 지질과 외부 환경 및 화장품 등에서 유래한 지질로 구분할 수 있다. 표피 표면 지질 중 왁스에스테르(wax ester), 스쿠알렌(squalene), 중성지질과 콜레스테롤 등은 피지선에서 분비되며, 리파아제 등에 의하여 자유지방산, 모노글리세리드(monoglyceride), 디글리세리드(diglyceride) 등도 함께 존재한다.

피지선은 인체 피부의 거의 전 부분에 분포되어 있다. 특히 머리, 이마, 얼굴의 중앙 부위 이외에 가슴 부위에 많이 존재한다. 피지의 분비는 피지세포의 분해에 의하여 일어난다. 피지 분비는 안드로겐과 같은 남성호르몬의 영향을 크게 받으며 사춘기를 거치면서 피지 분비가 많아진다.

Sebumeter는 특수한 반투명 지질 흡수 테이프를 피부에 접촉시켜 피부에 흡착된 피지량을 광학적 반사 원리(photometric reflection)에 의하여 피부 표면의 피지량을 측정하는 기기이며 단위면적당 피지량(㎍/㎠)으로 나타내어진다.

이와 같은 측정치는 재현성이 높으며 수분을 제외한 피지의 함량만을 짧은 시간 내에 쉽게 측정할 수 있다. 특히 기초대사활동에 영향을 받기 때문에 측정 조건 즉, 측정 시간, 측정 간격, 세안 등의 피지 제거 전처리 과정을 고려하여야 한다.

Sebumeter(Courage+Khazaka, Germany)를 이용하여 신체의 부위별 피지 함량을 측정한 결과와 피부상태를 표 8-5에 나타내었다.

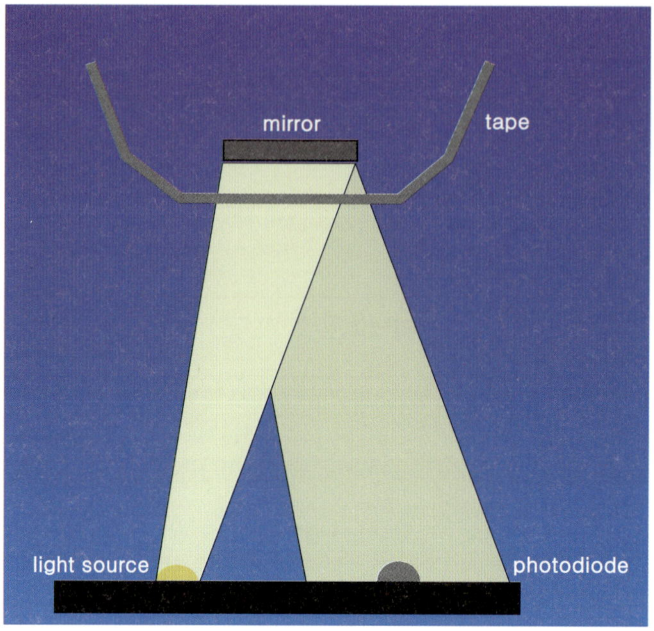

그림 8-26. Sebumeter 광학적 반사 원리(photometric reflection)의 모식도

표 8-5. 신체 부위별 피부 표면의 피지 함량((㎍/㎠)

신체부위 피부상태	이마, T-존, 두피	뺨, 눈꺼풀, 관자놀이	등, 입주위, 목	모발
피지 부족	〈 70	〈 50	〈 40	〈 30
정상	70~150	50~125	40~90	30~70
피지 과다	〉150	〉125	〉90	〉70

* 측정조건 : 항온항습(20~25℃, 상대습도 40~60%) 조건에서 측정

⑦ 멜라닌 측정

피부의 색깔을 결정하는 가장 큰 인자는 멜라닌 색소이다. 색소가 많고 적음에 따라 흑인종, 황인종 그리고 백인종으로 결정되며 같은 인종이라 하더라도 피부의 색깔은 각양각색이다. 멜라닌 색소의 주된 역할은 피부를 보호하기 위한 것으로 피부에 유해한 영향을 미치는 자외선을 흡수하여 피부로의 침투를 차단시켜 준다.

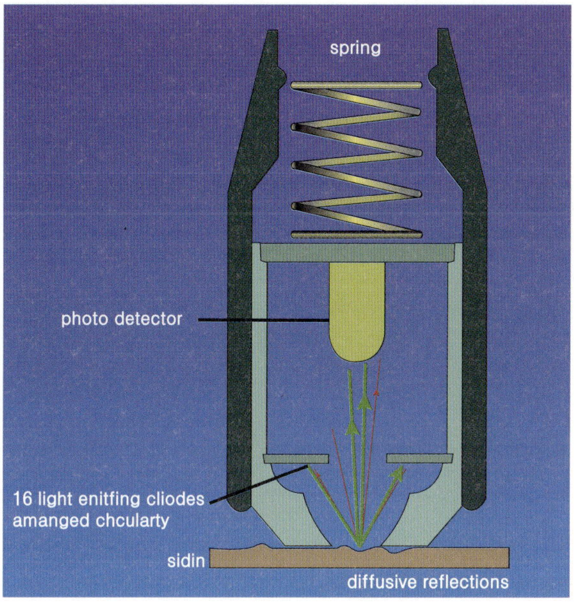

그림 8-27. Mexameter 탐침의 모식도

그러나 유전적인 요인에 의한 멜라닌 색소의 양과 멜라닌 합성과정에서의 이상현상 그리고 피부의 심각한 손상을 입는 경우가 있다. 이러한 이유로 인하여 다른 인종에 비하여 멜라닌 색소가 적은 백인의 경우에는 피부암의 발생 빈도가 많고, 황인종의 경우에는 기미, 주근깨, 노화반점 등이 미용상 큰 문제점으로 나타나고 있다.

Mexameter는 멜라닌과 혈색소에 대응하는 3종의 파장대를 갖는 광원 16개를 원형으로 배열한 탐침(probe)을 피부에 접촉시켜 반사되는 빛의 흡수와 반사장치(narrow-band reflectance spectrophotometric measurement)를 이용하여 홍반과 멜라닌을 측정하는 기기이다.

특히 피부 반사 색조의 측정 과정에서 불필요하게 과다한 압력을 주어 생기는 측정오차를 최소화하기 위하여 센서 머리부위(head)에 별도의 탄성스프링이 내장되어 있어서 피부 접촉간격과 압력이 일정하게 유지되는 기기이다. 측정결과는 피부에 센서를 접촉한 후 1초 이내에 멜라닌과 홍반 지수(index)로 표시된다(표 8-6).

⑧ 피부탄력측정

피부는 외부의 물리적 압력이나 인장에 의하여 복원하려는 물리적 특성을 가지고 있다. 피부가 건조하거나 노화되면 복원되는 물리적 성질이 약화된다. 피부의 탄력은 여러

표 8-6. 인종별 평균 멜라닌 지수

Photo Type	피부유형	평균 멜라닌 함량
I	켈트인(백인) 피부유형	0~49
II	코카시안의 피부유형	50~99
III	유럽인 혼합 피부유형	100~149
IV	지중해 연안 피부유형	150~199
V	아시아인/인디언 피부유형	200~299
VI	흑인 피부유형	300~999

가지 요인의 의하여 나타나는 노화현상이다. 특히 피부의 노화에 있어서 각질층 내의 수분 함량의 감소와 피지 량의 변화는 매우 중요한 요인 중의 하나이다.

표피의 각질층 내의 수분과 피부 표면의 지질은 피부의 건조현상과 피부 보습력에 밀접한 관계를 갖고 있어서 여러 가지 피부의 상태와 피부 탄력도에 영향을 미친다. 또한 피부를 구성하고 있는 세포와 각각의 섬유조직 그리고 그 외의 기질에 의하여 피부의 탄력과 주름 등에 영향을 미친다.

이로써 나타나는 현상은 피부의 생리적 변화로 인한 형태학적 변화와 조직학적 변화 등이 유발된다. 예를 들면 교원 섬유는 교원질 사이에 가교 결합이 형성되면 경화되어 탄력성을 잃게 되고, 단백질의 분해효소에 의하여 분해가 될 때에도 탄력성을 잃게 된다.

이와 같은 피부탄력을 측정하는 기기는 각각 측정 방법에 따라 몇 가지 종류의 기기들이 있다. 그 중 흡입법(suction method)을 이용하는 기기는 피부표면에 작은 구멍을 가지고 있는 탐침(probe)을 수직으로 접촉시켜 피부를 흡입함으로써 피부가 변형되는 정도를 측정하여 피부탄력을 측정하는 기기로서 가장 일반적으로 사용되고 있다. 그림 8-28은 Cutometer MPA 580(Courage+Khazaka electronic GmbH, Cologe Germany)의 탄력 측정원리이다. 이와 같은 기기에 의하여 그림 8-29와 같은 결과를 나타낸다.

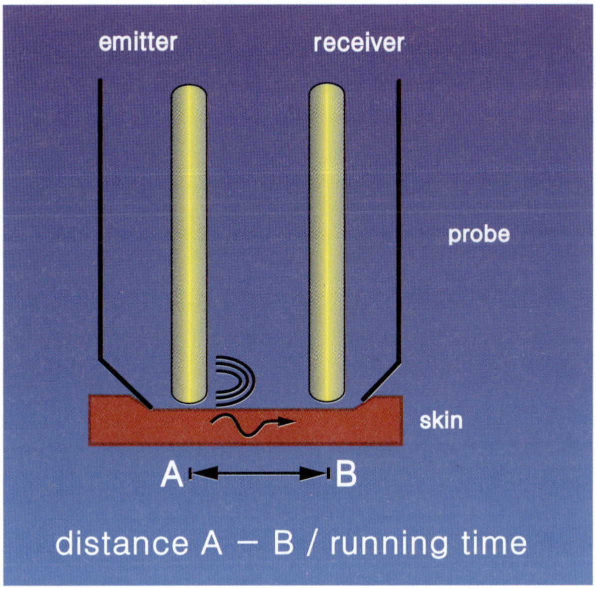

그림 8-28. Cutometer 탐침의 모식도

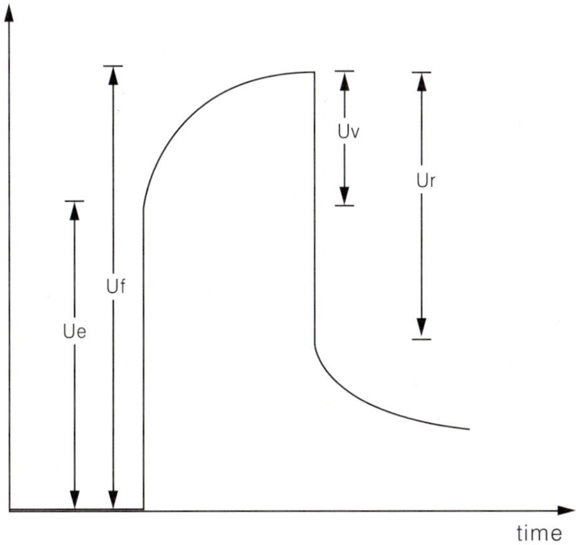

그림 8-29. The variable in Cutometer MPA 580.

· Ue : 피부를 흡입력으로 당겼을 때 바로 늘어나는 정도
· Uv : 피부의 점탄성에 의해 추가로 늘어나는 부분
· Ur : 피부를 당겼다가 놓았을 때 바로 원상태로 되돌아가는 정도
· Uf : Ue와 Uv를 합한 것으로 피부가 늘어날 수 있는 최대치이며, 흔히 신장력(distensibility, D)이라 함
· Uv/Ue : 피부의 점성
· Ur/Uf : 피부의 탄력성(피부의 두께와 무관한 지표)

9

피부 면역과 발진

Immunity & Eruption

1. 피부 면역(immunity)

1-1. 면역(immunity)에 대하여

생물이 생존해가면서 얻어지는 여러 가지 질병, 특히 감염성 질병으로부터 숙주를 보호하는 체계를 면역(immunity)이라 한다. 즉 사람의 경우 면역기능이 있어서 질병에 걸리지 않고 일상생활을 할 수 있다. 사람은 자기도 모르는 사이에 면역기능에 의하여 병원균이 침입할 수 없기도 하고, 일시적으로 질병이 생겼다가 곧 회복되기도 하며 질병에 대한 저항성을 얻기도 한다.

일반적으로 면역반응은 외부에서 우리 몸으로 들어오는 모든 물질에 대해서 나타난다. 그 중에서도 특히 미생물이 질병의 발생과 직접적 혹은 간접적으로 관련되어있기 때문에 이들에 대한 면역반응이 숙주의 경우는 매우 중요하다. 만일 우리 몸의 면역체계가 침입하는 미생물들을 효과적으로 제거하거나 억제하지 못하게 되면, 이들이 우리 몸에서 증식하여 질병을 일으킨다. 그러나 면역반응이 단지 미생물에 의해서만 일어나는 것은 아니고 면역반응은 여러 종류의 화학물질, 자신의 세포나 외부에서 이식된 세포에서도 나타날 수 있다.

면역은 질병으로부터 숙주를 보호하는 과정이다. 그러나 항상 면역반응이 숙주에게 유리한 측면에서만 나타나는 것은 아니다. 일반적으로 방어에 관여하는 요소들은 침입자를 제거하는 방법들을 갖추게 된다. 이와 같은 방법을 잘 사용하면 숙주를 보호하지만, 그렇지 않은 경우는 오히려 숙주를 해치게 될 수도 있다.

즉 미생물이 우리 몸에 침입하게 되면 이들을 제거하기 위하여 면역세포가 미생물이 있는 곳에 많이 모이게 되는 것을 염증반응(inflammation)이라 하는데, 염증반응은 이러한 대표적인 예 중의 하나이다. 염증반응에 의해서 생성되거나 활성화된 물질 혹은 세포가 미생물을 제거하기도 하지만 종종 이웃한 세포나 조직에 손상을 끼칠 수 있다. 실제로 많은 감염증들이 염증성 질환으로 나타나기도 하며 간염, 폐렴, 기관지염 등 각종 염증성 질환을 유도하기도 한다.

또한 알레르기(allergy)와 같은 과민반응(hypersensitivity)도 해로운 면역반응의 또 다른 예 중의 하나이다. 이와 같은 과민반응은 외부에서 들어온 물질이 일반적으로 해가 되지 않지만 경우에 따라서 민감하게 반응하여 나타나는 반응 중 하나이다.

자신의 세포나 조직에 대하여 면역반응이 일어나 질병이 발생하는 자가면역증(autoimmune disease)도 해로운 면역반응의 하나이며, 다른 사람의 장기에 대하여 면역반응이 일어나 장기이식을 어렵게 하는 조직이식 거부반응(transplantation rejection)도 좋지 않은 면역반응 중 하나이다.

1-2. 면역반응의 형태

면역은 그 특성에 따라 자연면역(natural immunity)과 획득면역(acquired immunity)으로 구분할 수 있다. 이들 두 가지 면역반응은 작용하는 방법과 시간이 서로 다르다. 그러나 서로 별개로 존재하는 것이 아니라 서로 잘 협동하여 침입한 항원으로부터 숙주를 효과적으로 보호한다.

1-2-1. 자연면역(natural immunity)

자연면역(natural immunity)은 항원과 관련 없는 면역, 즉 외부로부터 항원이 침입하기도 전에 이미 존재하고 있기 때문에 기존면역(innate immunity)이라고도 한다. 자연면역은 침입한 미생물들에 대하여 즉시 반응할 수 있어서 항원을 일차적으로 제거해주는 역할을 한다.

자연면역은 항원을 개별적으로 인식하지 않고 여러 항원이 공통적으로 가지고 있는 패턴(common pattern)을 인식한다. 따라서 하나의 자연면역요소가 많은 항원과 동시에 반응할 수 있다. 예를 들면 보체단백질은 많은 세균과 반응할 수 있다. 이는 보체가 세균들이 공통적으로 가지고 있는 세포표면의 다당체와 반응하기 때문이다.

이와 같이 자연면역은 그 반응 특이성을 없애거나 낮춤으로서 다양한 종류의 항원과 반응할 수 있다. 즉 자연면역은 항원의 침입과는 상관없이 언제나 활성을 가지고 항원의 침입에 대응할 수 있다.

신체에 있는 여러 가지 일차적인 방어기구들이 자연면역에 속한다. 우선 피부는 미생물이나 다른 이물질들이 외부로부터 침투하는 것을 막아주는 중요한 역할을 한다. 피부에 상처가 생겼을 때에는 몸 밖으로부터 감염의 가능성이 커지게 되며, 심한 화상의 경우는 아주 심각한 문제가 발생할 수도 있다.

인체의 내부 장기들 중 외부의 물질과 직접적으로 접촉할 수 있는 호흡기, 소화기, 생식기 등에는 자연면역체계가 잘 발달되어 있다. 이들 기관에는 점막조직이 발달되어 있어서 침입한 미생물이 정착하기 어렵게 하며, 미생물을 죽이거나 밖으로 강제적으로 배출해내는 기능을 가지고 있다. 사람이 기침을 하고, 배설을 하는 작용들도 신체의 침입자를 내보내는 하나의 과정이다.

또한 눈물에 존재하는 라이소자임(lysozyme)은 세균을 분해하여 멸균시키고 위에서 분비되는 염산은 음식물 중에 들어있는 미생물을 파괴한다. 이러한 물리화학적인 장벽 외에도 많은 종류의 세포나 단백질들이 미생물의 침입을 막아주는 자연면역에 관여하고 있다.

자연면역에서 중요한 역할을 하는 세포는 침입한 미생물을 잡아먹고 분해하는 대식세포(macrophage)와 호중구(neutrophil)가 있다. 또한 자연살해세포(natural killer cell, NK cell)는 정상세포에는 영향을 미치지 않지만 바이러스에 감염된 세포나 암세포를 선택적으로 파괴하는 중요한 기능을 가지고 있다. 이들 세포들은 미생물이 들어오면 미생물의 종류에 상관없이 그들을 제거하는 등 자연면역의 특성을 가지고 있다.

자연면역반응에 관여하는 단백질로는 보체(complement proteins)와 사이토카인(cytokines)이 있다. 보체는 미생물이 침입하면 활성화되어 침투한 미생물을 파괴하는 단백질이다. 사이토카인은 면역세포가 생산하여 면역세포의 작용을 조절하는 단백질이다. 인터페론(interferon)이나 암괴사인자(tumor necrosis factor) 등과 같은 사이토카인은 각각 바이러스의 성장을 억제하거나 암세포를 파괴하는 중요한 역할을 한다.

이들 보체나 사이토카인도 자연면역반응의 다른 요소들처럼 항원을 특이적으로 구별할 수 없다. 따라서 그 작용이 항원 특이적이지는 않지만 침입한 미생물이나 종양세포들을 일찍 감지하여 파괴하는 중요한 기능을 한다.

1-2-2. 획득면역(acquired immunity)

획득면역(acquired immunity)은 특정 항원에 대응하기 위하여 얻어지는 반응이며 반응이 그 특정 항원에 대해서만 나타나기 때문에 특이적 면역(specific immunity)이라고도 한다.

획득면역 반응은 항원에 의하여 유도되는 시간이 필요하기 때문에 자연면역보다 항원과의 반응이 느리다. 즉 획득면역은 자연면역반응에 의하여 항원들이 완전히 제거되지 않았을 때 일어나는 이차적인 방어체계이다. 비록 획득면역반응이 자연면역보다 느리게 나타나기는 하지만 자연면역과는 다른 여러 가지 성질로 인하여 우리 몸의 건강에 있어서 중요한 면역반응이다.

일반적으로 면역이라고 하는 것은 획득면역을 말한다. 획득면역반응은 자연면역반응과는 달리 항원을 각각 다르게 구분할 수 있는 능력이 있다. 획득면역은 특정한 항원에 대해서만 반응을 나타낸다. 또한 획득면역은 기억 능력이 있기 때문에 동일한 항원이 다시 침입하였을 때에는 처음 보다 더 빠르게 반응한다. 자주 침입하는 항원에 대하여는 자연면역보다 더 효과적으로 항원을 제거할 수 있다. 이러한 획득면역반응은 항원이 사라지면 항원과 동시에 없어진다.

획득면역반응은 B 림프구(B lymphocytes)와 T 림프구(T lymphocytes)에 의하여 나타나는 면역반응이며, 항원 특이적인 반응이다. B 림프구와 T 림프구의 표면에는 특정한 항원과 특이적으로 반응하는 항원수용체(antigen receptor)가 있기 때문에 각각의 림프구는 각각 서로 다른 항원을 특이적으로 인식할 수 있다.

획득면역반응은 림프구와 같은 세포에 의해서도 나타나지만 항체 (antibody)라는 단백질에 의해서도 수행된다. 항체는 원래 B 림프구 세포표면에 있던 항원수용체가 항원의 자극에 의하여 B 림프구 밖으로 분비되어 혈액이나 조직 내에 존재한 단백질이다.

혈액에 분비된 항체는 항원과 특이적으로 반응하여 항원을 제거한다. 특정한 항원이 T 림프구(T lymphocytes)나 B 림프구(B lymphocytes)의 세포표면에 있는 특정한 항원수용체와 결합하기 때문에 신체에 어떠한 항원이 침입하였는지 알 수 있다.

즉 우리 몸에는 항원특이성이 매우 다양하기 때문에 어떠한 항원이 침입하더라도 그 항원을 인식할 수 있다. 그러나 하나의 림프구에 다양한 종류의 특이성이 존재하는 것이 아니라 각각의 림프구 표면에는 특정한 한 가지 특이성의 항원수용체 만이 존재한다.

따라서 각각의 림프구 세포에는 각각 서로 다른 특이성의 항원수용체가 존재하기 때문에 림프구는 그 성질이 비슷할지라도 항원특이성이라는 측면에서 보면 결코 같지 않은 다른 세포로 존재한다. 이를 림프구 클론(lymphocyte clones)이라 한다. 그러나 우리 몸에는 서로 다른 한 가지 항원특이성을 가진 림프구의 수가 많이 존재하기 때문에 어떠한 항원이 침입하더라도 각각의 항원과 반응할 수 있다.

림프구(lymphocytes)에는 두 가지 종류의 항원수용체가 있다. 즉 B 림프구에는 면역글로블린(immunoglobulin, Ig)이라는 항원수용체가 있고, T 림프구에는 T 세포 수용체(T cell receptor, TCR)라고 하는 항원수용체가 있다. B 림프구의 항원수용체, 즉 면역글로블린이 B 림프구에서 배출되어 혈액에 있는 상태를 항체(antibody)라 한다.

T 세포 수용체(T cell receptor, TCR)는 항체의 경우와는 달리 세포표면에서 떨어져 나가서 작용하지 않고 항상 T 림프구의 표면에 존재하기 때문에 혈액 중에는 TCR 단백질이 없다. 면역글로블린이나 T 세포 수용체(T cell receptor, TCR)가 항원을 특이적으로 인식할 수 있는 이유는 이들 수용체와 항원의 상호작용이 서로 열쇠와 자물쇠처럼 서로 상보적(complementary)이기 때문이다.

림프구의 항원수용체와 항원이 서로 결합하고 적절한 조건이 주어지면 림프구의 수가 증가되고 새로운 기능을 획득하게 된다. 이러한 단계를 활성화단계(activation phase)라 한다. 이 과정을 통하여 특정한 항원과 작용할 수 있는 림프구 클론의 수가 늘어나고, 그 기능도 향상되기 때문에 획득면역반응은 보다 효과적으로 항원을 제거할 수 있다.

이 과정을 거치는 동안 B 림프구는 형질세포(plasma cell)로 분화되어 다량의 항체를 세포 밖으로 분비한다. T 림프구는 활성화되면 면역반응을 조절하는 여러 가지의 T 림프구로 변화되며, 다양한 형태의 면역반응이 나타난다.

림프구들이 항원을 인식하고 활성화되면, 최종적으로 항원제거를 위한 면역반응이 일어나는데 이러한 단계를 효과단계(effector phase)라 한다. 이 과정에도 면역세포와 단백질이 관여하는데 이들을 각각 효과세포(effector cells) 또는 효과단백질(effector proteins)이라 한다.

예를 들면 B 림프구는 활성화되면 형질세포로 전환되어 항체를 체액이나 혈액 중으로 방출하게 되는데, 이 경우 형질세포는 항체를 만드는 효과세포이다. 또한 형질세포가 만들어낸 항체는 항원과 결합하여 직접 항원을 무력화시키거나 제거되도록 하기 때문에 항체는 효과단백질이다.

항원에 의하여 활성화된 T 림프구들 중 일부는 도와주는 T 림프구(조력 T cell, helper T cell)로 변하게 되어, B 림프구를 도와 항체가 만들어지게도 할 수 있으며, 다른 면역세포와 작용하여 여러 종류의 면역반응이 유도되도록 작용한다.

비록 대식세포, 호중구, 보체, 사이토카인(cytokine) 등이 주로 자연면역에서 그 역할을 하지만, 이들은 종종 획득면역에서도 중요한 기능을 가지고 있다. 예를 들어 식균세포나 세포살해와 같은 기능은 항체에 의하여 그 작용이 크게 증가되기도 하고, 보체의 작용도 항체에 의하여 영향을 받을 수도 있다.

또한 여러 가지 사이토카인이 T 림프구와 같은 획득면역세포에 의하여 만들어지기도 하며, 그들 세포의 작용을 조절하기도 하기 때문에 자연면역과 획득면역은 동시에 일어나는 면역반응이다.

표 9-1. 자연면역과 획득면역의 요소

구 분	자연면역	획득면역
물리, 화학적 장애	피부, 점막, 털	피부 점막 면역계
단백질	보 체	항 체
세 포	식균세포, 자연살해세포	림프구
사이토카인	인터페론, 암괴사인자	인터루킨

1-3. 면역 구성 분자와 세포 그리고 조직

1-3-1. 항원(antigen)과 항체(antibody)

일반적으로 항원은 항체와 반응하는 물질로서 항체의 생산을 유도한다. 그러나 어떤 항원은 항체가 아닌 다른 종류의 면역반응과도 반응을 하기도 한다. 예를 들면 T 림프구와 반응하는 물질도 항원이라 한다.

단백질이나 지방, 핵산, 탄수화물 그리고 수많은 화학물질 등이 항원이 될 수 있으며, 이러한 모든 종류의 항원에 대하여 항체가 만들어질 수 있다. 그러나 모든 종류의 항원이 언제나 스스로 면역반응을 유도하는 것은 아니다. 일부의 항원은 항체와 결합할 수는 있지만, 그 항원 자체만 가지고는 스스로 항체 생산을 유도할 수가 없는 경우도 있다.

반대로 항체(antibody)는 항원과 반응하는 단백질이다. 주로 혈액에 존재하고 있으며 체액이나 조직에도 존재한다. 또한 조직 밖으로 분비되기도 한다. 항체는 원래 B 림프구의 표면에 존재하는 면역글로블린(immunoglobulin, Ig)이며, B 림프구에서 항원수용체의 기능을 하는 단백질이다. B 림프구 표면에 존재하는 면역글로블린이 항원의 자극으로 인하여 세포 밖으로 분비된 형태를 항체라 한다. B 림프구의 표면에 있는 면역글로블린은 B 림프구 클론마다 한 가지 종류만 가지고 있기 때문에, 특정한 항원에 의하여 일부의 B 림프구 클론들만이 선택적으로 활성화되어 항체가 만들어진다.

항체는 항원과 반응하여 항원의 작용을 무력화시켜 항원의 감염성이나 독성을 중화(neutralization)시킨다. B 림프구 표면의 항체들은 상황에 따라 IgG, IgM, IgA, IgD, IgE 등으로 서로 그 급이 다르긴 하지만 그 항원 특이성이 같을 수 있다. 즉 항체의 급이 바뀌더라도 항원특이성은 변하지 않을 수 있다.

1) 면역글로블린 G(immunoglobulin G, IgG)

IgG는 혈액 중에 있는 항체 중에서 그 양이 가장 많은 항체로서 항원과 결합하여 그들의 작용을 중화(neutralization) 할 수 있다. 예를 들면 IgG는 독소나 감염원과 결합하여 그들의 작용을 중화하여 숙주를 보호한다. 항원과 결합된 IgG는 보체를 활성화할 수 있으며, 활성화된 보체에 의하여 항원이 제거되게 할 수 있다. 이러한 현상을 보체활성화라 한다.

또한 IgG 항체는 항원과 결합하여 그 항원이 식균세포에 의하여 더욱 잘 잡아먹히게 만들 수도 있는데 이를 식균작용증진(opsonization)이라 한다. 이는 대식세포나 호중구와 같은 식균 세포들이 세포 표면에 IgG에 대한 수용체(Fc receptor)를 가지고 있기 때문이다. IgG급 항체가 결합되어 있는 항원 세포는 자연살해세포에 의해 보다 쉽게 살해당하는 데, 이를 항체의존세포독성(antibody dependent cellular cytotoxicity, ADCC)이라 한다.

이러한 기능 이외에도 IgG급의 항체는 다른 항체와는 달리 태반을 통과하는 성질이 있고, 모유를 통하여 아이에게 전달될 수 있기 때문에 태아와 신생아의 보호에 매우 중요하다.

IgM 항체는 항원이 숙주에 처음으로 들어왔을 때 많이 만들어지는 항체이다. IgG와 마찬가지로 중화작용 (neutralization), 보체의 활성화, 식균작용증진(opsonization)과 같은 기능을 수행을 한다. 그러나 IgM 항체는 분자량이 크고, IgG와는 다른 Fc region의 구조를 가지고 있기 때문에 신생아 면역에는 크게 역할을 하지 못한다.

2) 면역글로불린 A(immunoglobulin A, IgA)

IgA 항체는 우리 몸의 조직 밖으로 특히 장이나 호흡기 점막 밖으로 배출되어 작용하는 항체이다. 이를 배출되는 항체(secretory antibody)라 한다. 이와 같은 항체는 우리 몸 중에서 외부와 직접적으로 접촉할 수 있는 호흡계, 소화계, 생식계 등의 점막조직에 존재하며 그곳에서 항원의 작용을 중화할 수 있기 때문에 각종 감염증에서 매우 중요한 역할을 한다.

또한 IgA는 호산구(eosinophil)에 작용하여 항체의존세포독성(antibody dependent cellular cytotoxicity, ADCC)을 유발할 수 있다. 따라서 IgA 항체가 결합된 기생충세포가 호산구에 의하여 잘 죽도록 만들 수 있기 때문에 기생충에 대한 면역 반응에 중요한 작용을 한다.

3) 면역글로불린 D(immunoglobulin D, IgD)

IgD는 성숙된 B 림프구에서만 존재하는 항체로서 혈액 중에는 아주 미량 존재하며, B cell의 성장분화에 관여한다.

4) 면역글로불린 E(immunoglobulin E, IgE)

IgE 항체는 급성과민반응(immediate type hypersensitivity)을 유도하는 항체로서 알레르기(allergy)를 유도하는 항체이다. IgE 항체는 B 림프구에 의하여 만들어진 후 비만세포(mast cell)나 호염구(basophil)에 있는 IgE에 대한 수용체(Fc receptor)에 의하여 이들 세포 표면에 결합된다.

이들 세포에 결합된 IgE 항체는 마치 이들 세포에서 항원수용체와 같은 역할을 한다. 따라서 이들 세포가 항원에 의하여 활성화되도록 함으로서 이들 세포가 만들어낸 각종 생리활성 물질에 의하여 알레르기 반응이 나타나게 된다. 또한 IgE 항체는 호산구(eosinophil)에 작용하여 항체의존성 세포독성(ADCC)을 유발하여 기생충에 대한 면역작용을 한다.

1-3-2. 사이토카인(cytokine)과 보체(complement)

면역반응이 적절하게 일어나기 위해서는 세포와 세포사이의 직접적인 혹은 간접적인 상호작용이 있어야 한다. 즉 면역세포의 상호작용에는 한 세포 표면에 있는 수용체와 다른 세포 표면에 있는 수용체간의 직접적인 결합을 통한 세포간의 연락이 중요한 수단이 된다.

면역반응에서의 세포 상호작용은 이와 같이 수용체간의 직접적인 접촉에 의하여 나타나기도 하지만, 종종 이러한 직접적인 상호작용과 더불어 세포가 분비한 단백질에 의하여 나타나는 경우도 많다.

이들 단백질들은 특정한 세포에 의해 만들어지고 그 세포 밖으로 분비되며, 다시 자신이나 이웃한 세포 또는 먼 곳에 있는 세포에 작용한다. 이러한 단백질들은 작용한 세포의 증식과 분화를 유도하기도 하고 기능과 활성의 변화를 유도하기 때문에 사이토카인(cytokine)이라 한다.

사이토카인은 여러 가지 면역세포에 의하여 생성되며, 여러 가지 면역세포의 활성화(activation), 성장(growth), 분화(differentiation) 등에 영향을 미친다. 사이토카인은 자연면역과 획득면역 반응에 관여할 뿐 아니라, 면역세포의 성숙과정에서도 중요한 작용을 한다. 사이토카인 중에서 림프구가 만들어 다른 림프구의 작용을 조절하는 것을 림포카인(lymphokine) 또는 인터루킨(interleukin, IL)이라고 한다.

림포카인(lymphokine)은 대식세포로부터의 표시를 인식한 헬퍼 T 세포로 활성화되어 더 많이 증식되면서 인터루킨, 인터페론(interpherone) 등과 같은 면역세포를 활성화시키는 물질을 생산한다. 이런 활성화 물질이 림포카인이며, 약 50종류 정도가 알려져 있다. 인터페론은 각가지의 면역세포를 활성화시킬 뿐만 아니라 자기 자신이 암세포나 바이러스를 공격하는 힘도 가지고 있다.

보체(complement)는 혈액 중에 녹아 있는 단백질들로서 항체가 결합되어 미생물을 죽이는 단백질이다. 이를 항체의 기능을 보충해주는 단백질이라 하여 보체(complement)라 하였다. 보체는 활성이 없는 전구체 상태로 존재하는 여러 가지의 단백질이다. 이는 미생물의 어떤 구조인지에 따라 활성화되기도 하고 항원과 결합된 항체에 의해서도 활성화되어 항원을 제거하는 역할을 한다.

1-3-3. 면역세포

인체의 혈액은 적혈구, 백혈구, 혈소판, 액체성분인 혈장으로 구성되어 있다. 면역세포는 일반적으로 백혈구라는 세포이며, 혈액과 조직에 존재한다. 백혈구 속에는 면역세포, 즉 B 림프구, T 림프구, 대식세포(macrophage), 호산구, 호염구, 호중구 등 6가지 세포가 활동을 한다. 림프구(lymphocytes)는 면역반응을 결정짓는 가장 중요한 세포로서

B 림프구, T 림프구, 자연살해세포 등 세 가지 부류가 있다. 이들은 모두 골수(bone marrow)의 줄기세포(stem cell)로부터 분화 성숙되어 만들어지고, 일정 기간동안 활동한 후 없어지며 다시 만들어지는 세포들이다. B 림프구는 T 림프구가 림포카인을 분비하면 그 명령에 의하여 형질세포로 변하고 항체인 면역글로블린을 생산한다. T 림프구는 킬러 T 세포(killer T cell), 헬퍼 T 세포(helper T cell), 서프레서 T 세포(suppressor T cell)가 있으며, 항원의 정보를 인식하고 기억하며 항체 생산과 억제 명령을 한다. 즉 킬러 T 세포(killer T cell)는 대식세포가 표시해 놓은 항원을 직접 잡아먹게 되는데, 이때 세포성 면역이 일어난다. 헬퍼 T 세포(helper T cell)는 대식세포가 잡아먹지 못하고 표시해 놓은 항원을 B 림프구에 전달하여 항체를 생산하게 한다. 서프레서 T 세포(suppressor T cell)는 외부에서 침입한 항원-항체의 면역으로 전멸시키면 서프레서 T 세포가 면역 억제 물질을 방출하여 면역 활동을 중지시키는 역할을 한다. 자연살해세포(NK cell)는 자연면역반응에서 세포를 죽이는 역할을 수행하는 세포이다.

림프구를 도와 면역반응이 효과적으로 일어나도록 도와주는 모든 세포를 보조세포(accessory cells)라 한다. 이러한 보조세포는 단핵식균세포(mononuclear phagocytic cells)와 과립구(granulocytes) 등이 있다. 단핵식균세포는 자연면역반응에서 침입한 미생물을 식균작용으로 죽이는 기능을 하기 때문에 일차적인 방어체계를 형성한다. 즉 항원을 잡아먹으며, 항원 정보를 T-임파구에 전달하는 역할을 한다. 과립구(granulocytes)는 혈액에 존재하는 백혈구(leukocytes)로서 세포질에 많은 과립성 입자를 가지고 있다. 이러한 세포는 염색약에 염색되는 성질에 따라 호중구(neutrophil)나 호염구(basophil) 또는 호산구(eosinophil)로 구분된다. 호중구는 형태가 일정하지 않은 여러 개의 자루모양(multilobed)의 핵을 가지고 있어서 종종 다형핵 백혈구(polymorphonuclear leukocyte, PMN leukocyte)라고도 한다. 호중구는 알레르기 반응이 일어나면 모여서 항원과 항원 항체 복합물을 잡아먹는 대표적인 자연면역 세포이며, 전체 순환중인 백혈구의 약 60%를 차지한다. 호염구는 세포 표면에 친화력이 높은 면역글로블린 E(immunoglobulin E, IgE) 수용체를 가지고 있다. 또한 세포내의 과립에는 과산화효소(peroxidase), 헤파린(heparin), 히스타민(histamine) 등을 가지고 있는 과립들이 있어서 비만세포처럼 알레르기(allergy)반응을 유도할 수 있다. 호염구는 면역글로블린 E(IgE) 항체와 항체에 결합된 항원에 의해 활성화되어, 히스타민(histamine)등과 같은 여러 가지 매개물질들을 분비하여 알레르기(allergy) 반응에서 중요한 역할을 한다. 호산구는 에오신(eosin)과 같은 산성의 염색약에 잘 염색이 되는 염기성(basic) 과립을 가지고 있는 백혈구로서 기생충에 대한 면역반응이나 알레르기(allergy) 반응을 억제하는 작용을 한다.

그 외에 비만세포(mast cell), 수지상세포(dendritic cell), 혈소판(platelet) 등도 면역반응에서 중요한 역할을 하는 세포들이다. 비만세포는 피부, 결체조직, 점막조직 등 다양한 조직에 존재한다. 이들 세포는 호염구와 마찬가지로 세포질 내에 히스타민(histamine) 등과 같은 생리활성물질을 가지고 있는 과립(granule)이 많고, IgE 항체와 결합하는 성질이 있어서 알레르기 반응에서 중요한 역할을 한다. 수지상세포는 존재하는 조직에 따라 다른 형태와 기능을 가지고 있으며, 피부와 점막조직에 있는 수지상세포(dendritic cell)를 특별히 랑게르한스세포(Langerhans cell)라 한다.

1-4. 피부의 면역

피부는 신체의 최외각에서 주위의 환경, 즉 물리적, 화학적 그리고 생물학적 자극으로부터 인체를 보호하는 중요한 기관이다. 특히 각종 세균과 박테리아 등 미생물이 피부에 침입하지 못하도록 막아주는 1차적인 방어기구이다.

즉 대부분의 피부 표면은 건조하여 미생물에게 열악한 환경을 제공하고 있을 뿐만 아니라 20~25개의 층으로 구성된 각질층은 장벽기능을 하고 있음으로써 미생물의 침투는 거의 불가능하다.

그러나 피부의 상처나 화상으로 인하여 정상피부가 파괴될 경우에는 몸 밖으로부터 감염 가능성이 커지게 된다. 그 결과 피부에는 면역체계가 교란됨으로써 여러 가지 문제가 발생할 수 있다. 뿐만 아니라 피부에는 화학적 방어 능력을 가지고 있다. 피지선에서 분비되는 피지와 땀에 의하여 피부 표면에는 산성막을 구성함으로써 여러 가지 미생물에 대한 방어체계를 구축하고 있다.

따라서 피부는 전형적인 자연면역기관이라 할 수 있다. 또한 각질형성세포나 랑게르한스세포 그리고 비만세포 등 피부를 구성하고 있는 세포가 획득면역작용을 함으로써 전술한 자연면역작용과 더불어 인체의 중요한 면역반응을 하고 있다.

1-4-1. 각질형성세포

각질형성세포는 물리적인 방어 기능 이외에 면역학적 반응을 조절하는 다양한 생물학적 조절물질을 생성하고 분비하며 염증반응 및 면역반응을 한다. 각질형성세포는 사이토카인 분비의 보고라고 할 수 있을 정도로 약 30여 가지의 사이토카인을 분비한다.

사이토카인은 비교적 한 가지 기능을 수행하고 있는 것도 있으나 하나의 사이토카인이 여러 가지 기능을 가지고 있는 것도 있다. 또한 여러 가지 사이토카인이 한 가지의 기능을 가지고 있는 경우도 많으며, 사이토카인의 역할이 명확히 밝혀지지 않는 것도 많다.

피부에서 분비되는 몇 종류의 사이토카인에 대한 기능과 특징을 살펴보면 IL-1α는 B 세포와 T 세포를 자극하고 랑게르한스세포의 성장을 촉진시키며 일차 염증반응에 관여한다. 또 다른 사이토카인을 촉진하여 각질형성세포를 증식시키는 역할을 한다. IL-2, interferon-γ, TNF-β 등은 세포면역반응을 촉진시키는 사이토카인이다.

또한 IL-7, IL-15는 T 세포의 성장촉진인자이고, IL-6, IGF-1, IGF-2는 각질형성세포 성장촉진인자이며, 특히 IL-6은 그 이외에도 여러 기능을 수행하고 있다. 그리고 TGF-β, TNF-1α는 각질형성세포 억제인자이고, interferon-γ, TNF-β도 중요한 각질형성세포 억제인자이나 이들은 T 세포에서 주로 형성된다.

1-4-2. 랑게르한스세포(Langerhans cell)

랑게르한스세포는 표피세포의 2~8%를 차지하며, 유극층의 상부 내지는 과립층에 분포하고 있다. 랑게르한스세포는 외부의 항원을 면역담당세포인 림프구로 전달하는 항원전달세포이며, 림프구를 특정의 항원에 감작되게 하여 세포성 면역을 유발하게 한다. IL-1β, TNF-α는 상피에서 랑게르한스세포의 이동을 원활하게 하는 사이토카인이다.

1-4-3. 그 외의 세포

비만세포(mast cell)는 면역글로불린 E (IgE)에 대한 고친화(high affinity) 수용체를 가지고 있고, 히스타민 이외에도 다양한 사이토카인이 분비된다. 섬유세포(fibroblast)에서는 IL-6을 생산하고, 자외선에 의하여 증가된 대부분의 TNF-α는 섬유세포에서 분비된다. 진피수지상세포는 랑게르한스세포와 마찬가지로 항원전달기능을 가지고 있다.

1-5. 과민반응(hypersensitivity reactions)

면역반응 결과 유도된 면역반응의 작용기전(effector mechanism)은 항원을 제거하는 것이다. 이러한 면역반응의 작용기능들은 국소적인 염증반응 형태로 나타나 효과적으로 항원을 제거하고 없어진다. 그러나 이들 면역작용기들은 항원 비특이적이기 때문에 그 반응이 적절하게 나타나지 않으면 국소적인 또는 전신적인 정상조직의 손상을 일으킬 수 있고, 그 결과 질병을 유도하거나 심지어 사망까지 초래할 수 있다. 이와 같이 면역반응이 부적절하게 또는 과다하게 나타난 것을 과민반응(hypersensitivity reaction)이라 한다.

과민반응은 항체나 보체처럼 체액이나 혈액에 녹아있는 물질, 즉 세포와는 독립적으로 존재하는 단백질에 의하여 나타나는 체액성면역반응 결과 발생할 수도 있고, 자연살해세포의 경우처럼 세포가 직접 항원을 제거하는 세포매개성면역반응 결과 발생할 수도 있다.

세포매개성 면역반응은 문제가 있는 세포를 직접 파괴함으로서 항원과 함께 문제가 된 세포를 죽이는 방법으로, 주로 종양세포에 대한 면역반응이나 바이러스에 감염된 세포에 대한 면역반응에서 볼 수 있다.

반면에 체액성면역반응은 세포와는 독립적으로 항원과 반응함으로 세포와 연관되어 있지 않는 세균 등과 같은 항원에 대한 면역반응에서 볼 수 있다. 비록 체액성면역반응이 세포와는 독립적이긴 하지만, 항체를 만들기 위하여 여러 가지 세포들의 상호작용이 필요할 뿐 아니라, 항체와 반응한 항원을 제거하는 데에도 다른 면역세포가 관여하기 때문에 체액성 면역반응이 세포와는 완전히 독립되어 있는 것은 아니다.

과민반응은 Gell과 Coombs에 의하여 제Ⅰ형, 제Ⅱ형, 제Ⅲ형, 제Ⅳ형 즉 4가지 유형으로 분류된다. 제Ⅰ형, 제Ⅱ형, 제Ⅲ형은 체액성면역반응이고, 제Ⅳ형은 T 세포(T cell)에 의한 세포매개성 면역반응이다.

1-5-1. 제I형 과민반응(type I hypersensitivity)

제I형 과민반응(type I hypersensitivity)은 특정한 항원(allergen)에 대하여 특이적인 IgE급 항체가 비만세포(mast cell)나 호염구(basophil)에 결합되어 유도되는 반응이다. 항원(allergen)에 특이적인 IgE 항체가 만들어지면 이들 항체는 비만세포(mast cell)나 호염구 표면에 있는 수용체와 결합하게 된다. 여기에 항원(allergen)이 결합하게 되면 이들 세포가 활성화되어 여러 가지의 생리활성 물질이 분비되어 혈관확장, 혈관의 침투성의 증가, 평활근 수축, 염증반응 등과 같은 변화가 유도된다.

이러한 반응은 이들 세포가 만들어내는 매개물질의 종류와 양에 따라 국소적으로 또는 전신적으로 나타날 수 있다. 또한 이러한 반응은 항원이 들어온 지 한 시간 이내에 나타나기 때문에 급성과민반응(immediate hypersensitivity)이라고도 한다. 급성과민반응은 IgE에 의해 매개되므로 그 반응이 항원특이적으로 나타난다.

그러나 같은 항원(allergen)에 노출되더라도 사람에 따라서 반응이 나타나지 않을 수도 있고, 잘 나타날 수도 있기 때문에 이 반응을 특이체질반응이라는 뜻으로 아토피(atopy)라 한다. 이 반응은 보통 알레르기(allergy) 반응이라 한다.

이러한 제I형 과민반응(type I hypersensitivity)에 의해서 나타나는 아나팔락시스 쇼크와 같은 전신알레르기는 치명적인 상태로 발전할 수 있다. 그리고 코 점막과 호흡기의 수종과 더불어 기침과 재채기를 수반하는 알레르기성 비염(allergic rhinitis), 꽃가루, 먼지, 곤충, 바이러스 등에 의하여 유발되는 알레르기성 천식(allergic asthma)과 항원의 자극과는 관련 없는 본태성 천식(intrinsic asthma), 피부가 붉어지고 부종이 발생하는 피부알레르기(atopic dermatitis) 그리고 음식알레르기 등의 국소적인 질환이 있다.

1-5-2. 제II형 과민반응(type II hypersensitivity)

제II형 과민반응은 항체에 의해서 세포가 파괴된다. 이 반응의 대표적인 예는 수혈반응에서 볼 수 있으며, 생성된 IgG와 IgM 급의 항체가 항원과 반응하고, 보체활성화(complement mediated lysis) 등에 의한 세포 독성으로 세포가 사멸되거나 세포가 식균작용을 받는다. 이 과정은 자가항체(autiantibody)가 자신의 조직을 파괴하여 나타나는 것으로써 종종 자가면역질환(autoimmunity)의 질병발생과정이 되기도 한다.

제II형 과민반응에 의한 질환은 혈액형 차이에 의한 수혈 부적합, 용혈성 빈혈, 포진상 피부염, 홍반성 낭창 등이 있다.

1-5-3. 제III형 과민반응(type III hypersensitivity)

제III형 과민반응 (type III hypersensitivity)은 혈액이나 체액 내에 항원항체 복합체 즉 면역복합체 (immune complex)가 잘 제거되지 않고 잔류되어 유도되는 반응이다. 항원을 동물의 피부에 주사하면 국소적인 면역복합체의 형성이 나타나며, 결과적으로 그 곳에 과민반응이 유도된다. 이러한 반응을 arthus reaction이라하며 제III형 과민반응의 국소적인 모델이다.

이 반응에서 주사한 자리에 항원-항체 복합체가 형성되고, 보체활성화와 호중구의 유인으로 인하여 염증반응이 나타남으로써 부종과 발적 반응이 나타난다. 이러한 반응은 벌레에 물렸을 때에도 나타날 수 있으며, 곰팡이 포자들이 폐에 축적되어 나타나는 과민성 폐장염(Hypersensitivity pneumonitis)에서도 볼 수 있다. 그 외에 관절염(arthritis), 피부 발진, 혈관염, 발열 등이 나타날 수 있다.

1-5-4. 제IV형 과민반응(type IV hypersensitivity)

제IV형 과민반응(type IV hypersensitivity)은 일종의 세포매개성 면역반응으로 항원에 특이적인 T 세포(T cell)에 의하여 일어나는 반응이다.

이러한 과민반응은 결핵균이나 나병균과 같이 대식세포에 감염되는 세균질환(mycobacterial infections)이나 포름알데히드(formaldehyde), 니켈(nickel), 화장품, 염색약 등의 화학물질이나 천연물에 대한 접촉성 피부염 등에서 볼 수 있다.

이러한 반응에서 항원에 의해 활성화된 T 세포(T cell)는 대식세포를 활성화하고 모을 수 있는 사이토카인(cytokine)을 만들어내고, 이들에 의해 활성화된 대식세포가 항원을 제거하게 된다. 그러한 과정에 대식세포의 활성화와 대식세포로부터 분비된 각종 분해효소 등의 물질에 의하여 주변조직의 염증반응이 진행되어 질병으로 발전하게 된다.

2. 피부 발진(eruption)

신체의 내·외적 영향에 의하여 피부에서는 여러 가지 이상 현상들이 다양하게 발생하는데, 이러한 여러 가지 육안적 변화를 발진(eruption)이라 한다. 발진에는 피부 표면에 있는 것, 피부 표면에서 융기되어 있는 것, 피부 표면에서 함몰되어 있는 것 그리고 발진 위에 붙어 있는 것으로 분류할 수 있다. 이러한 발진은 피부 질환으로 분류되어 왔으며, 피부에 나타나는 증상과 증후를 바탕으로 피부질환을 진단하는데 이용되어 왔다.

피부발진의 주관적인 증상으로는 소양감(itching), 작열감(burning sensation), 타진통(tingling), 교벽증(biting), 의주감(formication), 동통(pain) 그리고 감각감퇴증(hypoesthesia) 등이 있다. 피부 증후는 피부질환의 초기상태를 원발진(primary lesion)이라 하며 이들이 계속적으로 진행하거나 외적 요인에 의하여 변화된 경우를 속발진(secondary lesion)이라 한다.

이와 같은 피부에서 나타나는 발진을 미용학적인 견지에서 충분히 읽힘으로써 피부미용 분야에서 다루어야할지 말아야할지 판단할 수 있는 능력을 갖추어야 한다. 뿐만 아니라 의학적인 측면에서 치료를 하여야 할 피부 질환인지를 잘 파악할 수 있어야 한다. 따라서 본 장에서는 피부의 증후에 관하여 설명하고자 한다.

2-1. 원발진(primary lesion)

2-1-1. 홍반(erythema)

홍반은 피부의 발적과 충혈을 의미하며, 표피 근처 말초혈관의 확장에 의하여 발생한다. 보통 일과성이며 손가락으로 압력을 가하면 일시적으로 색깔이 없어진다. 홍반은 내부 혹은 외부의 자극에 의하여 초기에 나타나는 흔한 피부 반응이다.

국한성 홍반은 크기가 다양하며 둥글거나 불규칙적인 모양을 가질 수 있고, 분홍색 혹은 적색으로 나타난다. 홍조는 정서적 변화와 열에 의하여 얼굴과 목에 발생되는 일과성이며 국한성인 홍반이다. 국한성 홍반은 마찰, 압력, 일광 등의 외부 요인에 의하여 발생할 수 있으며, 화학 약품, 야채 그리고 곤충 등 동물의 자극에 의해 발생할 수 도 있다. 국한성 홍반은 혈액 내에 순환하는 독소, 음식, 약제, 말초신경 손상, 정신적인 상태 그리고 혈관운동장애 등에 의해 발생할 수 있다.

전신성 홍반(generalized erythema)은 모양, 범위, 분포 등이 다양하지만 가슴, 대퇴, 얼굴에 뚜렷하게 나타난다. 이외의 여러 가지 원인에 의하여 다양한 홍반이 있다.

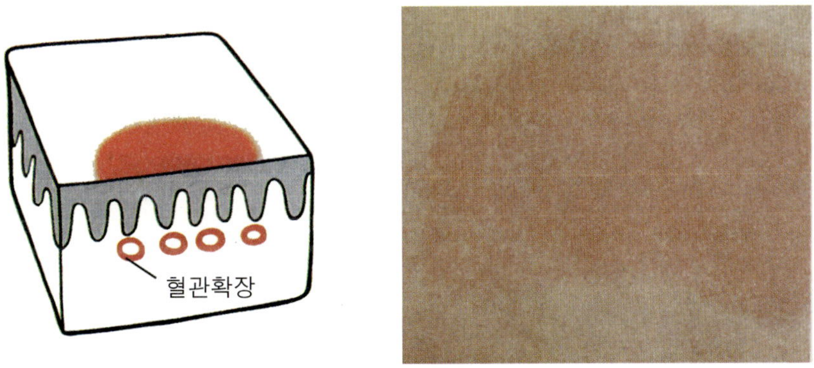

그림 9-1. 홍반(erythema)

2-1-2. 혈관확장(teleangiectasia)

혈관확장은 진피 상층의 모세혈관이 확장 및 연장되어 있는 상태이며, 말초혈관의 형태이상과 비염증성이다. 이러한 혈관확장으로 나타나는 피부의 색깔은 붉은색이며, 유리압에 의하여 쉽게 사라지고, 가려움이나 통증 등의 자각증상이 없다.

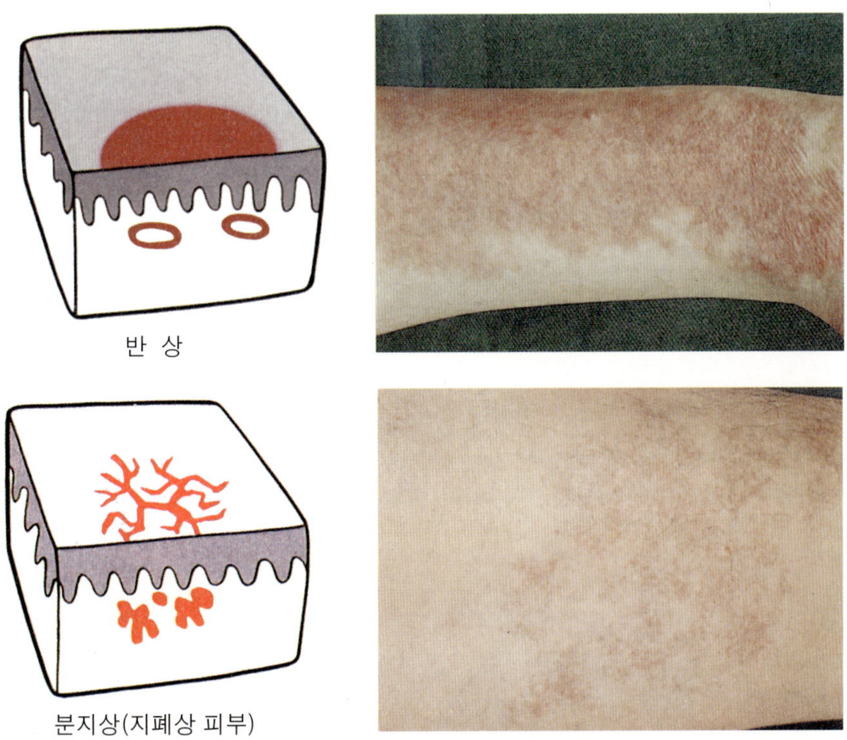

그림 9-2. 혈관확장(teleangiectasia)

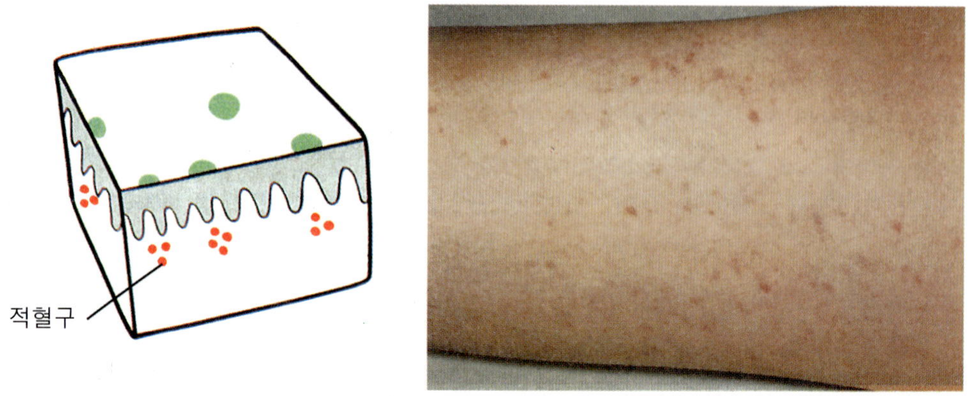

점상출혈

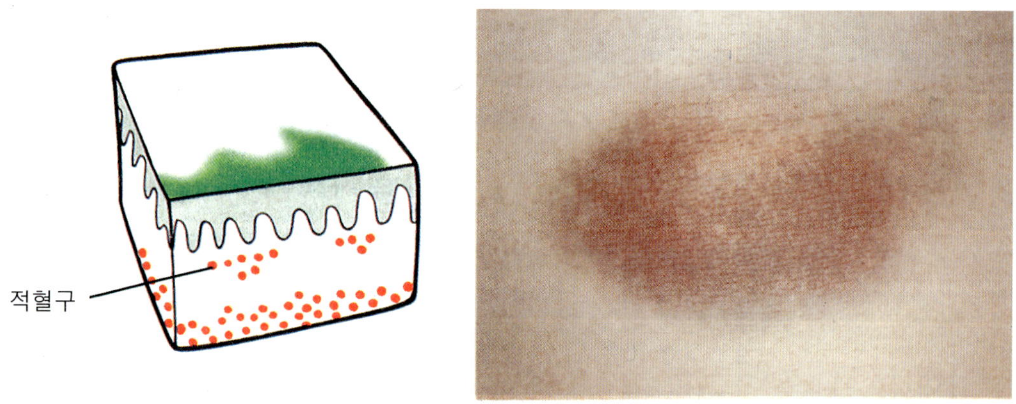

일혈반

그림 9-3. 자반(purpura)

2-1-3. 자반(purpura)

진피 또는 피하조직 내의 출혈을 자반이라 한다. 초기의 얕은 자반은 선홍색이고, 깊은 자반은 적자색이다. 자반은 시간이 경과함에 따라 갈색, 황색으로 변하여 색깔이 옅어진다. 홍반과는 달리 유리압에 의해 피부 색깔이 없어지지 않고 그대로 남아 있다.

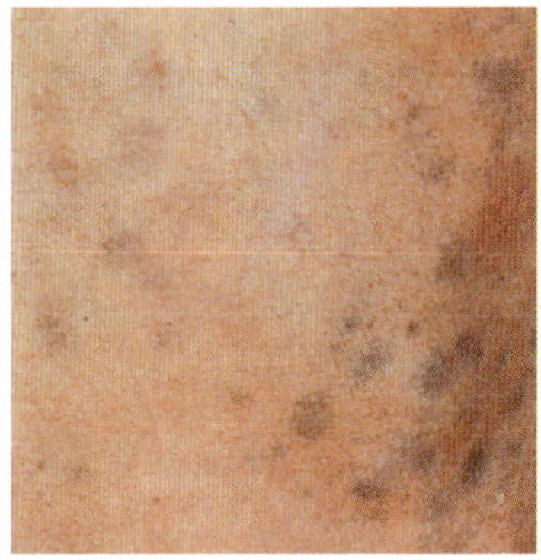

그림 9-4. 색소침착(pigmentation)

2-1-4. 색소반(pigment fleckle), 색소침착(pigmentation)

피부표면에 융기나 함몰이 없이 패부색의 변화가 있는 것으로 대개 원형이거나 타원형이고 경계는 명확하거나 색이 차차 흐려진다. 피부의 색깔은 주로 표피의 멜라닌생성세포(melanocyte)에 의하여 생성되는 멜라닌의 양과 분포, 헤로글로빈 그리고 피하조직의 카로틴(carotene)에 의해서 결정된다.

그 외에 각질층의 두께 및 성상, 혈류량, 세포간 접착상태와 진피의 색소과립 침착 등 여러 가지 요인에 의하여 영향을 받는다. 특히 피부색의 증강 및 미만성의 색소침착(pigmentation)과 국한성의 색소반(pigmented fleckle)으로 나눌 수 있다.

그러나 색소침착에 가장 중요한 것은 멜라닌 색소이다. 색소침착은 주로 내분비의 영향에 의한 전신성인 것과 염증 후의 색소침착과 같은 국소성의 자극에 의한 것이 있다. 일반적으로 전자는 미만성의 색소침착이고 후자는 색소반으로 된다.

색소반은 보통 편평하지만 멜라닌을 포함하는 세포의 증식이 있는 경우에는 청색모반이나 악성 흑색종처럼 부풀어 오르기도 한다.

2-1-5. 팽진(wheals)

팽진은 크기가 다양하고 일시적이며, 주로 액체 성분에 의한 피부의 평평한 융기이다. 대부분 타원형 또는 불규칙한 모양으로 나타난다. 피부 표면의 혈관 상태에 따라 정상에서 적색, 청적색 내지는 오히려 창백하게 보이는 것도 있다. 이들은 하나씩 떨어져 존재하거나 여러 개가 모여서 단단한 판(plaque)을 만들며, 수분 내에 생겨서 서서히 없어진다. 이때는 대부분 가려움증과 타진통을 동반한다.

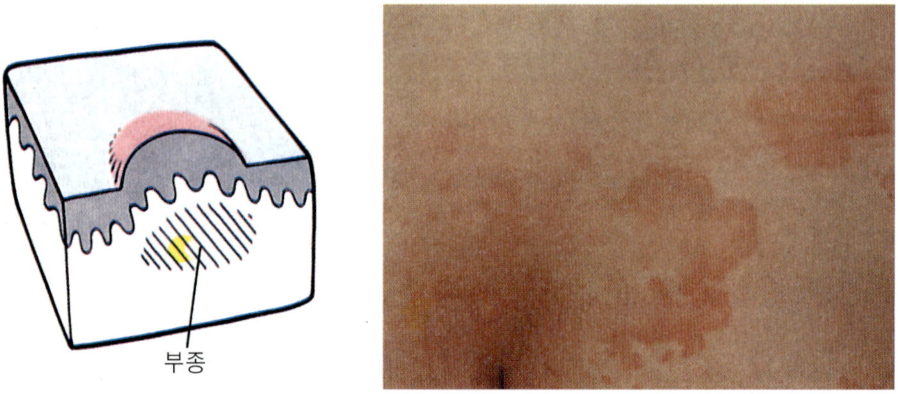

그림 9-5. 팽진(wheals)

2-1-6. 결절(nodules)

결절은 구진과 같은 형태이나 더 크고 단단하며 일반적으로 지속되는 경향이 있다. 구진과는 달리 진피나 피하지방층과 밀접한 관련이 있다.

결절의 표면은 요철이 불규칙하고, 결절의 종류에 따라 처음에는 평탄하지만 시간이 흐름에 따라 표피가 증식되고 최후에는 위축하는 것이 있다. 또한 소결절이 집합하여 큰 종류로 되는 결절도 있다.

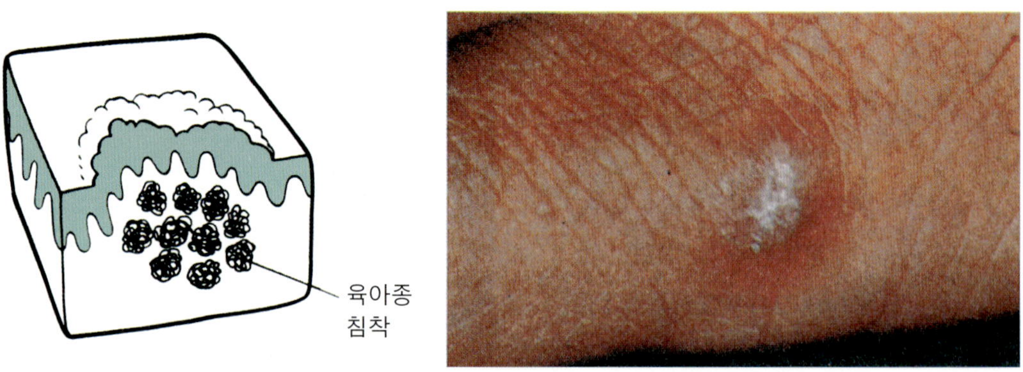

결절(육아종)

그림 9-6. 결절(nodules)

2-1-7. 구진(papules)

염증에 기초하는 세포성분의 증가에 의한 작은 융기를 구진이라 한다. 구진은 경계가 뚜렷하고 좁쌀 정도에서 직경이 1㎝ 미만까지이며, 끝은 뾰쪽하거나 둥글고 원추상이거나 편평형, 함몰형도 있다. 구진은 주로 피지선 주위나 한선, 모낭의 개구부에 생기고, 각질층 내에 존재한다.

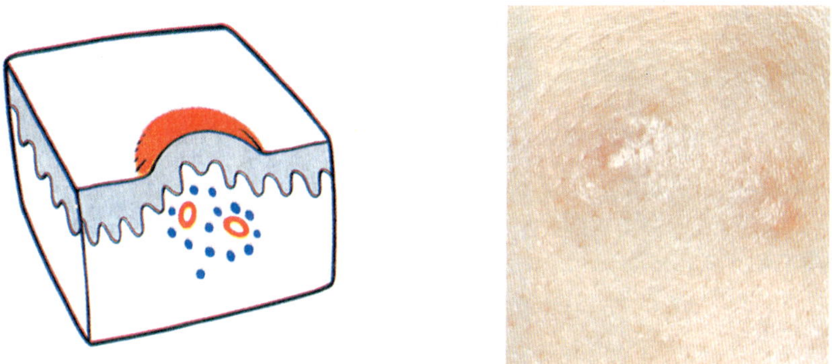

구 진

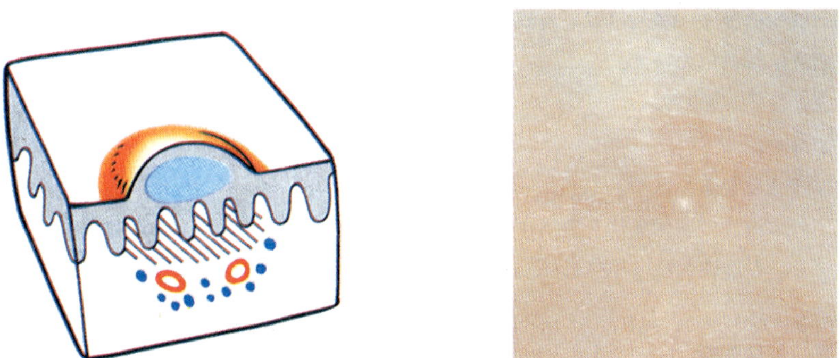

장액성 구진

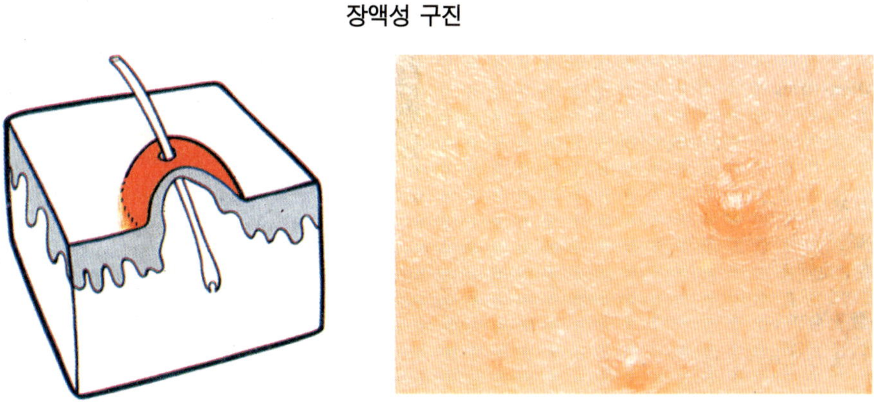

모포성 구진

그림 9-7. 구진(papules)

2-1-8. 수포(bullae)

액체가 고인 콩알보다 크거나 같은 것을 수포라 하고, 둥글거나 불규칙한 모양이다. 직경이 1㎝ 이상의 액체가 포함된 물집이며, 이를 대수포라고도 한다. 이들은 보통 단방형이며 표피내에 얕게 존재하므로 벽이 얇고 가벼운 손상에도 쉽게 터져서 삼출물과 함께 벽이 그대로 존재하기도 하며 건조되어 얇은 가피를 형성한다. 대수포가 깊이 존재하면 궤양과 반흔이 생긴다.

직경이 1㎝ 미만의 맑은 액체가 포함된 물집을 소수포(vesicles)라고 하며, 색깔은 엷은색과 장액농성 물질을 포함한 적색, 때로는 검붉은 색의 유륜(areola)을 보이기도 한다. 소수포는 각각 불규칙하게 분포하기도 하나 대상 포진에서는 군집을 이루며 넝쿨 옻나무 피부염에서는 선상 배열을 한다. 이들은 처음부터 소수포로 생기기도 하나 반점과 구진으로부터 생겨서 단시일 내에 자연히 터지거나 대수포를 형성하며 농포를 형성하기도 한다.

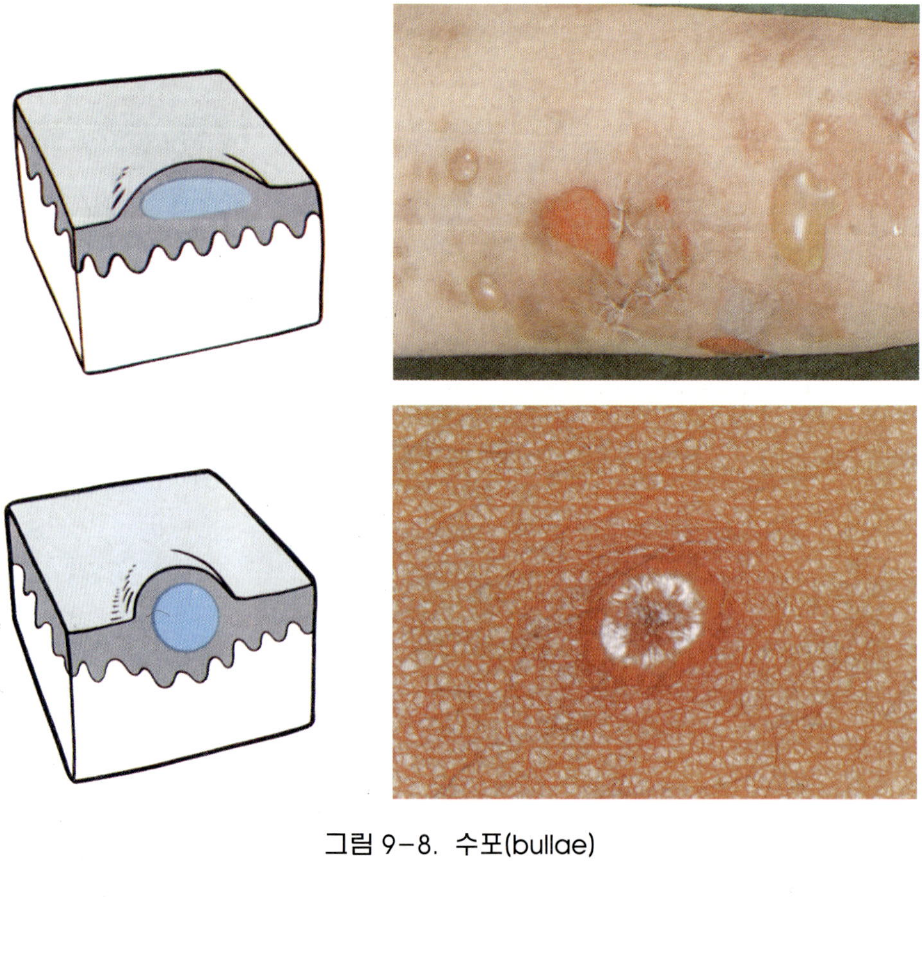

그림 9-8. 수포(bullae)

2-1-9. 농포(pustules)

농포는 표피 내에 호중구가 모여 있는 상태이다. 호중구의 집단은 농(pus)이지만 반드시 세균감염을 의미하지는 않는다. 농포는 농을 포함한 피부의 작은 융기로 모양은 수포와 비슷하지만 염증성 유륜(areola)을 포함하는 경우도 있고 단일 또는 군집으로 피부에 나타난다. 농포는 처음부터 농포로 생기기도 하지만 구진과 수포로부터 생기기도 한다.

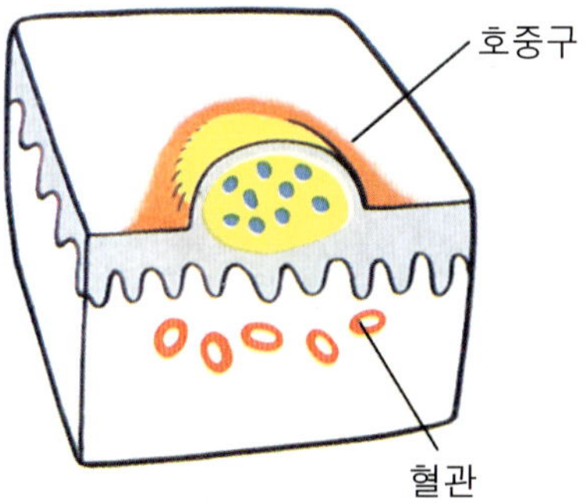

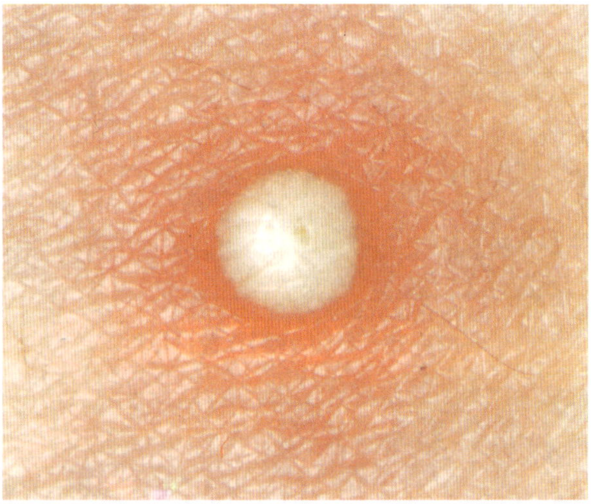

그림 9-9. 농포(pustules)

2-1-10. 위축(atrophy)

진피의 퇴행성 변화에 의하여 피부가 얇게 되는 상태를 위축(atrophy)이라 한다. 피부의 표면은 평탄하게 되고 탄력을 잃어서 심부의 혈관이 투시되며, 피부를 잡아당기면 정상보다 천천히 원래의 상태로 되돌아가는 노인의 손등 피부와 같은 증후를 보이는 피부를 이완성 위축이라 한다. 또한 피부는 단단하고 팽팽해서 잡아 올릴 수 없으며, 표면은 광택이 있는 피부로서 결합조직의 섬유화로 인하여 나타나는데 이를 긴장성 위축이라 한다.

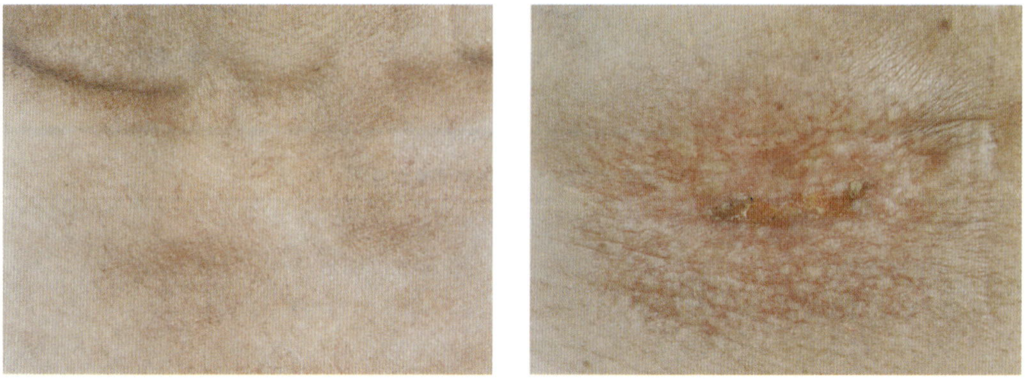

그림 9-10. 위축(atrophy)

2-1-11. 낭포(cyst)

주로 상피성 벽에 의해 둘러싸인 조직 내의 동(sinus)을 낭포(cyst)라 한다. 크기가 좁쌀만큼 작은 것에서 손바닥보다 큰 거대한 것까지 여러 가지이다. 경계가 선명하며 반구상으로 융기되고, 이차적으로 염증을 만들어 누공(fistula)이 생기기도 한다.

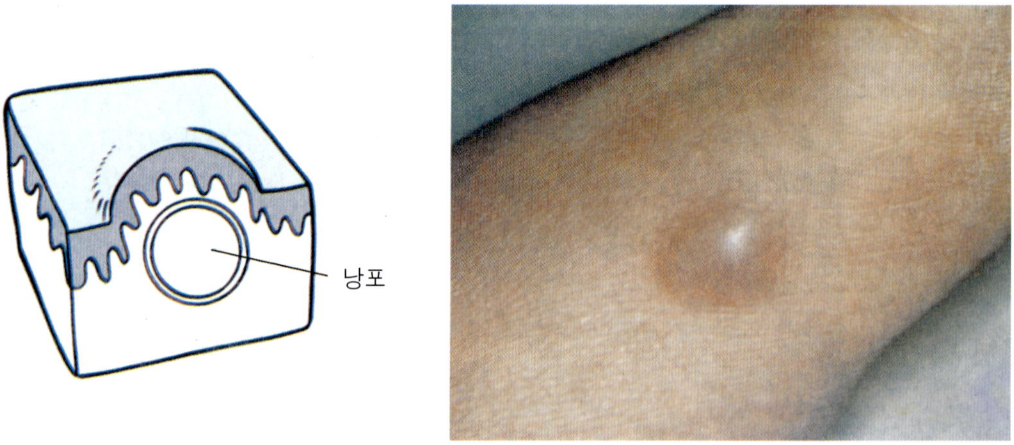

그림 9-11. 낭포(cyst)

2-2. 속발진(secondary lesion)

속발진에는 종류가 매우 다양하지만 과각화증, 인설, 어린선, 건선, 가피, 균열, 미란, 찰상, 반흔에 관하여 설명하고자 한다.

2-2-1. 과각화증(hyperkeratosis)

각질층의 두께가 증가하며, 각질의 생성이 증가 또는 촉진하고 있는 상태를 과각화증(hyperkeratosis)이라 한다. 피부 표면은 백색에서 회백색으로 나타나며, 주로 기계적 자극에 의하여 생긴다.

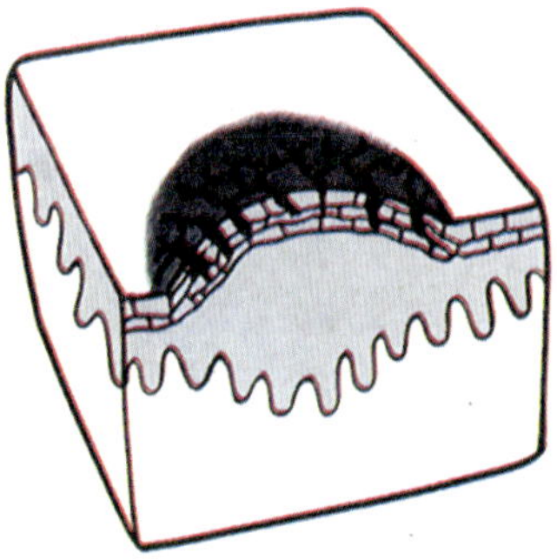

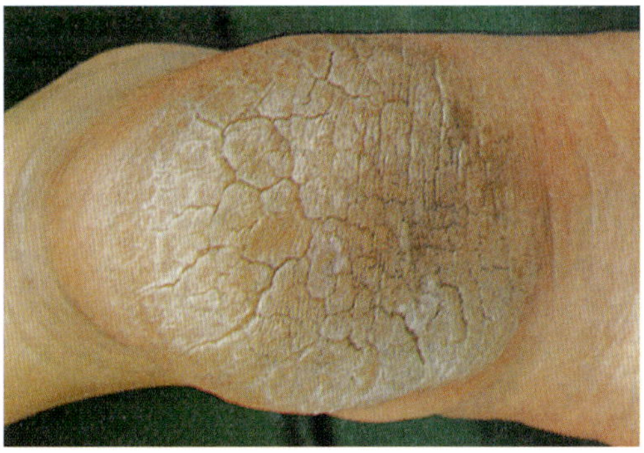

그림 9-12. 과각화증(hyperkeratosis)

2-2-2. 인설(scales)

사람의 피부는 느끼지 못한 상태에서 작고 얇은 표피 조각들이 끊임없이 벗겨져 나간다. 이러한 각질 생성이 빨라지거나 정상 각질화 과정의 이상으로 박리(exfoliation)되어 인설이 생긴다. 인설이란 현저하게 각화 또는 불완전 각화된 각질층의 피부 위에 놓여 있는 것을 말한다. 인설은 크기나 모양에서 다양함을 보여주는데 습진이나 어린선(ichthyosis)에서는 거칠고, 건선에서는 두껍게 나타난다. 인설이 피부에서 떨어지는 것을 낙설(desquamation)이라 한다.

일반적으로 박리는 얇고 건조하며 부서지기 쉽고 번쩍이는 건조하거나 습한 각질의 층상 덩어리이다. 그러나 때로는 피지와 땀이 섞여 번들거리며 불투명하게도 보인다. 인설은 회백색에서부터 황색, 갈색으로 보이고, 가끔 운모 형태의 인설처럼 층 내에 공기를 포함하여 은빛으로 보이기도 한다. 인설은 여러 염증성 질환에서도 나타나며, 각질층의 부종 및 이상각화증(parakeratosis)이 함께 나타나는 경우도 있다.

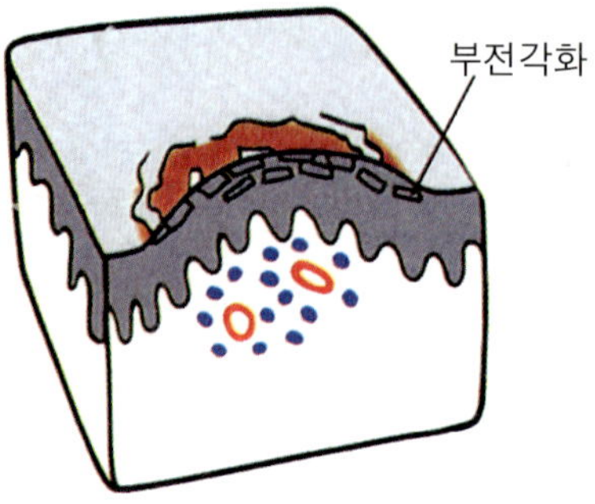

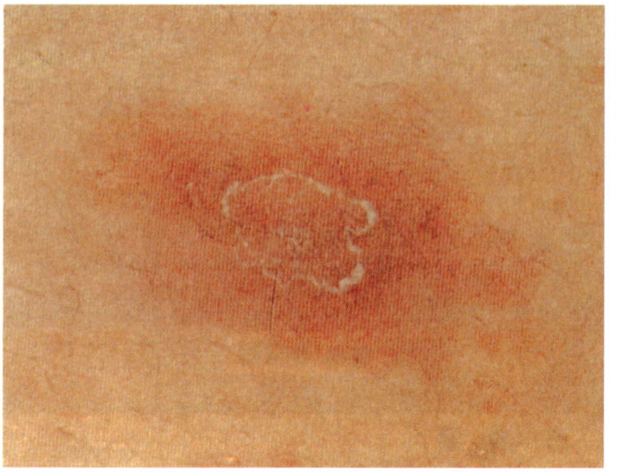

그림 9-13. 인설(scales)

2-2-3. 어린선(ichthyosis)

어린선은 피부 표면의 각화이상을 나타내며, 각질층의 박리로 피부가 융기하여 각질층이 두껍게 되어 있는 상태이다.

피부 표면은 비늘모양, 어린선모양 인설이라고도 한다. 증상에 따라 심상성 어린선, 반성 어린선, 표피박리성 과각화증, 층판상 어린선으로 크게 4가지로 분류할 수 있다. 이 중에서 심상성 어린선이 가장 흔하게 나타나는 어린선이다.

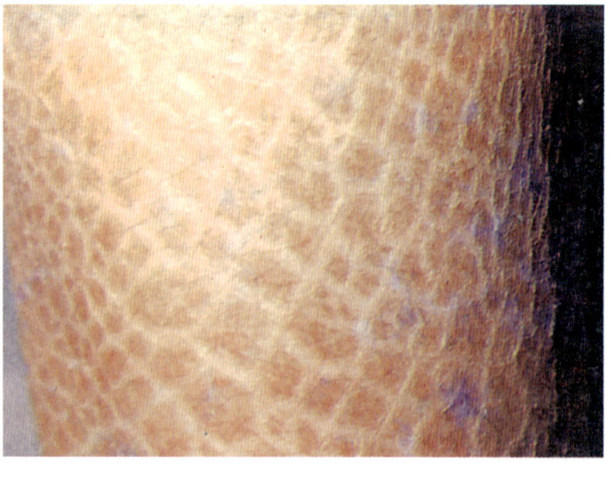

그림 9-14. 어린선(ichthyosis)

2-2-4. 건선(psoriasis)

건선은 은백색의 인설로 덮혀 있고, 경계가 뚜렷하며 크기가 다양한 홍반성구진 및 판(plaque)을 특징으로 하는 염증성 피부질환이다. 이러한 현상은 표피 증식이 증가하기 때문이다.

표피의 증식은 세포주기가 짧아짐으로써 나타난 결과이다. 그리고 과립층의 감소 또는 소실을 건선에서 관찰할 수 있다.

또한 진피의 모세혈관이 확장되어 있고, 비정상적으로 꼬여있다. 이러한 혈관에서 호중구와 효소가 표피로 분출되어 초기의 진피와 표피 경계부에 변화를 일으키는 것으로 알려져 있다. 그리고 호중구가 표피내로 이동하여 각질층 하부에 국소적으로 모여 미세 농양을 형성하는 것으로 알려져 있다.

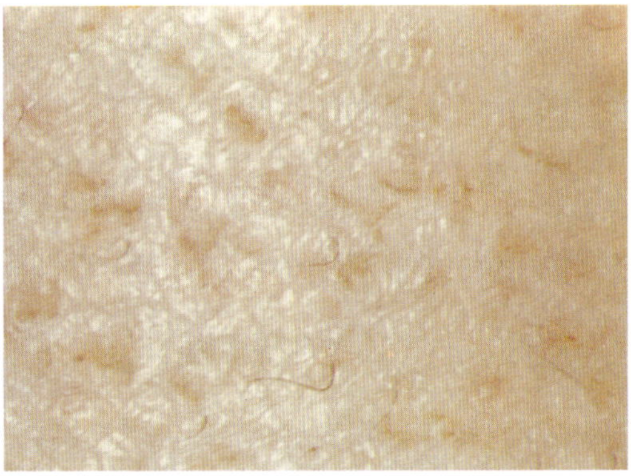

그림 9-15. 건선(psoriasis)

2-2-5. 가피(crust)

가피는 혈청과 농 및 혈액과 마른 덩어리로 보통 세균과 표피 부스러기가 섞여있다. 이들은 분비물의 구성이나 양에 따라 크기, 두께, 모양 및 색이 다르다. 혈청이 섞여 있으며, 투명하거나 백색이고, 혈액이 섞여있으면 적갈색, 농(pus) 및 지질(lipid)이 섞여 있으면 황갈색으로 나타난다.

농가진에서는 건조하며 황금색의 부드럽고 잘 부서지는 가피가 표재성으로 형성되며, 황선(favus)에서는 황색의 가피가 생긴다. 가피를 벗기면 미란 또는 궤양이 노출된다.

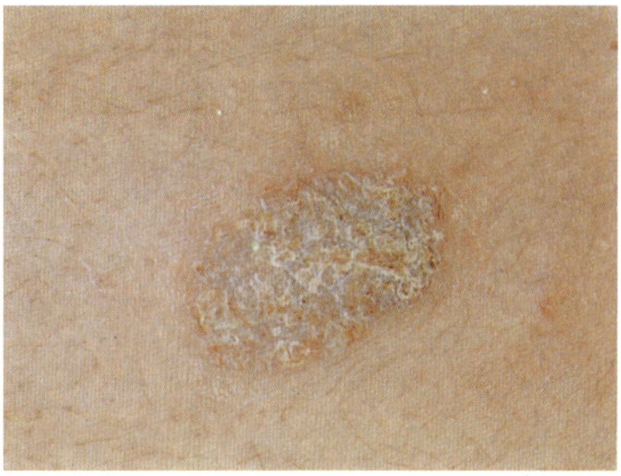
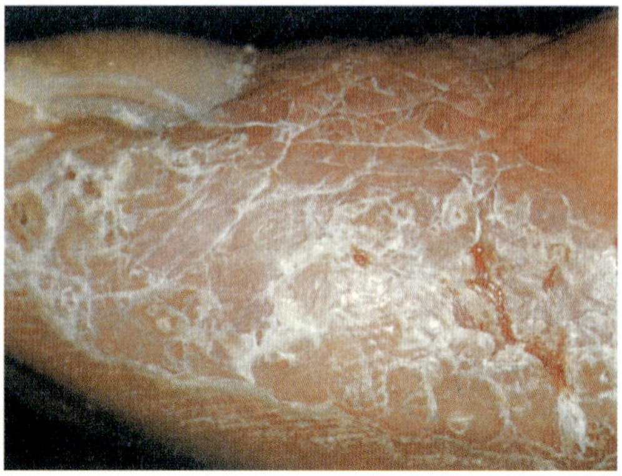

그림 9-16. 가피(crust)

2-2-6. 균열(fissure)

균열은 표피에 생기는 선상의 틈을 말하며, 드물게 진피도 침범한다. 이들은 건조 또는 습한 상태에서 잘 생기며 붉은 빛이고, 곧거나 구부러지기도 하며 가지를 치기도 한다. 염증에 의하여 두꺼워지고 탄력성이 없어진 피부에 잘 생긴다. 피부가 건조하고 예민할 때, 추위나 바람에 노출될 때 그리고 비누와 물에 장기간 노출되었을 때 따갑고 화끈거리는 감각과 함께 균열이 생긴다. 틈이 벌어지거나 찢어지면서 또는 새로운 균열이 생길 때 통증이 있고, 때로는 출혈을 한다.

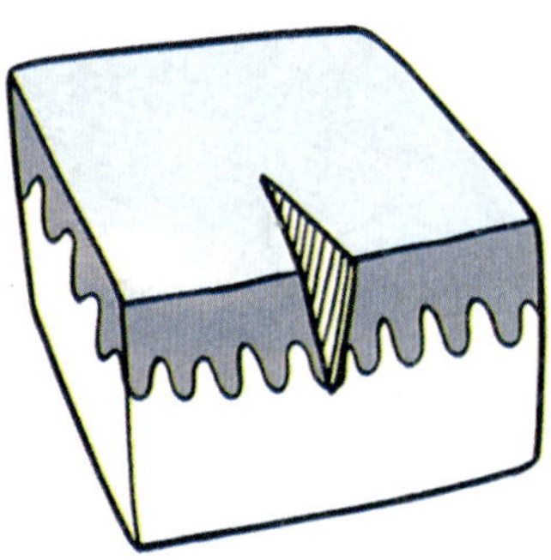
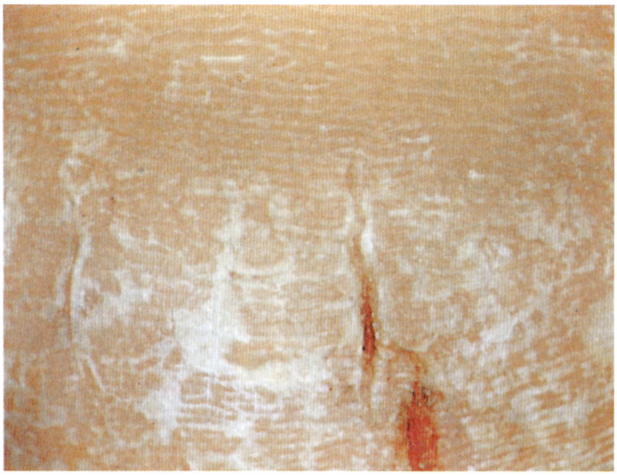

그림 9-17. 균열(fissure)

2-2-7. 미란(erosion)

농가진이나 포진에서 수포가 터진 후 표피만 떨어져 나가 생기며, 표피에 국한된 조직 결손을 미란이라 한다. 미란은 가피가 형성되거나 형성되지 않을 수도 있으며, 후에 반흔으로 되지 않고 표피가 재생한다.

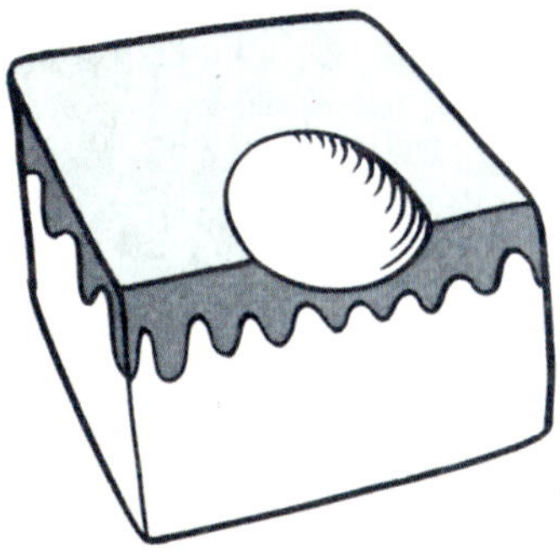

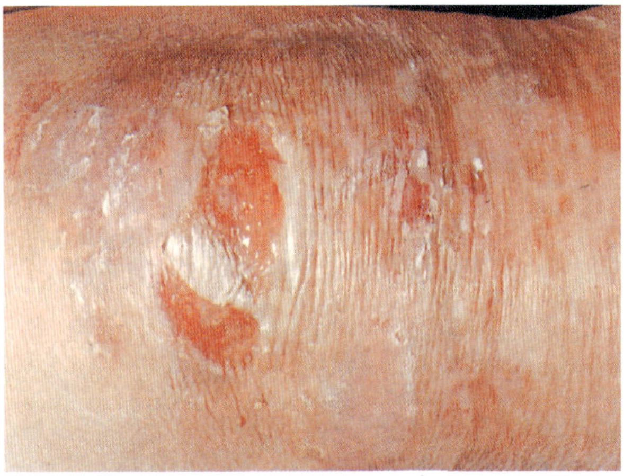

그림 9-18. 미란(erosion)

2-2-8. 찰상(excoriation)

찰상은 드물게 유두 진피에도 도달되나 대부분 상피에만 생기는 찰과상(abrasion)이다. 찰상은 여러 질환에서 소양감을 제거하기 위하여 손톱으로 긁거나 기타 기계적 외상, 지속적인 마찰 등에 의하여 생기며 그 크기와 형태는 다양하나 일반적으로 작은 선상 병변이다.

미란보다 약간 깊고 진피유두가 노출되면 점상의 출혈이 첨가된다. 찰상은 화농성 세균의 감염으로 농포를 형성하며 가끔 주위 림프선의 비대를 초래한다.

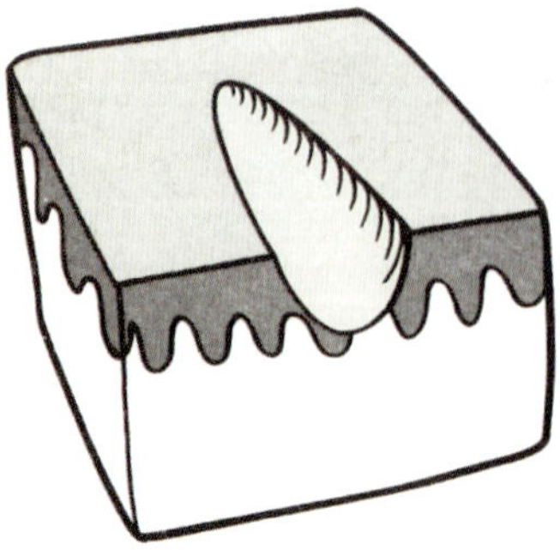

그림 9-19. 찰상(excoriation)

2-2-9. 궤양(ulcer)

궤양은 둥글거나 불규칙한 모양의 굴착(excavation)으로 점진적인 괴사에 의하여 표피와 함께 진피의 소실이 오는 상태이다. 즉 미란보다 깊고 진피 또는 피하지방까지 도달하는 조직 결손을 궤양이라 한다. 이들은 크기가 다양하며 천포창과 같이 각질층 직하부에 손상이 오는 것도 있고, 잠식성 궤양(rodent ulcer) 같이 피하지방까지 침범하는 것도 있다. 이들은 반흔을 남기며 치유된다.

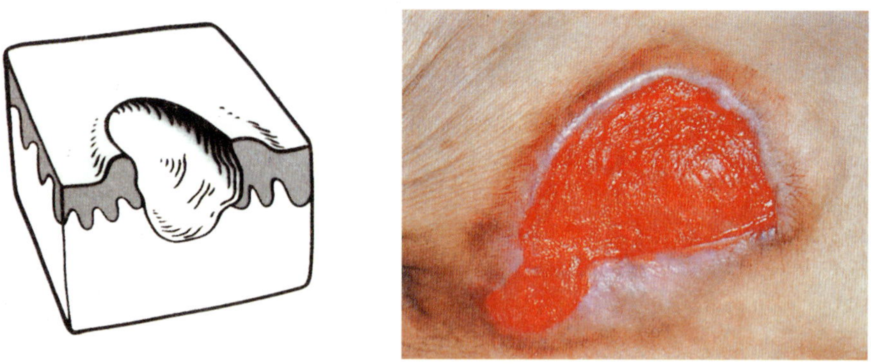

그림 9-20. 궤양(ulcer)

10

태양광선과 피부

Sun beam & Skin

태양광선이 없었다면 지구상의 모든 생명체는 존재하지 않았을 것이다. 태양광선은 사람은 물론이고 모든 생물들에게 생명을 유지하기 위해서는 필수불가결하다.

태양광선은 육안으로 무색으로 보이지만 가시광선(visible rays, VIS)만 하더라도 프리즘(prism)을 통해서 보면 7가지 색깔로 분광됨을 볼 수 있다. 백색광선 프리즘을 통과할 때 그 광선을 구성하는 각각의 색깔들은 구부러지거나 굴절(refracted)되어 가시광선의 분광이 형성된다. 이와 더불어 가시광선의 양쪽에는 비가시광선이 있다. 즉 보라색보다 파장이 짧은 광선을 자외선(ultraviolet rays, UV)이라 하고, 빨강색보다 파장이 긴 광선을 적외선(infrared rays, IR)이라 한다.

이 모든 광선은 전자기파(electromagnetic wave)를 형성하며, 파장이 다르다는 점을 제외하면 사실상 무선전파, 단파 및 극초단파와 비슷한 성질을 가지고 있다. 이와 같은 광선은 방사선인 감마선(γ-ray)과 X-선(X-ray) 그리고 자외선(ultraviolet rays, UV), 가시광선(visible rays, VIS), 적외선(infrared rays, IR), 라디오파(radiowave) 등으로 파장에 따라 분류된다.

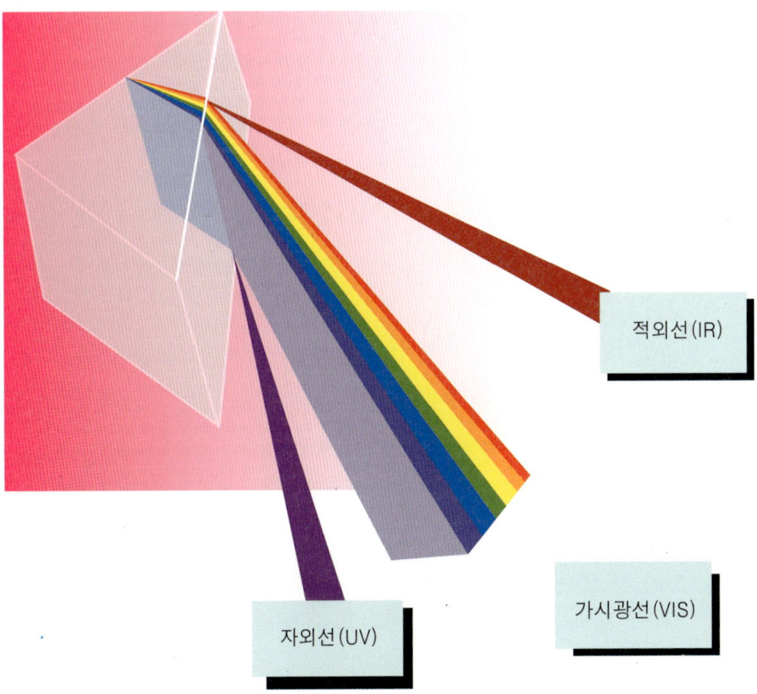

그림 10-1. 프리즘에 의한 가시스펙트럼의 구성

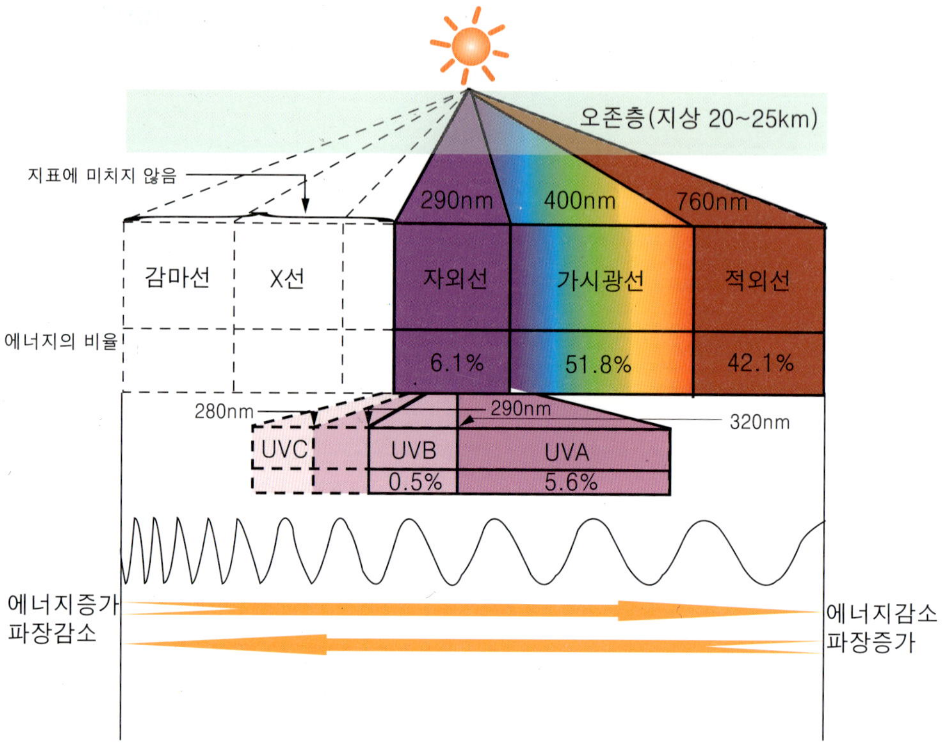

그림 10-2. 태양광선의 파장에 따른 분류

이러한 태양광선중 γ선, X선 그리고 일부 자외선(UVC)은 파장이 짧아 대기 투과율이 낮을 뿐만 아니라 대기권의 성층권에 있는 오존층에 의해서 흡수, 산란되어 지구 표면에 도달하지 못한다.

특히 이러한 광선은 에너지가 매우 높기 때문에 생명체에 대하여 매우 위험하다. 최근 환경오염으로 인하여 오존층이 파괴됨으로써 자외선 중 매우 유해한 UVC가 지구상에 도달됨으로써 피부암의 발병률이 높아지고 있다.

광선의 파장은 자외선이 가장 짧고 가시광선, 적외선의 순으로 길어진다. 그러나 광선의 파장은 매우 짧으므로 밀리미크론(mμ, millimicron)이나 옹스트롬(Å angstrom unit. AU) 단위를 사용한다. 최근에는 파장의 단위로 나노미터(nm, 10^{-9}m)를 주로 사용한다.

광선이 물체에 부딪쳤을 때 다음과 같은 물리적 현상이 나타난다. 첫째, 광선은 물체에 부딪치면 반사되거나 되돌아온다. 눈(snow)은 자외선의 가장 심한 반사체이다.

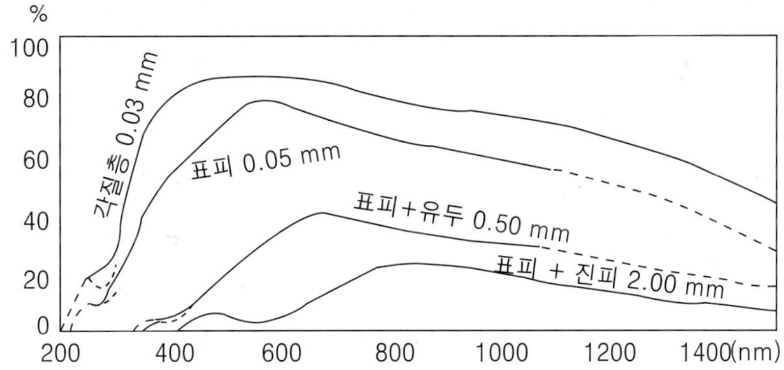

그림 10-3. 파장에 따른 피부 침투

둘째, 광선은 물체에 부딪치면 침투한다. 맑은 액체, 유리나 수정 등 열선(heat ray)보다는 광선(light ray)을 잘 투과시킨다. 광선은 파장에 따라 피부에 투과되는 깊이가 다르다.

셋째, 광선은 물체에 부딪치면 흡수된다. 흡수된 후에도 2차적으로 화학적, 생물학적 작용을 하게 된다. 즉 형광(fluorescence), 인광(phosphorescence), 이온화(ionization), 광전효과(photoelectric effect), 화학적 촉매작용(chemical catalysis) 등이 일어난다. 넷째, 광선은 그 밖에 매질에 따라 굴절에 차이가 있다.

이와 같은 태양광선은 에너지를 생성하고 여러 가지 질병 치료에 활용하는 등 사람에게 이로운 역할을 하는 부분이 있는가 하면 미용학적 측면에서 색소침착, 피부노화 등에 직접적인 원인이 되는 해로운 부분도 있다.

본장에서는 태양광선의 여러 가지 물리적, 화학적 특성과 생물학적 역할을 미용학적 측면에서 살펴보고자 한다.

1. 자외선(ultraviolet ray)

1-1. 자외선이란

태양에서 방출되는 자외선 중 대부분은 지구 대기권에서 흡수되고 지구표면까지는 적은 양이 복사되며, 계절이나 지역에 따라 차이가 나타난다. 일반적으로 지구 표면에 도달하는 자외선은 약 6.1% 정도이며, 지구에 복사되는 자외선은 대부분 290~400nm의 광선이다. 여름철 한낮의 태양광선 중 자외선은 겨울철 한낮의 자외선에 비해 6배나 복사된다.

자외선은 파장에 따라 분류되며, 일반적으로 190~290nm의 파장을 UVC, 290~320nm의 파장을 UVB, 320~400nm의 파장을 UVA라 한다. 자외선은 에너지가 크므로 화학반응을 일으키기 때문에 화학선이라 하고, 열을 발생하지 않기 때문에 냉선이라고도 한다.

1-2. 자외선의 물리적, 생물학적 성질

1-2-1. 물리적(physics) 성질

양자론(quantum theory)에 의하면 양자(quanta)는 진동수가 클수록 양자가 가지고 있는 에너지는 높다. 즉 진동수와 파장은 서로 반비례한다. 따라서 자외선은 가시광선이나 적외선에 비하여 더 강한 에너지를 갖는 것은 파장이 짧기 때문이다.

$$q = h\nu$$

q : 에너지양
v : 진동수
h : 프랑크 상수(Plank's constant 6.6236×10^{-27} erg seconds)

1) 반 사

자외선은 다른 복사체와 같이 반사법칙에 의해 입사각과 반사각이 동일한 각을 이루며 반사한다. 광택이 높은 금속은 검경처럼(specularly) 반사한다. 그러나 반사면이 평면이 아니고 거칠면 여러 방향으로 반사하게 되어 산란현상이 나타난다.

특히 겨울철 스키장에서 일광화상이나 피부색소침착이 일어나는 것은 자외선의 눈(snow)에 의한 반사 때문이다.

2) 통과와 흡수

자외선은 매개체에 따라서 통과 흡수되는 정도가 다르다. 즉 창문유리는 320nm 이상의 자외선만이 통과할 수 있고 그 이하의 파장은 통과할 수 없기 때문에 운전을 하거나 창문 내에서 일광에 노출되었다 하더라고 일광화상(sunburn)은 입지 않고 탠닝(tanning) 효과가 있다.

일단 광선은 피지막과 피부의 각 층에서 산란과 반사에 의하여 저지당하며, 450nm 이상의 자외선은 2mm 또는 그 이상의 피부 깊이로 침투할 수 있다. 종이나 얇은 옷이라도 대부분 자외선은 투과하지 못한다. 자외선이 인체에 나타나는 이차적인 효과에 영향을 주는 인자는 자외선의 파장, 표피에서 흡수되고 반사되는 정도, 각질층의 두께 등이다.

3) 침투(penetration)

자외선은 파장에 따라 피부의 침투가 다르며, 단지 흡수되는 피부의 층에서만이 생리적 효과가 나타난다. 피부에서 복사선의 침투, 전파 그리고 흡수는 다음과 같다.

① 원자외선(extreme ultraviolet)

거의 모두 각질층에서 흡수되고 기저세포층까지는 도달하지 않는다.

② 근자외선(near ultraviolet)

비교적 유극층에서 강하게 흡수한다.

③ 가시광선(visible ray)

각질층에서는 적은 양이 흡수되고 대부분 진피에서 흡수된다. 적외선과 가시광선은 피하조직까지 침투한다.

④ 근적외선(near infrared)

상층에서 흡수가 강하고 하층으로 갈수록 약하나 진피(5~10mm)까지 침투한다.

⑤ 원적외선(far infrared)

실제적으로 침투가 매우 적으며 각질층의 0.5mm 이내에서 흡수된다.

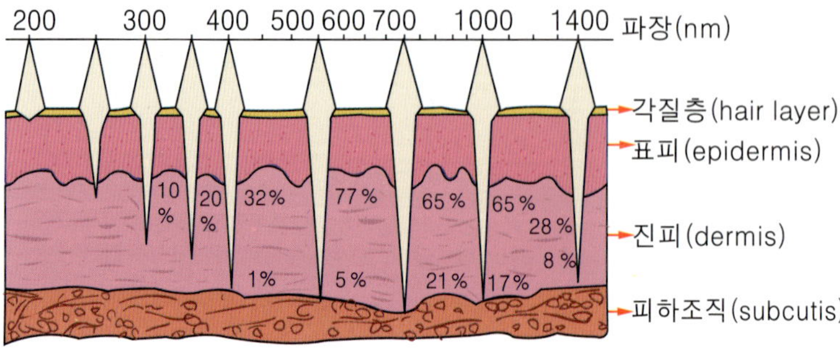

그림 10-4. 광선의 피부 침투

1-2-2. 생물리학적(biophysics) 성질

자외선은 생물학적으로 직접적 혹은 간접적인 화학반응을 유발시킨다. 직접반응은 에너지가 흡수되어 화학적으로 변하거나 광증감성(photosensitization)이 증가함으로써 생체에서의 반응이다.

간접반응은 에너지가 광수용기(photoreceptor in retina)에 전달되어 신경내분비 경로(neuroendocrine pathway)와 시상하부, 척수, 뇌하수체 및 송과체에 있는 신경전달체(neurotransmitters)로 신경신호가 전달된다. 이들 효과기(effector area)에서 혈액이나 뇌척수액 안에 멜라토닌(melatonin)의 합성과 분비를 억제(depress)한다. 그 결과 뇌하수체 활동의 증가와 난소, 부신 그리고 다른 내분비선의 호르몬 활동이 적절하게 나타난다.

자외선은 피부에 있는 단백질 또는 핵산 등에 의해 흡수되며, 광화학적 작용이 일어나 홍반형성, 색소침착, 상피형성, 살균효과, 비타민 D 합성 및 간접반응에 의한 신경호르몬 효과 등이 나타난다.

1-2-3. 광선의 물리적, 생리적 효과의 비교

광선을 물리적으로는 적외선, 가시광선 그리고 자외선으로 구분할 수 있지만 물리적 또는 생리적 효과의 측면에서는 정확하게 구분할 수 없다. 적외선, 가시광선 그리고 자외선에 대한 물리적 효과이다.

광선의 복사에너지는 조직세포에 흡수되면 물리적, 화학적, 생물학적 반응 등 다양하게 나타난다. 생리적 효과 측면에서 복사에너지는 광열복사(photohermal radiation)와 광화학 복사(photochemical radiation)로 구분된다.

광열복사는 적외선, 가시광선 복사에 의해 이루어지며 피하조직(subcutaneous tissue)까지 침투하여 혈액을 가열시키고, 생명반응(vital reactions)을 가속화시키며 이는 동시에 일어난다. 또한 반사에 의해서 심부조직의 동통 및 혈액 순환에 효과적이다.

광화학 복사는 자외선에 의해 이루어지며 피부의 1mm 정도 침투한다. 자외선은 원형질(protoplasm)에 의해 흡수되며 흡수된 광선은 물리적, 생물학적 변화를 초래한다.

광열복사는 즉시 국소작용으로 이용하는 반면 광화학 복사는 대부분 2차적 또는 부수적 효과에 의해 이용된다. 자외선은 형광(fluorescence)과 인광(phosphorescence)의 효과가 있다.

1-3. 자외선의 생리적 효과(Physiological effects of UV)

자외선은 파장에 따라 서로 다른 생물학적 효과(biological effects)를 일으킨다. 장파장(310~320nm)의 자외선은 피부 깊이 침투하여 약간의 생물학적 반응(biological effects)을 일으키지만 단파장(230nm 이하)은 실제로 피부 깊숙이 침투하지 못하고 생물학적 작용이 매우 경미하다. 자외선의 효과는 두 가지로 분류되며 피부에서 나타나는 광화학적 효과와 혈액과 신진대사에서 나타나는 생물학적 효과로 구분된다.

광화학적 효과는 피부병 치료와 피부에 존재하는 물질을 활성화 하는 작용이 있는 반면에 생물학적 효과는 대사, 성장, 순환 등의 작용이 있다.

표 10-1. 적외선, 가시광선 및 자외선에 대한 물리적 성질

주효과	광 선	기타 효과
열	적외선	약간의 감광효과, 강한 열효과
	빨 강	현저한 열효과
	노 랑	현저한 발광효과
발 광	초 록	약간의 열효과
	보 라	약간의 열효과, 현저한 발광효과, 현저한 감광효과
화 학	자외선	현저한 감광효과

표 10-2. 각 복사광선의 생리적 효과와 침투

광선과 파장	침 투	생리적 효과	원 천
원자외선 180~290nm	표 면 0.01~0.1 mm	광화학적 효과	금속방전(수은)
근자외선 290~390nm	표 면 0.1~0.1 mm	광화학적 효과	태양
가시광선 390~770nm	심 부 1~10 mm	열 : 신경자극	태양
근적외선 770~1500nm	심 부 1~10 mm	열 : 신경자극	태양, 빛을 내는 등
원적외선 1500~15000nm	표 면 1~0.05 mm	열 : 신경자극	적외선 등, 빛을 내지 않는 등

한편 자외선의 생리적 작용은 홍반형성, 색소침착, 살균효과, 항구루병성 효과, 그리고 혈액이나 신진대사 활성화 등이다. 피부 깊숙이 침투할수록 자외선의 강도는 낮고, 250nm의 자외선은 각질층에서 광화학 효과를 보이며, 300nm의 자외선은 말피기층이나 진피에서도 효과가 나타난다.

1-3-1. 홍반(erythema) 반응

홍반은 피부의 발적으로 자외선 노출된 피부에서 흔히 볼 수 있다. 홍반은 자외선의 자극으로 염증(inflammation) 반응이 나타난 결과이며, 홍반은 염증반응이라고도 한다. 자외선은 상피에서 흥분과 퇴행성 변화(degenerative changes)를 일으키며, 히스타민과 유사한 물질의 방출로 피부의 세포층을 따끔거리게 한다.

이러한 자극으로 모세혈관과 소동맥(atrerioles)의 확장, 조직 내로의 액체 삼출 등을 일으킨다. 자외선이 흡수되면 화학반응을 일으켜 세포의 조사와 파괴를 초래한다. 반응의 정도는 자외선의 노출강도에 의해 다르게 된다.

가벼운 자외선 조사의 경우는 다른 증상 없이 약간의 발적(redness)이 생겼다가 곧 없어진다. 그러나 오랫동안 노출시키면 피부의 발적이 심하고, 뜨겁고, 궤양(sore) 그리고 체액과 백혈구의 삼투와 함께 혈관확장이 현저하게 나타난다. 아울러 백혈구가 증가

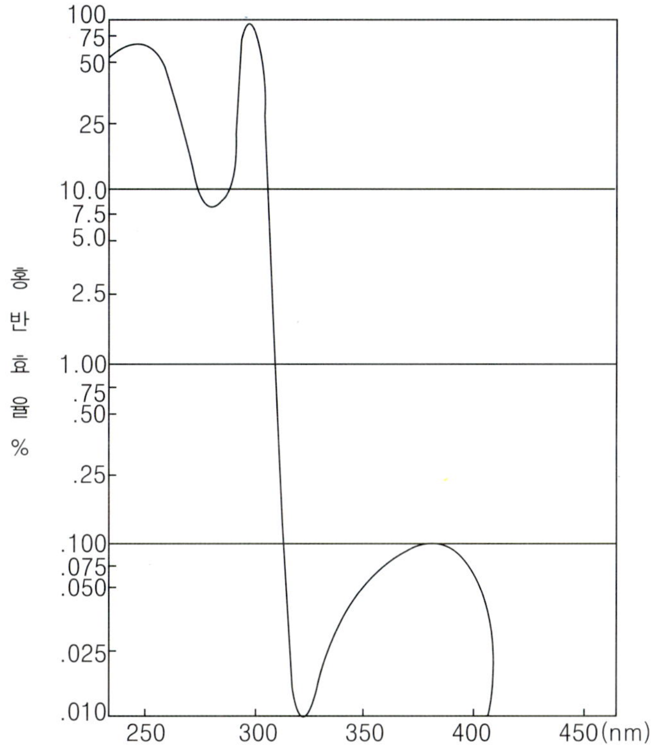

그림 10-5. 파장별 홍반 반응

한다. 그 결과 피부의 부종이 발생하고, 이는 삼투액의 유출로 인해 투명층이 과립층으로부터 분리되면서 수포(blister)도 형성된다.

홍반은 UVB에 2~8시간 노출되면 나타난다. 보통 240nm 이하의 자외선이나 330nm 이상의 자외선에서는 홍반이 발생하지 않는다. 그러나 UVA에 해당하는 330~420nm까지는 전혀 홍반이 발생하지 않는 것은 아니고 0.1% 정도의 효율 밖에 없기 때문에 홍반 효과를 거의 기대할 수 없다.

자외선에 의한 홍반은 간접적인 화학적 작용에 의하여 발생되지만 적외선에 의한 홍반은 혈관에 직접 작용하여 발생된다.

1) 홍반의 정도

홍반은 염증반응으로 강도에 의해 구분되며, 대부분 홍반의 정도는 네 가지로 구분한다.

① 최소 홍반용량(minimal erythema dose : 또는 1도 홍반용량)

이 반응은 경미하므로 자세히 관찰해야 한다. 피부의 발적은 매우 약하며 6~8시간에 나타나고 24~36시간 내에 스스로 사라진다.

② 2도 홍반용량(2nd erythema dose)

경미하게 그을리는 반응(sunburn reaction)이 나타난다. 발적이 확실하며 4~6시간 후 나타나며 2~3일 내에 사라진다. 약간의 박리(desquamation)가 남으며 약간의 가려움증도 발생된다. 또한 피부에 약간의 색소침착(pigmentation)이 된다.

③ 3도 홍반용량(3rd erythema dose)

노출 후 3~4시간 후면 현저한 발적이 나타나고 약간의 부종(edema)이 나타난다. 색소침착이 남고 뜨거운 느낌과 궤양(sore)이 생긴다. 발적이 약 1주일까지 남는다.

④ 4도 홍반용량(4th erythema dose)

단파장의 자외선에 2시간 노출 후 강한 발적이 나타나며 3도 홍반보다 더욱 강한 반응으로 물집도 나타난다. 괴사효과가 있어 피부가 벗겨지고 파괴시키는 용량(destructive dose)이다.

2) 홍반에 의해 일어나는 반응

① 조직변화(histological changes)

홍반반응은 조직을 변화시킨다. 모세혈관의 확장으로 적혈구의 증가가 나타나고 투과성의 증대로 혈장단백의 삼투현상이 나타난다. 이러한 변화는 자외선 노출 30분 후 나타나기 시작하여 8~24시간에서 최대의 변화가 일어난다.

표 10-3. 피부홍반 정도와 반응

정 도	반 응	출현시간	시각반응	지속시간
1 도	최소 홍반	6~8시간	약한 붉은색	24~36시간
2 도	그을리는 반응	4~6시간	붉은색	2~3일
3 도	반대자극	3~4시간	붉은색, 부종	1주일
4 도	파괴	2시간	강한 발적, 물집, 괴사	수주일

② 비후(hyperplasia)

인체 표피를 태양광선에 노출시키면 피부가 두꺼워진다. 처음 24~48시간 안에 세포간(intracelluar) 부종 및 세포내(intercellular) 부종에 의해 표피의 두께가 증가한다. 노출 후 72시간 안에 현미경으로 비후상태를 볼 수 있고, 이는 유사분열(mitosis)의 증가를 의미한다.

노출 후 72시간에서 최대의 유사분열이 일어난다. 표피의 기저층을 제외하고 모두 두터워지며 일주일 안에 유극층(spinosum layer)은 최고의 두께가 된다.

③ 탈피(desquamation)

홍반현상이 반복되면 광선에 대한 방어 작용이 일어나고, 이로 인하여 표피가 두꺼워지게 된다. 홍반이 사라진 후 표피로부터 죽은 세포(dead cell)가 떨어져 나가게 된다. 자외선에 의해 세포가 손상을 받게 되는 것이 심할수록 탈피현상도 심해진다.

탈피의 양도 홍반 반응의 강도에 따라 좌우된다. 1도 홍반은 탈피현상이 일어나는 것을 자각할 수 없을 정도이고 2도 홍반은 미세하고 가루 모양의 탈피가 나타난다. 3도 또는 4도 홍반은 확실한 탈피가 나타난다. 표피가 두터워지면서 저항이 감소함으로 탈피도 감소하게 된다.

1-3-2. 색소침착

UVA와 UVB는 표피의 기저층에 침투하여 멜라닌생성세포(melanocyte)를 자극하고 티로시나아제의 산화반응에 의해 티로신(tyrosine)이 멜라닌(melanin)으로 전환된다. 멜라닌생성세포는 수상돌기를 가진 세포이다. 멜라닌소체(melanosome)는 멜라닌생성세포에서 생성되어 유극층에 전이되고 각화과정에 의해서 표피의 각질층에 침전되어 있다가 색소침착 된다. 250nm(UVC)의 자외선은 홍반을 일으키나 색소침착은 일으키지 않는다.

자외선 이외에도 마찰이나 기계적인 자극에 의해서도 색소침착을 유발시킨다. 조직학적으로 색소침착은 표피의 상피세포(epithelial cell)와 기저세포(basal cell)에서 국소반응으로 나타난다. 색소침착의 범위(extent)는 개인적으로 차이가 있으며 자외선에 의해 생성된 멜라닌에 따라 색의 차이가 난다. 색소침착은 세포증식(cell proliferation)과 순수한 광화학적 반응에 의하여 나타난다.

광화학적 반응은 태양광선 노출 후에 오는 피부의 현저한 탠닝효과(tanning effect)에 의한 것이다. 탠닝효과는 주로 UVA와 UVB에서 나타나며 UVA의 340nm에서 가장 강하게 나타난다.

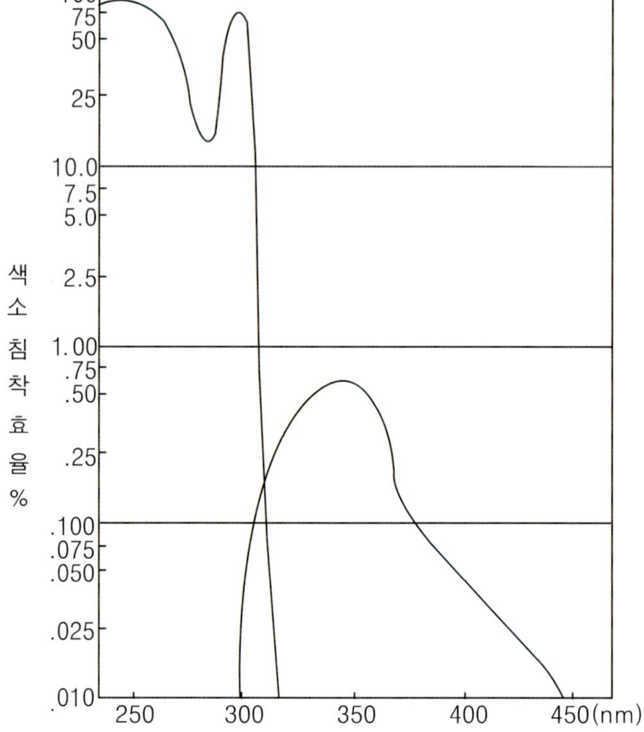

그림 10-6. 인체피부에서 색소침착이 일어나는 파장

1-3-3. 광노화

사람의 피부는 크게 내인성 노화와 광노화에 의하여 노화가 유발된다. 특히 UVA와 UVB에 장시간 노출될 경우에 피부의 색소침착 뿐만 아니라 각질형성세포의 증식 속도가 증가되고 표피가 두꺼워짐으로써 피부의 탄력이 없어지는 광노화 현상이 나타난다. 또한 랑게르한스 세포의 수는 감소하고 활성도도 떨어지게 된다. 이러한 결과는 면역성을 감소시키는 등 피부노화를 유발시킨다.

1-3-4. 비타민 D의 형성

320nm 이하의 자외선은 피부의 상층, 모낭(hair follicles), 피지선(sebaceous gland)과 한선(sweat gland)에 있는 프랜트 스테롤(plant sterol), 에르고스테롤(ergosterol), 7-디하이드로 콜레스테롤(7-dehydrocholesterol) 등에 의해 흡수되어 비타민 D가 생성된다.

주로 피부의 피지선에 있는 7-디하이드로 콜레스테롤이 변하여 비타민 D로 변화된다. 비타민 D는 일상생활에서 필수적인 요소로서 칼슘의 정상 동화작용(normal anabolism)과 인(phosphorus)의 정체(retention)를 증진시킨다.

비타민 D는 칼슘이나 인의 대사에 필요 요소이다. 자외선에 의하여 생성된 비타민 D는 음식물로부터 흡수한 칼슘이 뼈에 흡착되는 것을 돕는 역할을 한다. 이러한 효과에 의해 구루병(rickets)이나 다른 칼슘부족의 증상군을 예방 또는 치료할 수 있다.

1-3-5. 살균효과

자외선은 박테리아(bacterias), 바이러스(virus)나 진균류(fungi)에 대한 살균효과가 있다. UVC인 260nm에서 최고의 살균효과가 있으며 250nm에서는 90% 살균효과가 있는

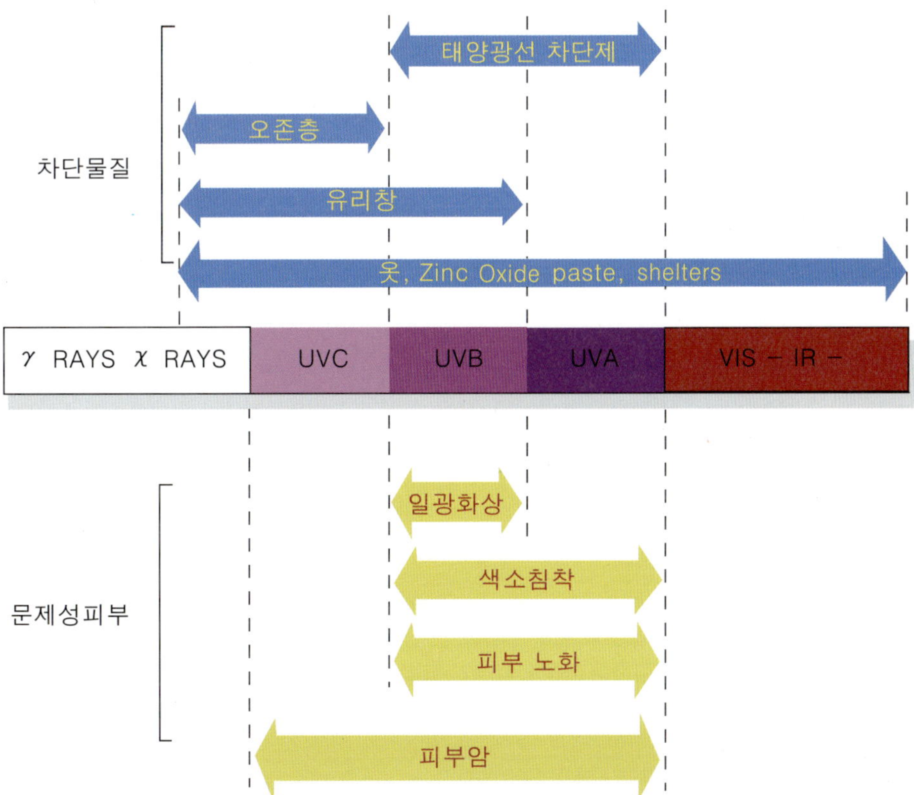

그림 10-7. 자외선차단과 자외선에 의한 피부의 이상

것으로 알려져 있다. 파장이 240nm에서 살균효과가 최저이고 300nm 이상에서는 살균효과가 아주 적은 것으로 나타났다.

1-3-6. 피부암 발생

UVC에 의해서 피부암이 발생한 것으로 알려져 있을 뿐만 아니라 280~340nm의 자외선에 장시간 노출될 경우에도 피부암이 유발된다.

2. 적외선(infrared rays, IR)

2-1. 적외선이란

적외선은 반사, 굴절, 간섭, 직진 등 빛과 비슷한 성질과 현상을 나타낸다. 또한 적외선은 물질을 구성하는 분자에 흡수되기 쉬우며, 그 결과 분자의 운동이 활발하다. 이 분자운동이 열로 전환되기 때문에 적외선은 물질을 따뜻하게 하는 성질이 강하여 열선이라고도 한다.

반면에 가시광선이나 자외선은 적외선에 비하여 파장이 짧고 에너지가 크기 때문에 오히려 물질에 흡수되지 않고, 분자의 운동을 활발하게 하지 않으므로 발열 작용이 약하다. 따라서 사람이 따듯하게 느끼게 되는 것은 적외선의 열효과 때문이며, 이러한 적외선을 이용하여 여러 가지 질병 치료에 활용되고 있다.

어떠한 물질을 가열하면 그 물질은 주위의 물질에 열을 복사(radiation)열로 발산한다. 즉 쇠막대를 가열하면 우선 색깔의 변화 없이 먼저 따뜻한 느낌을 갖게 된다. 계속해서 열을 가하면 붉은 색을 띠다가 점점 백색으로 변한다.

이 가열 정도에 따라 여러 종류의 열을 방출시키게 되는데 저온기(the stage of low heat)에서는 장파(long wave) 또는 원적외선(far infrared)의 불가시광선이 방출된다. 더 가열하면 붉은 색, 초록색 그리고 청색 광선의 가시광선이 나타나다가 백색광이 나타나면 자외선이 방출됨을 알 수 있다. 이러한 특성을 갖는 적외선의 파장은 700~15,000nm 정도 이다.

일반적으로 적외선은 원적외선과 근적외선의 두 가지로 분류된다. 원적외선은 장파장의 적외선으로 가열된 모든 물체에서 방출되며, 특히 뜨거운 물방울, 전기 열패드(electric heat pad), 둔한 적색 히터(dull red heater) 등의 저온체(low temperature bodies)에서 방출된다.

원적외선의 파장은 보통 1500~15,000nm로 피부의 2mm 이상 침투하지 못하고, 대개 0.5mm 쯤 피부 상층에서 강하게 흡수된다. 근적외선은 단파장의 적외선으로 빛이 나는 모든 물체에서 방출된다. 예를 들면 태양, 전기방전, 백열등 그리고 특별히 고안된 고온 적외선 등이 있다.

근적외선의 파장은 770~1,500nm이며, 피부조직의 5~10mm까지 침투할 수 있다. 그러므로 혈관, 림프관, 신경말단 그리고 다른 피하조직에 직접 영향을 줄 수 있다.

2-2. 적외선의 인체에 미치는 영향

적외선과 가시광선에 노출되면 발열 효과가 있다. 파장이 770~1,200nm인 근적외선은 진피까지 침투하나 파장이 1,200nm 이상인 원적외선은 표피의 각질층에서 흡수된다.

2-2-1. 홍반 생성

적외선에 노출된 피부는 붉게 변하고 뜨거움을 느끼게 된다. 적외선의 열에 의하여 홍반이 발생하는데, 홍반은 붉은 점(red spots)의 형태로나 붉은 선이 그물(network)처럼 나타난다. 이 홍반은 적외선의 노출 시간에 따라 10분에서부터 1시간까지 지속된다.

홍반은 혈관운동성 기전의 자극에 의해 모세혈관의 능동적 혈관수축과 동맥 및 정맥 순환의 활성화에 의하여 나타난다. 모세혈관의 고유긴장성(inherent tone)에 의하여 혈관이 수축되는데, 여기에 적외선에 의하여 열을 가하면 혈관을 능동적으로 확장시키는 물질을 풀어주게 되어 홍반이 나타난다. 혈관확장 물질의 흡수 하에 보다 많은 모세혈관이 능동적이 되면 보다 많은 혈액이 열 발생되는 부분에 공급된다. 피부의 진피층에 모세혈관 확장에 의해 일어나는 홍반은 근적외선에 노출된 후에 나타난다.

빛을 내는 열 요소(heating element)에는 피부 깊숙이 침투시키는 적외선이 많기 때문에 피하조직에 있는 한선을 자극하여 땀이 쉽게 분비된다.

적외선에 반복적인 노출은 피부의 영구적인 색소침착(pigmentation)이 발생한다. 이는 자외선 노출에 의해 나타나는 탠닝(tanning)과는 달리 항상 대리석 표면과 같은 반상

표 10-4. 적외선과 자외선의 홍반과 색소침착 그리고 내성

<table>
<tr><th rowspan="2">광 선</th><th colspan="2">적외선</th><th colspan="2">자외선</th></tr>
<tr><th>장 파</th><th>단 파</th><th>장 파</th><th>단 파</th></tr>
<tr><td>파 장</td><td>1,500~15,000nm</td><td>770~1,500nm</td><td>390~290nm</td><td>290~180nm</td></tr>
<tr><td>홍 반</td><td colspan="2">형성시기 : 즉시
출현상태 : 어두운 붉은 색,
점과 그물 모양
지속시간 : 한 시간 이내</td><td colspan="2">몇 시간 후(잠복기)
밝은 붉은색, 분명한 경계

몇 시간~ 며칠</td></tr>
<tr><td>색소침착</td><td colspan="2">반상(mottle)</td><td colspan="2">태움(homogenous tanning)</td></tr>
<tr><td>내 성</td><td colspan="2">가끔 반달</td><td colspan="2">일정하게 증가</td></tr>
</table>

(mottled)으로 나타난다. 열복사의 노출에 의해 생기는 피부의 반상출현은 일광성 홍반(erythema ab igne)이라 한다.

2-2-2. 신진대사의 증진(increased metabolism)

체온이 상승하면 신진 대사가 증가되고, 열에 의한 화학적인 변화가 활발히 일어난다. 신진대사는 열의 발생이 많은 표면조직에서 가장 높게 나타난다. 신진대사의 증가에 따라 산소와 영양분의 공급이 증가되며 노폐물의 배출도 증가하게 된다.

반트호프의 법칙에 의하면 온도가 10℃ 상승함에 따라 신진대사량 또는 산화량이 2.5배 증가한다.

2-2-3. 혈관 확장(vasodilation)

적외선에 의하여 모세혈관과 세동맥(arterioles)이 확장되는데, 이는 열에 의한 직접적인 효과와 더불어 표피의 감각신경 종단의 자극으로 반사적인 혈관확장이 일어나기 때문이다. 따라서 표피의 혈류가 증가되면 산소나 영양분 공급이 활발해지고 노폐물도 제거된다. 적외선에 의한 혈관 확장은 피부의 홍반(erythema)을 일으키며, 자외선에 의한 홍반과는 다르고 해당 부위가 따뜻해지면 즉시 홍반이 발생하고 적외선에 노출되지 않으면 바로 사라지게 된다.

2-2-4. 색소침착(pigmentation)

적외선에 반복하여 피부가 노출할 경우에 색소침착이 나타난다. 색소침착은 자외선 방출에 의해 나타나는 것과 다른 방법으로서 적혈구의 파괴에 의해 생기게 된다. 적외선과 자외선에 의하여 발생하는 홍반과 색소침착 그리고 내성(耐性)을 비교하면 표 10-4와 같다.

2-2-5. 기타 효과

1) 진정효과와 자극효과

경미한 열에는 감각신경 말단에 진정효과가 나타나지만 보다 강한 열은 자극효과를 갖는다.

2) 근육의 수축과 이완

온도의 상승은 근육의 이완을 돕고 근 작용의 효율성을 증가시키기 때문에 섬유의 수축과 이완을 보다 신속하게 한다.

3) 조직파괴(destruction of tissue)

조직파괴는 적외선에 의한 열이 과도하게 조사될 때 발생하기 쉽다.

4) 체온 상승(general rise in temperature)

적외선에 의하여 체표 혈관의 혈액이 가열되면 신체의 다른 부분으로 이동하게 되고, 전신의 체온이 상승하게 된다. 전신의 혈관이 확장되면 체온조절 기능에 관여하는 중추의 혈액도 가열된다.

5) 혈압 강하(fall in blood pressure)

전신의 혈관이 확장되면 모세혈관의 저항이 감소되고 혈압이 낮아지게 된다. 또한 열은 혈액의 점도(viscosity)를 감소시켜서 혈압을 낮아지게 한다.

6) 땀의 분비 증가(increased secretion of sweat)

적외선에 노출된 한선은 감각신경말단에 대한 열효과로 반사자극(reflex stimulation)을 받게 된다. 가열된 혈액에 의해 체온조절 중추에 자극이 되고, 전신의 한선 활동이 증가된다. 한선의 활동이 증가하면 발한이 발생하고, 노폐물 제거도 증가하게 된다.

7) 식균 작용(phagocytosis)

열은 식균작용을 증진시켜 염증이 있는 부위(종기나 농)의 배농을 증진시킨다.

2-3. 적외선의 인체에 대한 효과

1) 동통완화

적외선은 동통 완화 효과가 있다. 경미한 열의 경우는 진정효과에 의해 동통완화를 시킬 수 있고, 강한 열은 반자극(counter-irritation)에 의해 동통완화를 시킬 수 있다. 대사에 의하여 생성된 노폐물이 조직에 축적되면 동통을 일으킬 수 있다. 적외선을 이용하여 혈액순환을 활발하게 함으로써 노폐물을 제거하고 동통을 완화시킨다. 또는 근육을 이완시킴으로써 동통을 완화시키기도 한다.

급성 염증이나 손상 직후에 오는 동통은 경미한 열을 줄 때 효과적이며, 너무 강한 열을 주게 되면 오히려 노폐물의 증가로 동통을 가중시키게 된다.

2) 근육 이완

조직에 열을 가하면 근육은 이완되며 통증의 완화는 근육이완을 촉진시킨다. 적외선 복사는 근육 경련(muscle spasm)을 완화시킴으로써 동통완화도 시킬 수 있게 된다. 적외선은 동통을 완화시키고 근육을 이완시킴으로써 운동의 효율을 높여준다.

3) 혈액순환 촉진

적외선은 표피 상처나 감염에 효과가 있어서 자주 이용된다. 혈액순환의 촉진은 감염부위의 백혈구를 증가시키고 체액의 삼출(exudation)로 박테리아를 파괴시키는 효과가 있다. 관절염이나 다른 염증이 있는 경우에 동통 및 근육경련 완화에 효과를 나타낸다.

피부에 적외선을 조사하면 열이 발생함과 동시에 혈관이 확장된다. 이는 조직에 산소와 영양소 공급을 증가시키고 노폐물 제거를 가속화시킬 수 있다.

4) 노폐물 제거

전신에 걸쳐 한선의 활동을 증가시켜서 땀의 분비가 활발해짐에 따라 노폐물 배출이 증가된다.

3. 가시광선(visible light)

가시광선은 지구에 도달하는 태양광선 중에서 약 51.8%를 차지하며, 빨강색의 800nm에서부터 보라색의 400nm 영역에 속하는 광선이다. 이러한 가시광선이 존재함으로써 모든 사물의 색깔을 구별할 수 있다. 또한 가시광선은 거의 표피층에서 흡수되고 적은 양의 가시광선만이 근적외선과 같이 피부 깊숙이 침투한다. 모든 동물생활은 식물에 의해 유지되는데, 식물의 형성은 초록빛의 영향 하에서 엽록소(chlorophyll)에 의해 이산화탄소(carbon dioxide, CO_2)로부터 탄수화물(carbohydrates)의 광합성(photosynthesis)에 기초를 둔 것이다.

표 10-5. 가시광선의 파장별 색깔

색 깔	파 장	색 깔	파 장
보라(violet)	400~450nm	노랑(yellow)	550~590nm
청색(blue)	450~490nm	오렌지(orange)	590~630nm
초록색(green)	490~550nm	빨강(red)	630~770nm

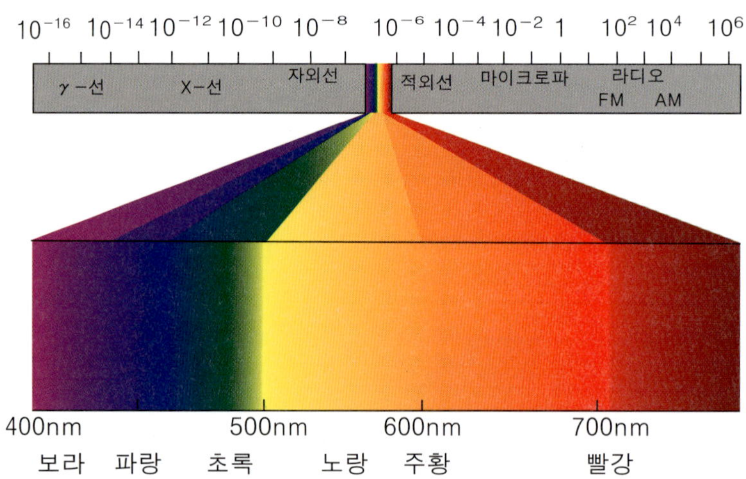

그림 10-8. 가시광선 스펙트럼

가시광선은 피부와 피하조직에 침투하고 에너지 흡수에 의해 열로 전환이 되며 적외선과 거의 유사하게 작용한다. 가시광선 스펙트럼의 전체는 프리즘 또는 적절한 여과기(filter)에 의해 서로 다른 파장으로 다른 색깔을 띠게 된다. 가시광선 중 색띠(colored bands)를 이용하여 여러 가지 테라피에 적용할 수 있다. 즉 청색(blue color)계열은 진정작용, 빨강색(red color)계열은 자극의 효과를 나타낸다.

최근 피부미용 분야에서 이용되고 있는 칼라테라피(color therapy)는 이러한 다양한 색깔을 활용하여 신체적, 정신적 장애뿐만 아니라 피부 관리에도 매우 유용하게 이용되고 있다. 또한 헤어미용과 메이크업 등의 미용 분야에서 색깔을 활용하여 여러 가지 미용효과를 나타내고 있는 것은 가시광선에 의하여 색깔이 분류될 수 있기 때문이다.

11

여드름 피부

Acne in Skin

1. 여드름이란?

여드름(acne)은 순수한 우리말이며, 부스럼이 앉았다는 의미로 좌창(座瘡)이라고도 한다. acne는 작은 점 또는 왕겨 모양의 부스럼이라는 의미의 그리스어에서 유래되었다. 여드름이 있는 피부를 가진 사람의 70~80%는 주로 11~25세의 연령층이다. 가벼운 여드름은 피부병이라 하기 보다는 사춘기의 피부 특징 중 하나이며 청춘의 심볼(symbol)이라 일컫는다.

여드름은 성별과 연령에 따라 다양하며, 여성은 사춘기가 남성보다 일찍 시작하므로 남성에 비하여 여드름이 먼저 발생한다. 그러나 10대 후반에는 여성보다 남성의 경우에 여드름이 더 심하게 나타나는데, 이는 남성호르몬인 안드로겐이 피지선을 자극하여 피지 분비량이 많기 때문이다.

사춘기 이후에 연령이 증가하면서 여드름의 발생률도 증가하는데 13세 경에는 22% 정도이고 16세에 이르면 68% 정도이다. 여성은 12세 경에 61%, 16세 경에는 83% 정도의 여드름이 발생하며, 17세 전후에 여드름 발생률이 가장 높다. 그러나 남성의 경우에는 12세 경에 40%, 16세 경에는 95% 정도의 여드름이 발생하고, 19세 전후에 여드름 발생률이 가장 높다.

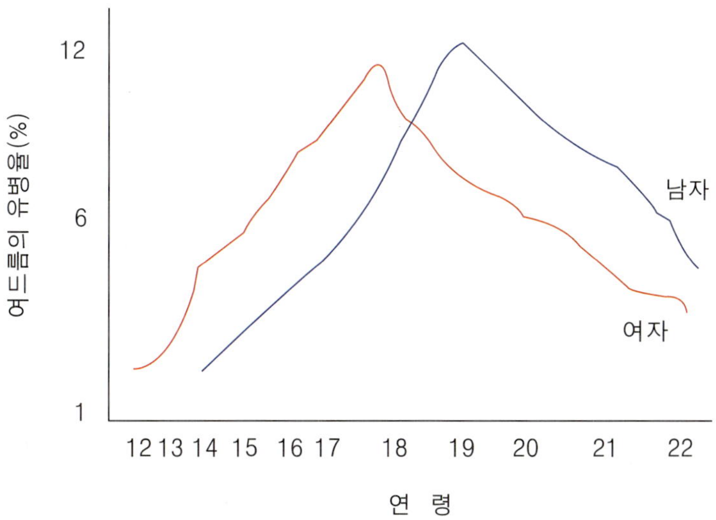

그림 11-1. 연령별, 남녀의 여드름 발생률(미국)

그리고 여드름은 일반적으로 추운 계절에는 악화되고 따뜻한 계절에는 완화되는 경향을 보인다. 그러나 여드름이 심할 경우 피부미용 상 좋지 않을 뿐만 아니라 여드름을 관리한 후에도 흉터로 남는 경우가 있다. 즉 여드름의 경우 생명에는 지장이 없을 뿐만 아니라 신체적인 큰 장애를 일으키지 않는다.

그러나 우울, 불안, 성격의 이상, 자아 존중감, 사회적 고립, 신체 불만족도 등 정신적인 불안정과 열등감, 대인회피, 심리적 위축 등 대인관계 그리고 직업적 활동의 제약, 위축, 집중력 상실 등의 사회생활에 중요한 영향을 미친다.

특히 노출된 부위에 발생하는 여드름은 정신적인 문제와 삶의 질에 영향을 미칠 수 있다. 따라서 여드름의 발생원인과 종류 및 악화요인을 살피고, 질환으로서의 치료 차원이 아닌 미용학적인 측면에서 예방과 그 대안을 설명하고자 한다.

2. 여드름의 발생

사람의 얼굴에는 3종류의 모낭이 존재한다.

첫째, 턱수염 모낭(beard follicle)은 성모(terminal hair)와 관련된 피지선으로서 그 수가 적으며 여드름이 잘 생성되지 않는다. 이는 성모가 피지선 내의 내용물을 원활하게 배출하기 때문이다.

둘째, 피지 모낭(sebaceous follicle)의 피지선은 매우 크며 많은 수의 피지선이 존재한다. 그러나 털은 매우 작으며, 대부분의 여드름이 유발되는 피지선이다.

셋째, 솜털 모낭(vellus follicle)은 작은 연모가 존재한다.

모낭(hair follicle)은 표피와 피지선관 사이의 누두부(infundiblum), 피지선관과 팽륭부 사이의 좁은 협부, 팽륭부와 모구의 상단에 이르는 모낭 하단부 그리고 모모기(hair matrix)와 모유두(hair papilla)로 구성된 모구(hair bulb)로 이루어져 있다.

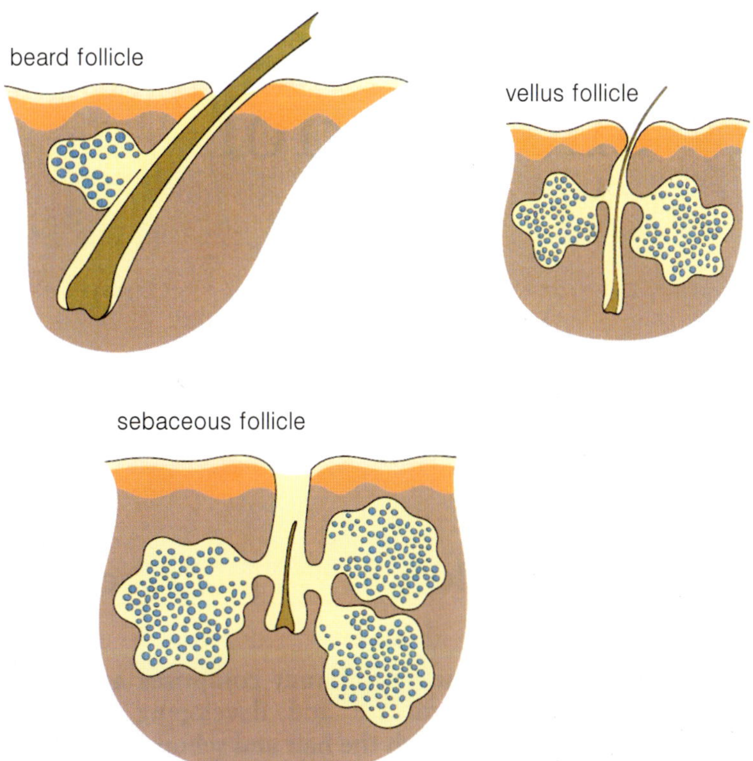

그림 11-2. 얼굴에 존재하는 3가지 형태의 모낭

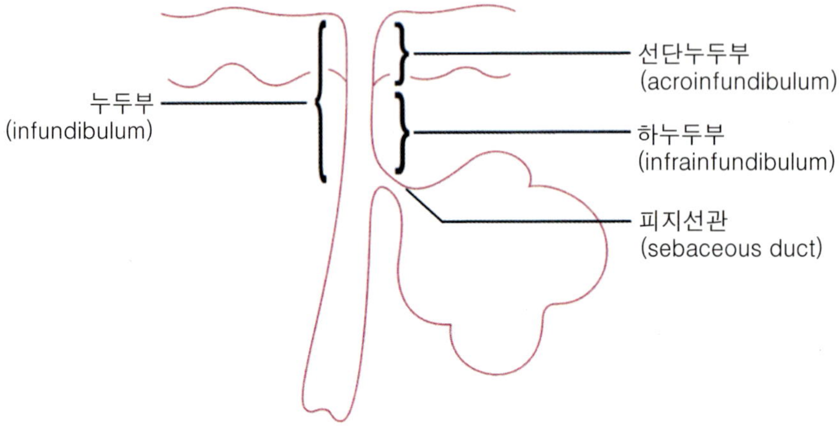

그림 11-3. 모피지 단위

누두부는 피부표면의 개구부에서 피지선관이 존재하는 부위이며, 내부에는 모근(hair root)이 존재한다. 누두부 1/5의 상부는 선단누두(acroinfundiblum)부라 하며 주위의 상표피와 유사한 특성을 갖는다.

누두부 4/5의 하부는 하누두부(infrainfundiblum)라 하며, 면포가 형성되는 부위이고 상부의 표피와 구조적인 차이가 있다. 즉 과립층이 뚜렷하게 존재하지 않으며 글리코겐(glycogen)을 함유한 세포들이 존재하는 부위이다. 이를 모피지선 단위(pilosebaceous unit)라 한다.

모피지선 단위(pilosebaceous unit)의 얇아진 각질층은 쉽게 박리되어 관의 내부로 이동되고 피지와 세균의 혼합물이 생성되어 면포를 형성한다. 따라서 면포의 내부에는 각화된 세포, 피지, 세균, 염증세포 등이 존재한다.

면포가 생성되면 과립층이 관찰되고 각질층은 두꺼워지며 박리가 잘 일어나지 않는다. 이러한 변화는 피지선과 피지선의 도관에서도 나타난다. 면포가 커지면 피지선은 위축된다.

여드름 피부의 경우 각질세포의 층판구조(lamellae)는 두껍고 밀집되며 불규칙해진다. 인체 호르몬 중 남성호르몬인 안드로겐(androgen)에 의하여 피지선이 자극되어 피지분비가 촉진된다. 따라서 모낭 개구부의 과잉으로 분비된 피지, 각질형성세포와 피지 등으로 구성된 각전(plug) 및 모낭 누두하부의 정체성 각화과정에 의해서 모낭이 막히게 됨으로서 여드름이 생성된다.

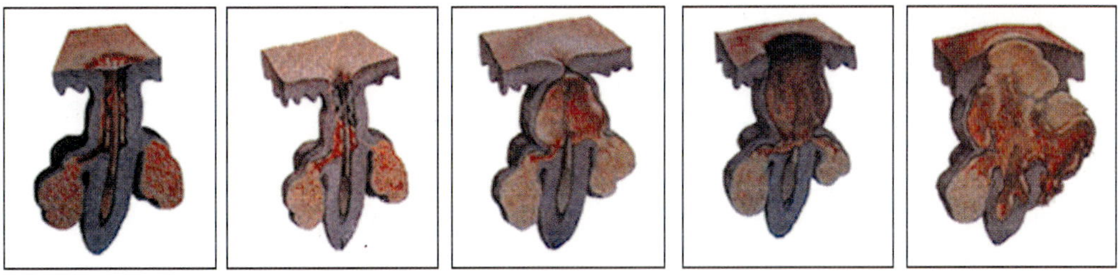

정상모공 / 모공의 과각화 피지의 과잉분비 / 폐쇄면포 / 개방면포 / 염증성 여드름

그림 11-4. 여드름의 발생 과정

또한 피지 분비량의 증가로 인한 피지 구성 성분의 변화가 일어난다. 즉 리놀레산(linoleic acid)의 감소, 콜레스테롤(cholesterol) 감소와 황산 콜레스테롤(cholesterol sulfate)의 증가, 세라마이드(ceramide)의 감소 등이 면포 형성을 유도한다.

피지 구성 성분의 변화 이외에도 사이토카인 중 IL-1에 의해서 과각화작용이 유발된다. 피지의 과잉 분비와 더불어 모공의 개구부 입구가 과각화 과정에 의하여 좁혀지거나 폐쇄됨으로써 피지가 모공 밖으로 배출되지 못하고 모공 내에 정체된다. 이러한 모공 내의 피지와 다른 불순물이 서로 엉켜서 면포(comedones), 즉 폐쇄된 모공 개구부에는 폐쇄면포(white heads, closed comedones)와 열려진 모공 개구부에는 개방 면포(black heads, open comedones)를 형성한다.

모공 내의 여드름 균(Propionibacterium acnes, P. acnes)이 분비하는 화학 주성인자와 보체 활성화에 의하여 모낭 주위로 유입된 호중구에서 분비되는 가수 분해 효소, 활성산소종(reactive oxygen species, ROS) 그리고 각질형성세포에서 분비하는 전구 염증성 사이토카인 등이 여드름의 염증 반응에 복합적으로 관여한다.

3. 여드름의 종류

여드름은 크게 비염증성 여드름과 염증성 여드름으로 구분할 수 있으나 실제로는 이들이 혼재되어 나타난다. 또한 염증 후에 발생하는 여드름 흉터의 종류 및 과색소침착 등도 심리적인 측면뿐만 아니라 미용학적 측면에 매우 큰 영향을 미친다.

3-1. 비염증성 여드름

비염증성 여드름인 면포(comedones)는 여드름 초기에 나타난다. 모피지선 단위(pilosebaceous unit)는 모발, 피지선, 모낭, 기모근으로 구성되며, 이 중에서 모낭의 누두하부는 면포(comedones) 형성에 중요한 위치이다. 정상적인 모낭의 누두하부는 다량의 글리코겐을 함유하고 있고, 각질층은 여러 층으로 이루어져 있으며 각화과정에 의하여 쉽게 탈락된다. 그러나 면포가 형성되면 각질층이 보다 견고해지면서 쉽게 탈락되지 않으므로 모피지선관이 확장되어 미세면포(microcomedones)가 생성된다.

면포는 모피지선 내의 각질형성세포(keratinocytes)가 축적되어 발생한다. 이러한 각질형성세포의 축적은 비정상적으로 증가된 모낭의 각질형성세포 과증식과 각질형성세포의 탈락이 원활하게 일어나지 않기 때문에 각질세포가 상호 유착됨으로써 나타나는 결과이다. 비염증성 여드름은 미세 면포, 개방 면포, 폐쇄 면포 등으로 구분할 수 있다. 면포의 내부에는 각화된 세포, 피지, 미세균, 염증세포 등이 존재한다.

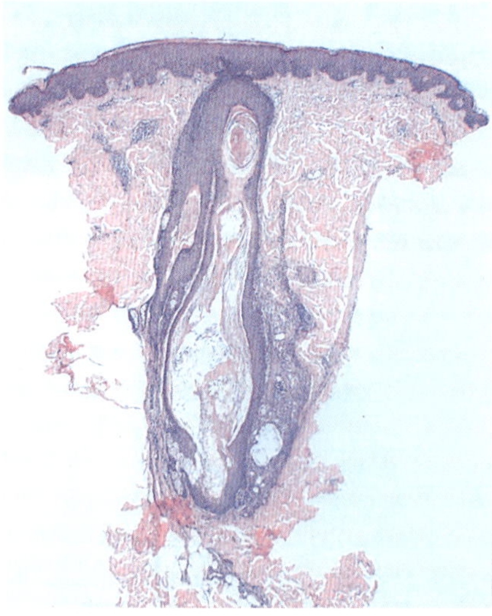

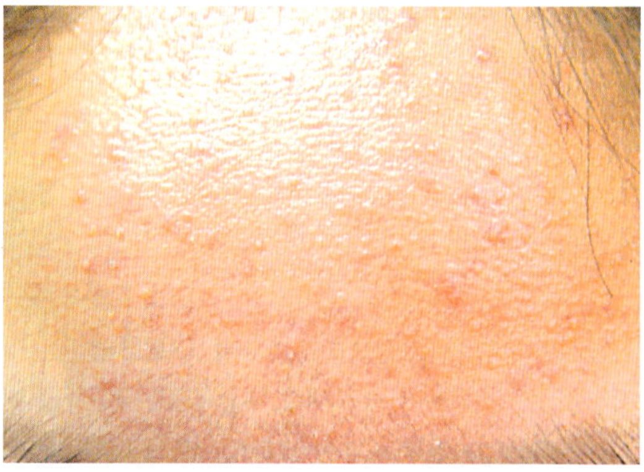

그림 11-5. 미세 면포

3-1-1. 미세 면포(microcomedones)

미세면포(microcomedones)는 모공 내에서 과도하게 분비된 피지와 각질형성세포가 축적되어 형성된 작은 알갱이의 면포(comedones)이다.

그리고 미세면포는 염증성 여드름이나 비염증성 여드름으로 진행할 수 있는 매우 초기의 여드름이며, 육안으로는 쉽게 발견하기 어렵다. 그러나 확대경을 통해서 보면 육안으로도 관찰이 가능하다.

3-1-2. 폐쇄 면포(white heads, closed comedones)

폐쇄면포(white heads, closed comedones)는 직경이 0.5~3.0㎜의 반점이나 구진성 여드름으로서 대부분은 직경이 1㎜ 이하이다. 폐쇄면포는 미세면포가 점점 커져서 생성된 면포이다. 처음에는 쉽게 발견할 수 없지만 반복된 경험과 확대경을 통해서 보면 쉽게 찾을 수 있다. 또한 피부의 양쪽을 가볍게 잡아당기면 숨겨진 폐쇄면포를 쉽게 관찰할 수 있으며, 이 부분을 짜면 하얀색의 여드름이나 약간 누르스름한 여드름이 나온다.

일반적으로 피지분비가 왕성한 사춘기 때 흔하며, 모낭 개구부를 막고 있으므로 염증성 여드름으로 진행될 가능성이 있다. 그러나 면포내부에 성모(terminal hair)를 포함하는 경우가 드물며, 성모가 존재하면 성모에 의하여 피지와 각전이 쉽게 배출되므로 면포가 쉽게 형성되지 않는다. 폐쇄면포(white heads, closed comedones)는 모낭의 입구가 정상 크기이지만 넓어지면 개방면포가 된다.

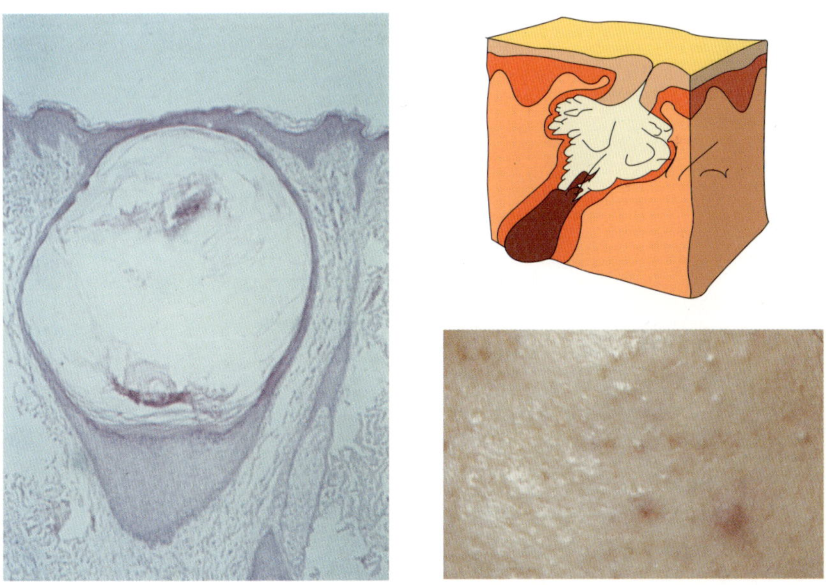

그림 11-6. 폐쇄면포

3-1-3. 개방 면포(black heads, open comedones)

개방면포(black heads, open comedones)는 폐쇄면포가 커지면서 비교적 넓어진 모낭 개구부에 피지와 각질형성세포 등으로 구성된 각전(plug)이 차있는 여드름이다. 이러한 각전은 모낭 상피에서 각화과정의 산물과 피지선으로부터 유래된 피지가 혼합되어 있으며, 공기 중의 산소나 자외선에 의하여 피지가 산화됨으로서 검게 나타난다. 따라서 개방면포는 외부로부터 먼지 등이 얼굴에 흡착되어 생긴 것으로 오해할 수 있다.

일반적으로 개방면포는 폐쇄면포에 비하여 흔하게 나타나지 않는다. 그러나 폐쇄면포가 개방면포로 진전되면 염증성 여드름으로 악화되지 않고 쉽게 여드름을 제거할 수 있게 된다.

이와 같은 면포성 여드름(acne comedonica)은 코 주위에서 시작하여 이마로 퍼지며 턱 부위를 침범한다. 귓불에서도 면포가 발생할 수 있다. 일반적으로 하향성으로 진행하므로 체간은 나중에 영향을 받는다.

개방면포도 여드름이 발생되는 초기에 종종 관찰되기는 하지만 보통은 초기에 폐쇄면포로 시작하여 개방면포로 변하게 된다. 낭종과 같은 폐쇄면포는 보는 것보다 만져보면 더 쉽게 알 수 있다. 코와 이마의 면포성 여드름은 촉진시 미세한 모래알을 만지는 느낌을 주며, 대개 크기가 2~3㎜를 초과하지 않는다. 면포성 여드름의 진행과정은 개인에 따라 차이가 있다.

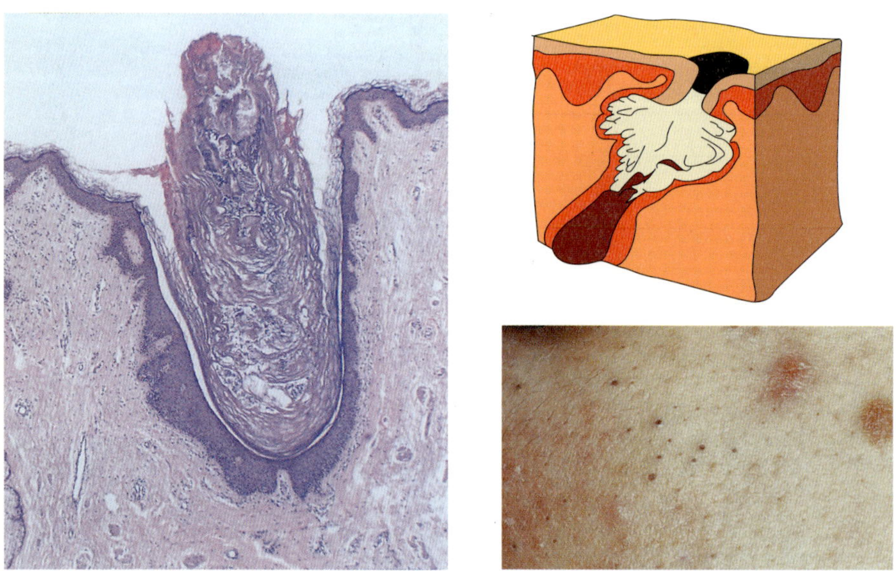

그림 11-7. 개방 면포

즉 여드름이 있는 일부 사람의 경우에 소수의 면포가 존재하지만 더 이상 진행하지 않은 경우가 있다. 이러한 면포성 여드름을 소 여드름(acne minor)이라 한다. 대부분은 새로운 면포의 발생과 함께 염증성 여드름으로 진행한다.

면포성 여드름은 여러 가지 등급으로 구분한다. 얼굴 한 쪽에 50개 이상의 폐쇄면포가 있는 경우에는 고중증 면포성 여드름으로 분류한다. 다수의 면포가 있는 사람은 소수의 면포와 염증성 여드름이 있는 사람보다 중증이라고 한다. 면포를 유발시키는 물질은 화장품, 세면용품, 여드름용 화장품과 같은 국소 도포제 등 광범위하게 함유되어 있다.

3-2. 염증성 여드름

미세면포(microcomedones)가 점점 성숙되어 폐쇄면포가 된다. 이러한 폐쇄면포는 모공의 개구부로 밀려나가 모공의 개구부가 커지게 되며 공기와 접촉하여 개방면포가 된 여드름은 염증으로 진행되지 않는다. 그러나 모공 내의 이상 현상으로 인하여 폐쇄면포가 모공 개구부로 밀려나가 밖으로 노출되지 않고, 모공 안에 정체된 체 머물러 있게 되면 모공 안에서 염증으로 진행되면서 결절과 낭종으로 악화된다.

모공의 개구부가 열리지 않고, 피지가 채워져 있으므로 혐기성 박테리아인 여드름균(*P. acnes*)이 지방분해효소인 리파아제(lipase)를 분비하여 염증이 시작된다. 중성지질(triglyceride)은 지방분해효소인 리파아제(lipase)에 의하여 자유지방산(free fatty acid)으로 분해되며, 그 결과 자유지방산은 모공 벽을 자극하여 파열시킨다. 특히 폐쇄면포는 쉽게 모낭벽이 얇아지고 파괴되므로 내용물이 진피내로 유출된다.

모공 벽의 자극과 파열로 인하여 모공에 백혈구(leucocyte)가 모여들고 여드름 균(*P. acnes*)을 공격한다. 백혈구가 공격하는 동안에는 화끈거리고 딱딱한 구진이 생성된다. 백혈구의 공격이 끝나고 그 시체들이 농(pus)이 되어 여드름 부위의 중앙에 염증이 생성되며, 이를 짜거나 추출함으로써 마침내 여드름은 사라지게 된다.

염증성 여드름은 여드름의 크기와 정도 그리고 생성 위치에 따라 표재성과 심재성 여드름으로 구분된다. 작은 구진에서부터 큰 농포는 표재성 여드름이고 결절과 낭종은 심재성 여드름이다.

이와 같은 염증성 여드름은 딱딱한 정도, 크기, 홍반 그리고 염증의 진행 시간과 악화정도에 따라 여러 가지가 있다. 그리고 이들은 동반되어 나타나기도 하며 매우 다양하게 피부에 발생한다.

3-2-1. 구진(papules)과 농포(pustules)

작은 구진이나 농포는 표재성 여드름으로서 직경이 1㎝ 이하(주로 1~5㎜)의 크기이다. 모공 내의 폐쇄면포가 박테리아에 의하여 염증으로 진전된다. 이때는 염증의 초기단계로서 딱딱하고 홍반을 보이며 통증이 느껴진다. 대략 48시간~72시간 정도 지속되며, 때에 따라서는 경미한 염증을 동반하는 경우도 있다. 이러한 구진 상태의 여드름은 짜지 않아야 하며, 농(pus)이 형성되어 말랑말랑할 때까지 기다려야 한다. 구진 상태에서 2일 정도 지나면 농이 형성된다.

홍반성 농포는 활동성의 초기 여드름이며, 홍반이 없으면서 황색의 농이 더 많이 존재하면 비활성 . 이때 농을 제거하고 파부 관리를 해 줌으로서 더 이상 악화시키지 않고 정상적인 피부로 되돌릴 수 있다.

대부분의 여드름은 구진과 농포가 동반되어 나타난다. 이를 구진농포성 여드름(acne papulopustulosa)이라 하며, 주로 안면에서 발생한다. 그러나 구진과 농포가 있다고 해서 반드시 심상성 여드름은 아니다. 구진과 농포는 이차적인 병변으로 발생한다. 즉 미세면포가 염증단계에서 선행하고, 이후 개방면포와 폐쇄면포가 다양하게 나타나는데 대부분 구진과 농포가 혼재되어 있다.

대부분 구진농포성 여드름은 약하게 지속하기도 하지만 일부는 더 심해지기도 한다. 또한 일부 구진농포성 여드름으로 인하여 사춘기와 성인의 초반기에 고통을 받다가 20대 이후에 좋아지게 된다. 목과 체간에서 염증성 여드름이 뚜렷할 수도 있다. 대부분은 염증성 여드름은 반흔을 남기며 치유된다.

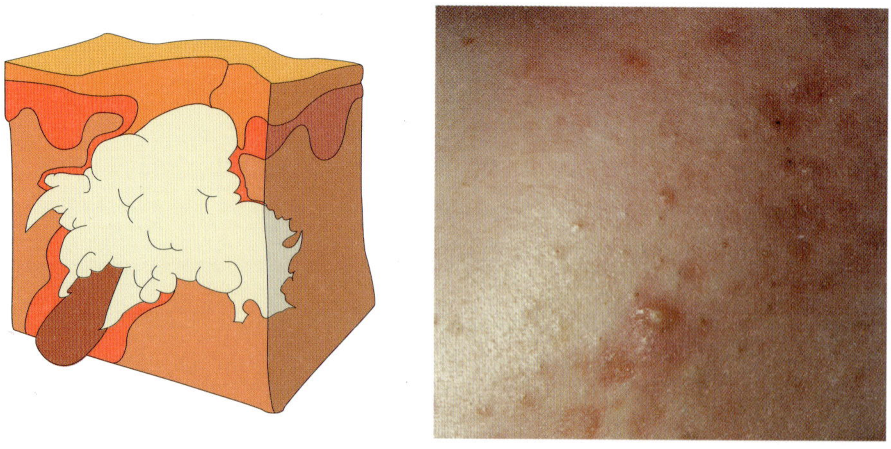

그림 11-8. 표재성 여드름(구진, 낭포)

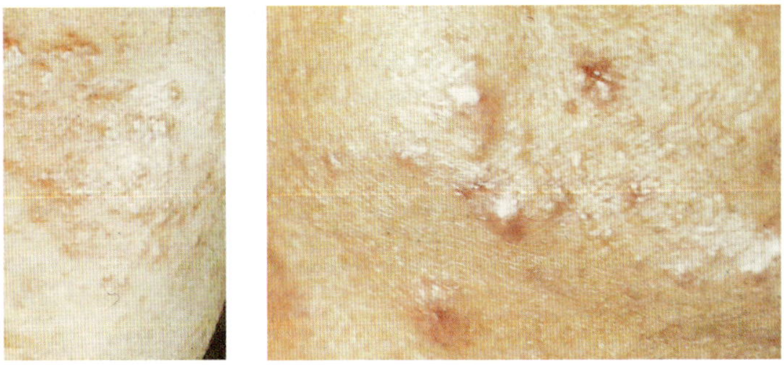

그림 11-9. 구진농포성 여드름

3-2-2. 결절(nodules)

진피의 깊은 곳에 존재하는 심재성 여드름이다. 결절은 여드름의 크기에 따라 직경이 5~10㎜의 소결절과 1㎝ 이상의 대결절로 구분한다. 초기의 결절은 딱딱하고 빨갛게 부어있으며 촉진 시에는 홍반과 통증이 있다. 구진과 유사하게 보이지만 크기가 훨씬 크고 피부 깊숙이 자리 잡고 있다.

염증이 진행되어 시간이 오래되면 모공 안의 모공벽은 점점 더 심하게 파열되어 간다. 시간이 지나면서 부드러워지고, 덮고 있는 피부가 벗겨지면서 하부로부터 출혈성 가피가 나타나기도 한다.

심재성 농포의 경우에는 대부분 연하고 1㎝ 이상의 크기를 나타낸다. 이는 결절성 여드름이 진행되어 발생되지만 작은 염증성 농포에서 시작될 수도 있다. 이들은 치료나 관리가 끝나더라도 흉터가 남기 때문에 심재성 여드름인 결절은 매우 주의하여야 한다.

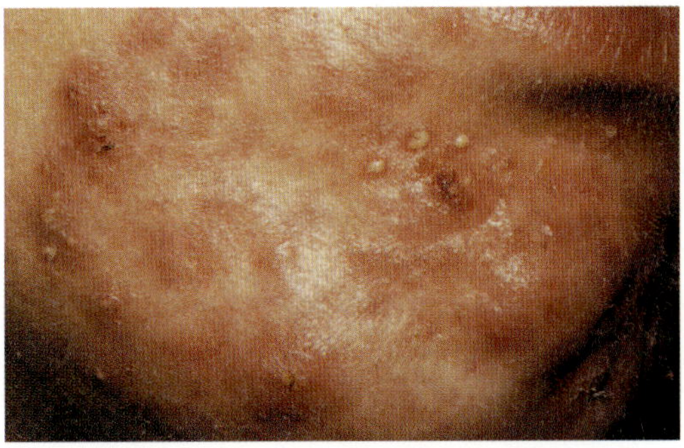

그림 11-10. 심재성 여드름(결절)

3-2-3. 낭종(cysts)

결절(nodule)이 가라앉지 않고 더욱 심화되면 그 모공안의 모공벽은 깊고 넓게 파열되어 염증이 생성된다. 또한 드물게 결절보다 조기에 모공벽이 파열되면서 농이 배출되고 출혈성 가피가 나타난다. 더욱 악화되면 주변의 모공벽까지 파열시키며 여러 개의 모공들이 거대한 염증 반응이 발생하게 된다. 즉 아령 모양으로 지속되며 염증이 재발되어 두 개의 결절이 융합되어 발생한다. 이러한 낭종(cysts)은 치료가 어렵고 재발하는 경향이 있으며 흉터를 남기는 경우가 흔하다.

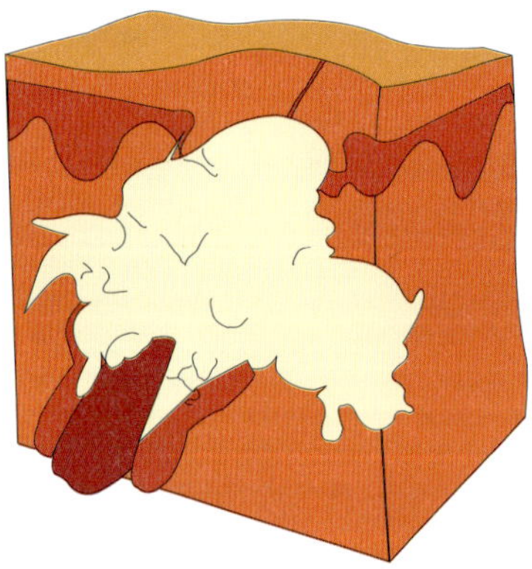
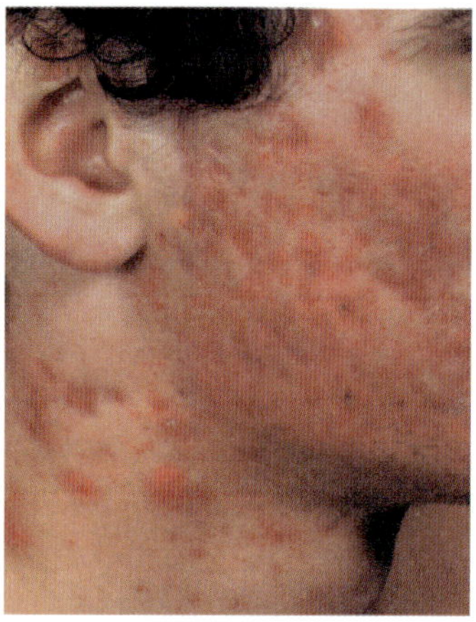

그림 11-11. 심재성 여드름(낭종)

3-3. 기타 특수 여드름

3-3-1. 접촉성 여드름(acne venenata)

피지선에 해로운 물질이 유도되어 발생하는 여드름으로서 다양한 임상적 양상을 보인다. 즉 화장품과 같은 생활용품, 직업적으로 노출되는 면포 유발성 물질, 기타 독극물에 의하여 유발된다.

1) 화장품 여드름(acne cosmetica)

화장품 혹은 생활용품을 사용하는 20~50세의 성인 여성, 특히 20~30세 여성에게서 비교적 경미한 형태의 구진성 여드름이 동반되는 여드름을 화장품 여드름(acne cosmetica)이라 한다. 이는 화장품이 주된 원인 물질로서 화장품의 종류와 양 혹은 기간

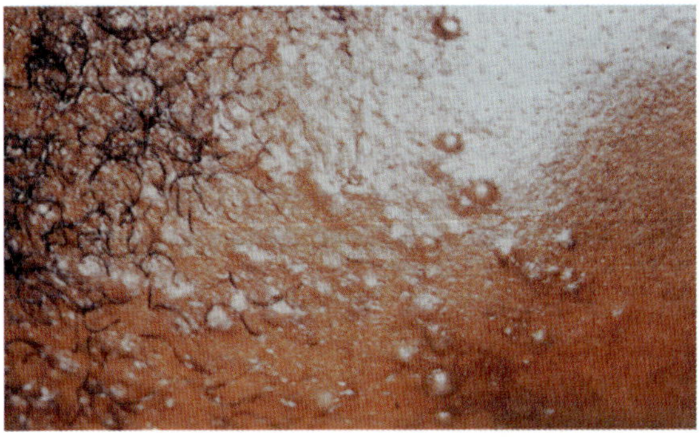

그림 11-12. 포마드 여드름

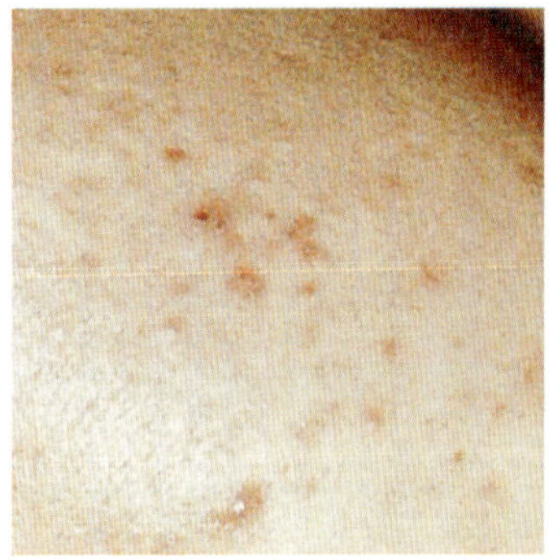

그림 11-13. 화장품 여드름

이 길수록 여드름이 발생하는 빈도가 높다. 화장품 여드름은 주로 뺨과 구순주위에 주로 분포하지만 대부분은 화장품과 관련된 것으로 생각하지 않고 가벼운 피부 문제로 생각한다. 따라서 화장품을 바꾸거나 문제성 피부 문제를 감추기 위해 대부분 면포 유발 경향이 높은 파우더류의 색소성 화장품을 상용하는 경향이 있기 때문에 모공이 막혀 악화되는 경우가 종종 있다. 대부분의 화장품 여드름은 구진성이며 면포를 동반할 수 있지만 농포는 드물다.

이러한 형태의 여드름은 생리 전 악화와 같은 현상은 나타나지 않으며, 또한 심각한 수준의 여드름은 발생하지 않는다. 화장품 제형의 유화제로 흔히 사용되는 계면활성제 등의 피부 자극물질이 피지선에 지속적인 자극을 주어 각화과정을 촉진할 수 있다.

특히 면포 유발 가능성에 대한 시험법이 개선되어 여드름 발생 빈도는 낮아지고 있다. 그러나 엄격한 안전기준을 거쳐 생산되는 화장품이 아닌 제품을 사용하는 경우에는 화장품 여드름이 발생할 가능성에 대하여 주의를 하여야 한다.

2) 유지 여드름(oil acne)

다양한 종류의 유성 물질은 여드름을 발생시킬 수 있다. 근로자가 기름과 접촉하는 부위에 발생하는 경우 모낭성 구진과 농포로 구성된 모낭염의 일종을 유지 모낭염(oil folliculitis)이라 한다. 발생원인은 밝혀지지 않았으나 기름에 의한 모낭 폐쇄에 의한 것으로 추측하고 있다.

기계를 다루는 근로자가 절삭유와 접촉할 기회가 흔하였으나 최근 산업보건위생이 향상됨에 따라 유지 모낭염이 감소되었다. 유지 모낭염은 주로 가려진 부위에 흔하게 나타나는데, 이는 기름에 젖은 옷에 접촉할 기회가 많아지기 때문이며 주로 팔과 대퇴부에 발생한다. 이는 반흔을 남기며 치유된다.

3) 코올타르 / 탄지 여드름(coal tar / pitch acne)

코올타르 및 탄지를 사용하는 도로포장, 지붕방수에 관련된 근로자에게 광범위하게 심한 면포성 여드름이 발생한다. 특히 뺨과 같은 노출부에 호발된다. 코올타르는 여드름 뿐만 아니라 피부와 눈에 심한 광독성 반응을 일으키고 과색소침착을 남길 수도 있다.

3-3-2. 기계적 여드름(acne mechanica)

압력이나 마찰, 견인 등의 물리적 인자에 의하여 여드름이 악화될 수 있으며, 외상에 의한 새로운 여드름 발생은 기존의 여드름의 심한 정도와 비례한다. 경미한 여드름은 별다른 영향이 없으나 고도의 염증성 여드름은 중증의 외상에 의해 구진, 농포 및 결절을 유발한다. 그러나 단지 물리적인 힘에 의해서 면포가 유발되지 않는다.

가장 심한 형태의 기계적 여드름은 전격성 여드름이 있는 소년이 정형외과적 보조장치를 착용한 후에 발생한 경우도 있다. 공부하거나 독서 중에 손으로 턱을 받치고 있는 등의 무의식적인 습관들을 반복하는 것도 여드름 발생 요인이 될 수 있다. 또한 밀착된 속옷의 접촉부위에서 여드름이 발생할 수 있다.

기계적 여드름의 유발 인자는 안면에 손가락이나 손바닥으로 문지르는 습관, 이마 밴드, 운동모자 등이 있고, 목에는 셔츠의 옷깃(collar), 배낭, 스웨터, 바이올린 등이 있으며 어깨에는 배낭끈, 반창고 등에는 의자 등받이, 브래지어, 가방, 끈 등이 있다. 그리고 가슴에는 레슬링 복 등이 있고, 엉덩이에는 의자 그리고 버스, 자동차, 트럭, 보트의 의자 등이 있다.

이러한 여드름의 경우 구진 또는 농포는 흔하게 존재하지만 결절 및 낭종, 반흔은 드물다. 대부분의 기계적 여드름은 화학적, 물리적 자극 인자에 의하여 쉽게 발생한다.

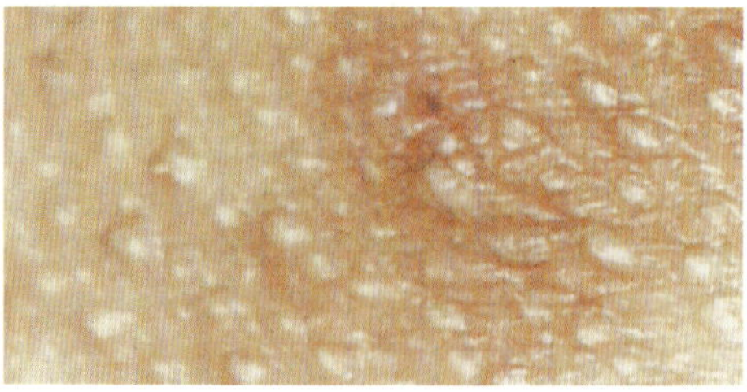

그림 11-14. 기계적 여드름

3-3-3. 열대성 여드름(acne tropicalis)

열대성 여드름은 덥고 습한 기후와 관련이 있으며, 열대 기후에 노출된 후 3~6개월 지나서 갑자기 나타나기 시작한다. 열대성 여드름은 심한 염증성 여드름으로서 응괴성 여드름에서 관찰되며, 염증이 심하여 농(pus)이 배출된다. 얼굴에서는 발생하지 않고, 주로 체간부에 호발하며 상지로 확산되는 경향이 있다. 또한 주로 등과 둔부에서 발생하여 전신으로 진행되므로 전신성 여드름(acne generalisata)이라고도 한다.

정확한 발생 원인은 밝혀지지 않았지만 모피지관의 각질형성세포의 수화에 의해 모피지관의 폐쇄로 인한 피지 분비 장애가 열대성 여드름의 발생 원인으로 추정하고 있다. 따라서 열대성 여드름은 물리적 압박 및 젖은 옷과 쉽게 마찰되는 부위인 둔부나 등에서 주로 발생하게 된다.

덥고 습한 지역에서 휴가를 마치고 돌아온 사람에게 주로 발생하는 여드름을 하계 여드름이라 하는데 열대성 여드름의 원인과 유사하다. 직접적인 원인은 자외선 차단제에 함유된 성분이 중요한 인자로 추측되고 있다. 하계 여드름은 주로 작은 염증성 여드름과 비염증성 여드름이 혼재하고 있으나 열대성 여드름에 비하여 염증의 정도가 미약하다. 이는 자외선에 노출된 시간이 짧기 때문이다.

그림 11-15. 열대성 여드름(구진, 낭포)

3-3-4. 찰상성 여드름(acne excoriée)

찰상성 여드름은 성인 여성의 얼굴에 주로 발생하는 여드름이다. 표재성 가피를 가진 찰상의 염증성 여드름으로서 인격 장애와 우울증 등과 같은 정신과적 문제를 동반한다. 찰상성 여드름이 있는 사람의 경우 자신이 감정적 장애를 숨기려 하는 데에서 오는 것으로 추측하고 있다. 소수의 경미한 여드름이 있는 사람의 경우에 심한 인설이 있는 것은 불안정에서 오는 것이다. 이러한 경우 염증 후에 과색소침착이 두드러지게 나타나는 경우도 있다.

또한 인공 피부염이 동반될 수 있으며 치료가 쉽지 않다. 찰상성 여드름을 가진 사람의 경우 스스로 얼굴을 손상하는 반복된 강박적 습관이 있기 때문에 정신과적 조언이 필요하다.

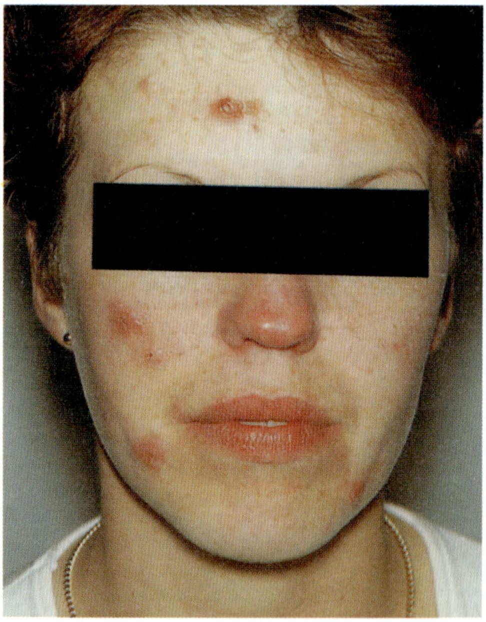

그림 11-16. 찰상성 여드름

3-3-5. 응괴성 여드름(acne conglobata)

응괴성 여드름은 진행성이며 여드름 중에서 가장 심한 형태의 여드름이다. 다공성의 개방면포, 농양, 낭종, 농루와 불규칙한 반흔을 특징으로 한다. 청년기에 발생하며 대개 18~30세에 발생하는데 지성 피부를 가진 성인 남자에게서 주로 발생하고, 여자에게도 간혹 발생한다. 응괴성 여드름은 사춘기부터 시작되며 염증성 여드름이 특징적이고, 기존의 구진성 또는 농포성 여드름에서 진행된다. 정확한 원인은 밝혀져 있지 않고 심한 심상성 여드름의 화농성 변이로 간주한다.

일반적으로 성인 남자에게서 발생하고 심상성 여드름과는 달리 20대 이후에도 지속적이며 간헐적인 경과를 나타낸다. 다공성의 개방면포는 응괴성 여드름의 특징으로서 안면 보다 목 또는 체간 부위에 군집되어 나타나고, 상완이나 엉덩이 부위까지 퍼질 수 있다. 응괴성 여드름은 체간에 주로 발생하는데, 특히 등이 심하고 안면은 덜 심하다. 즉 대부분의 응괴성 여드름은 등에만 국한되어 나타나며 얼굴에만 국한된 응괴성 여드름은 드물다.

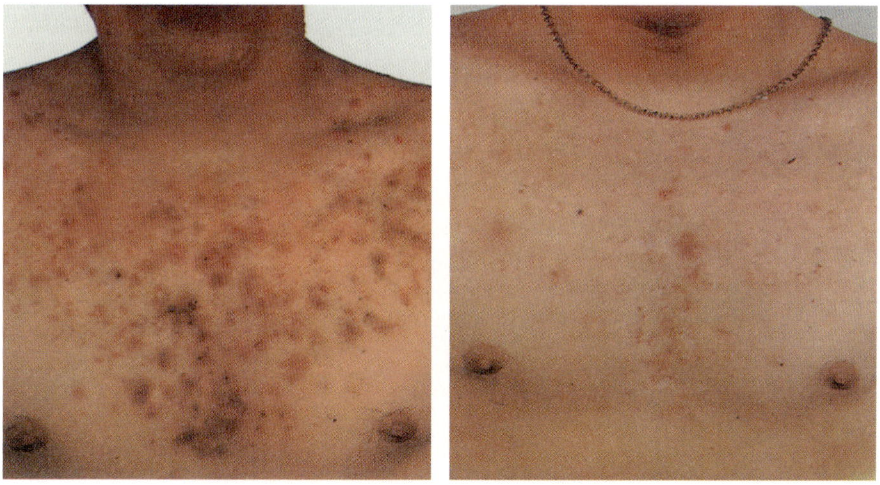

그림 11-17. 응괴성 여드름(구진, 낭포)

3-3-6. 전격성 여드름(acne fulminans)

전격성 여드름은 기존에 가벼운 정도의 여드름이 있는 경우에 아직 잘 알려지지 않은 요인에 의하여 매우 악화된 여드름이다. 즉 가장 심한 형태의 여드름으로서 결절과 농포성 여드름의 갑작스런 발생과 함께 전신에 발생하는 여드름을 동반하는 특징이 있다. 응괴성 여드름으로 오인되는 경향이 있으나 전신에 발생한다.

주로 13~16세의 남자에게 보다 흔하며, 주로 가슴과 등에 발생한다. 심한 염증성 여드름이 주로 전흉부 등에 존재하며 일부는 얼굴에도 나타날 수 있다. 응괴성 여드름과 유사하지만 전격성 여드름은 궤양을 형성하는 특징이 있다. 심한 경우에 치유되면서 반흔을 남기기도 한다.

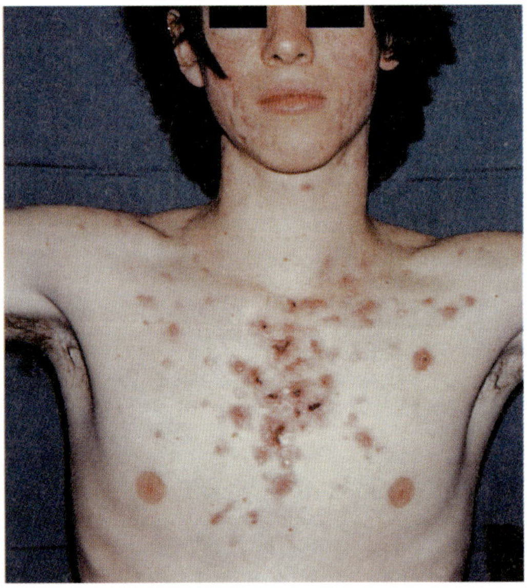

그림 11-18. 전격성 여드름

4. 여드름의 발생원인

여드름을 발생시키는 주된 3대 요인은 피지의 과잉 분비, 과각화로 인한 모공의 폐쇄 그리고 세균에 의한 염증 유발이다. 그러나 이러한 주된 요인이 단독으로 여드름을 발생시키는 경우는 드물고, 상호 유기적인 작용에 의하여 여드름이 발생된다. 또한 여드름은 사람에 따라 각각 다르며 여러 가지 복합적인 원인에 의하여 악화된다.

4-1. 피지의 과잉 분비

여드름(acne)이란 피부에 윤기와 유연함을 유지시키기 위하여 피지를 분비하는 피지선의 염증에 의해서 발생한다. 즉 1차적인 요인은 모공이 막힐 정도로 과도하게 분비되는 피지(sebum)이다.

여러 가지 요인에 의하여 피지가 과잉으로 분비되는데 가장 중요한 요인 중 하나는 호르몬이다. 호르몬 중 남성호르몬인 안드로겐(androgen)과 여성의 생리기간 중에 분비되는 황체호르몬(progesterone) 등이 피지선을 자극함으로써 피지 분비가 촉진된다.

즉 여드름은 일생동안 성 호르몬의 변화가 심한 사춘기 그리고 여성의 경우에는 생리 전이나 임신 초 혹은 폐경기를 전후하여 악화된 것을 볼 수 있다. 그 외에도 심리적 요인과 스트레스 등 복합적 요인에 의하여 피지가 과잉 분비된다.

4-1-1. 사춘기(adolescence)

피지분비에 관여하는 대표적인 호르몬은 사춘기에 가장 많이 분비되는 안드로겐(androgen)이다. 안드로겐은 남성호르몬으로서 피지선에 작용하여 피지선의 기능을 항진시키고, 피지 분비를 촉진시킨다. 따라서 남성 호르몬의 분비량이 증가하면 피지선이 자극을 받아 과량의 피지를 분비하게 된다.

안드로겐은 남성호르몬이지만 난소와 부신에서도 적은 양이 분비되므로 남성만이 아니라 여성에게도 존재한다. 사춘기 여성의 경우도 남성 호르몬의 분비가 증가하기 때문에 여드름이 발생하는 경우가 많다. 그러나 일반적으로 남성이 여성보다 여드름 발생 정도가 빈번하게 나타난다. 그 외 부신피질 호르몬, 성선자극 호르몬, 갑상선 호르몬 및 스테로이드 같은 약제들이 피지 분비에 기여한다.

4-1-2. 월경(menstruation)

여성의 사춘기에 접어들면 뇌에 있는 뇌하수체 전엽에서 두 가지 종류의 성선 자극 호르몬, 즉 난포자극호르몬(follicle stimulating hormone, FSH)과 황체형성호르몬(luteinizing hormone, LH)이 분비된다.

이 두 가지의 호르몬은 생식기에 있는 난소를 자극하여 에스트로겐(estrogen)과 황체호르몬(progesterone)을 분비하여 여성의 생리주기를 조절한다. 대부분의 여성들은 여드름의 경향이 생리주기에 많은 영향을 받고 있다. 여성들의 60~70% 정도가 월경 전에 여드름이 새로이 생성되거나 악화된다.

여성의 여드름이 악화되는 시기는 월경 전 10일 정도부터인데, 이 기간 중에는 여성호르몬 중 황체호르몬이 급격히 증가하는 시기이다. 황체호르몬은 여성의 임신을 도와주는 작용을 하는 호르몬으로서 여성의 임신 가능한 시기인 배란기 때 증가하기 시작한다. 수정이 되지 않았을 경우에 급격히 감소하지만 수정이 되어 임신을 하게 되면 지속적으로 증가하게 된다. 따라서 임신초기에는 내내 지속되다가 태반이 완성되는 3개월 후부터는 감소되며 대신 에스트로겐 분비가 증가된다.

황체호르몬(progesteron)은 피지선을 자극하여 피지분비를 촉진시키며, 생리 시작 2주일 전부터 생리 3~4일 전까지 가장 활발하게 분비된다. 여성의 여드름은 황체호르몬의 분비가 왕성할 때, 즉 월경 10일 전부터 월경하는 날까지, 그리고 임신 초기 3개월 정도까지 여드름이 악화되는 것은 이와 같은 이유 때문이다.

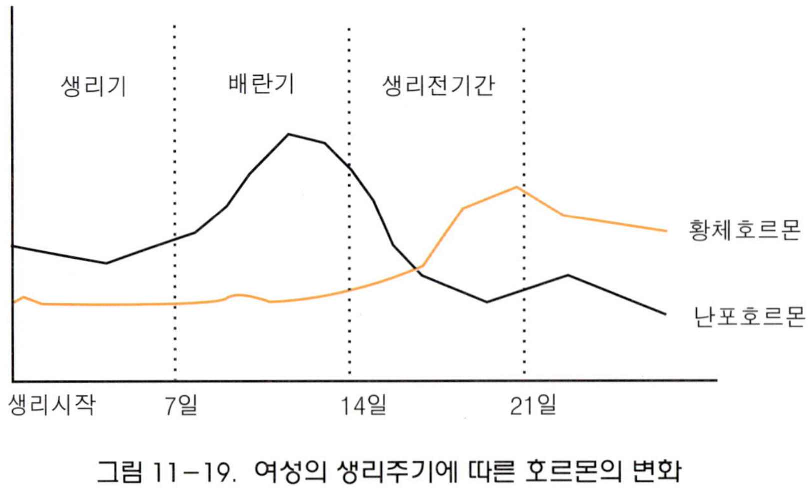

그림 11-19. 여성의 생리주기에 따른 호르몬의 변화

여성의 경우 20~30대 이후에도 여드름이 계속 발생할 수 있는데, 이때에 생기는 여드름은 몇 가지 특징이 있다. 생리 때가 되면 입 주위에 여드름이 발생하는데, 이는 일반 여드름과는 달리 통증이 있고 배란일을 즈음해서 여드름이 생긴다. 그리고 생리가 끝나면 피지분비 억제로 인하여 다시 스스로 없어진다. 즉 월경주기에 따라 여드름이 생성되었다가 없어지면 황체호르몬(progesteron)의 영향으로 예측할 수 있다. 이러한 여드름을 월경전 여드름이라 한다.

그리고 28일의 생리 주기를 기준으로 피지선 개구부의 크기는 월경 후 15~20일 사이에 가장 좁고, 21~26일째 넓어지기 시작하여 생리 2일전에 크기가 다시 좁아지는 주기성을 갖는다.

주로 월경 전에 여드름이 악화되는 것은 월경으로 인한 피지분비의 변화에 의한 것이다. 황체호르몬은 폐경 전까지 영향을 미치기 때문에 40~50대에도 여드름이 발생할 수 있다. 또한 임신을 함으로써 황체호르몬(progesteron)이 분비되어 여드름이 생성되고 황체호르몬이 함유된 피임약을 복용함으로써 여드름이 발생하는 경우도 있다.

4-1-3. 스트레스(stress)

스트레스는 피지 과잉 분비의 한 원인이다. 사람의 몸은 스트레스를 받으면 당질코티코이드와 같은 스트레스 호르몬이 대량 분비된다. 또한 부신에서 생성되는 부신피질호르몬과 안드로겐의 분비도 증가한다. 이와 같은 호르몬은 피지선을 자극함으로서 피지 분비를 촉진시킨다. 스트레스는 정신적인 압박감과 심리적인 불안상태에 의하여 발생하며 알코올, 약물 등의 화학적인 요인과 기후와 열 등의 물리적인 요인 그리고 박테리아, 바이러스 등의 생물학적 요인에 의하여 나타난다.

스트레스와 불안, 우울 등의 감정적 요인이 여드름 악화에 영향을 미친다. 학생들의 경우 시험기간 중에 여드름이 악화되는 것을 관찰할 수 있다. 또한 피곤할 때, 정신적으로 힘들 때, 잠을 잘 못 이룰 때에 다량 분비되는 코티졸도 여드름의 생성 원인이다.

4-1-4. 유전(heredity)

사춘기가 되면 모든 사람에게는 안드로겐이 분비되는데 사람에 따라 피지가 생성되는 정도는 다소 차이가 있다. 이러한 이유는 안드로겐에 대한 피지선의 반응 정도가 다르기 때문이다. 즉 지성 피부를 타고난 사람의 피지선은 같은 양의 안드로겐에 대하여 건성이나 중성 피부를 가진 사람의 피지선 보다 훨씬 더 민감하게 반응한다.

한 가족의 경우 여드름의 형태나 기간, 심한 정도에서 서로 비슷한 여드름의 발생 경향을 보이는 경우가 많다. 여드름은 모든 인종에서 나타날 수 있으나 인종 간 다소 차이를 보이는 것은 여드름 발생에 유전적인 요인이 있음을 시사하고 있다. 백인의 경우 흑인이나 아시아인에 비하여 여드름 발생 빈도가 높은 것으로 보고되고 있다.

과학적으로 명확하게 입증되지는 않았지만 여드름은 유전적인 요인이 관련된다는 것이 정설로 받아들여지고 있다. 만일 사춘기 자녀를 가진 부모나 형제 중에 여드름이 심하였다면 사춘기 자녀 또한 심한 여드름이 발생할 확률이 높다. 일란성 쌍생아에서 여드름의 분포 및 정도가 매우 일치된 점은 유전적인 요인을 뒷받침하고 있다.

4-1-5. 그 외의 요인

내분비계의 이상에 의한 호르몬의 과다 분비에 따른 피지의 과잉분비, 온도와 습도 상승에 의한 기후 변화 등 여러 가지 요인이 있다.

4-2. 모공의 과각화(hyperkeratinization)

피지선의 과각화 현상은 모낭 표피세포의 과증식 뿐만 아니라 쉽게 탈락되지 않고 유착됨으로써 더욱 심화된다. 이러한 유착은 정상적인 표피 탈락에 관여하는 층판소체의 감소와 관련이 있으나 교소체에는 이상이 없다.

여드름 피부의 경우 피지분비가 증가하면 피지 성분 중 콜레스테롤(cholesterol)이 희석되어 모낭 내의 콜레스테롤과 황산 콜레스테롤(cholesterol sulfate) 간의 불균형을 초래한다. 그러므로 모낭 각질형성세포 사이의 결합을 증진시켜 모낭 정체와 과각화을 유발시킨다. 과각화(hyperkeratinization)에 의한 면포 형성 메카니즘은 아직 명확하게 밝혀지지 않았지만 피지의 지질 조성, 남성 호르몬 그리고 사이토카인 등이 중요한 요인으로 알려져 있다.

4-2-1. 피지의 지질 조성 변화

피지(sebaceous lipid)는 중성지질(triglyceride), 왁스에스테르(wax ester), 스쿠알렌(squalene), 자유지방산(free fatty acid), 리놀레산(linoleic acid), 콜레스테롤(cholesterol) 그리고 콜레스테롤 에스테르(cholesterol ester) 등으로 구성되어 있다. 리놀레산(linoleic acid), 콜레스테롤(cholesterol) 그리고 콜레스테롤 에스테르(cholesterol ester)는 피지세포의 세포막을 구성하는 지질이며, 중성지질(triglyceride)과 왁스에스테르(wax ester)는 피지세포 내에서 새로이 형성되는 지질(lipid)이다.

중성지질은 피지선의 도관을 통하여 피부의 외부로 분비되면서 여드름을 유발시키는 여드름균(Propionibacterium Acnes) 등에 의해 가수분해 되어 자유지방산(free fatty acid)

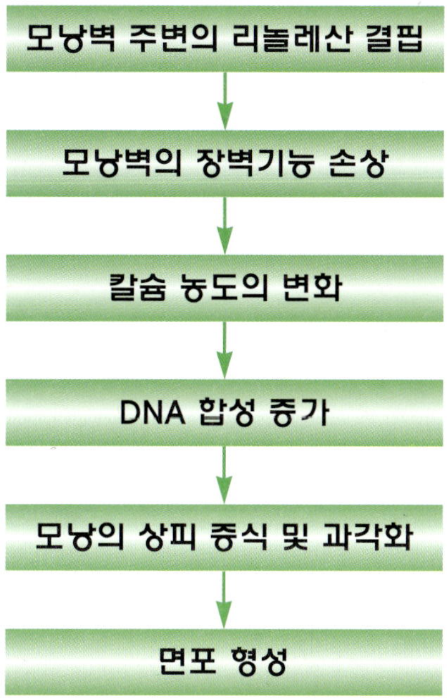

그림 11-20. 리놀레산의 결핍에 의한 면포형성 과정

을 형성한다. 피지는 피지선의 전분비(holocrine)에 의해 분비된다. 즉 피지의 전분비는 피지선의 피지세포 자체가 피지선으로부터 탈락되어 분비되는 것이다.

따라서 여드름 피부의 경우 피지의 분비가 왕성해지면 세포막의 구성 지질, 즉 리놀레산(linoleic acid), 콜레스테롤(cholesterol) 그리고 콜레스테롤 에스테르(cholesterol ester)의 양은 새롭게 생성된 중성지질(triglyceride)과 왁스에스테르(wax ester) 등에 의하여 희석된다. 결국 피지 분비가 증가함에 따라 피지의 지질 성분 변화는 리놀레산과 함께 콜레스테롤은 감소되고 중성지질, 스쿠알렌 그리고 중성지질의 분해 산물인 자유지방산은 증가한다.

콜레스테롤의 감소는 각질형성세포 사이의 결합을 증진시켜 모낭의 과각화을 초래하며 자유지방산의 증가와 스쿠알렌은 모낭을 자극하여 과각화작용을 유발시킨다. 특히 피지 성분 중 리놀레산이 감소하면 피부장벽 기능의 손상을 초래하여 표피 칼슘 농도의 변화, DNA 합성 증가, 모낭 상피의 증식, 과각화를 통한 면포형성을 유발한다.

이는 필수지방산인 리놀레산(linoleic acid)의 결핍이 여드름을 유발시키는 매우 중요한 요인 중 하나이며, 리놀레산이 결핍되면 전신에서 인설이 발생하게 되는 원인이기도

하다. 즉 모낭 내에서 리놀레산의 상대적인 감소는 모낭 내에 인설을 유발함으로써 과각화작용을 일으켜 면포 형성을 촉진시킨다. 또한 여드름 면포 내의 리놀레산의 감소는 호중구의 포식작용 및 활성산소종(reactive oxygen species, ROS) 형성 억제를 방해하여 여드름 악화에 기여한다. 안드로겐의 피지선 자극에 의하여 피지분비가 증가되며, 콜레스테롤과 리놀레산 등의 피지 조성의 변화는 여드름 형성에 중요한 역할을 한다.

4-2-2. 남성 호르몬(androgen)

남성호르몬(androgen)이 여드름 발생에 기여한다. 특히 디히드로에피안드로스테론(dihydroepiandrosterone, DHEA)은 3β-히드록시스테로이드 디히드로겐나아제(3β-hydroxysteroid dehydrogenase), 17β-히드록시스테로이드 디히드로겐나아제(17β-

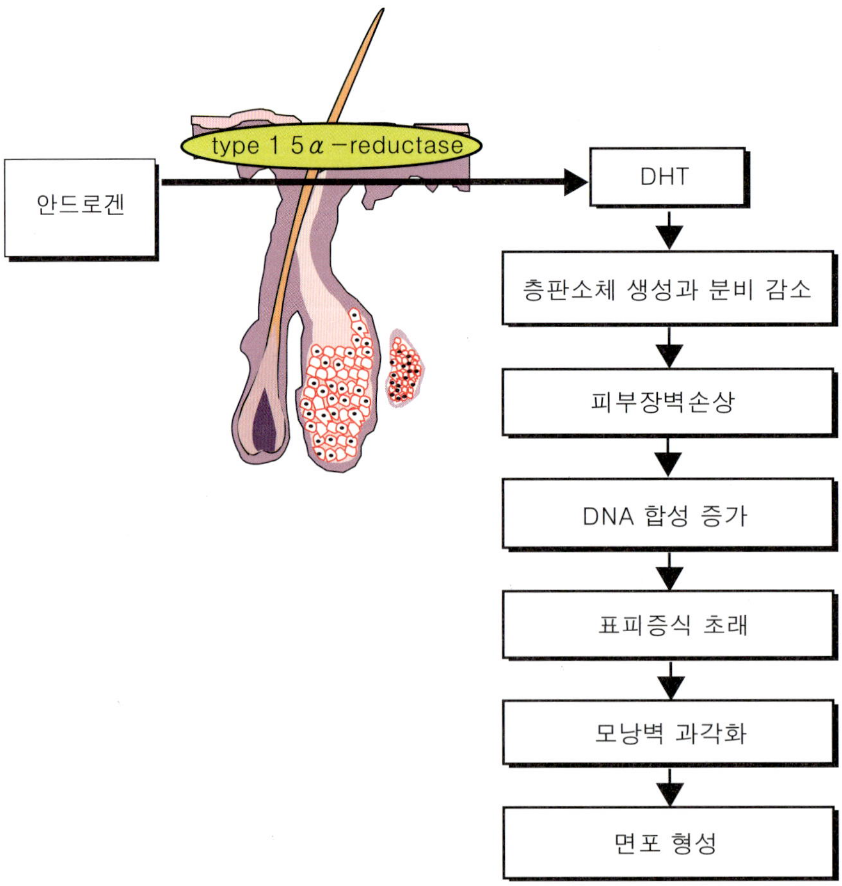

그림 11-21. 안드로겐의 증가에 의한 면포형성 과정

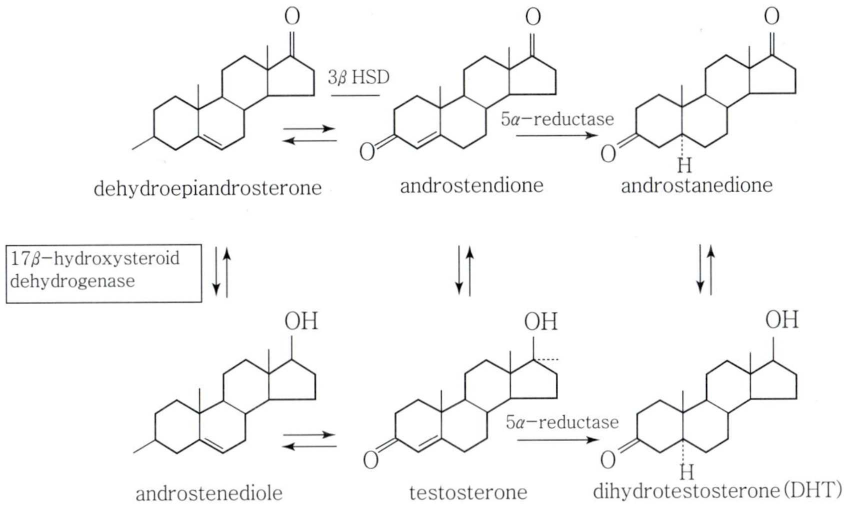

그림 11−22. 안드로겐의 대사과정

hydroxysteroid dehydrogenase), 5α-리덕타아제(5α-reductase) 등에 의해 안드로스텐디온(androstenedione), 테스토스테론(testosterone), 디히드로테스토스테론(dihydrotestosterone, DHT)으로 전환된다.

표피와 피지선에서 type1 5α-reductase의 활성에 의하여 테스토스테론이 더욱 강력한 남성 호르몬인 디히드로테스토스테론(dihydrotestosterone; DHT)으로 전환된다.

모낭의 누두부와 표피의 각질형성세포에서 남성 호르몬의 대사를 비교한 결과 모낭 누두부의 각질형성세포는 표피의 각질형성세포보다 type1 5α-reductase의 활성도가 높게 나타난다. 이는 모낭의 누두부에서 표피의 각질형성세포보다 많은 DHT가 형성되므로 면포형성 초기에 과각화가 일어남으로써 면포가 형성되는 것이다.

이를 종합하면 남성호르몬인 안드로겐(androgen)은 모낭 벽에 존재하는 각질형성세포에서 더욱 활성도가 증가되어 있는 type1 5α-reductase에 의해 디히드로테스토스테론(dihydrotestosterone; DHT)이 형성된다.

이는 층판소체의 생성과 분비를 감소시켜서 각질세포간 지질막 형성을 방해함으로써 피부 장벽을 손상시킨다. 이에 따라 표피 각질형성세포의 DNA 합성을 증가시키고, 표피 증식을 초래함으로써 모낭벽의 과각화작용을 유발하여 면포를 형성한다. 즉 남성 호르몬 중 하나인 안드로겐은 피지 세포의 증식과 피지 분비를 촉진시키고 각질형성세포의 과각화를 유발시킨다.

4-2-3. 사이토카인(cytokine)

피지의 분비나 조성 변화에 의해 각질형성세포에서 분비된 사이토카인(cytokine) 중 IL-1은 면포형성에 필요한 각화작용을 촉진시킨다. 또한 EGF(epidermal growth factor)와 TGF-**α**(transforming growth factor-**α**)는 모낭 누두부의 붕괴를 유발시켜 각화과정을 촉진시키는 작용과 각질형성세포의 재생을 유지시키는 작용도 한다. EGF는 나이가 들어감에 따라 숫자가 감소된다.

4-2-4. 피부장벽 기능의 이상

스핑고지질의 감소는 피부장벽 기능의 저화와 밀접한 관련이 있다. 피부장벽 기능에 이상이 생기면 경피수분손실(TEWL)이 증가하고 DNA 합성이 증가하므로 모낭 표피세포의 과증식 및 과각화작용이 유발된다. 스핑고지질, 특히 세라마이드의 부족에 의한 피부장벽 기능의 저하는 면포형성 과정에서 과각화작용을 일으키는 원인이 된다. 또한 필수 지방산인 리놀레산의 국소적인 농도 감소는 모낭의 과각화작용을 일으켜서 면포형성에 관여한다.

4-3. 박테리아에 의한 염증 유발

4-3-1. *Propionibacterium acnes* (*P. acnes*)

Propionibacterium acnes(*P. acnes*)은 그람 양성, 비운동성 간균이다. 피지선의 모낭 내에 존재하며 여드름을 유발하지만 피부에 공생하는 미생물이다. 이는 각질형성세포의 질소화합물을 에너지원으로 이용하며 30~37℃의 온도에서 가장 활발한 활동을 한다.

그러나 *P. acnes*의 성장과 증식에 가장 큰 영향을 미치는 것은 pH와 산소의 분압이다. pH 5.0~6.5에서 *P. acnes*의 증식이 가장 활발하고 산소의 분압은 낮을수록 활발하다. 즉 저류된 피지는 모낭을 막아 공기의 순환을 차단하고, 특히 정상 성인의 피부에 상재하는 혐기성 세균에 해당하는 *P. acnes*이 잘 자랄 수 있는 환경을 제공하므로 여드름 발생에 중요한 역할을 한다. *P. acnes*의 증식은 여드름 발생에 중요한 요인이기는 하지만 감염성은 아니다. *P. acnes*은 모낭의 지방분해효소(lipase)의 대부분을 형성하며, 이 외에도 protease, hyaluronidase 등이 분비되어 염증반응을 유발한다. *P. acnes*는 여러 화학주성 인자를 분비하는데, 이들은 백혈구가 모낭 주위로 모여들게 한다.

저분자량의 화학주성 인자는 혈청 내 보체를 필요로 하지 않고 주로 호중구에 대하여 화학주성을 일으킨다. 그러나 고분자량의 화학주성 인자는 림프구와 대식세포에 작용한다. 이는 모낭 벽을 자극하고 파괴하여 모낭 내용물이 진피내로 유출되고 염증 반응과 이물 반응이 일어나게 된다.

4-3-2. 염증반응(inflammation)

여드름이 심한 경우에는 대부분 염증 반응을 동반한다. 염증 발생의 여러 가지 원인 중에서 피지분비가 증가되고 모공이 막히는 상태는 세균에 의한 염증 유발을 촉진시킨다. 즉 피지가 증가되고 모공이 막히는 상태에서 세균에 의한 염증 유발이 가장 중요하다.

여드름을 잘못 짜거나 자극을 주면 피지와 여드름 세균이 피부로 유출되고 이로 인하여 염증 반응은 더욱 심해지며, 심한 염증은 흉터와 색소 침착을 유발한다. 국소적으로 박테리아의 숫자가 증가되면 각질형성세포에 부분적인 손상이 발생한다.

한편 국소적인 피부장벽 손상에 의해 여러 가지 염증과 관련한 사이토카인이 진피로 분비되어 여드름의 염증반응을 유발하게 된다. 박테리아의 국소 증식은 한 가지 요인이 될 수는 있지만 면포 형성 초기에 반드시 필수적인 조건은 아니다.

일반적으로 초기의 염증성 병변에서 나타나는 표피의 해면화에 의해 IL-1α가 진피로 모이게 되면 'dermal pool'을 형성하므로 진피의 미세혈관의 내피 세포가 활성화된다. 이후에 항원 비특이적인 단핵구들이 선택적으로 축적되면서 비특이적인 염증 반응이 먼저 유발된다. 그리고 *P. acnes*에 대한 항원 특이적인 T 림프구의 반응이 증폭되면서 염증 반응은 새로운 국면을 맞게 된다. 박테리아에 대한 감작 및 염증 반응의 정도는 개인별로 차이가 있다.

여드름의 염증은 흉터를 남길 수 있으므로 중요한 의미를 갖는다. 흉터를 남기지 않는 여드름은 염증이 초기에 보다 심하나 빨리 소실되는 경향이 있다. 즉 초기 염증성 여드름을 관리하는 것이 관리 결과에 중요한 영향을 미칠 수 있음을 의미한다.

4-4. 여드름 악화 요인과 완화 요인

4-4-1. 화장품과 세안

유지방 성분이 많은 화장품은 여드름의 발생 원인뿐만 아니라 악화요인이 될 수 있다. 화장품은 기본적으로 물과 유지(oil and fat)를 유화시켜 제품을 제조하고 사용함으로서 유지 성분이 모공을 막고 자극을 줄 수 있기 때문에 여드름을 유발시킬 뿐만 아니라 악화시킬 수 있다. 특히 유지 성분 중 여드름을 유발시킬 수 있는 물질을 여드름 유발 성분(comedogenic ingredient)이라 한다.

일반적으로 여드름 유발 성분은 라놀린, 밍크오일, 우지 등의 동물성 기름, IPM(isopropyl myristate), 색소성분 그리고 미네랄 오일 등이다. 따라서 여드름 피부의 경우에는 라놀린(lanolin), 일부 식물성 기름, 라우릴 알콜(lauryl alcohol) 등 여드름 유발 성분(comedogenic ingredient)이 함유되지 않은 화장품을 사용하여야 한다. 또한 피부가 손상되지 않는 범위 내에서 잦은 세안과 청결은 여드름 완화에 도움을 줄 수 있다.

그러나 과도한 세안은 피부 장벽의 약화를 초래하고, 피지 분비를 유발할 수 있다. 특히 계면활성제가 주성분인 세안제는 각질층의 단백질과 지질을 파괴하여 피부를 손상시킬 수 있기 때문에 각질층 구조에 대한 영향을 최소화한 저작극성 세안제를 이용하여야 한다.

1) 세안제

여드름은 피부의 표면뿐만 아니라 진피 내의 모낭과 피지선 및 호르몬과 관련이 있다. 따라서 단순히 깨끗이 씻는 것만으로 여드름을 해결할 수 없다. 그러나 피지, 땀 그리고 탈락하지 못한 각질형성세포를 피부 표면으로부터 제거함으로서 모공을 막고 있던 물질을 제거하고, 모낭 내의 물질을 원활하게 배출하는데 도움이 되기 때문에 세안이 필요하다. 또한 세안은 모낭이나 피지선의 깊은 곳까지 씻어내지는 못할지라도 피부 표면의 세균 성장과 증식을 억제하고 이들의 모낭 침투를 막는 효과가 있다.

항생물질이 첨가된 합성비누를 사용함으로서 세안은 세균 감염을 줄이고 새로운 병변의 진행을 막는데 도움이 된다.

세안은 보통 하루에 2~3회 정도 하면 되지만 반드시 부드럽게 해야 한다. 과도하게 문지르거나 스크럽을 하면 오히려 염증이 심해지고 피부에 자극을 유발할 수 있다. 특히 여드름에 사용되는 대부분의 약제는 피부를 건조시키는 것보다 세정작용이 적은 비누를 사용하여야 한다.

2) 화장수

여드름 피부는 알코올이 함유되고 항생물질이 첨가된 제품을 사용하여야 한다. 그러나 알코올의 함량이 너무 많을 경우 피부를 건조시키므로 주의하여야 한다.

3) 보습제

식물성이나 미네랄 오일이 함유된 화장품은 여드름을 악화시킨다. 오일이 함유되지 않는 화장품(oil free product)으로 보습력이 함유된 제품을 사용하는 것이 좋다

4) 메이크업 제품

메이크업 제품 중 일부는 유분이 너무 많아 모공을 막고, 이로 인하여 피지의 정상적인 배출을 방해함으로서 면포를 유발하거나 여드름을 악화시킬 수 있다. 여드름용 화장품은 지성용 화장품과 유사하며, 상대적으로 많은 양의 수분과 적은 양의 유분으로 구성되어 있다.

4-4-2. 음식물과 식생활

과거에는 쵸콜릿이나 동물성 기름 등이 여드름을 악화시킨다고 알려져 왔다. 그러나 현재 여드름과 칼로리 섭취량, 탄수화물, 지방, 단백질, 미네랄, 아미노산, 비타민과는 큰 상관관계가 없는 것으로 밝혀졌다. 그리고 완전한 단식은 피지 분비량을 40% 가량 감소시킬 수 있으나 이런 경우를 제외하고는 음식량을 줄여도 피지 분비량에는 영향이 없다. 따라서 건강을 해칠 정도로 극단적인 음식제한을 하지 않는 한 단식, 절식 그리고 금식은 여드름 발생에 영향을 미치지 않는다.

최근 여드름의 발생은 환경적인 요인, 특히 식생활 습관과 관련되어 있는 것으로 보고되고 있다. 식생활이 서양화되지 않은 지역에서 여드름의 발생이 현저히 낮고, 식생활이 서양화된 지역에서는 여드름의 발생 빈도가 높았다. 또한 동물성 기름과 식물성 기름을 과도하게 섭취하더라도 피지 분비는 증가되지 않고, 혈중 지질이 피지선 세포에 영향을 미치지 않는다.

피지선은 섭취한 지질의 배출 통로가 아니며 혈청내의 지질은 피지선을 통과하지 않는다. 피지선에서 분비되는 피지는 혈중 지질에 의해서 합성되는 것이 아니므로 혈중 지질과는 다르다.

미역, 김 등의 해조류에 많이 포함되어 있는 것으로 알려져 있는 요오드(iodide)는 낭종성 여드름과 여드름 흉터를 발생시키는 인자로 알려져 있다. 그러나 이는 매우 다량 섭취하였을 때 발생하기 때문에 일반적으로 음식을 섭취할 때 포함된 요오드가 여드름을 악화시킬 정도는 아니다.

최근 치약이나 음료수에 첨가되고 있는 불소(F)도 여드름 발생원인의 인자로 거론되고 있으나 확실한 증거는 없다. 비타민 A는 과각화를 정상화시키고 피지 분비를 감소시키는 기능이 있으므로 부족 시 염증반응이 심해진다. 즉 비타민 A가 부족할 경우에 여드름이 악화될 수 있다.

필수지방산(essential fatty acid)의 부족은 여드름 발생 원인이 되는 피지선 증식과 모공의 과각화를 초래한다. 그리고 음주는 여드름을 악화시키는 인자로 알려져 있다. 이는 술에 의한 면역기능이 약화되기 때문이다.

모낭염을 포함한 피부감염증이 음주자에게 보다 흔하다. 그리고 *P. acnes*와 *S. aureus*가 alcohol dehydrogenase와 관련 되므로 알콜을 많이 마시면 독성이 강한 아세트알데히드(acetaldehyde)의 생성이 증가하여 여드름을 악화시킨다.

4-4-3. 운동

적당한 운동은 스트레스의 강도를 조절하고 건강에 도움이 되기 때문에 여드름 피부라 하더라도 권장할 사항이다. 그러나 규칙적인 운동에 의하여 여드름이 악화될 경우에는 운동을 조절하고 유의하여할 필요가 있다.

운동할 때에는 가능한 화장을 하지 않아야 한다. 오일프리(oil free) 제품이나 면포를 형성하지 않은 화장품이라 하더라도 모공을 막을 수 있기 때문이다. 또한 합성 섬유로 만든 옷은 운동할 때에 발생하는 열과 땀의 발산을 막아 세균이 증식할 수 있기 때문에 여드름이 악화될 수 있다.

따라서 운동할 때에는 옷에 의하여 자극시키지 않도록 몸에 꽉 끼지 않으면서 면으로 만든 옷을 착용하는 것이 좋다. 그리고 운동 후에는 가능한 빨리 샤워를 해서 땀과의 접촉 시간을 줄여야 한다.

4-4-4. 햇 빛

여드름이 햇빛에 노출되면 피부 손상에 의하여 모낭벽에 악영향을 끼치므로 여드름을 악화시키는 요인으로 알려져 왔다. 그러나 최근에는 햇빛이 여드름을 개선시키는데 도움이 되는 것으로 밝혀지고 있다. 즉 *P. acnes*는 프로토포르피린(protoporphyrin)과 코프로포르피린(coproporphyrin) 등과 같은 광증감제인 포르피린을 만들어낸다. 이러한 광증감제는 빛에너지를 흡수하여 세포와 체조직 내에서 여러 가지 화학반응을 일으킨다.

이러한 화학 반응 과정 중에 활성 산소종(reactive oxygen species, ROS)이 생성되어 *P. acnes*의 활성을 억제하여 여드름이 개선된다.

그 외에도 열, 습도, 과도한 태양광선 노출, 다양한 종류의 마찰과 압력, 약물 등은 여드름을 악화시킬 수 있다.

5. 여드름 등급(classification of acne)

여드름은 심한 정도에 따라 다양한 구분 방법이 제시되고 있다. 본 장에서는 도날드 필즈버리 박사에 의한 4가지 등급으로 여드름을 분류하였다.

5-1. 제1등급(Grade Ⅰ)

여드름 피부 중 가장 경미한 상태이다. 미세 면포(microcomedone), 폐쇄 면포(white heads, closed comedones) 그리고 개방면포(black heads, open comedones)가 혼재되어 있으나 염증성 여드름을 거의 찾아 볼 수 없는 상태이다. 주로 10대의 사춘기 때 나타나는 여드름이며, 일시적으로 나타났다가 곧 사라진다.

5-2. 제2등급(Grade Ⅱ)

폐쇄 면포(white heads, closed comedones)가 얼굴에 주로 분포되어 있는 여드름성 피부이다. 작은 크기의 폐쇄면포는 모공이 막혀 있어 배출되지 못하고, 모공내에서 점점 커지거나 염증성 여드름으로 진행된다. 이러한 경우의 여드름은 관리하기 어려우며, 피부 관리에 의한 개선 효과도 빠르게 나타나지 않는다. 모공의 입구를 열기 위하여 주로 필링 방법을 이용한다.

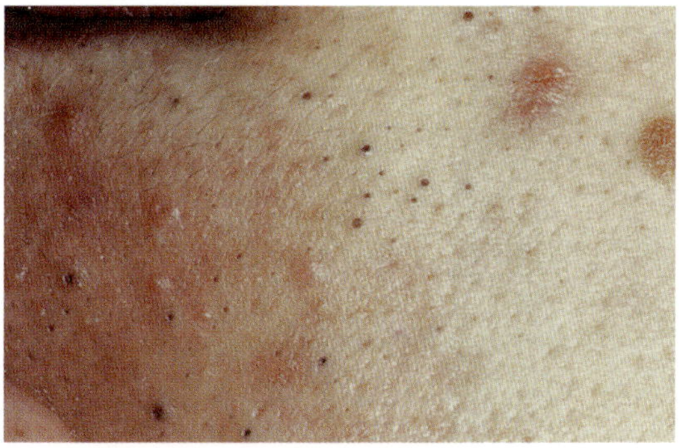

그림 11-23. 여드름 제1등급(Grade Ⅰ)

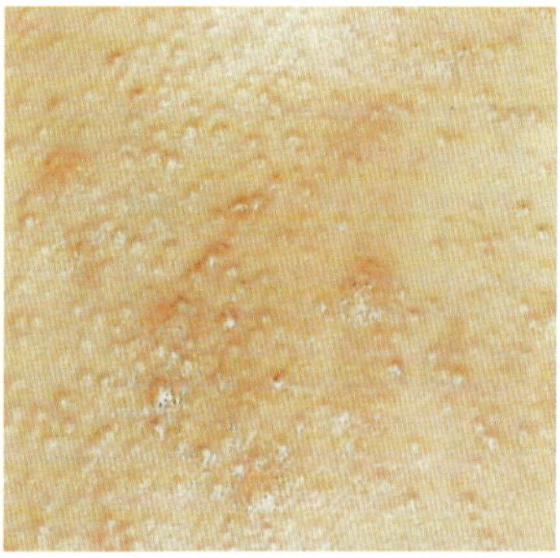

그림 11-24. 여드름 제2등급(Grade Ⅱ)

5-3. 제3등급(Grade Ⅲ)

적당히 성숙된 폐쇄 면포(white heads, closed comedones), 개방면포(black heads, open comedones)와 더불어 전형적인 염증성 여드름인 구진(papules)과 농포(pustules)가 혼재되어 있으며 결절(nodules)도 다소 관찰되는 피부 상태이다. 제2등급보다 더욱 심각한 피부 상태이지만 오히려 피부 개선효과가 더 빠르다.

5-4. 제4등급(Grade Ⅳ)

제3등급 상태의 결절(nodules)보다 크기가 큰 결절과 낭종(cysts)이 혼재되어 있는 여드름 피부이며, 매우 심각하고 흉하게 보이는 상태이다. 이러한 피부는 유전적으로 염증이 잘 발생하는 피부유형에 속한다. 일반적으로 폐쇄면포라 할지라도 시간이 지나면 그냥 없어지거나 어느 정도 염증반응을 보이다가 정상피부로 되돌아간다. 그러나 이러한 유전적인 경향이 강한 여드름 피부는 동일한 자리에 염증이 재발하고, 약간의 피부 자극과 트러블에도 심각한 염증반응을 일으키는 경향이 있다.

진피층까지 손상되어 염증이 형성되기 때문에 피부는 빨갛게 부어오르고 열이 있으며, 반복적으로 염증이 발생한 부위의 피부는 자주빛 색깔이 나타난다. 이러한 경우의 여드름 피부는 정상피부로 되더라도 대부분 흉터를 남기게 된다.

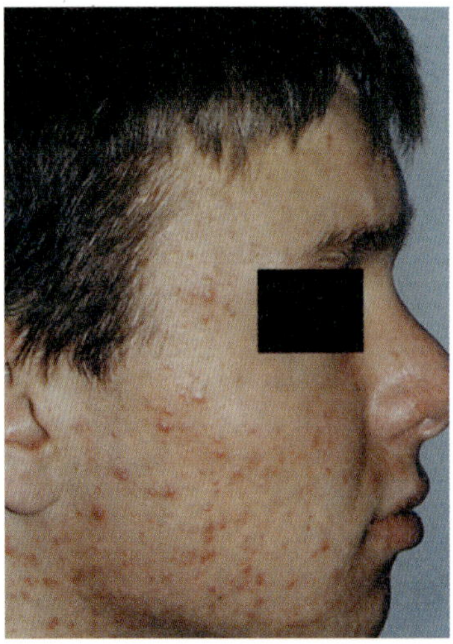

그림 11-25. 여드름 제3등급(Grade Ⅲ)

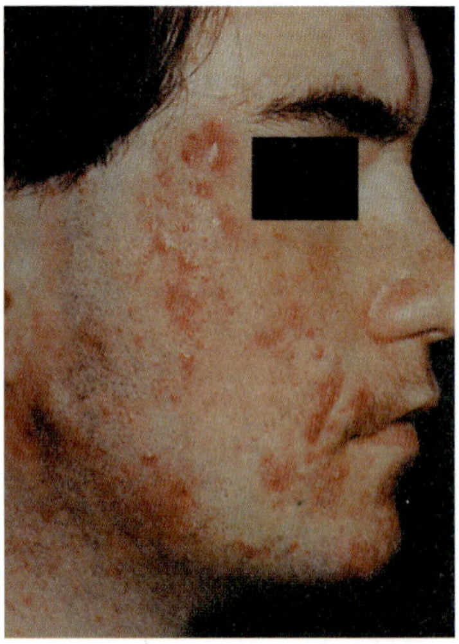

그림 11-26. 여드름 제4등급(Grade Ⅳ)

6. 얼굴 부위별 여드름의 종류와 특징

6-1. 입 주위의 여드름

위장 장애 및 비타민의 부족이나 화장품의 사용, 특히 화장이 짙은 경우에 흔히 발생한다. 위장 장애나 변비의 치료 및 정신적인 스트레스를 피하고 수면을 충분히 취한다.

6-2. 턱, 목의 여드름

비타민 B군의 결핍에 의하여 발생하며, 월경불순과 호르몬 분비의 불균형으로 발생한다. 그 외에 털목도리 등의 자극에 의하여 여드름이 발생한다.

6-3. 이마의 여드름

월경불순과 호르몬 분비의 불균형에 의하여 발생하며, 늘어진 앞머리의 자극에 의해 심하게 진행되기 때문에 앞머리를 늘어뜨리지 않도록 한다. 무스, 젤, 스프레이 등이 요인이 될 수 있으므로 머리를 자주 감고 두피의 피지를 제거하여야 한다.

6-4. 코 주위의 여드름

피지선이 코에 발달되어 있기 때문에 여드름이 잘 발생된다.

6-5. 양 볼의 여드름

간 기능의 해독 능력이 감소되어 발생한다. 1일 2회 이상 따뜻한 물로 세안을 하되 지나치게 자주 세안을 하는 것은 오히려 자극을 줄 수 있다. 파운데이션이나 콜드크림을 쓰지 말고 자외선을 피하여야 한다.

7. 연령에 따른 여드름의 종류와 특징

여드름은 신생아, 유아, 성인 그리고 노인에 이르기까지 모든 연령에서 발생할 수 있다.

7-1. 신생아 여드름(acne neonatorum)

생후 6주까지 주로 발생하는 여드름을 신생아 여드름(acne neonatorum)이라 하며, 코, 이마, 볼에 주로 홍반성 폐쇄면포가 생성된다. 신생아 중 약 20% 정도 신생아 여드름을 관찰할 수 있다. 드물게 개방 면포 그리고 염증성 구진이나 농포도 발생한다. 이러한 신생아 면포의 원인은 명확하게 밝혀지지 않았지만 산모나 태아의 안드로겐에 의한 신생아의 피지선 자극에 의해 발생하는 것으로 추정하고 있다.

여자 아이 보다는 남자 아이에게서 보다 많이 발생한다. 신생아 여드름은 대개 1~3개월 사이에 저절로 소멸되며 반흔을 남기지 않고 심상성 여드름과도 무관한 것으로 알려져 있다.

7-2. 유아 여드름(acne infantum)

출생 후 3~6개월에 발생하는 여드름을 유아 여드름(acne infantum)이라 하며, 신생아 여드름 보다 발생률이 낮다. 그리고 신생아 여드름에 비하여 염증성 구진과 농포가 많이 관찰되며 주로 얼굴에서 발생된다.

여자 아이보다는 남자 아이에게서 주로 발생한다. 이는 조기에 고환에서 분비되는 안드로겐에 의한 것으로 추정되며 반흔이 남을 가능성이 있는 여드름이다. 또한 신생아 여드름과는 달리 유아 여드름이 있었던 유아는 심상성 여드름이 발생할 가능성이 높다.

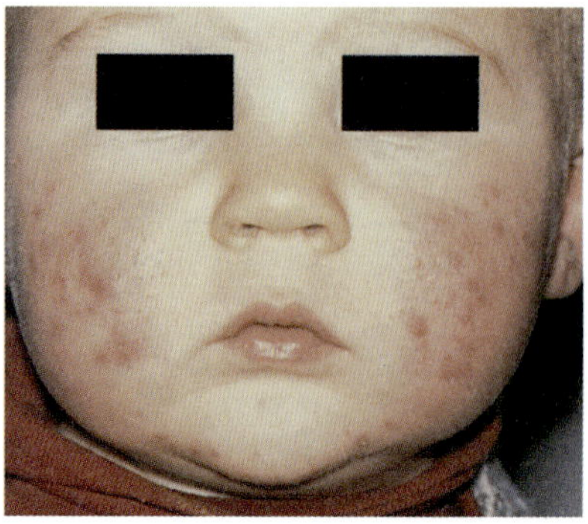

그림 11-27. 유아 여드름(acne infantum)

7-3. 청년기 여드름 혹은 심상성 여드름(acne vulgaris)

대부분 10대에서 발생하는 여드름을 청년기 여드름(acne adolescence) 혹은 심상성 여드름(acne vulgaris)이라 하며, 가장 흔한 여드름으로서 일반적인 여드름을 말한다. 이와 같은 심상성 여드름은 성인기에 저절로 좋아지는 경향이 있다.

사춘기 이전과 이후에 호르몬의 급격한 증가는 심상성 여드름(acne vulgaris)과 관련이 깊다. 특히 여성의 경우에는 초경의 1년 전에 발생할 수 있으며, 면포성 여드름이 77.8%정도 발생하고 있다. 일반적으로 10대 소년은 소녀보다 흔하게 여드름이 발생한다. 이는 부신의 성숙으로 성기가 발달하고 안드로겐 합성이 증가하면서 피지선이 커짐으로써 피지 분비가 증가하기 때문이다.

심상성 여드름은 모피지선 단위의 만성 염증성 여드름으로서 면포, 홍반, 구진, 농포 등을 형성하는 특징이 있다. 그리고 종종 결절 혹은 낭종이 발생하고 활동성 여드름의 후유증으로 반흔을 남기기도 하기 때문에 매우 주의하여야 한다. 주로 사춘기에 발생하지만 20대에서도 발생될 때에도 있다.

남자는 16~19세 사이에, 여자는 14~16세 사이에 발생하는 경향이 가장 많으며, 남자의 경우에 보다 더 심한 형태로 나타난다. 여자가 남자보다 발생하는 연령이 낮은 이유는 여자의 경우에 사춘기 시작이 남자의 경우 보다 빠르기 때문이다.

피지 분비가 많은 얼굴, 목, 가슴, 등, 어깨 부위에서 발생하는 경향이 많으며, 체간에 발생하면 몸의 중앙선을 따라 많은 수의 여드름이 분포하는 특징이 있다. 초기에는 여드름이 얼굴에 발생하지만 이후에 체간에 발생하고 때로는 얼굴의 여드름이 소멸된 후에도 체간에는 오랫동안 잔존한다. 특히 이러한 경향은 남자의 경우에 흔하다.

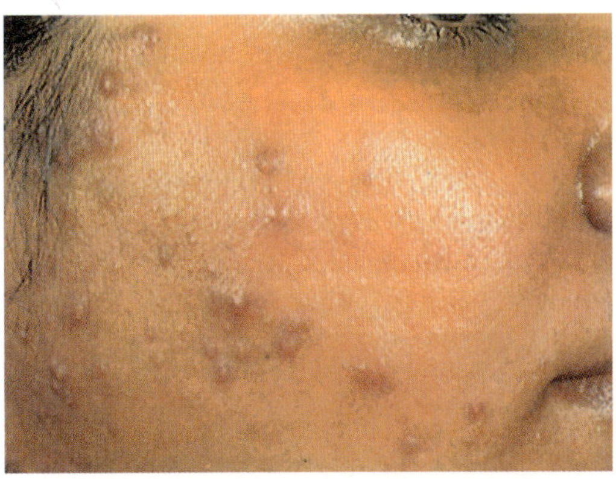

그림 11-28. 청년기 여드름 혹은 심상성 여드름(acne vulgaris)

이러한 일반적인 여드름은 염증성과 비염증성으로 구분하며, 비염증성 여드름 중 개방면포는 편평하거나 약간 융기된 여드름으로서 중심부에 케라틴과 지질로 구성된 검은 색의 물질이 모낭 내에 존재한다.

폐쇄면포는 약간 융기되거나 작은 구진의 형태이므로 개구부가 잘 보이지 않지만 피부를 잡아당기면 여드름을 찾을 수 있다. 폐쇄면포는 큰 염증성 여드름으로 될 가능성이 높기 때문에 매우 주의하여야 한다.

염증성은 여드름은 작은 구진에서부터 농포 및 결절 등 매우 다양하다. 여드름은 진피의 염증 정도 및 부위에 따라 차이가 있다. 심재성 여드름은 관리한 후에도 영구 반흔을 남기며 표재성 여드름도 반흔을 남길 수 있다. 얼굴에는 주로 위축성 반흔, 체간부에는 증식성 또는 켈로이드성 반흔이 생긴다. 염증 후 과색소 침착은 피부색이 짙은 사람에게 잘 발생할 수 있다.

7-4. 성인 여드름(postadolescent acne)

10대에서 발생하는 심상성 여드름은 점차 감소하게 되고 20~25세에서 대부분 소멸된다. 25~34세 성인의 경우 8%, 35~44세 성인의 경우 3% 정도 여드름이 발생하는데 이를 성인 여드름(postadolescent acne)이라 한다. 남성보다는 여성에게서 많이 발생하며 여성은 40세에 이르기까지 여드름이 발생할 수 있고, 40세 이상에서도 여드름이 발생하는 경우도 있다.

이러한 여드름은 10대에서 나타나는 여드름의 특징과 다르며, 염증성 여드름이 보다 많고 면포가 적게 나타난다. 이러한 성인 여드름의 발생이 점점 증가하고 있으며 발생 원인과 종류도 다양하다.

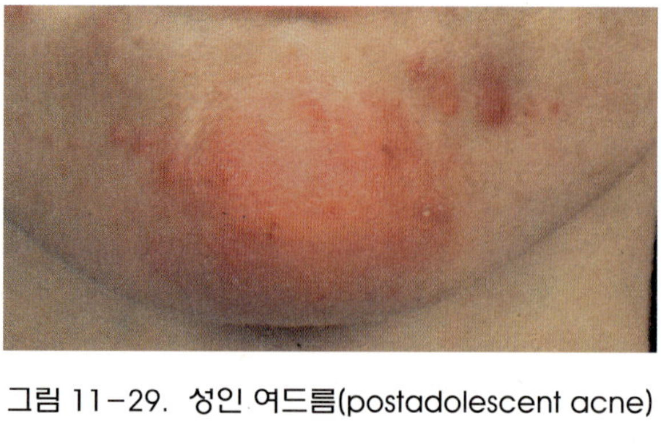

그림 11-29. 성인 여드름(postadolescent acne)

여성들에게 주로 발생하는 성인 여드름의 원인은 명확하게 밝혀지지 않았지만 여성들의 사회 진출에 의한 정신적인 스트레스, 출산 연령의 상승, 경구 피임약의 사용 그리고 식품 첨가제의 급증과 호르몬 주사제 및 항생제의 남용 등이 발생 원인으로 추정되고 있다. 성인 여드름의 경우에 생리 직전이나 생리 중 혹은 임신, 경구 피임제, 호르몬 약제의 사용에 따라 악화될 수 있다.

성인 여자와는 달리 성인 남자의 경우에 성인 여드름이 흔하지 않으나 남자와 여자 운동선수의 등이나 상환부에서 주로 발생한다. 원인은 명확하지 않으나 땀, 기계적 자극, 동화성 스테로이드, 크레아틴(creatine)을 함유한 육체미 식이요법 등이 원인으로 알려져 있다.

사춘기에 여드름이 없었던 사람의 경우 성인 여드름은 상대적으로 면포가 없고, 가벼운 염증성 구진과 농포가 존재한다. 성인 여드름은 일정한 부위에 밀집되어 나타나며, 일반적으로 사춘기 여드름 보다 수가 적게 발생한다. 여자의 경우는 얼굴에 발생하고, 특히 입 주위, 턱선을 따라 하악에 주로 발생하며 남자의 경우는 체간에 국한되는 경향이 있다.

여자의 경우 혈중 호르몬 수치의 변동에 따라 재발되거나 소멸되는 경향이 있다. 배란 중이거나 생리 전에 재발하며 수일동안 지속되고 때로는 한 달 이상 지속될 수 도 있다.

청소년기 이후에 발생하는 성인 여드름은 보습제, 자외선 차단제와 같은 화장품과 피부 관리 제품에 함유된 여드름 유발 물질(comedogenic ingredient)이 원인인 경우도 있다. 이러한 여드름을 화장품 여드름이라 하며, 화장품을 도포한 부위에 밀집된 개방 면포와 폐쇄 면포가 존재하며 화장품 사용을 중단하면 개선되는 특징이 있다.

화장품에 의한 여드름은 구진과 농포의 숫자가 많으며, 선행하는 미세 면포가 없다. 그러나 성인 여성의 여드름은 여드름의 수가 많지 않으나 작고 폐쇄 면포의 형태로 발생한다. 또한 구진과 농포는 소수 산재하고, 배출되는 내용물은 이미 존재하였던 각질성 물질이다.

이러한 성인 여성의 여드름은 생리주기와 관련성이 높아 월경 전 여드름과 유사하다. 초조함이나 흥분 같은 감정적 변화 그리고 체중 감량이나 유방 비대와 같은 객관적인 신체 변화 등이 월경 전에 나타나며 여드름도 악화된다.

대부분 월경 약 1주일 전에 구진과 농포가 증가하는 특성이 있다. 이러한 여드름을 월경전 여드름(premenstrual acne)이라 하며, 미세면포(microcomedones)에서 출발하여 심하지 않은 구진 농포성 여드름으로 빠르게 진행된다. 이와 같은 결과는 월경 전 약 15일 전후에 발생하는 모피지선 개구부의 축소와 관련된 것으로 추정하고 있다.

주기적으로 매월 5~10개의 농포가 발생할 경우에 월경전 여드름일 가능성이 높다. 정서적인 스트레스로 인하여 손으로 여드름을 만지거나 자극하는 것은 여드름을 악화시킬 수 있으나 직접적인 원인은 아니다.

폐경기에 접어들거나 폐경기 이후의 여드름에 대하여 자세히 알려지지는 않았다. 그러나 임상적으로 관찰되는 폐경 후 여드름은 과색소 침착, 지루성 각화증, 커진 모공, 주름 그리고 다른 노화 피부에서 나타나는 현상과 동반되는 경우가 있다. 폐경 후 여드름은 폐경 2년 이내에 주로 발생한다.

폐경 후 여드름은 심하지 않고, 산재된 폐쇄성 미세 면포가 동반된 여드름으로서 느슨한 피부를 잡아 당겼을 때 쉽게 인지할 수 있다. 개방 면포는 드물고 소수의 미세한 구진농포성 여드름이 관찰된다. 폐경 후 여드름은 턱 부위와 윗입술 주위에 발생하며 다모증과도 연관성이 있다.

7-5. 노인성 면포(senile comedones)

노인의 눈 주위와 뺨 주변의 느슨한 피부에서 커다란 면포가 존재하는데 이를 노인성 면포(senile comedones)라 한다. 이러한 노인성 면포는 자외선과 니코틴에 노출되었을 때 흔히 나타난다. 교원섬유의 일광 손상으로 피지관이 각질형성세포에 의해 채워짐으로써 보다 더 쉽게 확장될 수 있다.

8. 여드름용 화장품 특성과 유효 성분

8-1. 여드름용 화장품의 특성

화장품은 의약품과는 달리 여러 가지 문제성 피부를 개선시키거나 예방하는 차원에서 장기적으로 사용된다. 그러나 일부 화장품은 잘 못 사용함으로서 문제성 피부를 악화시킬 수 있기 때문에 화장품의 성분과 기능을 잘 파악하여 사용하는 것이 무엇보다도 중요하다. 특히 문제성 피부를 개선시킬 목적으로 사용되는 화장품은 문제성 피부를 유발시키는 원인을 제거하거나 억제시키는 성분을 사용한다.

여드름을 발생시키는 원인, 즉 모낭의 피지 분비 증가, 각질의 과각화, *P. acnes*의 증식, 염증반응 등이 복합적으로 작용함으로서 피부에 여드름이 발생된다. 따라서 여드름용 화장품은 피지조절 작용, 항균 작용, 항염 작용을 가진 성분이 포함되어 있다.

오일과 연화제를 가능한 사용하지 않고 수렴효과를 높이기 위하여 알코올이 함유되어 있다. 알코올은 피부를 시원하게 하고 모공을 축소시키는 수렴효과와 항균효과 그리고 피지 제거 효과가 있기 때문이다. 그러나 알코올은 피부를 건조하게 하고 자극을 주기 때문에 민감성 피부는 주의하여야 한다. 또한 여드름 피부는 각질이 쌓여 모공을 막히게 하며, 막힌 모공은 여드름을 악화시키기 때문에 여드름용 화장품은 필링효과가 있는 성분이 첨가되고, 피부 표면의 유지를 제거하기 위하여 카올린과 같은 파우더 제제도 사용된다.

여드름용 화장품의 조건은 여드름 발생을 막고(non-acnegenic), 면포형성의 최소화(non-comedogenic), 자극이 적고(non-irritant), 저 알레르기 유발성(hypoallergenic) 등의 특성을 가져야 한다. 일반적으로 여드름을 유발시키는 화장품은 얼굴에 바르는 크림류이며, 일부 자외선 차단제도 여드름을 발생시킨다.

여드름 피부는 피부장벽에 손상이 있으므로 정상피부에 비하여 자극이 더 쉽게 유발될 수 있기 때문에 자극성이 적어야 한다. 따라서 여드름 피부는 자극이 적은 민감성 화장품을 사용하여야 한다. 또한 여드름 피부는 리놀레산(linoleic acid), 세라마이드(ceramide)가 감소되어 있으므로 자극 및 과민 반응이 잘 생길 수 있기 때문에 저알레르기 유발성 물질이 함유되어야 한다.

일반적으로 여드름 화장품은 두 가지로 구분할 수 있다. 하나는 여드름이 존재하거나 여드름이 발생할 가능성이 있는 피부에 사용하는 화장품, 또 다른 하나는 여드름을 개선시키는 기능, 즉 여드름 개선 보조용으로 사용하는 여드름용 화장품이 있다.

표 11-1. 화장품 성분 중 면포 유발 물질(comedogenic ingredient)

Butyl stearate	Cocoa butter	D&C red dyes
Decyl oleate	Isopropyl isostearate	Isopropyl myristate
Isopropyl palmitate	Isopropyl stearate lanolin	Linseed oil
Laureth-4	Mineral oil	Myristyl ether propionate
Myristyl lactate	Myristyl myristate	Oleic acid
oleyl alcohol	oilve oil	Octyl palmitate
Octyl stearate	Peanut oil	Petrolatum
Methyl oleate	Propylene glycol stearate	Safflower oil
Sesam oil	Sodium lauryl sulfate	Stearic acid

최근에 사용되는 여드름용 화장품은 2~3주 사용한 후에 개방 면포 또는 폐쇄 면포의 발생 유무를 조사한다. 화장품 도포 후에 면포가 발생하는 여드름을 화장품여드름(acne cosmetica)이라 한다. 일반적으로 여드름의 발생(acnegenicity)은 화장품을 도포하고 48~72시간 후에 여드름의 유발 정도를 관찰한다.

결론적으로 여드름용 화장품은 여드름이나 면포를 유발하지 않으며 피부에 자극적이지 않고 알레르기를 발생시키지 않는 성분이 함유된 화장품이다.

8-2. 여드름용 화장품의 주요 활성 성분

여드름용 화장품은 피지조절기능, 각질제거작용, 항균작용과 항염증작용, 보습작용, 세안기능이 있는 성분이 함유되어 있어야 한다. 여드름용 화장품은 이러한 작용이 복합적으로 작용할 수 있도록 구성된다.

8-2-1. 피지조절 작용이 있는 성분

1) 레티놀(retinol)

레티놀은 면포형성을 억제하고 모공의 막힌 것을 열어준다. 또한 모낭 내의 염기성균인 *P. acnes*의 증식을 억제한다. 보통 0.15~1%가 사용되며, 공기 중에서 불안정하지만 레틴산(retinoic acid)에 비하여 흡수가 잘되고 피부에 자극이 적다. 광노화된 피부에 적합하며 경미한 레티노이드 효과가 있다.

2) 카올린(kaoline)

카올린(kaoline)은 중국점토(china clay)라고 하며, 피부에서 분비되는 피지와 땀을 흡수하는 흡착제로 사용된다. 주로 중국을 비롯하여 아시아 지역에서 생산된다. 알루미늄 실리케이트(aluminum silicate)와의 혼합물은 파우더와 마스크에 사용된다. 피부표면에 잘 부착되지만 클렌징으로 쉽게 제거된다.

카올린과 구성성분이 유사하고 백색토(white clay)라 하는 벤토나이트(bentonite)는 주로 북미지역에서 생산된다. 이스라엘의 사해에서 생산되고 염분이 많은 특수 머드로서 검은빛을 띠는 검은 머드(black mud) 등은 주로 팩제로 이용되고 있다. 이는 해양토라 하고 바다 깊은 곳에서 생산되는 미네랄과 미량원소가 풍부한 해양침전물(marine sediment)이다. 이와 같은 성분을 함유한 팩은 매끄럽고 윤기가 흐르며 피부에 적당한 흡착력과 영양성분을 공급해주고 보습력을 부여해 준다.

3) 그 밖의 피지조절 성분

아연(Zn), PCA, 아젤라 산(azelaic acid), 옥토시글리세린(octoxiglycerine), 유니트리엔올(unitrienol) 등이 피지 조절 성분으로 이용된다.

8-2-2. 각질제거 작용

1) 알파-히드록시산(α-hydroxy acid, AHA)

알파-히드록시산(α-hydroxy acid, AHA)은 카르복시산(carboxylic acid)의 알파 탄소 위치에 수산기(-OH)가 공유 결합된 유기화합물이다. 카르복시산의 존재 개수에 따라 모노(mono), 디(di), 트리(tri)로 구분된다. 알파-히드록시산(α-hydroxy acid, AHA)은 사탕수수나 포도, 사과 등 일반 과일에서 추출되기 때문에 과일산이라고도 한다.

이러한 알파-히드록시산(α-hydroxy acid, AHA)은 피부에 영양 공급 및 보습과 더불어 여드름 개선에 효과가 있다. 여드름용 화장품에 주로 사용되는 글리콜산(glycolic acid)은 모노카르복시산(monocarboxylic acid)에 속하며, AHA 중에서 분자량이 가장 적은 화합물이다. 글리콜산은 안정적이며 무색, 무미하고 복용하여도 인체에 해롭지 않다.

모든 AHA는 낮은 농도에서 각질형성세포의 탈락을 유도하는데, 그 반응 메카니즘은 다음과 같다.

첫째, 수화로 인하여 각질형성세포 사이의 거리를 떨어지게 한다.

둘째, transferase와 kinase와 같은 효소를 억제함으로서 음전기를 띠는 sulfate와 phosphate 군을 감소시킨다. 즉 전기적인 반발력에 의하여 세포간격이 넓어진다.

셋째, pH를 낮추어 교소체의 탈락을 유발시킨다. 그러므로 건조한 피부에 바르면 각화과정이 정상화되면서 피부가 부드러워진다.

모낭 입구에 작용하여 주위 세포를 탈락시킴으로써 모공을 열어 주는 작용을 한다. 고농도의 글리콜산을 이용한 박피술과 함께 단독으로 10% 전후의 농도를 이용하여 하루에 1~2회 글리콜산을 도포함으로써 전술한 효과가 나타난다. 일반적으로 5~8%의 글리콜산을 pH 3~4에서 사용한 경우에 효과가 가장 좋다.

AHA는 면포용해작용이 있으므로 여드름 개선 효과가 있다. 특히 광노화 피부에 적합한 면포용해제이다. 대표적으로 글리콜산(glycolic acid)과 젖산(lactic acid)이 주로 사용된다. 부작용 및 다른 후유증이 적어 사용기간은 특별히 제한할 필요가 없다. 그리고 농도가 너무 높아 피부각질이 얇아짐으로써 예민함을 느끼게 되면 1~2일 정도 사용을 중단한 후 다시 사용하면 된다.

그러나 경우에 따라 홍반과 인설이 유발될 수 있고, 강한 자극에 의한 구진성 홍반과 모낭주위에 염증이 수 주간 지속될 수 있다. 이러한 성분이 포함된 여드름용 화장품을 사용한 후에 염증이 생기면 보습과 진정효과가 있는 화장품을 사용하면 효과가 있다.

2) 베타-히드록시산(β-hydroxy acid, BHA)

베타-히드록시산(**β**-hydroxy acid, BHA)은 카르복시산(carboxylic acid)의 베타 탄소에 수산기(-OH)가 결합된 화합물을 말한다. 살리실산(salicylic acid)은 대표적인 베타-히드록시산(**β**-hydroxy acid, BHA) 중의 하나이며, 각질제거가 가능하므로 여드름용 화장품에 가장 많이 사용된다. 즉 피부표면과 모공의 필링효과 그리고 항염증효과가 있으며, 민감한 피부에 적합한 면포용해제이다. 그리고 화장품에는 0.5% 이하의 살리실산을 사용하도록 되어 있다.

BHA의 중요한 특성은 AHA와는 달리 기름에 녹기 때문에 피지를 제거할 수 있고, 모공에 침투하여 표피탈락을 유발함으로써 면포를 제거할 수 있다. BHA는 1~2%의 농도와 pH 3에서 효과가 좋다.

살리실산 용액은 벤조일 퍼옥사이드(benzoyl peroxide) 보다 효과가 있으나 농도에 비례하여 피부자극이 있기 때문에 주의하여야 한다. 이는 방부제(preservatives)로 사용되기도 하고, 항균제(antimicrobial) 혹은 살균 및 소독제(antiseptic)로 사용되기도 한다. 또한 여드름을 개선시킬 수 있는 대표적인 여드름 필링제 및 스케일링제(scaling agent)로 사용되고 있으며, 소량 첨가하여 클렌져(cleanser)로 사용하기도 한다.

3) 황(sulfur)

황(sulfur)은 노란색의 분말로서 오래 전부터 피부병를 치료하는 민간 약제로도 이용되어 왔다. 황은 저농도에서 각질형성 작용을 하며, 고농도에서는 각질분해 작용을 한다. 또한 항균작용과 항진균작용이 뛰어난 것으로 알려져 있다.

황(sulfur)은 오일과 수분을 흡수하는 흡착력이 있기 때문에 지성피부에 도포하여 피부를 정화하는데 사용할 수 있으며, 여드름 부위에 도포하면 면포와 진물을 건조시켜 여드름 진행을 중단시킬 수 있다. 그리고 건선, 지루성 피부염, 아토피 피부염 등에도 흔히 사용되어 왔다.

4) 파파인(papain)

파파인은 파파야 열매의 과즙에 존재하는 효소 복합체(enzyme complex)로서 비정상적인 각질형성세포를 탈락시키는 효과가 있다. 주로 각질층의 단백질의 분해성분으로서 살아있는 세포에는 작용을 하지 않는다. 주로 클렌징 제품에 사용된다. 단백질을 분해하는 최적 조건은 pH 5 정도이다. 또한 육류 연화제로도 사용된다.

5) 그 외 각질 제거 성분

레조르신(resorcin), L-아르기닌(L-arginine), 레티놀(retinol) 등이 있다.

8-2-3. 항균작용, 항염증작용

1) 에센셜 오일(essential oils)

에센셜 오일은 허브나 방향성 식물의 꽃, 잎, 줄기, 열매, 뿌리 등에서 추출한 천연 고농축 오일이다. 에센셜 오일은 항균작용, 항염증작용, 진정작용 등으로 건강 증진, 질병 예방, 미용 등 다양하게 활용되어 오고 있다. 일반적으로 여드름 피부에 사용할 수 있는 에센셜 오일은 티트리(Tea tree), 카모마일(Camomile) 등이다.

티트리(Tea tree oil, TTO)는 Melaleuca alternifolia의 잎과 가지에서 추출하여 예전부터 방부제로 사용되어 왔으며, 여러 종류의 박테리아나 곰팡이에 대한 항균작용이 있다. 호주의 원주민들이 처음으로 상처, 벌레물린 곳에 이용하여 왔고, 여드름, 무좀, 염증, 아로마 요법에도 사용되고 있다. 일반적으로 2~5%의 농도로 사용되고 있다.

또한 에센셜 오일 중 하나인 카모마일은 항염증작용, 항균작용이 있으며, 피부 자극을 완화시키는 진정작용에 효과가 좋다. 그 외에 피지분비 조절과 혈액정화 등에 효과 있는 쥬니퍼, 레몬, 시더우드 등이 사용된다. 또한 개방면포의 경우에는 레몬그라스, 라벤더, 클라리세이지, 타임 등을 혼합하여 사용하면 효과적이다.

2) 비사볼롤(bisabolol)

자외선에 과도하게 노출된 피부에서 항염증 및 재생을 촉진하는 효과가 있다. 일광욕, 즉 과도한 자외선 노출 후의 피부를 진정하고 보호하는 작용이 있다. 또한 충혈과 울혈현상에 대한 억제효과가 있으므로 화상치료에 사용되어 왔다. 여드름 균에 대한 정균효과가 있기 때문에 여드름용 화장품에 사용된다.

3) 캄포(camphor)

캄포 나무의 가지나 잎에서 장뇌오일(chinamomum camphora)을 추출하여 방부제와 항염증제로 흔히 사용한다. 방부작용과 항염증작용으로 여드름 피부에 사용하며, 강한 향으로 인하여 향신료나 방향제로도 사용된다.

4) 글리시리지산(glycyrrhizic acid)

감초뿌리에서 추출한 성분으로서 항알레르기, 해독뿐만 아니라 항염증작용과 항균작용이 있다. 항염증효과는 히드로코티존(hydrocortisone)과 비슷한 정도의 효과가 있으나 부작용은 거의 없다.

글리시리신 또는 글리시레틴산은 경구 및 도포 시에 염증, 자극, 홍반, 상처 및 궤양 등에서 염증을 방지하고, 자극을 진정시키며 상처를 아물게 하는 작용을 한다. 또한 부종을 억제하고 알레르기에 의한 민감한 반응을 억제시킨다.

글리시리지산을 함유한 여드름용 화장품은 피부 알레르기, 접촉성 피부염, 자극성 피부염, 건선 등에 사용하면 재발을 방지하는 효과가 있다.

5) 녹차 추출물(green tea extract)

녹차추출물은 녹차나무의 잎에서 추출하는 물질로서 비타민 A, 비타민 C, 비타민 E, 아미노산, 탄닌, 알칼로이드 등의 성분을 함유하고 있다. 비타민 A는 피부세포나 점막세포를 건강한 상태로 유지시키는 작용이 있고, 비타민 C는 멜라닌 색소의 침착을 방지하고 기미나 주근깨의 형성을 억제하여 미백효과가 있다. 비타민 E는 대표적인 항산화제로서 피부의 노화를 억제하고 건강한 피부를 유지하는데 중요하다.

그 외에 진정효과와 항염증효과가 있으므로 지루성 피부, 건성 피부, 과민성 피부, 여드름 피부에 유효하다. 또한 녹차뿐만 아니라 포도껍질과 떫은 감에 함유되어 있는 카테킨은 항균작용과 항염증작용, 수렴작용, 진정작용을 하며 피부노화를 방지한다.

6) 어성초 추출물(houttuynia extract)

어성초는 삼백초과에 속하는 다년생 식물로서 어성초 추출물은 비릿한 냄새가 난다. 주성분은 이소퀘시트린(isoquercitrin), 퀴써틴(quercetin), 하이페로사이드(hyperoside) 등이다. 어성초 추출물은 조직의 재생작용과 항균작용이 있다. 화농성 상처에서 항염증작용이 있으므로 여드름 개선에 효과가 있다.

7) 산사나무 추출물(hawthorn extract)

산사나무에서 추출한 추출물질로서 항염증작용, 항균작용, 홍반감소 작용 등의 효과가 있다.

8) 피토스핑고신(phytosphingosine)

피토스핑고신은 각질층의 세포와 세포사이에 존재하는 세포간 지질의 1~2%를 차지한다. 주로 미생물에 대한 항균작용, 항염증작용, 피부 재생에 도움을 준다. 특히 여드름균에 대한 항균작용의 효과가 있고, 보습력이 좋으므로 건성피부에 좋다. 그 외에 AHA와 레티놀과 함께 사용하면 피부 자극성과 같은 부작용을 완화시킨다.

9) 트리코산(Tricosan)

트리코산은 화장품에 사용하는 방부제이다. 그러나 여드름용 화장품에는 항균작용의 목적으로 사용하며, 최대허용 농도는 0.3%이다. 지루성 피부염에도 사용된다.

10) 윗치 하젤 추출물(Witch Hazel extract)

Hamamelis virginia 나무의 껍질과 나뭇잎에서 추출한 물질로서 피부의 염증반응에 의한 완화작용과 화상 및 자극에 대한 진정작용이 있다. 그리고 표피를 약산성으로 유지시켜 살균작용을 해주며, 수렴작용 및 피지억제 작용이 있다. 여드름 피부의 경우에 항염증작용과 항균작용이 있다.

11) 아연(zinc)

항균작용, 즉 *P. acnes*의 증식을 억제하는 작용이 있으므로 다른 항생제와 복합제로 사용된다. 또한 항염증 작용이 있고, 경구용이나 국소제로 모두 사용이 가능하다.

12) 그 밖의 항균, 항염증 성분

금은화, 연교, 오가피, 마늘 등도 항균작용과 항염증작용이 있는 것으로 알려져 있다.

8-2-4. 보습작용

여드름을 개선시킨 후에 발생할 수 있는 건조한 피부를 보호할 목적으로 사용하는 성분이다.

1) 알로에 베라 젤(Aloe vera gel)

알로에 베라 젤에는 다양한 효소, 비타민, 탄수화물, 아미노산, 에스테르 및 다양한 미네랄이 함유되어 있다. 알로에 추출물은 지루성 피부염, 여드름 피부의 염증을 억제하고, 보습효과, 자극완화, 진정효과, 수렴작용 및 항균작용이 있다.

2) 알란토인(allantoin)

주로 곡물의 눈, 밤나무 껍질, 우엉 등과 같은 식물에서 추출되며, 오래전부터 상처치유에 이용되어 왔다. 상처소독과 세포재생을 촉진하기 때문에 상처치유에 효과적이다. 또한 혈액순환을 촉진시키고 보습 효과 및 진정작용을 한다.

3) 판테놀(panthenol)

비타민 B의 일종으로서 염증억제, 보습효과, 진정효과가 뛰어나며 홍반, 피부건조, 소양증에 효과적이다. 자극성 피부염, 각질의 과각화, 일광화상에 대한 진정효과와 색소침착억제 효과가 있다.

4) 글리신(glycine)

천연보습인자로서 보습효과가 뛰어나며 피부에 윤기와 촉촉함을 부여한다.

5) 글리세린(glycerine)

다가 알코올의 한 종류로서 흡습성과 보습효과가 우수하여 화장품의 보습제로 이용되어 왔다. 뿐만 아니라 염증억제, 진정효과, 상처완화 효과가 있다. 피부를 연화시키는 효과가 뛰어나므로 로션과 크림에 이용되며, 비누제조에 흔히 사용된다.

6) 그 외의 보습 성분

히아루론산(hyaluronic acid)과 그 염, 프로필렌글리콜(propylene glycol) 등이 이에 속한다.

8-2-5. 세정작용

피부를 청결하게 유지하고 피지를 제거하는 것은 여드름용 세정제가 가져야할 기본적인 사항이다. 뿐만 아니라 모공에 고여 있는 피지를 제거하고, 피부에 쌓여 있는 각질을 제거함으로서 여드름을 효과적으로 개선시킬 수 있는 방법이다. 또한 항균작용과 항염증작용, 피지조절작용 및 보습작용을 할 수 있는 성분이 함유된 세정제를 이용하여야 한다. 이러한 목적으로 사용되고 있는 세정제는 황(sulfur)을 이용한 제제, 박피용 클렌져(peeling cleanser), 폼클렌져(foaming cleanser), 효소클렌져(enzyme cleanser) 등이다.

8-3. 여드름 피부와 화장

여드름은 복합적인 원인에 의하여 발생하며, 화장으로 인하여 여드름을 악화시킬 수도 있고 개선시킬 수도 있다. 따라서 여드름 피부에는 여드름용 화장품을 이용하여 관리함과 동시에 적절한 화장품을 사용한 것이 무엇보다 중요하다. 특히 민감성 여드름 피부에 사용되는 화장품은 크림이나 로션보다는 파우더 제제를 사용하여야 하고, 방수(waterproof)되는 제품처럼 물에 쉽게 제거되지 않는 화장품은 사용하지 않아야 한다.

또한 자외선 차단제는 PABA와 같은 화학적인 자외선흡수제보다는 이산화티탄(TiO_2), 산화아연(ZnO_2)과 같은 물리적인 자외선 차단제를 사용하고, 오래된 제품보다는 최근에 제조된 제품을 사용하여야 한다.

8-3-1. 세안제(cleansing agent)

여드름 관리 제품이나 치료제는 피부의 각질을 제거하며 피부를 건조하게 한다. 따라서 자극적이지 않고 순한 세안제를 사용하여야 한다. 여드름용 세안제는 pH 5~7이 적당하며, 알칼리성의 비누를 사용하는 경우와 세안을 자주하는 것은 피부에 자극을 주어 여드름을 악화시킬 수 있다.

8-3-2. 수렴제(astringent)

수렴제는 세안제가 발달하기 전에 세안 후 남아있는 비누나 지방을 제거하기 위하여 개발된 것으로 토너(toner), 스킨 등이 수렴제이다. 최근 다양한 세안제가 개발되었으나 현재에도 수렴제는 많이 사용된다. 일반적으로 수렴제는 국소 여드름 치료제를 사용하는 사람에게 자극적인 경우가 많으므로 사용하지 않는 것이 바람직하다.

8-3-3. 보습제(moisturizing agent)

여드름이 있는 피부는 대부분 지성피부이므로 보습제를 사용하는 것은 바람직하지 않다. 특히 습도가 높은 계절에는 피부가 건조해질 가능성이 많지 않기 때문에 사용하지 않는 것이 좋다. 만일 보습제를 사용하여야 할 경우에는 면포나 여드름을 유발하지 않는 제품을 사용하여야 한다.

8-3-4. 파운데이션(foundation)

여드름이 있는 사람의 경우 여드름을 감추려고 파운데이션을 사용하는 경우가 있지만 파운데이션으로 하여금 모공이 막혀 여드름을 악화시키고 유발시킬 수 있다. 또한 각질이 벗겨질 때에는 파운데이션을 바르기가 쉽지 않은데 실리콘 류의 액상이나 크림 타입의 화장품이 좋다.

특히 실리콘 류의 제제는 다른 제품에 비하여 면포를 형성하지 않고 자극이 심하지 않다. 또한 과민 반응이 낮으며 기름기가 적어 바르기에 편리하다. 너무 건조한 피부는 부드럽게 하기 위해 소량의 미네랄 오일을 포함한 제제가 좋다.

9. 여드름 치료제

미용학적인 측면에서는 의약품을 사용하여 여드름을 관리 할 수는 없다. 그러나 피부과 등의 의료계에서 사용되고 있는 여드름 치료제에 관하여 알고 그 성질에 관하여 익힘으로서 여드름용 화장품을 선정하거나 효과적으로 사용하는데 있어서 많은 도움이 될 것으로 생각한다.

여드름은 경구투여 방법과 국소도포 방법에 의하여 치료하고 있으며, 여러 종류의 국소 도포 치료제들이 사용되고 있다. 여드름 치료에 있어서 국소 도포 치료제의 선택은 여드름의 상태에 따라 단독 치료나 경구 치료와 병행하는 경우도 있다. 또한 국소 도포 치료제의 단독 사용보다는 병합하여 사용하면 치료효과가 빠르고 효율이 높을 뿐만 아니라 부작용을 감소시키는 효과가 있다.

여드름의 국소 치료는 피지 생성 억제, 모낭 입구의 과각화증 억제, *P. acnes*의 증식 억제와 *P. acnes*에 의해 생성되는 염증의 생성 감소, 항염증 효과에 초점을 맞추어 치료하게 된다. 여드름의 국소 치료는 비염증성 면포만을 갖는 경우나 가벼운 여드름인 경우에 시행한다. 이러한 국소치료는 경구용 약제를 이용한 전신 치료에서 발생할 수 있는 부작용을 최소화 할 수 있는 장점이 있다.

초기의 가벼운 여드름이나 면포만 있는 경우에는 면포용해제인 레티노산(retinoic acid)이나 벤조일 퍼옥사이드(benzoyl peroxide), 아젤라산(azelaic acid) 등을 단독 요법만으로도 치료가 가능하다. 면포와 구진, 농포가 혼합된 심한 여드름은 국소도포 항생제인 에리쓰로마이신(erythromycin) 또는 클린다마이신(clindamycin)과 병용 투여한다. 심한 염증성 여드름의 경우 국소 도포 치료와 함께 항생제 경구 투여가 병행된다.

일반적으로 비염증성 여드름은 모낭 입구의 과각화증을 줄이고, 염증성 여드름은 세균을 억제하며 염증을 줄이는 약제를 적용한다. 그러나 여드름의 경우 초기를 제외하고 염증성 여드름과 비염증성 여드름이 공존하는 경우가 많기 때문에 치료 약제를 선택할 때에는 여러 가지 사항을 고려하여 신중하게 결정하여야 한다. 따라서 본 장에서는 이러한 여드름 치료제 중 국소 도포 치료제에 관하여 살펴보고자 한다.

9-1. 국소 도포용 치료제

9-1-1. 레티노이드(retinoid)

레티노이드(retinoid)는 지용성 비타민 중의 하나인 비타민 A로서 성장촉진과 야맹증 등에 효과가 있다. 화학구조가 유사한 레티놀(retinol), 레티닐에스테르(retinyl ester), 카로티노이드(carotenoid) 등이 레티노이드에 포함된다.

이들은 체내에서 산화되거나 부분적으로 분해되면 레티놀(retinol), 레티날(retinal), 레틴산(retinoic acid)으로 전환되어 생리활성을 갖는다.

레티노이드는 피부에 도포하면 각질형성세포와 피지세포에 흡수된 후에 특수한 수용체와 결합하여 세포의 증식, 분화, 염증, 피지 생성에 영향을 준다. 레티노이드는 모낭의 각질세포에서 케라토히알린 과립의 생성을 감소시켜 모낭 각화 과정을 억제한다. 즉 면포 형성을 막고, 케라틴 섬유의 접합을 변화시켜 면포와 각질세포의 접착성을 감소시켜 여드름 치료에 효과가 있다.

일반적으로 레티노이드는 국소 도포 시 몸에 흡수되어 기형아 형성의 가능성 때문에 가임기의 여성에게는 사용 시 주의하여야 한다. 또한 심한 염증성 여드름은 자극성 때문에 증상이 악화될 수 있다.

1) 트레티노인(tretinoin, all-trans retinoic acid)

트레티노인(tretinoin)은 모낭 각질세포의 유사분열을 감소시켜 누두부의 각질형성세포의 생성 주기를 증가시키므로 면포의 배출을 촉진시킨다. 면포형성이 약해지면 모낭 내부에 공기가 더 통하게 되고, 항생제 침투가 쉬워짐으로서 *P. acnes*의 수가 감소하게 되어 염증 유발 인자의 생성이 보다 적어지게 된다.

따라서 비염증성 및 염증성 여드름에 사용할 수 있는 여드름용 약제이다. 또한 유리지방산을 감소시키므로 누두부의 장벽기능을 정상화시킨다. 주로 0.01~0.025% 정도 함유된 크림이 사용되고 있으나 고농도의 0.05~0.1% 크림이 사용되기도 한다. 습도가 높은 환경의 지성피부는 0.01~0.025% 젤 제품을 사용하는 것이 보다 효과적이다. 트레티노인을 처음 사용하면 각질세포 탈락이 증가되고, 작열감, 홍반 등이 발생하며 일시적으로 염증성 여드름이 악화될 수 있다.

트레티노인을 도포함으로써 발생되는 자극은 일시적이며, 초기에는 낮은 농도를 사용하고 차츰 높은 농도를 증가시키면 부작용이 감소된다. 트레티노인은 광과민성이 있기 때문에 도포 후 일광을 피하여야 한다. 그리고 임산부에게 사용할 경우에 주의를 요하는 약제이다.

2) 이소트레티노인(isotretinoin)

이소트레티노인은 모낭의 상피를 변화시켜 면포 형성을 방해하는 효과가 있으며, 트레티노인에 비하여 자극은 덜하지만 효과는 거의 같다. 이소트레티노인은 다른 레티노이드와는 달리 피지 분비 감소 효과가 약하고, 일반적으로 0.05% 농도의 젤이 이용된다.

3) 아다팔렌(adapalene)

트레티노인을 사용할 경우 피부에 자극이 심하기 때문에 새로이 합성한 레티노이드가 아다팔렌(adapalene)이다. 최근 아다팔렌은 항염증과 항면포 효과가 빠르고 자극이 적기 때문에 염증성 여드름과 비염증성 여드름 치료에 주로 사용되고 있다. 아다팔렌은 레티노이드 수용체에 작용하여 세포 분화, 각질 형성을 조절하고 염증억제에도 영향을 미친다.

또한 모낭 표피 세포의 최종적인 분화를 정상화시켜 미세 면포 형성을 감소시킨다. 항염증 반응의 경우 *P. acnes*에 직접 작용하지 않고 세균 항원 및 매개체에 대한 염증 반응을 감소시킴으로서 세균에 대한 내성이 발생하지 않는다. 아다팔렌은 사용하면 홍반, 건조증, 인설, 작열감, 소양증 등의 증상이 도포 4주 이내에 발생할 수 있다. 그러나 기타 레티노이드에 비하여 자극이 낮은 편이다.

아다팔렌을 도포한 경우에는 일광을 피해야 하며 주로 저녁에 세안하고 피부를 건조시킨 후에 도포하여야 한다. 눈, 입술, 점막 등에는 도포를 피하고 상처가 있는 곳이나 염증이 있는 피부는 사용하지 않는 것이 좋다. 그리고 기형아 형성의 가능성은 적은 것으로 알려져 있으나 수유, 임산부, 12세 이하의 소아의 경우에는 주의가 필요하다.

9-1-2. 아젤라산(azelaic acid)

아젤라산(azelaic acid)은 티로시나아제의 활성 억제 작용으로 멜라닌 색소 합성 억제 효과가 있기 때문에 기미 치료제로 개발되었다. 그러나 여드름 치료에도 효과가 있어서 여드름 치료제 및 과색소 침착에 사용되는 치료제로 사용되고 있다. 아젤라산의 명확한 반응메카니즘은 밝혀지지 않았지만 *P. acnes*의 단백질 합성을 방해하여 세균증식을 억제하는 효과가 있는 것으로 알려져 있다.

또한 각질층의 두께를 감소시키고 케라토히알린 과립의 수와 크기를 감소시키며 미세면포의 형성을 억제하는 기능이 있다. 그리고 아젤라산은 호중구에 의한 슈퍼옥사이드 음이온라디칼(supeoxide anion radical)의 생성을 억제하여 항염증효과가 있기 때문에 비염증성 여드름과 염증성 여드름에 모두다 효과가 있다.

아젤라산은 하루에 3회 도포할 수 있다. 도포 후 4주 정도부터 효과가 나타나기 시작하며 1~4개월 후에 최대 효과가 나타나므로 지속적으로 도포하여야 한다. 부작용으로는 소양증, 작열감, 홍반, 건조증, 표피 박탈이 5~10%에서 나타나며 드물게 접촉성 피부염도 발생한다.

9-1-3. 벤조일 퍼옥사이드(benzoyl peroxide)

벤조일 퍼옥사이드(benzoyl peroxide, BP)는 비염증성 여드름과 염증성 여드름의 국소 치료제로 사용되어 왔다. 과거에는 벤조일 퍼옥사이드를 이용한 약제의 경우 피부 자극이 심하였으나 최근에는 자극이 완화된 약제를 개발하여 여드름 치료제로 사용하는 경우가 많다.

벤조일 퍼옥사이드는 호중구에서 활성산소종(reactive oxygen species, ROS)의 생성을 억제하고 항염증작용을 한다. 또한 *P. acnes*에 대한 정균작용과 살균작용을 하며, 피부를 건조시키고 박피 기능이 있기 때문에 막힌 모공을 열리게 하는 작용을 한다.

다른 항생제에 비하여 세균에 대한 내성이 낮으며, 도포 시 염증성 여드름과 비염증성 여드름을 개선시키는 효과가 있다. 특히 어리쓰로마이신(erythromycin)이나 클린다마이신(clindamycin)과 병용하면 여드름균의 내성 감소 및 치료효과가 증대된다.

1일 1~2회 도포하여 사용하면 자극성 피부염, 홍반, 소양증 등이 초기에 나타나지만 지속적으로 사용하면 2~3주 이내에 소멸된다.

9-1-4. 기타 국소 치료제

1) 글리콜산(glycolic acid)

각질 용해작용이 있으므로 모낭의 과각화을 감소시키고 각질층의 박리작용을 촉진시키기 때문에 가벼운 염증성 여드름과 비염증성 여드름에 사용된다.

2) 레조르시놀(resorcinol)

주로 살리실산, 황을 함유한 제품과 함께 사용된 각질 용해제로 사용된다.

3) 살리실산(salicylic acid)

살리실산은 세포간 지질의 결합을 감소시켜 각질용해 작용을 하기 때문에 면포를 제거하는데 효과가 있다. 그러나 트레티노인 보다는 효과가 없기 때문에 트레티노인을 사용하지 못한 경우에 사용된다. 과다하게 사용할 경우 피부 자극과 동시에 피부 건조를 초래할 수 있다.

4) 젖산(lactic acid)

각질형성세포의 교소체를 파괴하여 각질용해 작용을 하며, 모낭의 과각화를 감소시킬 수 있다. 주로 5% 젖산과 프로필렌글리콜(propylene glycol)을 함유한 용액이 사용된다.

5) 프로필렌글리콜(propylene glycol)

주로 40~60%의 농도로 인설을 제거하는데 사용된다. 피부자극과 피부 건조를 유발할 수 있다.

6) 과산화수소 크림(hydrogen peroxide cream)

과산화수소 크림은 쉽게 분해 되지 않고 안정적이며 지속적인 항균작용을 한다. 그람 양성균과 그람 음성균 등에 사용된다.

9-2. 도포용 항생제

국소도포용 항생제는 여드름 발생원인 중 염증 유발을 억제하는 약제로 사용되어 왔다. 즉 백혈구의 화학주성을 억제하고 P.acnes의 증식과 유리지방산(free fatty acid)의 생성을 감소시킴으로서 염증을 억제한다. 그러나 클린다마이신(clindamycin)과 에리쓰로마이신(erythromycin)은 직접적인 *P.acnes*의 수를 억제하는 효과보다는 여드름 균에서 분비되는 염증 생성 물질을 억제하여 항염증 작용을 함으로써 여드름을 치료하게 된다. 그리고 클린다마이신(clindamycin)과 에리쓰로마이신(erythromycin)은 면포를 용해시킬 수 없으므로 기존의 면포에는 영향을 미치지 못하고, 일반적으로 1~4%의 농도로 사용된다.

이와 같은 국소도포용 항생제를 장기간 사용할 경우에는 치료효과가 감소하고 여드름 균의 내성이 발생할 수 있다. 따라서 국소도포용 항생제는 단독으로 사용하는 것보다는 다른 국소치료제와 같이 사용하는 것이 치료효과도 좋고 여드름 균의 내성을 줄일 수 있다. 그리고 여드름의 증상이 호전되지 않을 경우 더 이상 사용하지 않아야 한다.

1) 에리쓰로마이신(erythromycin)

에리쓰로마이신(erythromycin)은 *P.acnes*의 단백질 합성을 억제하고 유리 지방산(free fatty acid)의 생성을 감소시킴으로서 면포 형성을 억제한다. 또한 호중구의 화학주성을 억제하여 항염증 작용을 한다. 다른 제제에 비하여 알레르기성 접촉피부염 발생 가능성이 적고, 아연(Zn)을 첨가하여 사용하면 치료 효과가 보다 더 높다. 그러나 피부 건조증, 소양증, 박피, 홍반, 자극 등의 부작용이 발생할 수 있다.

2) 클린다마이신(clindamycin)

클린다마이신(clindamycin)은 *P.acnes*의 증식을 억제하고, 백혈구의 화학주성을 억제하여 약한 항염증 작용이 있다. 그러나 면포용해 작용이 없기 때문에 이미 형성된 면포에는 영향을 미치지 못한다. 그리고 작열감, 소양증, 건조증, 홍반, 설사, 복통 등의 부작용이 유발될 수 있기 때문에 주의하여야 한다.

3) 기타 항생제

이외에도 여드름 치료용 항생제는 테트라싸이클린(tetracycline), 미노싸이클린(monocycline), 독시싸이클린(doxycline) 등이 있다.

10. 여드름 피부 관리

여드름 피부 상태와 특성, 여드름의 발생 원인에 대하여 구체적으로 파악하고, 이에 대한 적절한 여드름 피부 관리 과정을 선택하여야 한다. 뿐만 아니라 모든 여드름 관리 단계별 유용한 화장품을 사용할 수 있어야 한다. 또한 관리 과정별 주의하여야 할 사항을 충분히 유의하여 여드름관리를 하여야 효과가 있다.

10-1. 클렌징 단계(cleansing step)

클렌징은 피부 관리의 가장 기본적이고 중요한 단계이다. 피부의 노폐물이나 오염물질, 화장품을 제거하는 역할을 한다. 또한 염증을 억제하며 여드름 균을 감소시키는 세제를 이용하여 클렌징 한다. 아이 메이크업 리무버나 클렌저를 사용한다. 이때 스팀 타올이나 증기 연무기로 스팀을 쪼여 주면 피부의 각질층이 부드러워지고, 피부의 미세순환에 도움을 줄 수 있도록 클렌징 한다.

피부 유형의 특성에 따라 젤 타입 약산성 세안제, 밀크타입 세안제, 건성 예민용 젤 타입 세안제, 아쥴렌 등의 특수한 효능을 가진 세안제, 밀크타입 지성용 세안제 등의 각종 세안제를 잘 선택하여 주의 깊게 클렌징 한다.

10-2. 딥 클렌징 단계(deep cleansing step)

일반 클렌징으로 제거되지 않은 물질이나 모공 속의 분비물을 제거하기 위하여 보다 정교하게 세안하는 과정으로 딥클렌징(deep cleansing) 한다. 효소나 알파 히드록시산이 함유된 제품을 흔히 사용한다.

즉 글리콜산이나 살리실산이 함유된 젤타입의 세안제, 효소가 함유된 파우더 혹은 크림베이스 형태의 마스크, 특정 부위에만 적용하는 예민용 딥클렌져 등의 세안제를 사용하여 딥클렌징(deep cleansing) 한다.

10-3. pH 발란싱 단계(pH balancing step)

여드름의 상태와 유형, 즉 연령에 따른 여드름의 유형, 노화와 건성 등 피부 특성을 고려하여 유용한 성분이 함유된 토너를 이용하여 pH 균형을 맞춘다.

여드름 피부의 경우에는 여드름 상태에 따라 중간 정도의 농도인 글리콜산을 이용하여 스케일링을 한 후 베이킹소다 등을 이용하여 중화시키고 피부를 충분히 진정시킨다.

10-4. 면포의 추출 단계(comedo extract step)

면포 추출기를 이용하여 면포를 제거하고, 고주파를 사용하거나 에센셜 오일을 이용하여 항균, 항염 작용을 할 수 있도록 한다.

10-5. 진정 단계(sedation step)

1) 스킨마스터(skin master)

여드름의 상태나 특성 그리고 피부 유형에 따라 토너를 이용하여 보습과 진정 효과를 부여한다.

2) 마스크(masking)

면포 추출로 인하여 피가 나고 진물이 나는 피부를 말끔하게 닦아 주고, 붉어진 부위를 진정시킨다. 황, 멘톨, 캄포 그리고 알로에, 알란토인, PCA 등이 함유된 페이스트 형의 마스크, 클레이 혹은 캄포나 멘톨이 함유된 페이스트 형태의 마스크, 아줄렌이나 알로에가 함유된 진정용 마스크, 알로에나 알란토인 등 다른 보습제 및 진정 성분을 함유한 젤베이스 마스크 등을 이용하여 마스크 한다.

3) 모이스춰라이징 단계(moisturizing step)

토너로 pH 발란스를 다시 맞추어주고, 항염 효과와 진정 효과가 있는 O/W type의 진정용 크림을 발라준다.

10-6. 마무리 단계(final step)

아이크림, 자극이 없는 일광차단제 그리고 모공을 막지 않는 지성용 화운데이션과 알란토인이 함유된 투명파우더를 이용하여 마무리 한다.

11. 여드름 흉터(acne scar)

여드름에 의한 흉터는 대부분 심한 염증성 여드름에 의해서 발생한다. 염증성 여드름의 경우에 완전히 정상피부로 전환되었다 하더라도 콜라겐 섬유가 복구되지 않은 경우에는 피부가 함몰되는 흉터를 남기게 된다. 그리고 콜라겐 섬유가 복구되는 과정에서 섬유질이 과도하게 증식되는 경우에는 볼록한 형태의 켈로이드성 흉터가 남는 경우도 있다.

그러나 여드름에 의한 흉터는 결절이나 낭종이 없는 경우에도 가끔 발생한다. 대부분의 경우 구진과 농포가 여드름의 흉터로 전환되므로 여드름 관리 시 매우 주의하여야 한다.

11-1. 얼음깨는 송곳 모양 흉터(ice-pick scar)

얼음깨는 송곳 모양 흉터는 주로 뺨에 발생하며 마치 피부가 얼음 송곳이나 다른 날카로운 도구로 찍힌 것처럼 보인다. 이러한 여드름 흉터의 크기는 작고, 염증성 구진과 낭종들이 염증이 진행되는 동안 모공 벽을 파열시켜 발생된 흉터이며 깊이는 다양하다. 여드름의 가장자리는 정상피부와 구분이 명확하다. 여드름은 대부분 피부 표면에서 직각으로 함몰된 형태를 보인다.

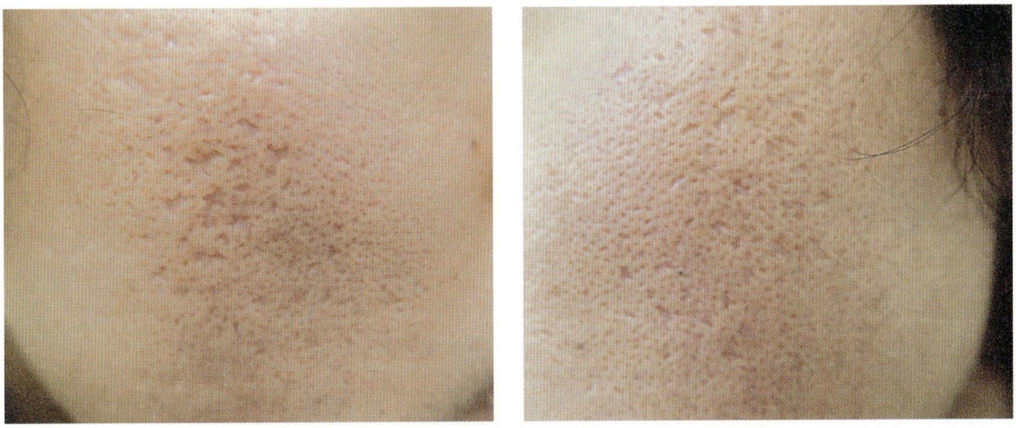

그림 11-30. 얼음깨는 송곳모양 여드름 흉터(ice-pick-scar)

11-2. 둥근 흉터(rolling scar)

구덩이 형태의 흉터로 약간 내려 앉아 패인 것처럼 보인다. 구진과 낭종 같은 심한 염증성 여드름의 모공벽과 주변의 피부 조직들이 파열된 후 복구되는 과정에서 생겨난 흉터이다.

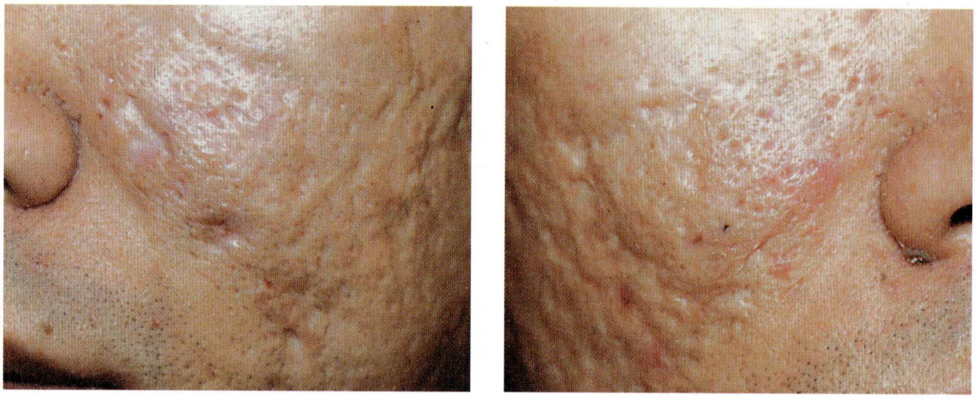

그림 11-31. 둥근 여드름 흉터(rolling scar)

11-3. 켈로이드성 흉터(keloidal scar)

피부 표면보다 융기된 형태의 흉터로 여러 개의 거대한 낭종들이 한꺼번에 파열되면서 형성된 가장 심한 형태의 흉터이다.

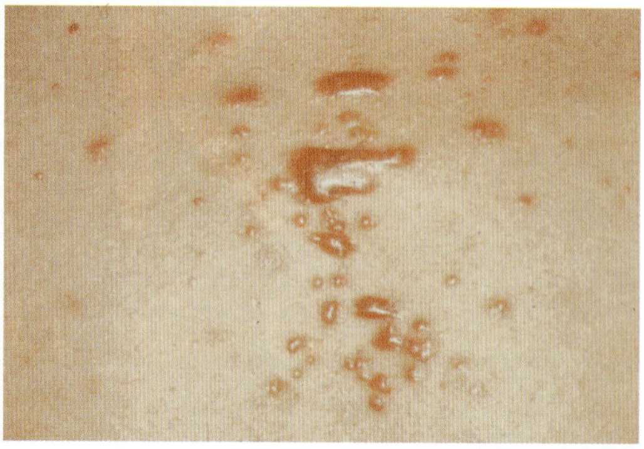

그림 11-32. 켈로이드성 흉터(keloidal scar)

12. 여드름 피부의 이상 현상

12-1. 출혈성 가피(hemorrhagic crust)

크고 깊은 여드름에 해당하는 결절과 농포성 여드름은 드물게 피부 표면에 출혈성 가피를 형성한다.

12-2. 반점 형성(macular formation)

초기의 염증성 여드름은 일시적으로 분홍빛 반점의 양상을 보인다. 이는 급속하게 진행하여 구진이나 농포를 형성한다. 드물게 구진, 농포, 결절이 소실된 후 반기에 반점이 나타나기도 한다. 이러한 반점은 경미한 인설이 존재할 수 있다.

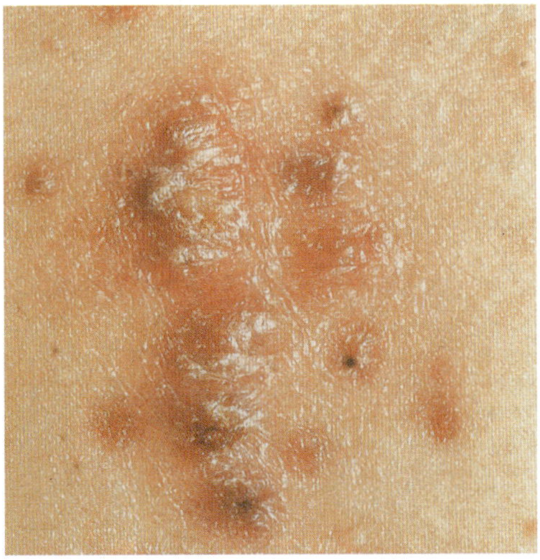

그림 11-33. 가피

12

색소침착

Pigmentation

1. 색소침착(pigmentation)에 관하여

사람의 피부 색깔은 멜라닌 색소와 진피 내의 혈관 분포, 헤모글로빈(hemoglobin), 카로틴(carotene) 그리고 각질층의 두께 등에 의하여 결정된다. 그 외에도 계절이나 건강 상태, 지역, 인종 등 여러 가지 요인들이 있기는 하지만 멜라닌이 피부 색깔의 가장 결정적인 요소이며, 피부의 색소침착에도 가장 중요한 역할을 한다.

멜라닌은 표피의 기저층에 존재하는 멜라닌생성세포(melanocyte)에서 합성되며, 주변의 각질형성세포(keratinocyte)로 전이되어 사람의 피부색을 결정하게 된다. 멜라닌은 피부에 유해한 영향을 끼치는 자외선을 흡수하여 피부로의 침투를 차단함으로써 피부 자체의 방어 기능을 하기 위해 생성된 고분자화합물이다.

태양광선에 피부가 노출되면 멜라닌소체(melanosome)를 함유한 각화세포가 평상시보다 빠른 속도로 신진대사가 이루어져 각화현상이 이루어진다. 그 이유는 태양광선으로부터 피부 및 신체 조직을 보호하기 위해 피부 조직 기능이 활발해지기 때문이다.

이와 같은 결과는 피부가 자외선에 노출되면 멜라닌생성세포에서 멜라닌이 생성되어 각질층으로 이동되어 피부 표면에 도달함으로써 피부는 검은 색깔을 띄게 된다. 이러한

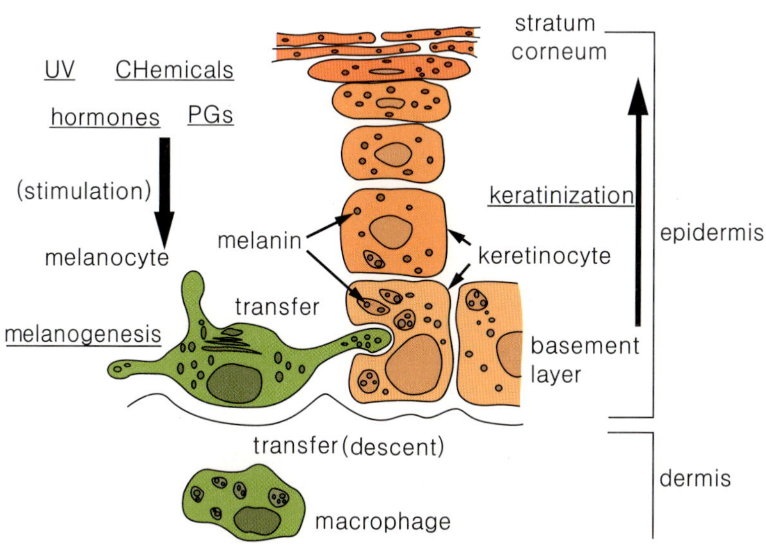

그림 12-1. 멜라닌 생성과 이동과정

현상을 색소침착(pigmentation)이라 한다. 결국 UVA나 UVB에 피부가 노출되면 멜라닌 합성이 증가되고, 각질형성세포로 전달되는 멜라닌의 양이 많아지게 되어 피부가 검게 된다. 또한 멜라닌생성세포 자극호르몬(melanocyte stimulated hormone, MSH)의 작용에 의하여 멜라닌 생성이 증가되어 피부색이 검게 되는 경우도 있다. 그러나 이러한 색소 침착이 비정상적으로 형성될 경우에 기미, 주근깨, 노인성 반점 등 색소침착의 이상 현상이 나타난다.

인종간 피부색의 결정 요인은 멜라닌 소체의 수, 크기, 멜라닌화의 정도, 분포, 각질 형성세포 내에서의 분해 등 멜라닌생성세포의 활성도의 차이이며, 멜라닌생성세포의 수는 일정하다. 또한 신체의 부위별 멜라닌생성세포의 수는 차이가 있으며, 성기 부위의 멜라닌생성세포의 수가 가장 많다.

백인의 경우에는 멜라닌소체가 유극층을 지나 과립층에 도달하면 멜라닌이 거의 관찰되지 않는다. 그러나 흑인의 경우 그 양이 조금도 줄지 않고 각질층까지 이동하는 것을 볼 수 있다. 백인 피부의 멜라닌이 과립층에서 거의 소멸되고 각질층까지 도달하지 못한 이유는 멜라닌생성세포에서 전달 받은 멜라닌 소체들을 백인 피부의 각질형성세포들이 분해하여 소멸시키기 때문이다. 황인종의 피부색은 각질형성세포들이 멜라닌소체 일부만 소멸시키고 일부는 과립층을 거쳐 각질층까지 도달하여 남아있기 때문이다.

그림 12-2. 인종별 피부색깔

2. 멜라닌과 멜라닌 생합성

2-1. 멜라닌(melanin)

멜라닌은 자외선이나 멜라닌생성세포 자극호르몬(melanocyte stimulated hormone, MSH)의 작용에 의하여 멜라닌생성세포(melanocyte)에서 생성된다. 멜라닌생성세포는 표피의 기저층에 각질형성세포(keratinocyte)와 같이 존재하며, 멜라닌을 생성하여 피부 색깔에 기여한다. 각질형성세포는 둥근 타원형 모양의 세포이고, 멜라닌생성세포는 신경 세포와 같이 수지상돌기를 가지고 있다.

멜라닌생성세포의 수지상돌기는 여러 방향으로 길게 분지하여 살아있는 기저세포와 유극세포를 우산처럼 감싸고 있다. 이는 태양광선 중 자외선이 피부에 침투하게 되면 유핵의 유극세포(가시세포)와 기저세포를 자외선으로부터 보호하기 위함이다.

세포를 손상시킬 수 있는 자외선이나 활성산소종(reactive oxygen species)이 멜라닌 생성세포를 자극함으로써 멜라닌생성세포는 멜라닌을 생성하게 된다. 기저층의 각질형성세포와 멜라닌생성세포는 1:4에서 1:10 정도의 비율로 존재하며, 1개의 멜라닌생성세포는 약 36개 정도의 주변 각질형성세포와 관련되어 표피멜라닌 단위를 구성한다.

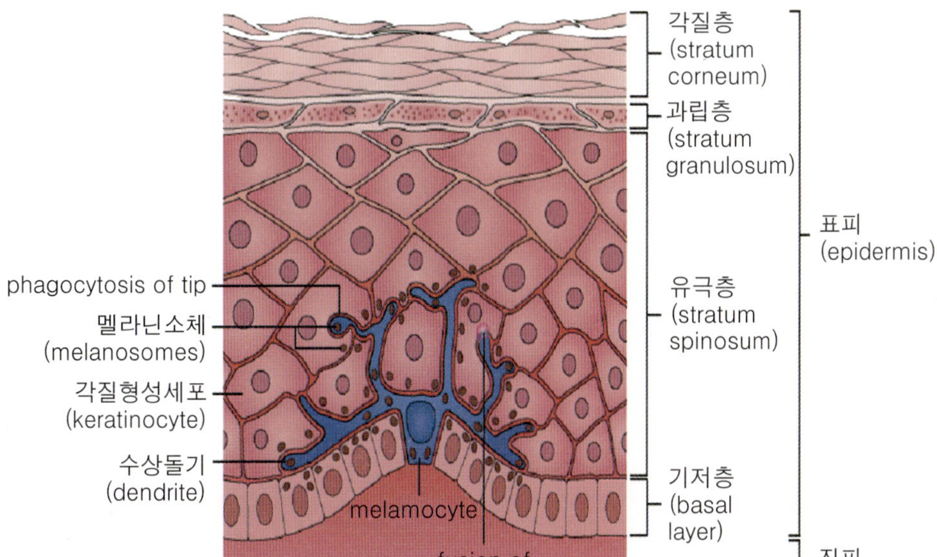

그림 12-3. 표피에서 멜라닌 생성세포의 분지

멜라닌생성세포에서 생성된 멜라닌은 멜라닌소체(melanosome)의 형태로 멜라닌생성세포의 수지상돌기를 통하여 주변의 각질형성세포에 전달된다. 각질형성세포로 유입된 멜라닌은 피부로 침투된 자외선을 흡수하여 피부 내의 세포나 조직이 자외선에 의해 손상되는 것을 막아주는 기능을 한다.

2-2. 멜라닌의 생합성 과정

멜라닌은 멜라닌생성세포 내의 소기관인 리보솜(ribosome)에서 티로시나아제(tyrosinase)의 작용에 의하여 생합성이 시작된다. 티로시나아제(tyrosinase)는 아미노산의 일종인 티로신(tyrosine)을 산화반응을 시키고, 몇 단계의 합성 과정을 거쳐 멜라닌생성세포의 흑색소포 표면에 침착하여 검고 갈색의 작은 멜라닌 소체(melanosome)가 생성된

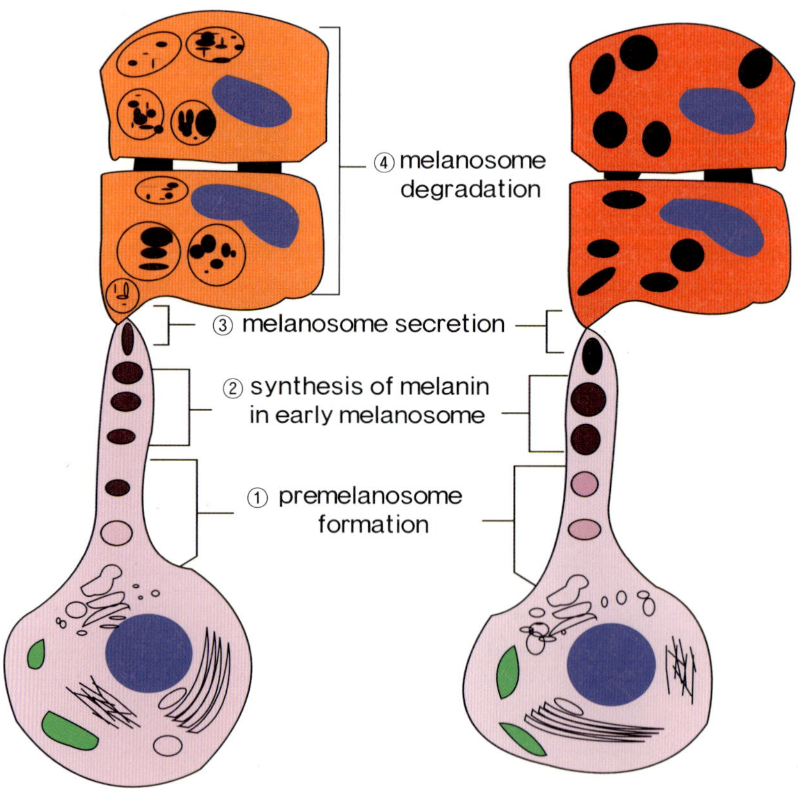

그림 12-4. 멜라닌소체(melanosome)의 각질형성세포로의 세포질 분비

다. 이러한 멜라닌소체는 세포질 분비를 통하여 기저층과 유극층의 세포 속으로 들어가서 서서히 축적되었다가 점차 표피의 각질층으로 옮겨지게 되어 피부의 표면에 나타남으로써 피부의 색깔에 기여하게 된다.

멜라닌생성세포(melanocyte)에서 생성되는 멜라닌은 흑갈색~갈색을 띠는 유멜라닌(eumelanin)과 적갈색~황색을 띠는 페오멜라닌(pheomelanin)이 있다. 멜라닌의 생합성은 아미노산의 하나인 티로신(tyrosine)을 기질로서 티로시나아제(tyrosinase)에 의해 도파(DOPA)를 거쳐 도파퀴논(DOPAquinone)으로 대사시킨다. 이 최초의 반응이 멜라닌 합성의 속도결정 단계이다.

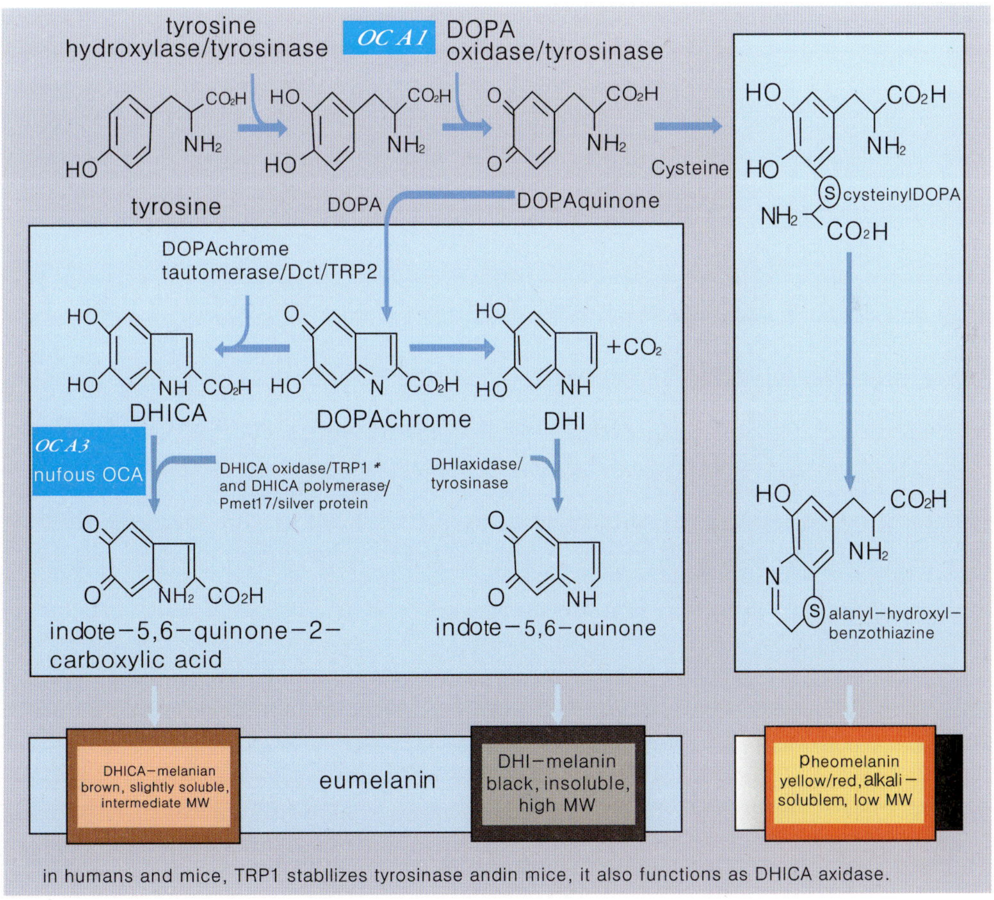

그림 12-5. 멜라닌 생성 반응 메카니즘

유멜라닌(eumelanin)은 티로시나아제(tyrosinase)에 의하여 티로신(tyrosine)이 도파(DOPA)를 거쳐 도파퀴논(DOPAquinone)과의 환원적 호환작용으로 산화되고, 도파퀴논(DOPAquinone)은 자발적으로 엔도싸이클 고리(endocycle ring)를 형성하여 루코 도파크롬(leuco DOPAchrome)으로 된다.

루코 도파크롬(leuco DOPAchrome)은 도파퀴논(DOPAquinone)과의 환원적 호환작용으로 산화되어 도파(DOPA)와 도파크롬(DOPAchrome)으로 된다. 도파(DOPA)는 다시 티로시나아제(tyrosinase)에 의해 산화되어 도파퀴논(DOPAquinone)을 형성하고, DOPA/도파퀴논(DOPAquinone) 산화 환원 회로가 멜라닌 생성의 산화적 구동장치로 작용한다.

이어서 도파크롬(DOPAchrome)은 TRP-1(DHICA oxidsae)에 의한 CO2 이탈반응과 TRP-2(DOPA chrome tautomerase)에 의하여 각각 5,6-dihydroxyindol (DHI)과 5,6-dihydroxyindol carboxylic acid (DHICA)로 된다. 이들은 도파퀴논(DOPAquinone)이하의 중간 대사물이고 자동산화반응, 광화학반응 혹은 티로시나아제(tyrosinase), 도파크롬(DOPA chrome) tautomerase, DHICA oxidase 등에 의하여 촉진된다.

자동산화는 금속이온, 특히 철, 구리 등의 2가 이온에 의하여 촉진된다. 한편 페오멜라닌(pheomelanin)은 도파퀴논(DOPAquinone)에 의해 시스테닐도파(cysteinyl DOPA) 등의 부가물을 경유하여 생성된다.

2-3. 활성산소에 의한 멜라닌 생성 촉진

피부에서 기미, 주근깨와 같은 색소침착은 자외선과 같은 인자에 의하여 생성된 멜라닌 혹은 멜라닌생성세포(melanocyte)의 증식에 의하여 야기된다. 티로시나아제의 활성을 억제시키거나 멜라닌생성세포의 기능 감소 그리고 멜라닌생성세포의 독성이 있는 약제를 사용함으로써 피부의 색소침착을 억제시킬 수 있다. 즉 멜라닌 생성과정에서의 자동산화반응을 억제함으로써 멜라닌 생성을 저하시키고, 자외선 조사에 의하여 생성되는 홍반 등과 같은 염증 반응을 억제함으로써 방어할 수 있다.

티로신으로부터 도파퀴논까지는 티로시나아제가 관여하고, 도파퀴논으로부터 멜라닌 생성은 자동산화반응에 의존하고 있다. 멜라닌 생성 과정에서 자외선은 티로시나아제와 자동산화반응 과정을 모두 촉진시킨다.

3. 색소침착의 이상 증상

멜라닌의 비정상적인 색소침착으로 인하여 기미와 주근깨와 같이 피부의 색깔이 균일하지 못하고 얼룩이 지게 된다. 이와 같은 색소침착의 이상은 멜라닌의 감소와 증가 및 이상 분포 등의 여러 변화에 따라 발생한다. 그리고 이러한 변화는 멜라닌생성세포 수의 변화, 멜라닌소체의 생산이나 구조의 이상, 멜라닌소체의 멜라닌 성숙과정의 이상, 각질 세포로의 이동 정도 및 멜라닌의 소실 정도 등 여러 가지 원인에 의하여 결정된다. 본 장에서는 편의상 과색소침착과 저색소침착으로 분류하여 설명하고자 한다.

3-1. 과색소침착(hyperpigmentation)

3-1-1. 기미(melasma)

기미(melasma)는 피부가 태양광선에 노출되어 다양한 크기의 연한 갈색, 암갈색 혹은 검정색으로 과색소침착되어 피부에 나타난 색소이상 증상 중의 하나이다. 이와 같은 기미는 주로 얼굴, 즉 광대뼈 부분, 이마, 눈썹 바로 위에 좌우 대칭성으로 나타나며, 경계가 확실하지만 불규칙한 모양이다. 특히 기미는 염증이나 가려움증을 동반하지 않으며 간반(chloasma)이라고도 한다. 대부분 30세 이상의 중년 여성들에게 발생하나 간혹 건강한 남성에게도 나타난다. 기미는 가장 흔하게 볼 수 있지만 정확한 발생원인은 밝혀지지 않았다. 그러나 기미는 태양광선에 의하여 악화되며 임신 기간이나 폐경기에도 자주 발생하지만 출산 후 서서히 소실되는 경우도 있고 그대로 존속되는 경우도 있다.

그 외 난소의 종양이나 내분비 질환 그리고 경구 피임약을 복용하는 경우에도 발생할 수 있다. 또한 만성 간 기능 장애에 의하여 발생하기도 하는데 주로 관자놀이 부분에 발생하고 지저분한 갈색을 띈다. 이와 같은 기미는 과색소침착을 제거하기가 쉽지 않기 때문에 일광 노출을 피하고 일광차단제를 사용하는 것이 가장 좋은 예방법이다.

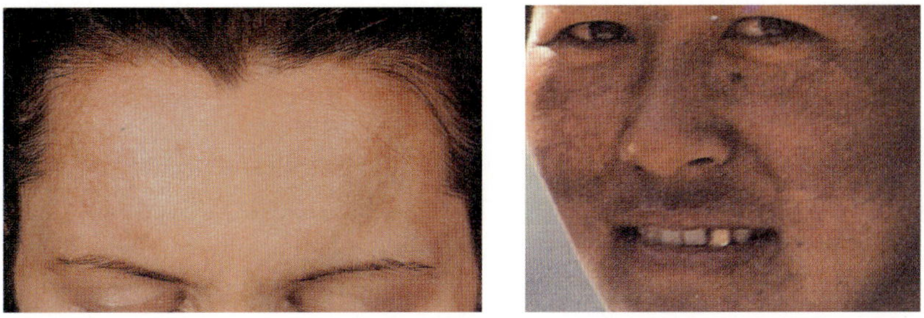

그림 12-6. 기미(melasma)

3-1-2. 주근깨(freckle)

주근깨(freckle)는 작란반(ephelis)이라고도 하며, 직경이 5~6㎜ 이하의 황갈색 혹은 검은 반점으로 불규칙한 모양이다. 주로 얼굴, 손등, 어깨 등 노출 부위와 가슴에 발생하며, 여름철에 심해지다가 때로는 겨울철에 완전히 소실되기도 한다.

금발이나 적색 모발 그리고 하얀 피부와 일광 화상을 쉽게 받는 등 유전적인 소인이 있는 사람에게서 흔히 발생된다. 주로 사춘기나 소년기에 나타난다. 주근깨가 있는 피부는 정상 피부보다 멜라닌생성세포의 크기가 더 크며 멜라닌소체도 보다 더 성숙되지만 멜라닌생성세포의 수는 정상피부의 1/3 정도 밖에 되지 않는다.

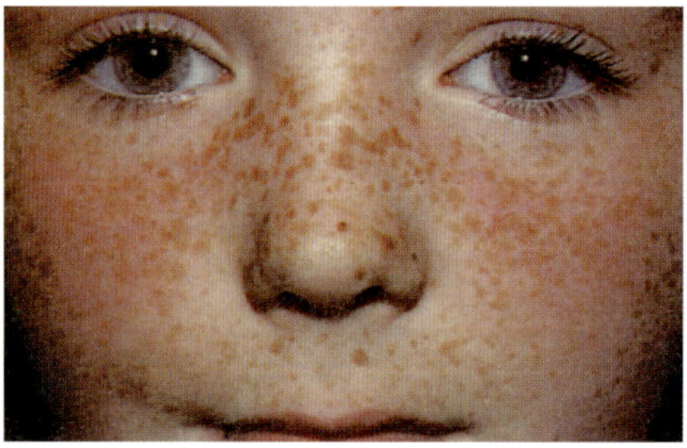

그림 12-7. 주근깨(freckle)

3-1-3. 흑자(lentigines)

흑자(lentigines)는 일반적으로 점이라고 한다. 경계가 명확하고 둥근 갈색 또는 검은색 반이 한 개 혹은 여러 개의 흑자가 신체표면이나 점막의 어느 곳에서도 발생할 수 있다. 크기는 좁쌀부터 손바닥크기 이상 까지 다양하다. 이는 태양광선의 노출에 의하여 더욱 검어지지는 않으나 스스로 소실되지도 않는다. 특히 흑자는 특정 부분에 멜라닌 색소가 과량으로 침착된 것으로써 기저층에 멜라닌생성세포의 수가 많고 표피내에 멜라닌이 과량 침착되어 나타난 결과이다.

노인성흑자(lentigo senilis)는 태양에 오래 노출된 사람의 노출부위에 양성의 산재된 색소성 반들에 의해서 생긴다. 즉 노인들의 피부에 과색소침착에 의하여 주로 손등과 이마 등의 얼굴에 나타난다. 피부에 탈색반, 노인성 자반 및 만성 일광변성을 동반하며, 피부의 손상 및 노화 과정 중에 축적되어 발생된 것으로 일광차단이 무엇보다 중요하다.

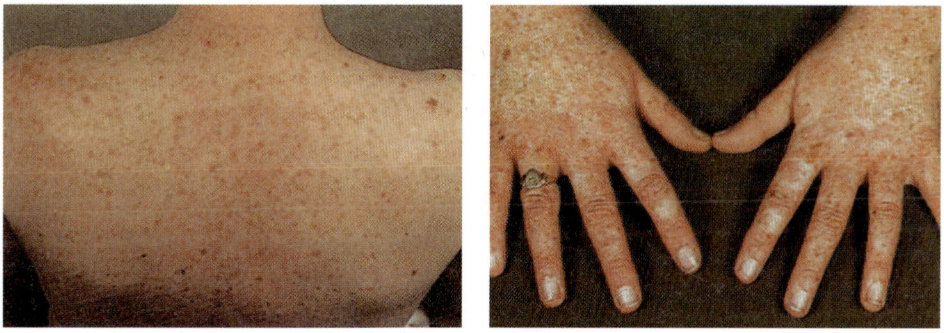

그림 12-8. 흑자(lentigines)

3-2. 저색소침착(hypopigmentation)

3-2-1. 백반증(vitiligo)

백반증(vitiligo)은 후천적으로 멜라닌이 결핍되거나 사라짐으로써 여러 가지 형태와 크기의 하얀색 반점들이 피부에 나타난다. 즉 멜라닌생성세포가 파괴되어 그 수가 감소 혹은 소실되어 멜라닌 결핍으로 여러 가지 크기 및 형태의 백색 반들이 피부에 나타나는 후천적 탈색소 피부질환 중 가장 흔한 대표적인 질환이다.

노인이나 성인에게 주로 나타나지만 소아에게도 보이고, 몸의 어느 곳에도 발생할 수 있으며, 특히 만성 자극이 가해지는 얼굴, 허리, 사지 말단에 잘 발생된다. 인종이나 지역 그리고 성별에 관계없이 발생하며 세계 인구의 약 1% 정도 발생한 것으로 보고되고 있다.

백반증의 정확한 발생 원인은 밝혀지지 않았지만 자가 면역, 신경체액, 멜라닌 자가 파괴, 유전적 요인, 스트레스와 관련된 것으로 알려지고 있다. 면역설은 백반증 환자에서 부신, 갑상선, 위벽세포, 췌장세포 등에 대한 자가 항체의 발생빈도가 높으며, 또한 자가 면역 질환을 동반하는 경우가 많다. 자가면역질환 환자에서 백반증은 10~15% 정도로 보고되어 일반 인구의 발생빈도 1%보다 현저히 높다.

최근 멜라닌생성세포의 파괴나 기능 이상을 초래하는 것으로 설명하고 있으며, 항체의 혈중치가 백반증 발생이나 탈색소의 범위와 비례한다는 주장도 있다. 신경체액설은 멜라닌 세포가 신경 등에서 기원하며 신경절에 따른 분포를 보이는 백반증도 있고, 신경 손상이나 정신적 긴장 후에 발생하는 사례 등은 신경체액설을 뒷받침하고 있다.

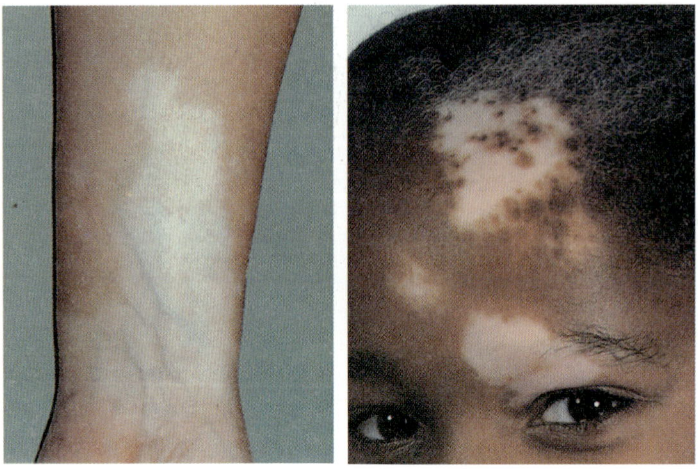

그림 12-9. 백반증(vitiligo)

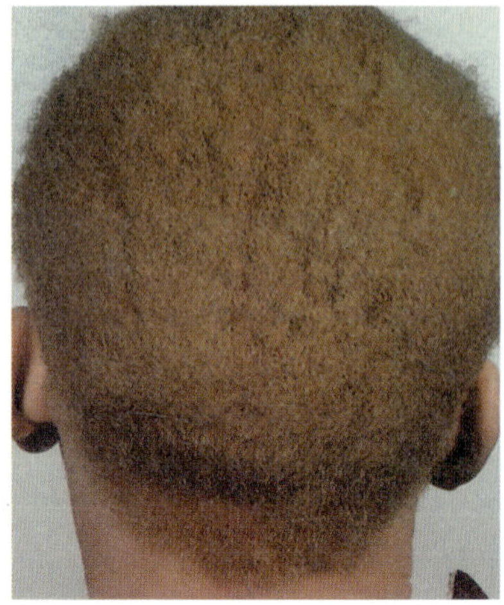

그림 12-10. 백색증(albinism)

멜라닌생성세포 근처에 유리된 신경화학물질의 과다로 이들이 멜라닌생성세포의 생성과정을 억제하여 세포파괴를 초래하는 것으로 설명하고 있다. 또한 멜라닌생성세포자가 파괴설은 멜라닌 생성과정에서 생긴 중간물질이나 대사 물질들이 페놀복합체로서 이들이 멜라닌생성세포 내에 축적되어 멜라닌생성세포를 파괴하게 된다는 것이다. 그러나 이러한 발생원인은 독립적으로 작용하기 보다는 복합적으로 작용하여 백반증이 발생되는 것으로 설명하고 있다.

백반증은 다양한 크기의 원형 내지는 불규칙한 모양의 탈색반으로 시작되는데 경계는 명확하면서 경계부를 따라 과색소침착을 나타내기도 하며, 때로는 홍반성 경계를 띠면서 가려움증을 느끼기도 한다. 백색반 부위의 모발도 탈색되어 보이는 경우도 많다. 특히 머리카락, 눈썹 같은 경우 백모증으로 처음 발견되기도 한다.

3-2-2. 백색증(albinism)

백색증(albinism)은 멜라닌 생성세포의 수는 정상이지만 선천적으로 티로시나아제(tyrosinase)의 활성이 결여 또는 저하되어 멜라닌소체를 합성하지 못함으로써 나타나는 피부 질환이다. 그 결과 피부나 모발에 멜라닌이 결여되거나 감소하여 백색을 띠거나 금발이나 백발이 생성된다. 또한 홍채의 경우에도 이와 유사한 경향이 있는데 홍채의 경우는 청색을 띠게 된다. 이와 같은 백색증은 일광에 민감하고 쉽게 발적을 하며 눈부심이나 시력장애를 유발한다.

4. 피부색 변화에 영향을 미치는 요인

4-1. 자외선

자외선에 노출되면 멜라닌생성세포를 자극하여 멜라닌을 생성함으로써 자외선이 피부 내부로 침투되는 것을 막는다. 검게 그을린 피부가 보기 좋고 건강에 좋아 썬탠(suntan)을 하거나 햇볕에 자주 노출되면 피부노화가 빨리 올 뿐만 아니라 기미, 주근깨 등의 색소 침착성 피부 질환을 일으킬 수 있다.

4-2. 임신과 피임약

임신과 피임약은 피부의 색깔 변화에 일시적인 영향을 줄 수 있다. 임신을 하면 유두 부분과 복부의 중심선에 색깔이 진해지며, 얼굴의 눈 밑에도 거무스름하게 색소가 진해진다. 임신 중에도 여성호르몬인 에스트로겐이 증가하면서 임신 4~5개월쯤부터 기미가 나타나기 쉬운데 이때 생기는 기미는 출산과 함께 상당부분 없어진다.

피임약에 포함된 여성호르몬인 에스트로겐(estrogen)은 멜라닌생성세포를 자극하여 불규칙적인 반점을 형성하는데 피임약으로 인한 기미는 복용 중단 후에도 오랫동안 남아 있게 된다. 그러나 신진대사가 원활하지 않거나 강한 자외선에 노출되었을 때 신체적, 정신적으로 스트레스를 받으면 기미가 짙어지거나 새로 생겨 출산 후에도 없어지지 않는 경우도 있다.

4-3. 유전적인 요인

부모 중에 기미가 있을 때 기미의 발생빈도가 높은 것으로 보아 어느 정도는 유전적인 요인이 작용하는 것으로 알려져 있다.

4-4. 화장품, 약제

화장품의 성분 중 향료나 향수 그리고 타르(tar) 등의 다른 화학성분과 광증감제로 인한 일광의 광과민성으로 과색소침착이 발생할 수 있다. 그 대표적인 한 예가 릴흑색증(Riehl's melanosis)이다. 또한 화장품을 사용하여 발생한 접촉성 피부염이 치유되는 과정에서 자외선에 노출되면 기미가 발생할 수 있다. 또한 자외선에 민감한 약제를 복용한 경우 자외선 조사에 의하여 피부에 색소침착이 발생할 수 있다. 그리고 간 기능이 좋지 않은 경우나 난소가 제 기능을 못해도 기미가 생길 수 있다.

4-5. 스트레스

스트레스를 받으면 부신피질에서 아드레날린이 나오면서 스트레스 상황에 대처하는 준비태세가 갖추어지게 된다. 지속적으로 스트레스를 받으면 신진대사의 균형이 무너지면서 피부에 필요한 영양 공급이 늦어지고 멜라닌생성세포의 활동이 증가하며 보호기능을 하게 된다. 멜라닌생성세포 활성의 증가가 기미의 주원인이다.

4-6. 염증과 자극

피부에 염증이나 상처가 생기면 그 부위에 색소침착이 생긴다. 백인의 경우 염증이 생기면 그 부위에 붉은색의 구진이 형성되고, 시간이 경과함에 따라 농포성(pustule) 염증이 형성된다. 염증이 가라앉은 부위에 붉은 색의 반점이 생기거나 황갈색의 편평한 반점이 남는다.

5. 멜라닌생성 억제 물질

5-1. 미백제로 이용되는 화장품 성분

미백용화장품의 원료로 사용되어지는 성분은 물리적, 화학적으로 자외선을 차단시키는 물질과 멜라닌을 생성을 억제 시키는 물질, 즉 멜라닌생성세포의 선택적 독성으로 멜라닌생성세포의 활성을 억제시키는 물질이다. 그리고 생성된 멜라닌을 환원시키거나 탈색시키고, 표피 내 멜라닌의 배설을 촉진시켜 미백 효과를 갖는 성분이어야 한다.

미백작용에 대한 반응 메카니즘은 4가지로 분류할 수 있다. 첫째는 생성된 멜라닌을 환원시켜 탈색시키고, 둘째는 멜라닌생성의 주요 효소인 티로시나아제(tyrosinase)의 활성 억제, 셋째는 사이토카인 망(cytokine network)의 조절 그리고 넷째는 기타의 미백제 등이다.

미백용화장품에 널리 사용되는 물질은 멜라닌생성세포 내에서 멜라닌을 합성하는데 중요한 효소인 티로시나아제(tyrosinase)의 활성을 억제하는 것으로 알부틴, 코직산, 감초추출물, 닥나무추출물 등의 원료가 사용되고 있고, 멜라닌 합성을 차단하는 비타민 C, 글루타치온(glutathione), Coenzyme Q10 등이 사용되고 있다.

5-1-1. 일광 차단제(sunscreens)

일광 차단제는 피부의 노화와 홍반 그리고 색소침착을 유발하는 자외선을 차단할 목적으로 사용하는 물리적 화학적 물질로서 썬스크린(sunscreen), 썬블럭(sunblock), 미백화장품 및 일반 화운데이션 등에 사용된다.

1) 물리적 차단제(physical sunsreen)

물리적 차단제는 주로 광물질이다. 분말상태의 안료를 이용하여 물리적인 방법으로 자외선을 산란시켜 피부 속으로 침투하는 것을 막아 피부를 보호한다. 이산화티타늄(TiO_2), 탈크(talc), 규산염(silicate), 전분, 나일론 성분과 초미립자 산화아연(ZnO), 벤토나이트(bentonite) 등이 있으며 주로 색조화장품에 이용된다.

이산화티타늄(TiO_2)과 초미립자 산화아연(ZnO)은 무기안료로서 독성이 없고 자극성이 없을 뿐만 아니라 자외선 차단에 효과적이어서 화장품 성분으로 많이 사용된다.

2) 화학적 차단제(chemical sunsreen)

화학적 차단제(chemical sunsreen)는 자외선을 흡수하는 유기화합물이므로 자외선 흡수제(ultraviolet absorbents)라고도 한다. 자외선 흡수제는 화장품 성분으로서 자외선을 흡수하여 자외선이 피부에 침투하는 것을 막아 피부를 보호하는 유기화합물이다.

화장품에 사용되는 자외선 흡수제는 PABA 유도체(p-aminobenzoic acid and its derivatives), 벤조페논 유도체(benzophenone and its derivatives), 살리실산 유도체(salicylic acid and its derivatives), 계피산 유도체(cinnamic acid and its derivatives), 캄포 유도체(camphor and its derivatives) 등이 있다.

5-1-2. 미백용 화장품 성분

1) 알부틴(arbutin)

알부틴(arbutin)은 진달래과의 상록수인 고산식물의 잎과 월귤나무의 잎 등에 함유되어 있으며, 피부의 미백제로 알려진 물질이며 히드로퀴논(hydroquinone)에 당이 결합된 hydroquinone-β-D-glucopyranoside이다. 히드로퀴논(hydroquinone)과는 달리 세포독성이 없는 것으로 보고되고 있다. 알부틴은 티로시나아제(tyrosinase)의 활성 억제제로 작용하여 멜라닌생성을 억제시키는 물질로 알려져 있다.

알부틴은 비교적 낮은 자극 때문에 피부 색소 형성 억제와 피부 내 색소침착 개선에 사용되고 있으며 접촉성 피부염, 아토피성 피부염 등의 예방과 치료에도 활용되고 있다. 1~5% 가량 함유된 미백 제품들이 있다.

2) 코직산(Kojic acid)

코직산(Kojic acid)은 누룩이 발효될 때 생성되는 물질로서 누룩산이라고도 하며, 감마 피론(γ-pyrone)계의 화합물이다. 미백성분 중에서는 비교적 안정성이 좋은 원료이나 온도가 높거나 공기에 노출되면 황색으로 변한다. 코직산은 티로시나아제(tyrosinase)의 보결자인 구리이온을 봉쇄하여 티로시나아제의 작용을 억제하여 티로신의 산화작용을 방해함으로써 멜라닌생성을 저해한다.

코직산은 1~4%함유된 제품들도 있다. 그러나 피부를 예민하게 하고, 피부 자극으로 인한 접촉성피부염을 유발시킬 수도 있기 때문에 사용할 때 주의하여야 한다.

3) 비타민 C와 그 유도체(vitamin C and its derivatives)

가장 오래 전부터 미백원료로 사용되어온 물질이며, 비타민 C는 아스코르빈산(ascorbic acid)이라고도 한다. 비타민 C는 티로신에서 멜라닌이 생성되는 과정에서 중간체인 도파퀴논을 환원하여 멜라닌생성을 억제하는 작용과 진한색의 산화형 멜라닌을 환원하여 엷은색의 환원형 멜라닌으로 전환시킴으로써 미백작용을 한다.

비타민 C는 수용성으로써 피부에 거의 흡수되지 않고, 안정성이 좋지 않다. 따라서 비타민 C에 지방산으로 에스테르화 반응을 하여 오일에 녹는 유도체를 만들거나 비타민 C 인산에스테르나 그 마그네슘염 등으로 만들어서 수용성과 안정성을 향상시키고 피부의 경피흡수가 잘 될 수 있는 비타민 C 유도체를 주로 이용한다. 또한 활성산소종의 소광제와 보습제로서 화장품 성분에 이용되고 있다.

4) 알파 히드록시산(α-hydroxy acid, AHA)

표피의 각질 제거 작용과 피부 연화작용 그리고 특정한 조건하에서 보습기능이 있어서 여드름 피부와 노화피부의 개선에 이용된다. 또한 과색소침착된 피부, 즉 기미에는 색소의 층을 얇게 함으로써 색소의 이탈을 촉진시키는 물질로 이용된다.

5) 태반 추출물(placenta extract)

태반(placenta)은 티로시나제의 활성을 억제하여 멜라닌 생성을 저해하는 작용이 있는 것으로 알려져 있다. 태반은 기저층의 세포분열을 촉진시켜 턴오버를 활성화하여 멜라닌의 배출을 촉진시키는 작용을 함으로써 색소침착에 효과가 있는 것으로 알려져 있다. 즉 멜라닌색소가 만들어지는 것을 억제하는 반면 멜라닌 색소의 배출을 활성화시키기 때문에 과색소침착의 개선에 이용되고 있다.

6) 그 외 미백 성분

피부에 대한 자극과 미백 효과를 고려하여 여러 가지 식물과 약초에서 추출하여 화장품의 미백제로 이용이 점차 증가하고 있다. 감초의 뿌리와 줄기에서 추출되는 지용성 감초추출물은 글리시리친산이 티로시나아제의 작용을 억제하여 멜라닌 합성을 방해하고, 뽕나무 추출물은 안정성이 우수하며 낮은 농도에서도 강한 티로시나아제 억제 효과가 있기 때문에 미백화장품의 성분으로 이용되고 있다. 또한 그 외에 반하추출물, 어성초추출물 등의 여러 가지 식물로부터 이용되고 있다.

5-1-3. 일광차단지수(sun protection factor, SPF)

일광차단지수(sun protection factor, SPF)는 일광차단제를 도포한 곳과 도포하지 않은 곳을 비교할 때 홍반을 일으키는 비율이다.

◎ 일광차단지수(sun protection factor, SPF)

$$= \frac{\text{일광차단제 도포한 곳의 홍반 발생시간}}{\text{일광차단제 도포하지 않는 곳의 홍반 발생시간}}$$

$$= \frac{\text{일광차단제 도포한 곳의 최소홍반량(MED)}}{\text{일광차단제 도포하지 않는 곳의 최소홍반량(MED)}}$$

최소홍반량(minimal erythema dose, MED) : 피부에 자외선을 조사한 경우 홍반이 발생하는 자외선 조사량

SPF 15라는 일광차단제는 제품을 사용하지 않은 경우에는 일광에 노출된 지 10분 만에 홍반이 발생하였다면 SPF 15인 일광차단제를 사용한 경우에는 일광에 노출된 지 150분 만에 홍반이 발생함을 의미한다. 그러나 사람에 따라서 다르기 때문에 모든 사람에게 정확히 적용될 수는 없다. 또한 땀을 흘린 경우나 물에 들어갔을 때 일광차단제는 제거될 수 있으므로 자주 도포해 주어야 한다.

피부에 자외선을 조사한 경우 홍반은 UVB에 의해서 발생한다. 따라서 SPF는 일광으로부터 UVB에 의한 차단 효과를 나타낸 것이다. 피부의 노화나 색소침착은 UVB에 의해서만 발생하는 것이 아니고 UVA에 의하여 발생하기 때문에 UVA에 대한 차단 효과의 지수로서는 맞지 않다. 그러므로 UVA에 대한 차단 지수는 SPF와는 달리 측정된다. UVA에 대한 차단 지수는 PAF(protection factor of UVA)로 나타내며, 일광차단제를 사용하였을 때와 사용하지 않았을 때의 최소흑화량(minimal persistent pigmentation darkening dose, MPPD)의 비율로 나타낸다.

◎ 일광차단지수(protection factor of UVA, PAF)

$$= \frac{\text{일광차단제 도포한 곳의 최소흑화량(MPPD)}}{\text{일광차단제 도포하지 않는 곳의 최소흑화량(MPPD)}}$$

최소흑화량(minimal persistent pigmentation darkening dose, MPPD) : 피부에 자외선(UVA)을 조사한 경우 색소침착이 2~4시간 지속되는데 필요한 최소한의 자외선 조사량

PFA의 지수가 2~4이면 UVA+로서 UVA 차단 효과가 있는 상태를 나타내고, PFA의 지수가 4~8이면 UVA++로서 UVA 차단 효과가 상당히 높음을 나타내며 PFA의 지수가 8 이상이면 UVA+++로서 UVA 차단 효과가 매우 높음을 나타낸다.

5-2. 피부 색소침착 치료제

1) 히드로퀴논(hydroquinone)

히드로퀴논(hydroquinone)은 멜라닌생성에 필요한 티로신의 산화과정을 방해하는 작용이 있기 때문에 주로 멜라닌생성 억제 물질로써 사용되고 있다. 4~5% 히드로퀴논이 함유된 크림을 사용하여 갈색반, 기미, 주근깨, 노인성 흑색증 그리고 과도한 멜라닌 색소 침착 등의 치료에 이용된다. 그러나 피부가 붉어지고 건조해지거나 욱신거리며 접촉성 피부염과 홍반등의 부작용이 발생할 수 있다. 또한 농도가 강한 히드로퀴논을 사용하였을 때 피부의 색소 탈색 효과는 매우 뛰어나지만 신장을 손상시키고 티로시나아제의 파괴로 인하여 백반증을 유발시키는 등 부작용이 매우 크다. 따라서 최근 히드로퀴논을 사용할 경우 2% 이하의 적은 양을 사용하도록 규제되어 있다.

6. 색소침착 피부 관리

기미는 과색소침착의 문제성 피부 중의 하나로 기미 생성원인과 생성된 멜라닌을 없애주는 데에 초점을 맞추어야 한다. 이러한 피부 관리 방법은 스크럽제나 효소 그리고 AHA가 함유된 클렌징 제품을 이용한 딥클렌징과 미백성분을 함유한 미백용 화장품, 즉 마스크나 앰플을 활용함으로써 색소침착을 개선할 수 있다.

색소침착이 심한 경우에는 AHA 중 글리콜산이나 아미노산 중의 아르기닌을 이용하여 스케일링을 함으로써 표피의 turn over을 촉진시켜 멜라닌으로 착색된 표피를 탈피시킴으로서 색소침착을 개선시킬 수 있다. 또한 산도가 낮은 글리콜산이나 멀티 아하(multi AHA)를 혼합하여 피부에 마사지를 하면 천연 성분으로 피부를 박피(peeling)할 수 있고 비타민 C를 피부깊이 침투시킬 수 있다. 따라서 표피의 turn over를 촉진시켜 멜라닌이 착색된 표피를 신속히 교체시킬 수 있고 비타민 C를 안정적으로 최대한 피부 깊이 침투시킴으로서 색소침착을 효과적으로 개선할 수 있다.

과색소침착에 대한 피부 관리는 우선 썬크림, 화장, 모자 등을 이용하여 자외선을 차단하여 미리 예방하는 것이 가장 우선되어야 한다. 그리고 각질 제거를 통하여 멜라닌 색소를 탈색 시키고, 알부틴이나 비타민 C 등의 미백에 활성이 있는 물질을 이용하여 멜라닌 색소의 생성을 억제하여야 한다. 그리고 마사지, 팩, 영양공급을 통하여 멜라닌 색소의 배설 기간을 단축함과 동시에 스트레스나 정서적인 안정 및 건강에 유의함으로써 색소침착을 억제할 수 있다.

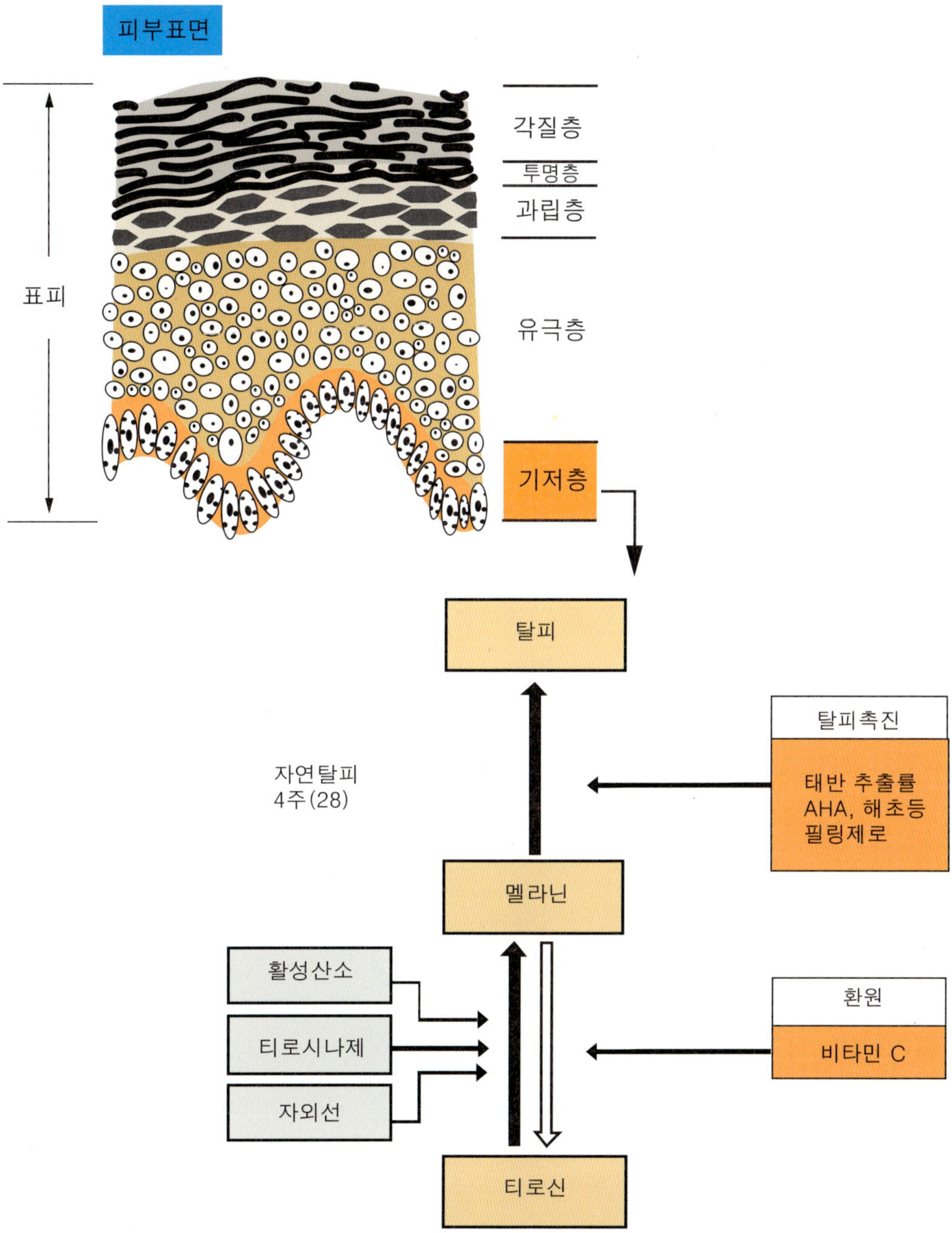

그림 12-11. 멜라닌 생성, 환원 및 탈피과정

13

노화 피부

Aging in Skin

1. 노화(aging)에 관하여

사람은 태어나서 반드시 누구나 죽는다. 누구나 자기 자신만은 늘 살 수 있을 거라고 마음속으로 생각하지만 어느 누구도 나이를 먹으면 죽게 되는 것이다. 노화란 과학적으로 명확하게 정의하기는 어렵지만 일반적으로 다세포 생물에서 시간이 흐름에 따라 생리적 기능이 쇠퇴하는 현상을 노화(aging)라 한다.

모든 생물은 태어나면서 부터 죽음에 이르기까지 노화의 과정을 겪는다. 신체가 생리적 기능이 저하되는 노화 과정은 유전적, 환경적인 요인 등에 의한 다양한 양상을 보이지만 질병은 아니다. 즉 개체에서 일어나는 노화 현상은 개체 수준, 기관 수준, 세포 수준, 분자 수준 등 다양하게 나타난다.

노화 과정은 신체, 즉 눈, 뇌, 심장 등 모든 구성 기관에서 나이를 먹으면서 일어나고 있다. 피부도 마찬가지로 나이가 진행됨에 따라 각질형성세포, 멜라닌생성세포, 피부부속기관의 기능 등이 감퇴됨으로서 노화가 진행된다. 어린이들의 터질듯한 팽창력과 유연성을 가진 피부가 청소년기의 매끄럽고 윤기가 흐르던 시절을 지나 성년기에 이르면 거칠고 메마른 상태로 진행되다가 주름이 지고 탄력성이 소실되는 노화 피부 상태에 도달하게 된다.

이러한 노화에 대한 이론을 몇 가지 간략하게 살펴보고, 특히 피부노화에 관하여 구체적으로 설명하고자 한다.

1) DNA 프로그램 이론(DNA program theory)

DNA 프로그램 이론(DNA program theory)은 노화 과정이 유전자에 의해서 정해진 프로그램으로 조절된다는 이론이다.

2) 유전자복제손상 이론(DNA replication theory)

유전자복제손상 이론(DNA replication theory)은 DNA 복제 시에 DNA 손상으로 오류가 생기고, 이러한 오류로 결국 세포의 기능이 저하되어 노화가 일어난다는 이론이다.

3) 유전자정보오류 이론(error catastrophe theory)

유전자정보오류 이론(error catastrophe theory)은 유전자의 정보가 전사되는 과정 또는 단백질 합성 단계에서 오류가 생겨 비정상적인 단백질을 만들며 이들이 축적되어 노화가 일어난다는 이론이다.

4) 교차결합 이론(cross-linkage theory)

교차결합 이론(cross-linkage theory)은 세포 내·외 단백질의 교차결합의 증가로 노화가 온다는 이론이다. 이들 중 주가 되는 교원섬유의 증가된 교차결합은 조직의 탄력성을 잃게 하며 경직되게 하여 점차 기능이 감소하여 노화를 일으킨다.

5) 섬유화 이론(fibrosis theory)

섬유화 이론(fibrosis theory)은 주로 교원질로 구성된 결체조직의 섬유화가 세포의 대사와 영양의 원활한 교환을 방해함으로써 노화를 촉진시킨다는 이론이다.

6) 내분비선 이론(endocrine theory)

내분비선 이론(endocrine theory)은 흉선, 뇌하수체, 시상하부, 갑상선 등과 같은 내분비계의 이상으로 분비되는 호르몬의 장애로 노화가 일어난다는 이론이다.

7) 면역 이론(immunologic theory)

면역 이론(immunologic theory)은 면역세포가 자가면역을 일으켜 노화가 일어난다는 이론이다.

8) 세포 주기 이론(noncycling cell theory)

세포 주기 이론(noncycling cell theory)은 세포가 주기성을 상실함으로서 노화가 일어난다는 이론이다.

9) 자유 라디칼 이론(free radical theory)

유리 라디칼 이론(free radical theory)은 최근 가장 각광 받고 있는 노화설로서 주위 환경 및 인체 내에서 활성산소종(reactive oxygen species, ROS)인 자유 라디칼이 생성되고, 이들이 유전자, 단백질, 지질 등과 화학반응을 일으켜 손상을 입히고 축적되어 노화가 일어난다는 이론이다.

2. 노화피부의 특징과 조직학적 변화

2-1. 노화피부의 특징

일반적으로 노화 피부는 건조하고 주름이 많으며 탄력이 없고 불규칙한 색소침착과 함께 증식성 병변을 보이기도 한다. 피부에 노화를 일으키는 원인은 크게 연령에 따른 자연노화 혹은 내인성 노화(intrinsic aging)와 외부 환경의 영향에 의한 외인성 노화로 구분된다. 외인성 노화는 자외선에 의한 광노화(photoaging)가 가장 대표적이다.

내인성 노화는 나이를 먹으면서 피부의 구조와 생리적인 기능이 계속적으로 감퇴함으로써 햇빛에 노출되지 않는 피부에서 주로 관찰된다. 내인성 노화는 비교적 경미하고 잔주름, 피부건조증, 탄력감소 등을 들 수 있다.

그러나 광노화는 오랫동안 햇빛에 노출된 얼굴, 손등, 목뒤 등의 피부에서 주로 관찰되는 노화현상이며, 내인성 노화 현상에 광노화 현상이 합쳐진 결과로 발생한다. 따라서 광노화는 내인성 노화에 비하여 심하고 일찍부터 관찰되며, 굵고 깊은 주름과 잔주름이 많이 발생한다.

또한 광노화는 피부에 불규칙한 과색소 및 저색소침착, 주름, 모세혈관 확장 등을 유발한다. 피부가 매우 거칠고 건조해지며, 콜라겐이나 엘라스틴이 변성되어 탄력성이 감소하고 심한 경우 피부의 처짐(sagging) 현상 등이 나타난다. 표 13-1에는 내인성 노화와 광노화의 주요한 특징을 나타내었다.

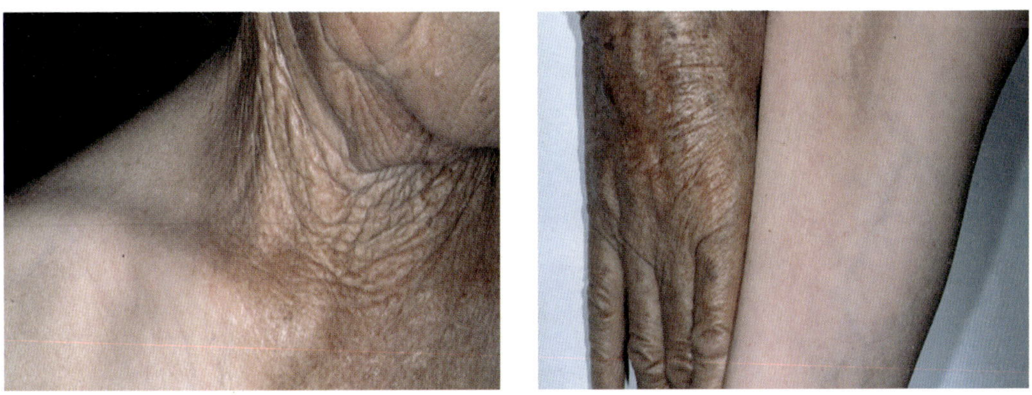

그림 13-1. 내인성 노화(intrinsic aging)와 광노화(photoaging)

표 13-1. 내인성노화와 광노화 피부의 특징

특 징		자연노화	광노화
피부표면		매끄러움, 잔주름	거칠음, 굵은 주름, 잔주름
탄력성 감소		경미함	매우 심함, 피부 처짐
피부건조증		경미함	심함, 거친피부
표피	두께	얇아짐	두꺼워짐
	각질형성세포	규칙적, 순차적	불규칙적, 비순차적
	멜라닌형성세포	감소	증가
	랑게르한스세포	약간 감소	현저히 감소
	각질층	정상적인 두께	불균일한 두께
표피-진피 접합부		표피돌기의 소실, 평탄화	표피돌기의 소실, 평탄화
진피	콜라겐	감소, 변질	감소, 변질
	엘라스틴	감소	변성된 양적 증가
	섬유아세포	감소	증가
	글리코사미노글리칸	약간 감소	현저히 증가
모세혈관		시간에 따라 감소	국소적으로 확장
림프순환		감소	감소

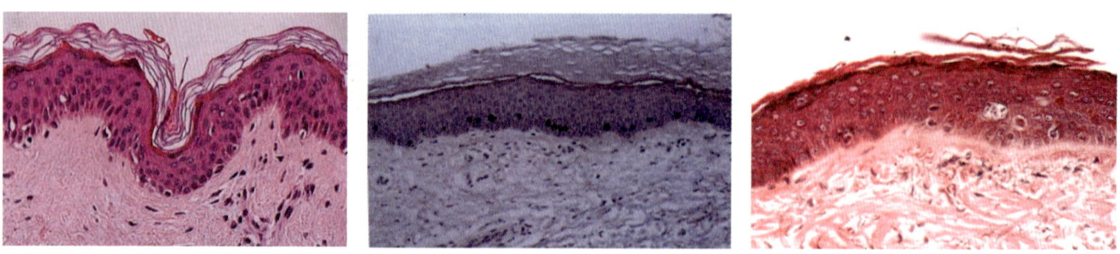

정상피부 내인성노화피부 광노화피부

그림 13-2. 내인성 노화와 광노화피부의 조직학적 비교

2-1-1. 피부 표면의 형태

일반적으로 젊은 나이의 피부에 나타나는 피부결은 매우 미세하고, 치밀한 질감을 준다. 그러나 나이가 들수록 피부의 요철은 얇고 불선명하게 되어 피부결은 성글어짐과 동시에 불선명해진다. 또한 전체적으로 피부 결이 거칠어지고 모공이 커지는 경향이 있다.

skin structure of a 20 year old woman　　skin structure of a 50 year old woman

그림 13-3. 피부표면의 형태 비교

2-1-2. 주름(wrinkles)

노화된 피부에서 육안으로 관찰되는 대표적인 현상은 주름의 생성이다. 이러한 주름은 노화로 인한 피부 조직의 손실과 더불어 피부가 위축되고 탄력이 감소되며 건조해지기 때문에 나타난 결과이다. 특히 광노화 피부에서는 자외선에 의하여 피부의 세포외 기질을 형성하는 교원섬유(collagenous fiber)와 탄력섬유(elastic fiber) 등이 파괴되어 굵고 깊은 주름이 형성된다.

주름 형성을 사전에 예방하거나 개선하기 위해서는 피부 노화의 원인을 제거하거나 노화에 의하여 손실된 성분을 보충하여야 한다. 주름은 이마, 눈 주위, 미간, 입 주위 등의 안면이나 목덜미, 팔꿈치, 겨드랑이, 손발 등의 신체 각 부위에서 생긴다. 빠르게는 30세 전후부터 눈에 띄기 시작하여 나이가 들어감에 따라 주름의 수나 깊이 그리고 범위가 확대된다. 40대 이후에는 눈가의 주름이 급격히 증가하는 것이 특징이다.

1) 주름 형태의 분류

주름은 크게 3가지로 분류할 수 있다.

① 표피성 주름

표피의 각질층에 적절한 수분과 피지막의 부족으로 피부가 건조해지면서 생기는 주름을 표피성 주름이라 하며, 일반적으로 잔주름이 이에 속한다.

② 진피성 주름

진피층의 교원섬유와 탄력섬유 등 피부의 탄력과 관련된 성분이 감소하거나 변성되어 생기는 주름을 진피성 주름이라 하고, 일반적으로 약간 깊은 주름이 이에 속한다.

③ 진피 위축성 주름

생물학적 노화에 따라 표피와 진피가 얇아지면서 피부가 처져서 생기는 주름을 진피 위축성 주름이라 하며, 일반적으로 매우 깊은 주름과 피부의 쳐짐 현상이 나타난다.

2) 주름의 생성 원인

① 해부학적인 요인

얼굴에 존재하는 근육의 분포와 근육의 움직임에 따라 주름이 발생한다. 항상 신경질적인 표정을 한 얼굴의 경우에는 이마에 내천(川)자의 굵은 주름이 생기며, 항상 웃는 얼굴에는 눈 주위에 잔주름이 많은 경향이 있다.

② 유전적인 요인

인종에 따라 주름의 양상이 많은 차이를 보인다. 즉 서양인의 주름과 한국인의 주름은 많은 차이를 보인다. 한국인은 서양인에 비하여 굵은 주름이 생기는 경향이 있으며, 주로 이마, 눈 주위, 입 주위에 굵은 주름이 두드러지게 나타난다. 그러나 백인의 경우에는 굵은 주름 보다는 이마와 뺨에 잔주름이 주로 생긴다.

한국인에서도 같은 나이에 비하여 주름이 많아 보다 더 늙게 보이는 경우도 있다. 또한 노인이 되어도 주름이 별로 없는 사람이 있다. 아직까지 피부의 주름과 연관된 유전자가 있는지에 관하여 명확하게 밝혀지지는 않았지만 유전적인 영향을 받는 것으로 알려지고 있다.

③ 자외선에 의한 요인

태양광선에 포함된 자외선이 피부의 주름을 유발시킨다. 자외선에 의하여 교원 섬유(collagen)와 탄력 섬유(elastin) 등의 세포외 기질 단백질이 손상되어 피부내의 교원질의 양이 부족해지고, 탄력섬유가 변성되어 주름살이 유발된다. 자외선에 노출된 후 증가된 MMPs(matrix metaloproteinases)가 교원질을 비롯한 기질 단백질을 분해하게 되고, 자외선이 교원질 합성을 감소시키는데 중요한 역할을 하기 때문이다.

④ 흡연

흡연이 피부노화를 촉진시킨다. 즉 니코틴은 소혈관과 모세혈관을 수축시켜 피부의 혈액순환을 감소시키고, 필수 영양소와 산소의 소모를 촉진시키는 것으로 알려져 있다. 그 결과 흡연은 피부의 색깔을 창백하게 하고, 피부노화나 주름을 촉진시킨다. 그러나 현재까지 흡연에 의한 구체적인 주름 발생 메카니즘에 대해서는 밝혀지지는 않았지만 흡연이 자외선에 의한 피부노화 발생, 특히 피부의 주름 발생을 더욱 악화시키기 때문에 금연을 함으로써 주름 발생을 효과적으로 예방할 수 있다.

⑤ 호르몬

여성의 노화에 직접적인 영향을 주는 중요한 호르몬은 여성호르몬인 에스트로겐(estrogen)과 황체호르몬(progesteron)이다. 특히 에스트로겐은 여성의 신체, 정신적인 면에 큰 영향을 미칠 뿐만 아니라 월경에 따른 에스트로겐의 변동이나 폐경에 따른 에스트로겐의 급격한 감소는 피부 생리에도 커다란 영향을 미친다. 따라서 여성이 사춘기에 접어들면서 이러한 호르몬의 생성은 증가되고, 20대 이후 나이가 들어가면서 여성 호르몬의 분비가 왕성해짐에 따라 아름답고 탄력적인 피부를 유지할 수 있다.

그러나 40대 중반에서 50대에 이르면서 이러한 여성 호르몬의 분비는 점점 감소하다가 중단되는 폐경기에 이르면 일반적으로 발한, 화끈거림, 현기증 등의 자율신경 실조 증상과 불안, 우울, 불면 등의 정신 신경 증상 등 갱년기 장애가 나타난다. 더불어 피부에도 여러 가지 변화가 일어나는데, 폐경기 이후에는 표피의 각질층이 두꺼워지고, 피부의 주름살이 증가하게 된다.

2-1-3. 피부의 처짐

피부의 처짐은 40세 전후부터 턱, 눈꺼풀, 볼, 옆구리 등에서 나타난다. 이와 같은 피부의 처짐은 주름과 같이 진피의 탄력성 저하나 피부 지방 조직의 지지력 저하, 근육의 감퇴에 의하여 주로 발생한다.

2-1-4. 색소침착

일반적으로 나이가 들어감에 따라 피부의 색소 침착은 증가한다. 피부의 명도는 저하되고, 색상은 붉은 색에서 황색으로 변화된다. 이와 같은 결과는 나이가 들면서 멜라닌 색소 등의 색소침착이 진행되고, 피지 분비의 저하나 각질층의 비후 그리고 수분 함량 저하 등에 의한 투명감 감소 때문이다. 뿐만 아니라 자외선에 노출된 피부에 기미, 주근깨 등의 과색소침착과 일광흑자(solar lentigo) 그리고 백반증과 같은 색소탈실(depigmentation) 등의 색소 질환이 증가한다.

2-2. 노화피부의 조직학적 변화

2-2-1. 표피(epidermis)의 조직학적 변화

나이가 들어감에 따라 피부의 두께는 일반적으로 얇아진다. 피부의 두께는 개인과 부위에 따라 다르지만 일반적으로 남성의 피부가 여성의 피부보다 두껍다. 그러나 지방층은 여성이 두꺼우며, 눈 주위의 피부가 가장 얇다.

나이가 들어감에 따라서 세포의 분화와 증식이 감소됨으로써 재생이 둔화되고, 피부의 세포수가 감소하며 표피세포의 턴오버(turn-over)가 길어진다. 또한 과립층과 각질층에 케라토히알린 과립과 필라그린, 천연보습인자(nature moisturizing factor, NMF) 그리고 여러 가지 효소의 감소로 수분 함량과 더불어 점탄성도 크게 감소하고 두께도 얇아진다.

이러한 경향은 70세 이상의 고령층 피부 조직에서 더욱 뚜렷하게 나타난다. 또한 표피와 진피 사이의 경계면의 굴곡이 감소되어 편평해진다. 이는 수포형성이 쉽게 되는 요인이 되기도 한다. 따라서 노인의 피부는 마찰이나 테이프 등으로 자극을 받으면 젊은이에 비하여 수포형성이 쉽게 나타난다.

각질층을 포함한 표피의 두께는 20대 피부보다 70세 이상의 피부에서 훨씬 얇다. 광노화 피부의 경우에는 표피의 두께가 처음에는 내인성 노화에 비하여 두꺼워지는 경향을 보이지만 결국 내인성 노화보다 얇아지게 된다. 멜라닌 형성세포의 수는 노인의 피부에서 감소되나 일광화상은 젊은이에 비하여 잘 나타나지 않는다.

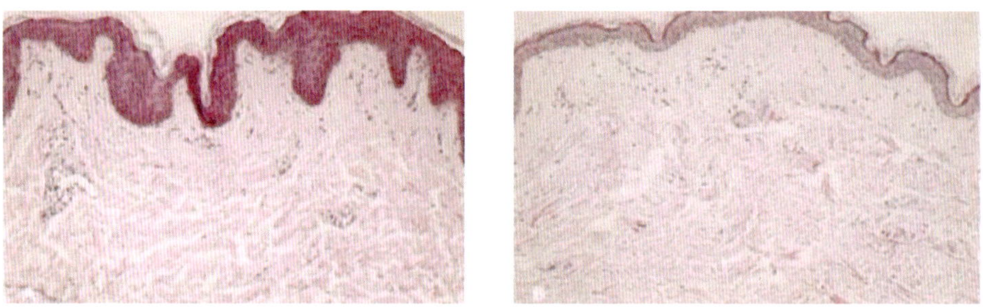

그림 13-4. 젊은 피부(22세)와 노화피부(73세)의 표피층

2-2-2. 피부장벽의 조직학적 변화

각질층은 각질형성세포(corneocyte)와 각질형성세포를 접착시키는 각질세포간 지질로 구성되어 있다. 각질세포간 지질은 과립층의 층판소체에서 전이되어, 각질형성세포가 분화되는 마지막 단계에서 세포외유출(exocytosis) 과정에 의하여 과립층과 각질층의 경계 부위에서 배출된다. 이러한 각질세포간 지질은 각질형성세포간의 접착제 역할을 함으로서 표피의 장벽 기능을 한다.

피부장벽의 주된 지질인 세라마이드, 콜레스테롤, 자유지방산 등은 각질층의 모든 층에 같은 양으로 존재하는 것이 아니라 상부로 올라갈수록 점차 많아진다. 또한 교소체에 의한 각질세포간 결합도 상부로 올라갈수록 약해지고 교소체의 숫자도 적어지면서 형태도 점차적으로 소멸되어 정상적인 각화과정에 의하여 건강한 피부를 유지한다.

그러나 노화된 피부는 각질세포간 지질의 양적인 감소와 각질세포간 이중막의 수가 감소된다. 또한 기저층의 각질형성세포의 분열이 저하되고, 이로 인하여 turn-over가 지연됨으로서 각질세포간 지질의 조성이 변화된다. 또한 정상상태에서는 장벽기능을 적절히 수행하지만 급성 피부장벽 손상 후 회복 능력이 감소된다.

자외선, 화학물질, 효소 등은 세포의 구성 물질을 변화시켜 각질세포간 지질에 의한 결합을 약화시킨다. 피부의 각질세포간 결합이 느슨해진 부분에서 수분이 외부로 증발된다. 그 결과 피부내의 수분 함유량이 낮아져서 피부는 건조해지고 거칠어진다. 그 결과 피부는 생기가 없고, 칙칙해 보이며 탄력을 잃게 된다.

2-2-3. 진피(dermis)의 조직학적 변화

진피(dermis) 내의 섬유아세포(fibroblast)에 의한 단백질 및 세포간물질의 생체 합성 기능이 감소하기 때문에 진피의 경우도 표피와 같이 두께가 얇아진다. 진피는 무수히 많은 섬유아세포(fibroblast)와 세포외 기질(extracellular matrix, ECM)로 구성되어 있다. 노화에 의하여 야기되는 피부의 기능적 변화는 피부세포, 특히 진피의 주된 구성세포인 섬유아세포의 증식이 감소된다.

섬유아세포의 감소는 세포간 신진대사가 원활하지 못하거나 외부의 유해한 인자에 대한 방어능이 감소됨으로서 피부 노화가 촉진된다. 진피의 구성성분 중 거의 ECM의 대부분을 차지하고 있는 교원섬유(collagenous fiber)는 노화과정을 겪으면서 생성이 저하된다. 이러한 피부 노화는 피부의 면역기능도 떨어져서 피부 건강을 해치게 된다.

세포외 기질(extracellular matrix, ECM)은 세포외 기질의 약 70~80%를 차지하는 교원섬유(collagenous fiber)와 약 2~4%를 차지하는 탄력섬유(elastic fiber) 그리고 그 외에 글리코스아미노글리칸(glycosaminoglycans, GAGs), 당단백질(glycoprotein), 물로 구성되어 있다.

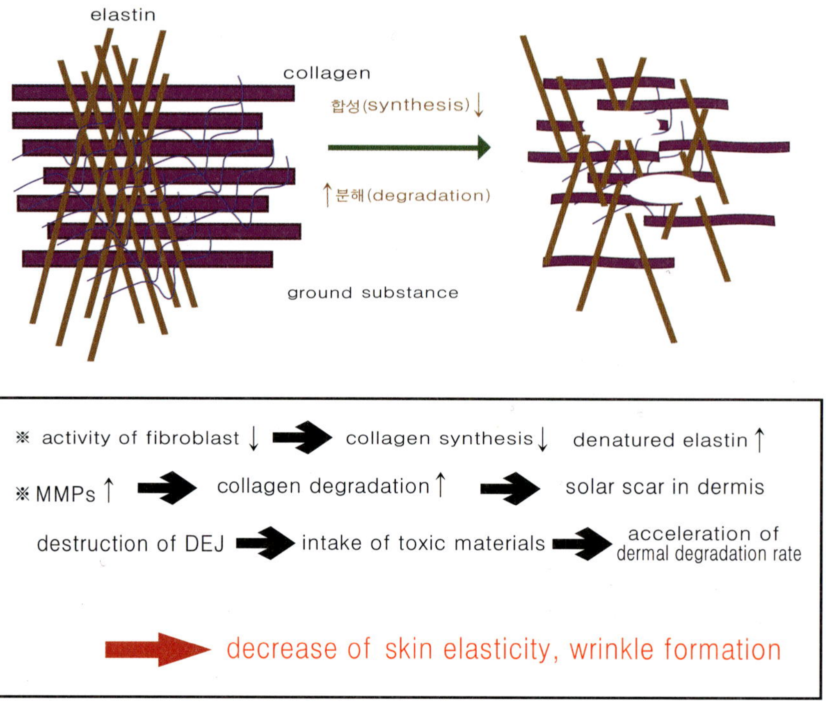

그림 13-5. 세포외 기질의 합성 저하와 조직의 손상

글리코스아미노글리칸(glycosaminoglycans, GAGs)은 다당류로서 히아루론산(hyaluronic acid), 더마탄설페이트(dermatan sulfate), 콘드로이틴설페이트(chondroitin sulfate), 헤파린(heparin) 등으로 구성되어 있다.

진피의 대부분을 차지하는 교원섬유는 외부의 생리적, 화학적 자극으로부터 신체를 보호하는 역할을 하고, 탄력섬유는 피부조직의 탄력성에 영향을 미친다. 그러나 피부노화에 의하여 진피 내의 수분을 일정하게 유지시켜주는 히아루론산, 콘드로이틴 설페이트 등으로 구성된 글리코스아미노글리칸(glycosaminoglycans, GAGs)의 기능을 잃음으로서 피부에 함유된 수분이 감소된다.

또한 피부의 탄력과 인장을 담당하는 진피조직의 세포외 기질(extracellular matrix, ECM) 성분이 변화하게 된다. 특히 진피의 구성 성분 중 피부노화에 의한 탄력섬유의 기능 저하는 피부의 탄력성에 영향을 미친다.

대개 50세까지 탄력섬유는 뚜렷한 차이를 볼 수 없으나 58세 이상의 유두진피의 조직에서 기저막의 수직 방향으로 향하는 미세한 탄력섬유가 점차 소실된다. 뿐만 아니라

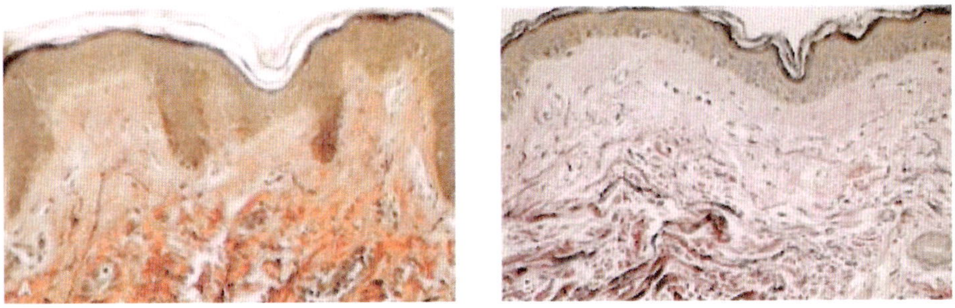

그림 13-6. 젊은 피부(22세)와 노화피부(73세)의 탄력섬유

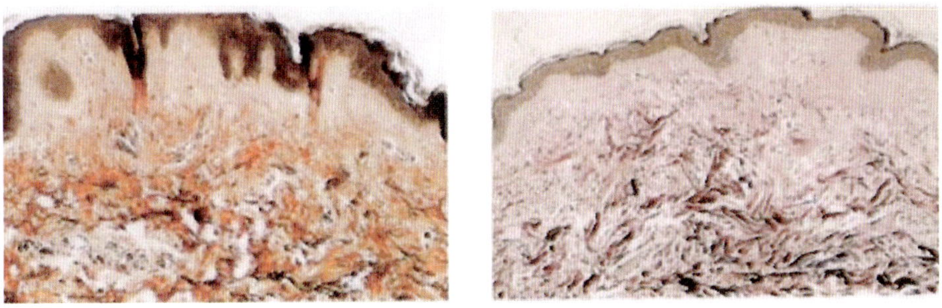

그림 13-7. 젊은 피부(22세)와 노화피부(73세)의 망상진피

탄력섬유의 수와 직경이 감소하고 개개의 미세한 탄력섬유가 오므라들어 말단부가 피부조직하부까지 도달하지 못한다.

그리고 망상진피에서의 탄력섬유는 두꺼워지면서 숫자가 증가하고 직선화되는 경향이 있다. 이러한 탄력섬유의 변화는 30대 후반에서 50대 후반 사이의 피부조직에서 유두진피의 조직과 유사한 정도의 변화를 보이고, 64세 이상의 피부조직에서는 탄력섬유망의 소실 정도를 더욱 뚜렷하게 관찰할 수 있다.

또한 자외선에 의하여 생성되는 활성산소종에 의하여 섬유와 섬유사이에 가교결합이 형성되어 교원섬유도 변성되고 두꺼워짐으로서 신축성이나 인장강도가 떨어진다. 뿐만 아니라 자외선에 의하여 진피에서 MMPs(matrix metalloproteinase)가 발현되고, 교원섬유(collagenous fiber)의 분해가 증가되어 교원섬유(collagenous fiber)의 함량이 감소된다. 진피에서 교원섬유(collagenous fiber)가 줄어들면 피부의 표피는 쭈글쭈글해지고 거칠어지면서 노화현상인 주름이 나타나게 된다.

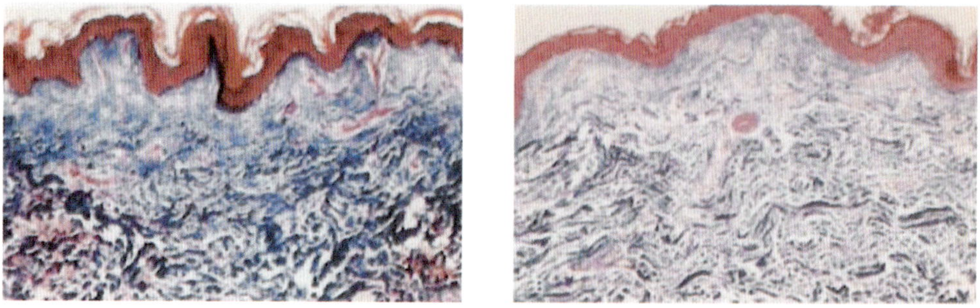

그림 13-8. 젊은 피부(22세)와 노화피부(73세)의 교원섬유(collagenous fiber)

젊은 성인의 교원섬유 배열은 잘 정돈된 로프모양의 배열에 비하여 나이가 들수록 교원섬유의 배열이 성글고 무질서하며, 두껍고 거칠어질 뿐만 아니라 느슨하게 풀어지는 경향이 있다. 이러한 교원섬유의 전체적인 구조 변화도 탄력섬유와 마찬가지로 60대 이상의 노인층에서야 비로소 뚜렷한 차이를 볼 수 있다.

2-2-4. 피지선(sebaceous gland)의 조직학적 변화

피지선(sebaceous gland)은 모공의 개구부에 연결되어 있다. 나이가 들어감에 따라 여성들의 경우에 얼굴과 이마부위에서 모공이 넓어지는 것을 관찰할 수 있다. 여성호르몬의 감소와 더불어 상대적으로 남성호르몬인 테스토스테론(testosterone)의 작용에 의하여 피지분비가 촉진되고, 모공의 입구가 넓어지게 되는 것은 폐경기 여성 피부의 특징 중 하나이다.

그러나 전체적인 피지 생산이 감소됨으로서 산성 보호막의 결손과 더불어 경피수분 손실(TEWL)이 증가되고, 각질층의 수분이 부족한 건성피부로 전환된다.

2-2-5. 한선(sweat gland)의 조직학적 변화

나이가 들면서 한선은 땀샘의 크기와 수가 현저히 감소되고, 그 기능도 감소된다. 그러나 땀 분비량이 감소되더라도 건성피부의 직접적인 유발 원인은 아니다.

2-2-6. 피하지방과 혈류량

노화의 단계에 접어들면서 피하지방은 감소, 콜레스테롤 증가에 따라 피부는 황색을 띄게 된다. 피하지방의 감소는 물리적인 자극에 대한 피부 저항력을 저하시켜 피부 주름이나 처짐의 원인 중 하나이다. 일반적으로 나이가 들면서 혈류량도 저하되는데, 특히 여성에게 현저하게 나타난다.

3. 피부 노화의 원인

3-1. 자유라디칼 이론에 의한 노화

3-1-1. 자유라디칼이란?

호기성 생물은 산소를 이용하여 생명을 유지하기 때문에 모든 생명체의 기관에는 산소가 존재한다. 즉 사람은 호흡을 통하여 산소분자가 폐를 통하여 혈액으로 들어가면 헤모글로빈과 결합하여 각 기관과 조직으로 운반된다. 산소와 결합한 혈액은 붉은 색을 띠게 되며, 영양분을 함유한 적혈구는 신체를 순환하면서 신체의 말단인 피부에도 공급된다.

서로 다른 기관 및 조직에 존재하는 산소의 농도는 매우 다르다. 사람의 경우 폐, 피부 그리고 심장에서 산소의 농도가 가장 높으며, 신장과 담즙에서는 가장 낮다. 일반적으로 세포에서는 산소를 이용하여 대사가 이루어짐으로서 세포의 증식과 생명력을 유지한다.

이러한 대사 과정에서 생성되는 산소의 대사산물인 슈퍼옥사이드 음이온 라디칼(superoxide anion radical, O_2^-)과 과산화수소(hydrogen peroxide, H_2O_2)는 효소 반응이 진행되는 동안 적지만 상당한 양이 방출된다.

이와 같이 산소는 그 화학적 성질로 인하여 환원되며, 자유라디칼인 슈퍼옥사이드 음이온 라디칼(superoxide anion radical, O_2^-)과 히드록시 라디칼(hydroxy radical, ·OH)과 같은 산소 중심의 라디칼로 될 수 있다. 슈퍼옥사이드 음이온 라디칼(superoxide anion radical, O_2^-)과 히드록시 라디칼(hydroxy radical, ·OH)과 같은 산소라디칼뿐만 아니라 과산화수소(hydrogen peroxide, H_2O_2)나 단일항 산소(singlet oxygen, $^1O_2$)와 같은 몇 종류의 비라디칼, 자외선 조사에 의하여 피부에서 2차적으로 생성되는 과산화지질라디칼(ROO·), 산화질소라디칼(NO·) 등을 일반적으로 활성산소종(reactive oxygen species)이라 한다.

이와 같이 활성산소종을 포함하여 홀수 전자를 갖는 원자나 원자단을 총칭하여 자유라디칼(free radical)이라 한다. 자유라디칼은 쌍을 이루고 있지 않기 때문에 매우 불안정하고 에너지가 높은 상태이므로 반응성이 매우 크다.

또한 자유라디칼은 안정한 산물로 되기 위하여 주위의 유기물질과 반응하여 전자를 받아 짝을 이루려는 성질이 강한 산화제이다. 따라서 우리 인체 내에서의 활성산소종은 류마티스 관절염, 당뇨병, 심근경색, 암 등의 각종 성인병과 노화, 특히 피부노화의 원인이 되고 있다.

3-1-2. 활성산소종(reactive oxygen species)의 종류

생명활동에 이용되고 있는 산소는 안정한 바닥상태의 삼중항 산소($^3O_2$)이다. 보통의 유기 분자들은 바닥상태의 삼중항 산소와 직접 반응할 수 없다. 그러나 바닥상태의 산소 분자에 비하여 반응성이 훨씬 더 큰 활성산소종(reactive oxygen species)은 세포의 구성성분을 산화시킬 뿐만 아니라 여러 가지 질병과 노화를 유발시킨다. 특히 슈퍼옥사이드 음이온 라디칼(superoxide anion radical, O_2^-), 히드록시 라디칼(hydroxy radical, ·OH), 과산화수소(hydrogen peroxide, H_2O_2), 단일항 산소(singlet oxygen, $^1O_2$)는 주요한 활성산소종이다.

그리고 이러한 활성산소종과 불포화지방산(unsaturated fatty acid, R)이 함유된 생체성분과 반응하여 생성된 과산화 라디칼(peroxy radical, ROO·), 알콕시 라디칼(alkoxyl radical, RO·), 히드로과산화물(hydroperoxide, ROOH) 등도 넓은 의미에서는 활성산소종에 포함된다.

1) 단일항 산소(singlet oxygen, $^1O_2$)

단일항 산소(singlet oxygen, $^1O_2$)는 바닥상태의 삼중항 산소($^3O_2$)보다 22.5Kcal/mol 만큼 더 높은 에너지를 가지고 있기 때문에 반응성이 매우 크다. 피부의 광노화에 가장 크게 영향을 미치는 활성산소종 중 하나는 단일항 산소이다. 이는 피부 내에 존재하거나 피부 표면에 도포한 화장품 등에 함유된 광증감제의 작용으로 생성되어 세포손상에 직접 참여한다. 그리고 콜라겐 분해효소와 같은 단백질분해효소를 유발시켜 결합조직의 절단과 같은 피부 구성성분들의 파괴 작용에 참여한다.

단일항 산소는 막을 통과하여 확산한다. 단일항 산소의 생체 공격 목표는 항산화제, 세포막, 콜라겐 등의 단백질, DNA, 히아루론산 등의 다당류 등이다. 자외선 노출에 의한 광증감 반응으로 피부에서 생성된 단일항 산소는 일차적으로 항산화제를 파괴시켜 피부 항산화 방어체계를 무너뜨리고 피부세포를 손상시킨다. 이와 같은 단일항 산소를 토코페롤이나 카로텐과 같은 항산화제에 의하여 소광(quencher)시킴으로서 생체의 손상을 억제시킬 수 있다.

2) 히드록시 라디칼(hydroxy radical, ·OH)

히드록시 라디칼(hydroxy radical, ·OH)은 단일항 산소와 더불어 화학적 반응성이 가장 큰 활성산소종이며, 주위에 있는 유기화합물과 쉽게 반응하기 때문에 수명이 매우 짧다. 따라서 어떤 특정한 화합물의 특정한 위치를 선택적으로 산화시키는 경우는 드물고, 매우 무차별한 산화반응을 일으키는 특징이 있다.

히드록시 라디칼은 지질, 단백질, DNA, 당 등과 반응해서 광범위한 손상을 일으킨다. 따라서 히드록라디칼은 단일항산소와 더불어 피부노화의 주요 원인이다. 슈퍼옥사이드 음이온 라디칼(superoxide anion radical, O_2^-)과 과산화수소(hydrogen peroxide, H_2O_2)는 반응성이 크지 않기 때문에 실질적으로 생체 내에 존재하는 SOD(superoxide dismutase)와 카탈라아제(catalase)에 의해서 처리될 수 있다. 그러나 히드록시 라디칼(hydroxy radical, ·OH), 단일항 산소(singlet oxygen, $^1O_2$)를 처리할 수 있는 효소는 생체 내에 존재하지 않는다.

3) 슈퍼옥사이드 음이온 라디칼(superoxide anion radical, O_2^-)

슈퍼옥사이드 음이온 라디칼(superoxide anion radical, O_2^-)은 미토콘드리아에 의하여 생성되어 우리 몸속에서 가장 많이 존재하는 활성산소종이다. 세포에 의하여 이용된 산소의 2% 정도가 부분적으로 환원되어 슈퍼옥사이드로 전환된다.

슈퍼옥사이드 음이온 라디칼(superoxide anion radical, O_2^-)은 반응성이 크지 않기 때문에 생체 내에 존재하는 SOD(superoxide dismutase)에 의해서 처리될 수 있다. 실질적으로 슈퍼옥사이드 음이온 라디칼은 생체내의 기질과 반응성이 거의 없다.

4) 과산화수소(hydrogen peroxide, H_2O_2)

과산화수소(hydrogen peroxide, H_2O_2)는 생물학적으로 SOD의 촉매에 의해서 슈퍼옥사이드 음이온 라디칼(superoxide anion radical, O_2^-)로부터 생성된다. 과산화수소는 다른 활성산소종에 비하여 수명이 길고, 금속이온과의 반응하여 독성을 가지게 된다. 일반적으로 과산화수소는 여러 종류의 균, 박테리아를 살균시키는 소독약으로 사용되고 있다.

그러나 과산화수소 그 자신이 강한 살균력을 가지고 있는 것은 아니고, 세포막을 통과할 수 있기 때문에 생체 내에 미량으로 존재하는 금속이온과 반응하여 히드록시 라디칼(hydroxy radical, ·OH)을 생성하여 살균작용을 한다. 이와 같이 과산화수소는 활성산소종으로 작용하는 것 보다는 활성산소종을 발생시키는 화합물이다. 과산화수소는 카탈라아제에 의하여 촉매되어 독성이 없는 물(H_2O)과 산소(O_2)로 전환된다.

3-1-3. 활성산소종의 생성

1) 정상적인 대사 과정

활성산소종은 생체 내에서 정상적인 생물학적 과정에 의해서 생성된다. 일반적으로 세포에서 생성되는 산소대사산물은 주로 막에 결합된 효소에 의하여 생성된다. 미토콘드리아에서 생성되는 과산화수소는 슈퍼옥사이드 음이온 라디칼의 불균화반응(dismutation reaction)으로부터 유도된다. 그러나 활성산소종은 인체 내의 또 다른 여러 가지 효소의 엄격한 조종을 받으면서 정상적인 생화학과정에 의해서 생성된다.

2) 질병 상태

활성산소의 조종과정이 압도당하면 활성산소는 세포나 조직을 크게 파괴시킬 수 있다. 산화적 스트레스는 산화-항산화 균형(prooxidant-antioxidant balance)이 산화 쪽에 유리하게 기울어지는 현상이다. 이러한 결과는 활성산소의 발생이 외부로부터 공급되거나 생체 내부에서의 스트레스에 기인될 수 있다.

불포화지방산, 지질 단백질과 막지질의 산화는 수많은 질병 상태의 원인이 되고 있다. 막지질의 불포화지방산 결사슬의 과산화반응은 많은 형태의 세포 손상 중 한가지이며, 이러한 세포 손상에 있어서 라디칼 중간체는 국소 방어기작이 과잉으로 일어날 때 생성된다.

류마티스 관절염, 당뇨병, 심근경색, 암 등의 성인병과 같은 심한 질병상태에서는 생체의 항산화제가 고갈되고 균형이 산화 쪽에 유리하게 기울어진 상태가 되어 생체는 계속적인 산화적 스트레스를 받게 된다.

3) 자외선

지표에 도달하는 태양광선은 파장에 따라 자외선, 가시광선, 적외선으로 이루어진 복사선이다. 이러한 광선 중에서 피부에 가장 큰 영향을 미치는 광선은 자외선이며, 파장에 따라 UVC(200~290㎚), UVB(290~320㎚), UVA(320~400㎚)으로 구분된다.

UVA는 파장이 길기 때문에 UVB보다 에너지가 약하며, 피부 홍반에 있어서도 1000배 정도 약하게 생성된다. 그러나 태양광선에는 UVA를 UVB보다 100배 더 많이 함유하고 있다. UVB는 표피까지 침투할 수 있기 때문에 주로 표피에 작용이 제한되어 있으나 UVA는 보다 더 깊이 침투하여 단구 및 다형핵 세포의 침윤을 야기시킬 뿐만 아니라 진피의 미세 혈관에서 내피 세포 손상도 야기 시킨다.

자외선의 피부 속까지의 침투 깊이는 활성산소가 생성되는 자리를 결정하며, 이는 자외선의 파장과 세기에 의존된다. 더욱이 피부는 자외선의 노출에 의한 광노화가 선천적인 만성적 노화과정에 첨부되어 피부 진피 결합조직 등에 심각한 손상을 준다.

4) 기 타

활성산소종이 인체 내에서 생성되는 것 이외에도 공기오염, 자외선 노출, 흡연, 음주, 과격한 운동, 염증, 마약이나 중금속 등에 노출되었을 때에도 발생한다.

3-1-4. 활성산소종에 의한 피부 구성 성분의 파괴와 조직 손상

생체 구성 성분인 지질, 단백질, 핵산 등의 생체 분자들은 활성산소종에 의하여 계속적으로 산화적 손상을 받는다. 이들 산화반응 산물은 나이와 더불어 축적된다. 산소를 이용한 대사 속도가 보다 큰 동물들은 수명이 그만큼 더 짧다. 예를 들면 가장 작은 포유동물인 들쥐는 대사 속도가 크기 때문에 수명이 약 1년 정도이다. 그러나 사람과 같은 포유동물은 대사 속도가 상대적으로 늦기 때문에 수명이 길다. 뿐만 아니라 이와 같은 활성산소종은 피부의 구성성분과 조직을 손상시키는 데에도 영향을 미친다.

1) 피부 항산화제 파괴

활성산소종은 자외선에 의하여 피부에서 생성되고, 피부에 존재하는 항산화방어계를 파괴시킨다. 아울러 단백질, 지질, DNA와 같은 세포 성분들이 활성산소종에 의하여 손상을 받게 되고 세포 기능이 변질되어 궁극적으로 피부노화가 촉진되고 피부질환을 유발시킨다.

2) 지질 과산화반응

지질 과산화반응은 단일항산소나 히드록시라디칼과 같은 활성산소종이 지질에 함유되어 있는 불포화지방산의 알릴수소(allyl hydrogen)를 탈취하여 개시반응이 일어난다. 그 결과 형성된 지질 라디칼이 산소와 반응하여 과산화라디칼을 생성시킨다.

과산화라디칼이 생성되면 자동산화반응에 의하여 전파반응이 계속 일어나고, 히드로과산화물이 생성될 뿐만 아니라 축적 된다. 또한 알콕시 라디칼, 과산화 라디칼, 히드록시 라디칼의 계속적인 분해는 세포나 세포막 그리고 지질단백질에 산화적 손상을 주는 불포화지방산과의 연쇄반응이 가속화된다. 그 결과 지질의 불포화지방산이 변형되면서 생성된 지질 과산화 라디칼은 지질 과산화반응를 증폭시키고 콜레스테롤을 산화시키며, 단백질과 반응하여 중요한 효소나 수용체의 기능을 손상시킨다.

막 지질의 과산화 반응은 불포화지방산의 손실, 지질 유동성의 감소, 막 투과성의 변질, 막과 관련된 효소의 손상, 이온 전달의 변화, 지질 히드로과산화물로부터 세포 독성 대사산물의 생성 등을 유발하며 피부에도 영향을 미친다.

3) 단백질 산화반응

아미노산으로 구성된 단백질의 곁사슬은 산화제나 활성산소종의 공격을 받기 쉽다. 단백질이 활성산소종에 노출되면 단백질의 곁사슬에 변형이 일어나서 3차 구조가 변형된다. 그리고 단백질의 폴리펩티드 주사슬과 활성산소종이 반응함으로서 수소결합에 의하여 안정화된 단백질의 2차 구조가 변형될 수 있다.

이처럼 단백질은 산화제 혹은 활성산소와 특정 아미노산과의 특이적인 상호작용에 의하여 직접 손상을 받는다. 또한 단백질은 지질 과산화반응에서 생성되는 타디칼 중간체인 알콕시 라디칼(RO·)과 과산화 라디칼(ROO·)의 공격에 민감하다. 그 결과 효소 활성의 손상, 수용체 단백질의 뭉쳐짐(aggregation)과 교차결합 그리고 단백질 분해 및 분열에 의한 세포막 및 세포 기능의 변질을 초래한다.

4) DNA 손상

활성산소종은 유전자 DNA에도 손상을 일으킨다. 피부암은 피부 구성 세포의 DNA에 손상을 주고, 유전 정보의 변화에 따른 세포의 돌연변이가 피부암의 원인이다. 또한 세포의 돌연변이는 피부 노화의 원인 중 하나로 주목되고 있다.

그리고 자외선이 세포의 DNA에 변화를 가져오는 메카니즘은 점점 명확해지고 있으며, 그 한 예로는 UVB에 의한 티민 이합체(thymine dimer)의 형성이다. UVA는 UVB와는 달리 피부의 진피층까지 도달할 수 있기 때문에 피부에 산화적 손상을 일으킬 수 있다.

이러한 산화적 손상은 활성산소종을 경유하여 일어난다. 유전 정보를 가지고 있는 DNA의 손상은 피부암의 원인이 될 뿐만 아니라 면역 기능의 저하와 광노화 등의 중요한 원인 중 하나이다.

DNA 염기의 산화, DNA 사슬의 절단과 비정상적인 교차결합 등이 DNA의 손상이다. 생체 내에서 DNA의 손상은 DNA 수복 효소에 의하여 복구되지만 나이를 먹거나 계속적인 산화적 스트레스 하에서는 수복 능력의 저하가 나타난다. 위의 사항을 종합해 보면 활성산소종에 의한 DNA 손상은 돌연변이, 발암 그리고 피부노화에 영향을 미친다는 것이다.

5) 피부 결합조직의 손상

① 활성산소에 의한 MMPs(matrix metalloproteinase)의 생성

여러 가지 요인에 의하여 생성되는 활성산소종, 특히 단일항 산소(singlet oxygen, $^1O_2$)는 MMPs(matrix metalloproteinase)를 유발시킨다. 이러한 원인에 의하여 생성된 MMPs(matrix metalloproteinase)는 결합조직 성분들을 분해, 절단 그리고 비정상적인 교차결합을 유발시켜 피부노화를 촉진시키는 효소이다.

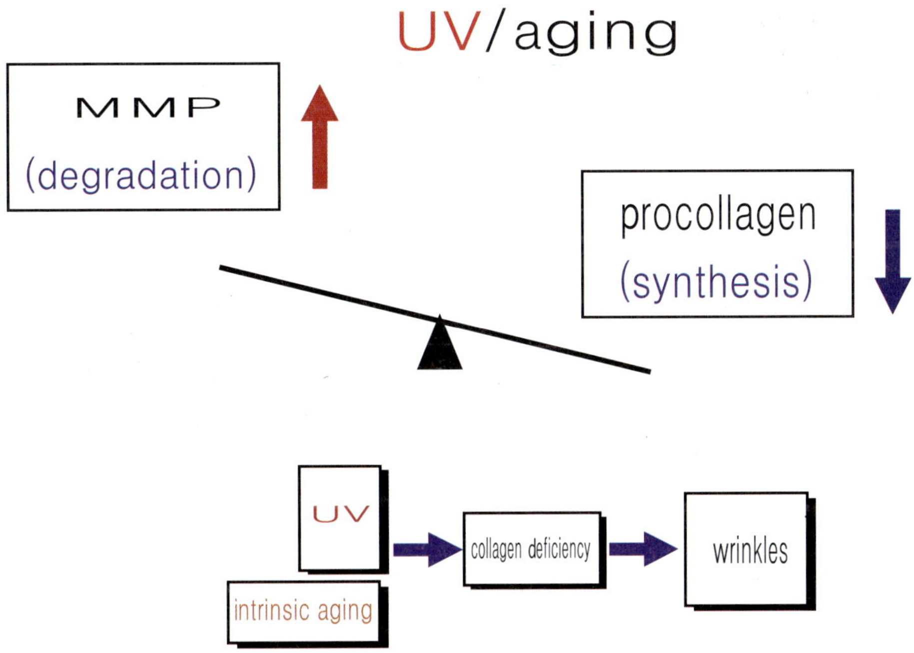

그림 13-9. MMPs에 의한 노화 피부

② 콜라겐(collagen)의 손상

콜라겐은 약 20여종의 단백질로 구성되고, 세포외 기질로 존재하며 기계적 견고성, 결합조직의 저항력과 기관의 결합력, 세포 접착의 지탱, 세포 분할과 분화의 유도 등의 기능을 가지고 있다. 콜라겐은 분자 전체 혹은 부분적으로 삼중나선형 구조로 3개의 폴리펩티드 사슬로 구성되어 있으며, 엘라스틴과 함께 피부의 탄력을 유지시켜 주는 작용을 한다.

이러한 콜라겐이나 엘라스틴과 같은 세포외 기질(extracellular matrix, ECM)은 활성산소와 단백질 가수분해 효소에 의하여 분해된다.

즉 활성산소종은 콜라겐의 절단과 비정상적인 교차결합을 유도시키며 자외선에 노출된 피부에서 일어날 수 있다. 콜라겐의 산화적 손상은 주름생성을 수반하며 이는 바로 피부노화의 원인 중 하나이다.

③ 히아루론산(hyaluronic acid, HA)의 손상

결합조직의 성분 중 하나인 히아루론산과 활성산소의 반응은 피부노화를 유발한다. 히아루론산은 글루쿠론산과 글루코사민의 반복된 결합으로 분자량이 큰 다당류이다. 이러한 히아루론산은 세포 사이의 공간에서 많은 양의 물을 함유할 수 있으며, 이로 인하여 피부의 점탄성을 나타내며 충격을 흡수하는 역할을 한다.

히아루론산이 활성산소종에 노출되면 사슬 절단이 일어나서 그 고유 성질인 점탄성을 잃게 된다. 피부 탄력은 결합조직 성분인 콜라겐, 엘라스틴과 함께 히아루론산의 점탄성이 크게 기여하고 있기 때문에 피부 탄력 감소와 피부노화를 가속화시키게 된다.

6) 멜라닌 생성 촉진

기미, 주근깨와 같은 피부의 색소침착은 자외선과 같은 인자에 의하여 멜라닌 생성과 멜라닌생성세포의 증식에 의하여 야기된다. 즉 티로시나아제(tyrosinase)의 활성화, 멜라닌생성세포의 증식과 멜라닌생성세포 기능의 활성화, 멜라닌생성의 자동산화반응, 자외선 조사에 의한 홍반과 염증 반응에 의하여 피부색소 침착이 촉진된다.

피부의 과다한 자외선 노출은 진피에 염증을 침윤시키고 손상작용을 하는 활성산소종을 생성시킨다. 세포막으로부터 아라키돈산(arachidonic acid)의 방출과 아라키돈산의 폭포식 반응(arachidonic acid)의 개시는 염증조건에서 또 다른 활성산소종의 공급원이 된다.

이로 인하여 과잉으로 생성된 활성산소종은 멜라닌 생성의 자동산화반응을 가속화시켜 기미와 주근깨를 과다하게 생성시킨다.

3-2. 피부의 광노화

태양광선에 매일 노출되는 피부가 자외선에 의하여 노화가 일어나는 것을 광노화(photoaging)라 한다. 표피뿐만 아니라 진피에서는 자외선에 의하여 과잉의 활성산소종 생성과 MMPs(matrix metaloproteinase)가 발현된다. 이러한 활성산소종은 살아있는 피부의 세포와 조직뿐만 아니라 항산화효소, 글루타치온, 비타민 E, 비타민 C, 유비퀴놀과 같은 저분자량의 항산화제를 파괴시킨다. 이와 같이 자외선에 의하여 생성된 활성산소종은 피부의 효소적 그리고 비효소적 항산화 방어를 위태롭게 한다. 즉 활성산소종에 의한 산화반응은 세포 성분에 대한 손상을 발생시키고, 광노화를 촉진시킨다.

광노화 과정에서 활성산소종은 멜라닌 생성을 촉진시키고, 주름을 생성시키는 원인물질이다. 또한 노인성 반점, 주근깨 등이 쉽게 발생하며 여드름이나 피지선의 증가도

가져올 수 있다. 특히 자외선에 의한 광노화는 진피의 결합조직, 즉 교원섬유와 탄력섬유의 절단과 비정상적인 교차결합, 세포외기질의 감소, 섬유아세포의 기능 저하 등에 매우 큰 손상을 입힌다.

또한 광노화는 피부의 탄력을 감소시키고, 수포를 형성시키며 피부를 파괴시킨다. 진피에 인장강도와 안정도를 제공하는 교원섬유는 광노화 피부에서 감소된다. UVA를 조사함으로서 생성된 단일항산소에 의해 유발된 MMPs(matrix metaloproteinase)는 진피의 교원섬유와 탄력섬유 그리고 GAGs 등을 분해시킴으로서 피부의 주름을 형성하고, 탄력성을 감소시키는 효소 중 하나이다. 뿐만 아니라 MMPs(matrix metaloproteinase)는 기저막과 진피의 구조 단백질을 해리시킬 수 있고, 수포형성과 광노화를 발생시킨다.

3-2-1. 임상적 변화

광노화의 피부의 임상적 특징은 피부가 건조해지면서 점차 거칠어진다. 또한 굵고 깊은 주름이 발생되며 각질층은 두꺼워지고 피부 탄력성이 소실된다. 그리고 심해지면 피부가 축 늘어지게 된다. 색소 변화로서는 노인성 흑자, 주근깨, 불규칙적인 색소 손실 등이 나타나며 모세혈관의 확장이나 광선각화증, 피부암 등이 발생되기도 한다.

3-2-2. 조직학적 변화

광노화의 조직학적 변화로는 피부 표면의 비후와 멜라닌생성세포의 이상항진이 일어난다. 진피의 주요 성분인 탄력섬유의 변형과 기질의 증가, 진피 내 낭종의 수와 크기의 증가, 교원섬유의 파괴와 합성의 가속화, 염증세포의 침윤 등이 나타난다.

1) 표피(epidermis)의 변화

표피의 대부분을 차지하는 각질형성세포는 자외선의 자극을 받으면 여러 가지 사이토카인(cytokine)을 생성하게 되며, 생성된 사이토카인의 autocrine 또는 paracrine effect에 의하여 주변의 다른 각질형성세포들과 그 외의 표피세포들 그리고 진피내의 섬유아세포나 염증세포들과 하나의 망(network)을 구성하여 면역반응 및 염증반응 등을 일으키게 된다. 피부는 자외선에 노출되면 멜라닌생성세포의 수와 수상돌기가 증가하여 멜라닌 형성이 촉진되고, 그에 따라 피부에 과색소침착이 발생한다.

2) 진피(dermis)의 변화

장기간 자외선에 노출된 피부는 진피내의 탄력섬유가 변성되어 무정형의 물질이 생성된다. 그리고 교원섬유는 자외선에 의해 유발된 염증세포로부터 분비된 효소에 의하여 가수분해 됨으로서 양이 감소하고 수용성 교원섬유의 양이 증가한다. 특히 정상적으로 진피 내에 가장 많이 존재하는 제Ⅰ형 교원섬유의 양이 감소하는 반면에 제Ⅲ형 교원섬유의 양이 증가한다.

3) 세포외 기질(extracellular matrix)의 변화

진피 내에 세포외 기질(extracellular matrix)은 피부의 구조와 탄력성을 유지하는데 중요한 역할을 한다. 세포외 기질은 진피의 세포사이를 채우는 성분으로 피부에서는 콜라겐(collagen)과 엘라스틴(elastin)이 주성분이다. 세포외 기질은 주로 섬유아세포(fibroblast)에서 생산되며 피부가 노화됨에 따라 매년 1%씩 감소한다.

자외선에 피부가 노출되면 복잡한 신호 전달 경로를 거쳐 콜라겐(collagen)의 합성이 감소되고, 교원질을 비롯한 세포외 기질의 분해효소인 MMPs(matrix metalloproteinases)의 발현이 증가된다. 피부가 자외선에 장시간 노출될 경우 콜라겐(collagen), 엘라스틴(elastin) 등의 기질 단백질을 분해하여 기질단백질의 결핍을 초래한다. 그 결과 심한 피부의 주름 형성 등의 피부노화를 가져오게 된다.

① 콜라겐(collagen)

피부 진피의 기질 단백질 중 교원질이 90% 이상을 차지하며, 주로 피부의 장력을 제공한다. 그 중 제Ⅰ형 콜라겐이 80~85% 이상을 차지하고 나머지는 제Ⅲ형 교원질이 10~15%를 차지한다. 제Ⅰ형 콜라겐은 망상진피에 있는 굵은 교원섬유에서 발견되며, 제Ⅲ형 콜라겐은 섬유가 주로 가늘며 진피와 피부부속기관 주변에 성글게 존재한다.

콜라겐은 전구체 형태로 합성된 후 세포 밖으로 배출되어 PN collagen, PC collagen 등의 중간산물을 거쳐 콜라겐이 완성된다.

나이가 들수록 콜라겐의 합성이 감소하고 MMPs의 합성이 증가하는데, 특히 광노화된 피부에서 콜라겐 합성이 증가됨을 관찰할 수 있다. 이는 자외선에 의한 피부손상을 치유하려는 결과이다.

② 엘라스틴(elastin)

광노화의 가장 특징적인 조직학적 변화는 진피 내에 비정상적인 탄력섬유양 물질이 축적되는 것이다. 탄력섬유는 진피에 있는 섬유성분 중 비교적 적은 부분을 차지하고 있으며, 무정형의 불용성 단백질, 탄력소가 90%를 차지하고 그 외 미세섬유 단백질(microfibrillar protein)로 구성되어 있다.

탄력섬유는 피부를 비롯한 여러 장기에 탄력성을 유지시켜 주며 표피와 진피의 경계부위로부터 하부 진피까지 망(network)을 형성하고 있다. 또한 탄력섬유는 세포내에서 tropoelastin 형태로 합성된다.

생성된 tropoelastin이 세포 밖으로 분비된 후 미세섬유 성분(microfibrillar component)들과 결합하여 탄력섬유가 만들어지며 여러 가지 사이토카인(cytokine)과 성장인자(growth factor)에 의해서 합성이 조절된다. 노화된 피부의 탄력성 저하로 인하여 피부의 처짐 현상은 탄력섬유의 변성 때문이다.

③ MMPs(matrix metaloproteinases)

진피의 세포외 기질 단백질의 리모델링(remodeling)은 여러 생체 반응이 관여한다. 이 중 MMPs가 기질 단백질 분해에 중요한 역할을 하고 있으며, 그 중 MMP-1이 사람의 생물학적인 활성도를 나타낸다. MMP-1은 제1,2,3,5형 교원질을 분해하며, 결체조직의 리모델링(remodeling)에 중요한 역할을 한다. MMP-2는 제4,5형 교원질 및 엘라스틴을 분해할 수 있으며, MMP-3는 제4형 교원질, 프로테오글리칸(proteoglycan), 피브로넥틴(fibronectin) 등과 같은 여러 종류의 기질 단백질을 분해한다.

3-3. 기타 요인

3-3-1. 부적절한 피부관리

미용전문인의 숙련된 마사지는 피부의 개선 효과를 준다. 그러나 계속적인 문지름, 당김 혹은 잘못된 마사지는 교원섬유를 약화시켜 피부 주름의 요인이 된다. 안면 근육을 끌어당기거나 밀어주는 동작, 뺨 안쪽을 물거나 오므리거나 입술을 깨무는 것을 삼가 하여야 한다. 또한 과장된 얼굴표정과 같은 안면조작은 주름살의 원인이 될 수 있다.

3-3-2. 체중의 증 · 감량

건강한 신체를 유지하기 위해서는 정상 체중을 유지하여야 한다. 그러나 체중이 지나치게 증가함에 따라 피부가 늘어나거나 살이 트게 된다. 또한 과도한 다이어트로 인하여 체중을 급격하게 줄이게 되면 주름이나 피부의 처짐 현상이 발생한다.

3-3-3. 알코올

다량의 알코올 섭취는 혈관을 팽창시키고, 장기간에 걸친 음주는 모세혈관 벽을 약화시킨다. 혈액의 양이 많고, 혈압이 높아짐에 따라 약해진 모세혈관 벽이 터져서 피부 아래쪽에 보기 흉한 얼굴이 생긴다. 알코올은 조직의 수분을 앗아가 피부탄력과 생기를 잃게 만든다.

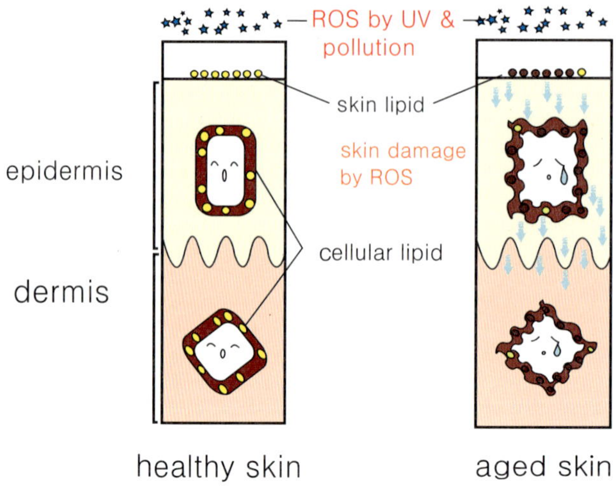

그림 13-10. 활성산소종의 산화반응에 의한 피부 노화

3-3-4. 의약품 및 화장품

다양한 종류의 약품은 피부에 부작용을 일으킬 수 있으므로 의사의 처방에 따라 복용하여야 한다. 예를 들면 진정제나 암체타민, 헤로인과 마리화나 혹은 이와 유사한 약품들은 피부건조와 알레르기 반응을 유발시키며, 종종 여드름과 같이 기존의 피부문제를 악화시키기도 한다. 또한 여러 가지 성분이 함유된 화장품의 경우에도 잘못 사용한 경우에는 피부에 여러 가지 악영향을 미치는 것으로 알려져 있다.

3-3-5. 대기 오염

자동차 배기가스와 매연 그리고 대기 중의 햇빛과 반응에 의해서 2차적으로 발생되는 여러 가지 화학물질과 오존(O_3) 등이 피부에 여러 가지 영향을 미친다. 이와 같은 오염된 공기와 여러 가지 이물질이 피부에 접촉하여 알레르기 등 접촉성 피부염을 유발시킴으로서 피부 노화를 유발시킨다.

4. 피부노화에 대한 예방과 대책

피부 노화를 예방하고 최소화시키기 위해서는 피부노화의 가장 중요한 인자중 하나인 활성산소종의 생성과 생성요인을 억제시키는 것이다. 또한 생성된 활성산소종의 작용과 피부 노화를 최소화시키기 위해서는 자외선 차단제나 항산화제 그리고 노화억제제를 효율적으로 사용하는 것이다.

4-1. 자외선 차단제

모든 생물은 생명을 유지하기 위해서는 태양광선이 필요하다. 그러나 태양광선으로부터 이로운 부분도 있지만 피부의 여러 가지 손상을 입히는 해로운 부분도 있다. 특히 태양광선 중 자외선은 피부의 탄력성을 감소시키고, 기미, 주근깨 등 색소침착을 유발시킨다. 자외선으로부터 피부를 보호하기 위해서는 가능한 햇빛에 노출을 최소화하거나 자외선 차단제를 이용하여야 한다. 자외선 차단제로는 자외선 산란제와 자외선 흡수제가 있다.

4-1-1. 자외선 산란제

자외선 산란제는 산화아연(zinc oxide, ZnO)이나 이산화티타늄(titanium dioxide, TiO_2)과 같은 무기물질을 화장품에 이용하여 물리적으로 자외선의 피부 침투를 차단시키는 물질이다. 자외선 산란제는 자외선뿐만 아니라 가시광선, 적외선을 반사 또는 산란시켜 피부의 침투를 차단시킴으로서 피부노화를 억제시키는 무기물질이다. 이러한 무기물질은 피부와 접촉했을 때 접촉성 알레르기를 유발하지 않고 자극이 없기 때문에 예민하거나 트러블이 있는 피부에 자외선을 차단할 목적으로 사용된다. 그러나 피부에 바를 때 화장을 잘 먹지 않고, 뻑뻑하며 밀리는 등 미용적인 측면에서는 만족하지 못한 단점이 있다.

최근 이러한 단점을 개선시키기 위하여 미세하게 분쇄하고 투명하게 만들어 피부에 색이 뚜렷하게 남지 않으면서 밀리지 않고 부드럽게 발라지며 퍼짐성이 개선되었다. 미세하게 분쇄하는 기술을 미분화기술이라 하며, 미분화된 산화아연(micronized ZnO)은 모든 빛의 영역에서 보호 작용을 할 수 있다.

특히 UVA 영역에서의 보호 작용이 뛰어난다. 반면에 이산화티타늄(TiO_2)은 UVB와 UVA의 일부 영역인 290~340nm에서 보호 작용이 뛰어나고, 가시광선 영역에서도 빛을 차단시키는 효능이 크다. 이처럼 태양광선에 피부가 노출되었을 때 빛을 차단시키는 효과와 더불어 빛으로 인하여 발생되는 활성산소종으로부터 보호 작용도 크다.

4-1-2. 자외선 흡수제

자외선 흡수제는 벤조페논(benzo phenone)이나 PABA(p-aminobezoic acid)와 같은 유기물질을 화장품에 이용하여 화학적으로 자외선의 피부 침투를 차단시키는 물질이다. 그러나 자외선 흡수제는 알레르기 발생률이 높아 피부에 여러 가지 트러블을 일으킬 수 있고, 게다가 광알레르기 반응을 유발하여 햇빛에 노출되었을 때 피부를 더욱 예민하게 만들 수 있는 단점이 있다.

이러한 자외선 흡수제들은 벤조페논 유도체, PABA 유도체, 살리실산 유도체, 신나메이트 유도체 등이 사용된다.

4-2. 항산화제

항산화제란 기질의 양과 비교하여 적은 양으로 기질의 산화반응을 지연시키거나 억제할 수 있는 물질이다. 항산화제의 생체 보호 작용은 3단계로 이루어진다.

첫 번째 방어단계는 주로 효소반응이다. 효소의 활성은 주로 망간(Mn), 구리(Cu), 아연(Zn), 셀레늄(Se) 등과 같은 미량의 무기물에 의존한다.

두 번째 단계는 비타민 E와 비타민 C, 플라보노이드, 카로티노이드 등의 항산화제에 의한 반응이다.

세 번째 단계는 연쇄반응이 종결되어 생성된 유도체로부터 2차 라디칼의 생성을 효소에 의하여 억제하는 것이다. 또한 전이금속에 의한 계속적인 촉매반응으로 산화적 손상을 억제시키는 킬레이트 작용이다.

4-2-1. 항산화 효소

1) 슈퍼옥사이드 디스뮤타아제(superoxide dismutase, SOD)

포유동물의 조직에는 두 종류의 다른 슈퍼옥사이드 디스뮤타아제(superoxide dismutase, SOD)가 있다. 구리-아연(Cu/Zn)을 포함하는 SOD는 대부분 세포의 세포질에서 발견되고, 망간(Mn)을 포함하는 SOD는 미토콘드리아의 구획에 존재한다. 이 두 효소는 모두 같은 촉매 작용을 한다.

$$2O_2^- + 2H^+ \xrightarrow{SOD} H_2O_2 + O_2$$

동물조직에 있는 SOD는 활성산소종의 생성에 의존되며, 간이나 신장 같은 조직에 상대적으로 많이 존재한다.

2) 카탈라아제(catalase)

카탈라아제(catalase)는 대부분의 호기성 세포에 존재하는 효소로서 과산화수소(H_2O_2)에 의한 산화적 손상으로부터 세포를 보호한다. 카탈라아제는 사람의 적혈구와 간에 많이 존재하며, 상대적으로 뇌, 심장, 근육에서는 훨씬 적게 존재한다.

$$2H_2O_2 \xrightarrow{\text{catalase}} 2H_2O + O_2$$

과산화수소(H_2O_2)는 세포막을 통과할 수 있기 때문에 세포내에 과산화수소(H_2O_2)의 농도가 높을 경우 글루타치온 퍼옥시다아제(glutathione peroxidase, GSHPx)의 세포보호 작용을 억제한다.

글루타치온 퍼옥시다아제(glutathione peroxidase, GSHPx)는 세포 내의 과산화수소(H_2O_2) 농도가 낮은 경우에만 효과적으로 작용할 수 있기 때문에 이러한 환경에서 카탈라아제(catalase)의 보호 작용이 매우 중요하다.

3) 글루타치온 퍼옥시다아제(glutathione peroxidase, GSHPx)

글루타치온 퍼옥시다아제(glutathione peroxidase, GSHPx)는 셀레늄(Se)에 의존하여 촉매기능을 하는 셀렌효소(salenoenzyme)이다. 글루타치온 퍼옥시다아제(glutathione peroxidase, GSHPx)는 과산화수소(H_2O_2)를 환원시키는 촉매작용을 할 뿐만 아니라 지질 히드로과산화물을 환원시키는데 중요한 효소이다.

SOD와는 달리 셀레늄과 같은 미네랄이 결핍되거나 부적절한 식이에 의하여 글루타치온 퍼옥시다아제(glutathione peroxidase, GSHPx)의 기능과 관련된 질병을 초래한다.

4-2-2. 비효소적 항산화제

활성산소종의 첫 번째 공격 목표는 세포막의 구성성분인 인지질의 불포화지방산이다. 또한 저밀도 지단백질(low density lipoprotein, LDL)의 불포화지방산 산화는 동맥경화 발병에 있어서 가장 중요한 요인이다. 이와 같은 지질의 항산화제로는 비타민 E가 있는데, 이것은 α-토코페롤(α-tocopherol)이다.

그리고 비타민 C, 일부의 플라보노이드(flavonoid)와 카로티노이드(carotenoid) 그리고 유비퀴놀(ubiquinol)은 **α**-토코페롤(**α**-tocopherol)의 작용을 상승시켜주는 작용을 한다. 비타민 C, 일부의 플라보노이드(flavonoid)와 카로티노이드(carotenoid)는 **α**-토코페롤(**α**-tocopherol)의 항산화작용 후 생성된 **α**-토코페롤 라디칼(**α**-tocopherol radical)을 **α**-토코페롤(**α**-tocopherol)로 재생시켜주는 작용을 한다.

1) 비타민 E(α-tocopherol)

비타민 E(**α**-tocopherol)는 지용성 비타민으로서 세포막 또는 세포 소기관의 막에 분포되어 있다. 막에 분포된 비타민 E는 국부적으로 생성된 활성산소종에 의한 지질 과산화반응의 연쇄반응을 효율적으로 차단시킨다. 특히 자외선에 노출된 피부에서 생성된 반응성이 큰 단일항산소(singlet oxygen, $^1O_2$)를 효율적으로 제거할 수 있다.

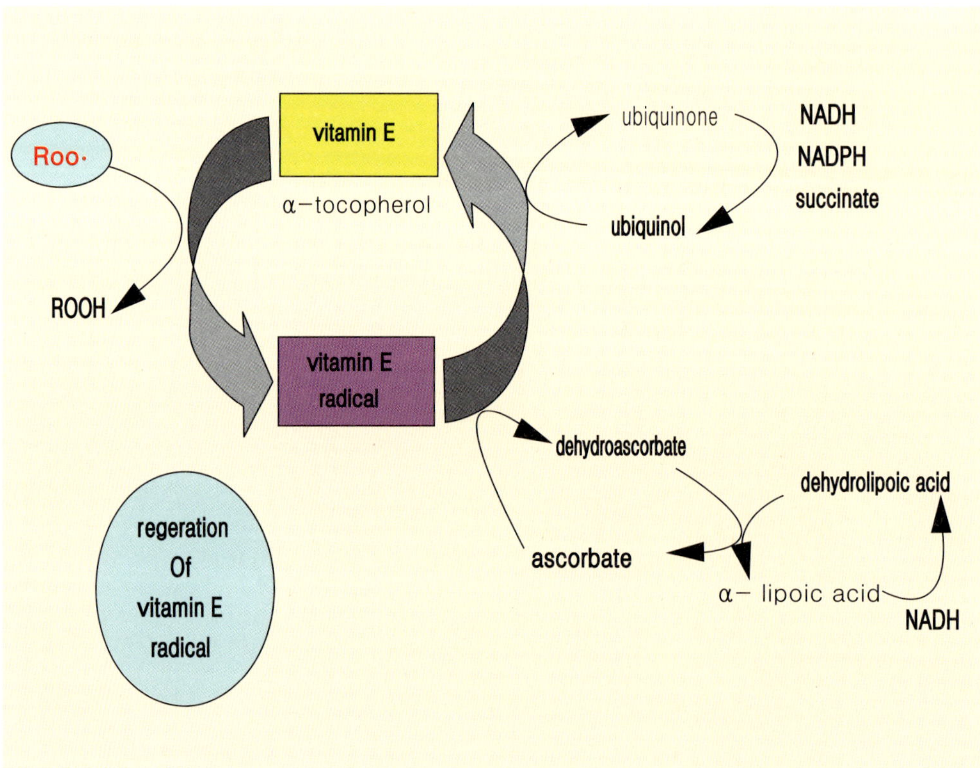

그림 13-11. 비타민 E 라디칼로부터 비타민 E의 재생산

일반적으로 사람들이 먹는 식품에는 최소한의 비타민이 있기 때문에 정상적인 상태에서 비타민 E의 결핍은 거의 발생되지 않는다. 그러나 질병상태나 자외선에 노출될 경우에는 다른 항산화제의 감소와 함께 비타민 E의 수준도 감소되어 활성산소종에 의한 조직 손상이 야기된다.

항산화제인 비타민 E(α-tocopherol)는 지질 과산화라디칼을 억제하는 반응에서 생성되는 α-토코페롤 라디칼(α-tocopherol radical)이 수소를 받아들여 다시 비타민 E(α-tocopherol)로 재생된다. 비타민 C, 일부의 플라보노이드(flavonoid)와 카로티노이드(carotenoid)가 비타민 E(α-tocopherol)의 재생에 도움을 준다.

2) 비타민 C(ascorbic acid)

사람은 체내에서 비타민 C(ascorbic acid)를 합성할 수 없기 때문에 식이 등을 통하여 외부에서 공급되어야 한다. 비타민 C(ascorbic acid)는 수용성 비타민이며, 몇몇 효소의 보조인자로 작용한다.

비타민 C의 환원작용에 의하여 단백질을 구성하는 아미노산 중 프롤린(proline)이 히드록시프롤린(hydroxyproline)으로 전환됨으로서 피부에 탄력을 주는 교원섬유를 생성하게 된다. 따라서 비타민 C가 결핍되면 교원섬유의 합성에 결함이 생기게 되는데, 이를 괴혈병이라 한다.

생체 내에서의 비타민 C는 활성산소종인 히드록시 라디칼(hydroxy radical, ·OH)과 만성 염증반응에서 중요한 HOCl을 제거할 수 있으며, 피부노화의 원인이 되는 반응성이 매우 큰 단일항 산소(singlet oxygen, $^{1}O_2$)의 효율적인 소거제로 잘 알려져 있다.

화장품에서도 항산화작용과 콜라겐 생합성을 촉진하는 것으로 알려져 노화방지나 미백제품 등에 널리 사용되는 비타민이다. 그러나 비타민 C는 불안정하여 그 자체를 화장품으로 사용하기는 극히 어렵기 때문에 비타민 C 팔미테이트(vitamin C palmitate)와 같이 비타민 C 유도체를 이용한다.

3) 플라보노이드(flavonoid)

플라보노이드(flavonoid)는 벤즈 감마 피론(benz-γ-pyrone)의 구조를 갖는 페놀성 화합물로서 식물에 널리 분포되어 있다. 항산화제 중 비타민 E는 지용성이어서 주로 세포막에서 항산화작용을 하고, 비타민 C는 수용성이어서 주로 세포질에서 항산화작용을 한다. 그러나 플라보노이드는 지용성, 수용성 그리고 그 중간정도의 플라보노이드 등 종류가 매우 다양하기 때문에 기존의 항산화제의 복합적인 기능을 한다.

플라보노이드의 항산화작용은 여러 과정에 이루어진다. 첫째, 플라보노이드는 활성산소종과 직접 반응하여 바로 활성산소종을 소거하여 조직 손상을 막아줄 수 있다. 특히 광노화의 원인인 단일항산소($^1O_2$)를 소광시킬 수 있다. 또한 피부의 암을 유발하는 것으로 알려진 히드록시라디칼(·OH)의 제거도 가능하며, 슈퍼옥사이드 음이온 라디칼(O_2^-), 과산화수소(H_2O_2)의 작용을 억제하는 것으로 알려져 있다.

둘째, 플라보노이드는 전이금속과 결합하여 히드록시라디칼(·OH)의 생성을 억제한다. 특히 류마티스 관절염, 심근경색, 당뇨병, 암 등의 성인병과 과도한 자외선에 노출된 피부에서의 과도한 산화적 스트레스를 감소시키는데 중요한 물질이다.

셋째, 플라보노이드는 단일항산소($^1O_2$)와 히드록시라디칼(·OH)로 개시된 세포막의 자동산화반응에서 라디칼 반응을 전파시키는 과산화라디칼에 수소원자를 제공하여 지질의 연쇄반응을 종결한다. 넷째, 플라보노이드는 활성산소를 생성시키는 생체 내 산화효소의 작용을 저해시킴으로서 활성산소의 생성을 억제한다.

4) 카로티노이드(carotenoid)

현재 자연계에 알려진 카로티노이드는 600여 종 이상이다. 생체 내에서의 카로티노이드는 비타민 A의 전구물질로 잘 알려져 있다. 또한 최근에 카로티노이드는 암의 형성을 억제하고, 동맥경화의 발병을 저해하는데 매우 효율적인 물질로 알려져 있다. 피부노화의 원인으로 알려진 단일항 산소($^1O_2$)를 소거할 수 있고, 그 처리 능력은 컨쥬게이트된 이중결합의 수에 비례한다.

5) 유비퀴놀/유비퀴논(ubiquinol/ubiquinone, coenzyme Q)

유비퀴논은 산화-환원 작용을 하는 퀴노이드 핵과 여러 개의 단일 불포화 트랜스-이소프레노이드 단위를 함유한 지용성 화합물이다. 유비퀴놀은 유비퀴논의 2전자 환원 산물이다. 생체 내에서 유비퀴논은 막횡단 전자 수송계의 산화-환원 성분으로서 작용을 하고, 사람의 경우 유비퀴논-10이 지배적으로 많다.

최근 유비퀴논과 유비퀴놀은 활성산소종으로부터 세포막을 보호하는 항산화제로 작용을 하는 것으로 알려지고 있다.

4-3. 그 외 피부노화 억제제

4-3-1. 레티노이드(retinoid)

주름 예방과 개선을 목적으로 사용되는 레티노이드는 단일항 산소를 효율적으로 소광시킨다. 또한 레티노이드는 대표적인 UVA 영역의 흡수를 나타냄으로서 피부 깊숙이 침투하는 것을 차단시킨다. 화장품에 첨가된 레티노이는 피부에 흡수되어 세포 증식과 분화, 콜라겐 등과 같은 세포간 지질의 합성뿐만 아니라 항산화작용을 한다.

레티노이드는 비타민 A로서 알려진, all-trans-retinol(tretinoin)으로부터 유래된 것으로 세포증식과 분화, 세포간 지질의 생성, 상처치유, 시각 등의 조절에 있어서 중요한 역할을 하고 있다. 트레티노인과 이소트레티노인은 모두 피부 광노화뿐만 아니라 내인성 노화와 색소성 질환에도 효과적이다.

화장품에서는 피부세포의 신진대사 촉진, 피부 저항력의 강화, 피지분비의 억제 효과 등이 있는 것으로 알려져 있다. 즉 화장품에서 피부 분화의 촉진, 자외선 등에 의하여 손상된 피부의 치료, 피부 건선, 여드름 방지 등에 효과가 있는 것으로 알려져 있다. 특히 최근에는 레틴산과 레티놀의 주름제거 등에 효과가 있는 것으로 알려져 있다.

일반적으로 레티놀은 산소나 열, 자외선 등에 의하여 불안정하기 때문에 가능한 이들과의 접촉을 최소화하여야 한다.

1) 레틴산(retinoic acid)

레틴산은 광노화와 내인성 노화에 효과적이다. 레틴산은 표피에서 세포분열을 촉진시켜 손상 받은 세포의 탈락을 촉진하고 새로운 표피세포로 바꾸어 준다. 또한 멜라닌색소의 형성을 감소시키고 균일하게 하므로 얼굴의 기미, 잡티, 주근깨 등 색소침착 치료 및 나이가 들면서 생기는 과색소침착에도 사용된다. 그리고 진피에서 새로운 교원섬유와 탄력섬유의 생성을 촉진시켜서 피부의 잔주름을 없애준다. 그 외 레틴산은 광선각화증과 같은 전구암을 치료하거나 억제시키는 효과 및 피부의 혈류를 증가시켜서 핑크빛의 건강한 피부를 만드는데 도움을 준다. 그러나 레틴산은 장기간 사용하여야 치료효과가 나타나며, 최대의 치료효과는 치료 시작 후 첫 1년 내에 나타난다. 첫 1년 동안 노화과정은 지연되고 일부는 더 젊어지기도 하지만 이미 손상된 피부가 더 이상 회복되는 경우는 드물다. 또한 레틴산은 치료효과가 우수하지만 화장품 원료로는 사용할 수 없다. 레틴산은 치료 약물의 일종이므로 나이, 피부 유형, 햇빛의 노출 정도, 약물의 과민성, 피부 병변에 따라 의사의 처방에 의하여 사용되어야 한다.

레틴산은 여러 가지 농도의 제품이 있는데, 일반적으로 낮은 농도부터 사용하고 필요시 점진적으로 농도를 증가시켜 사용한다. 그리고 레틴산은 햇빛에 의하여 피부가 민감해지므로 밤에 사용하고 아침에는 제거하는 것이 좋다.

레틴산을 처음 사용하면 레틴산이 보습, 보호기능을 수행하는 각질층을 감소시킨다. 그러나 장기간 레틴산을 사용하면 표피의 세포분열을 촉진시키고 표피의 두께도 증가시켜 건강한 피부를 만드는데 도움을 준다. 따라서 처음 레틴산을 사용하면 2~3주 동안에 각질이 생기고 피부가 건조해진다.

이와 같은 부작용은 자연스러운 현상이다. 그리고 레틴산은 화장품 등 다른 제품과 동시에 사용할 경우 불안정하게 되어 효과가 떨어지므로 동시에 사용하지 않는 것이 좋다.

2) 레티놀(retinol)

레티놀의 효과는 다소 떨어지지만 부작용이 적어 화장품의 원료로 이용된다. 체내에서 레틴알데히드(retinoyl aldehyde)로 바뀌고, 이는 다시 레틴산으로 전환된다. 따라서 레티놀도 노화피부에 효과가 있을 것으로 예측된다.

4-3-2. 세라마이드(ceramide)

세라마이드는 각질층이나 피부 세포막에 라멜라구조로 다른 지질과 함께 생체조직을 구성한다. 또한 피부조직 내의 생체결합수(bounded water)의 손실을 억제하고 피부방어수단으로서 피부의 중요한 장벽기능을 한다. 피부 조직 이상에 의한 생체결합수의 손실은 피부노화를 유발시키기 때문에 세라마이드의 보습기능은 매우 중요하다.

4-3-3. 알파 히드록시산(α-hydroxy acid, AHA)

알파 히드록시산은 사탕수수에서 추출한 글리콜산(glycolic acid), 사과에서 추출한 사과산(malic acid), 포도에서 추출한 주석산(tartaric acid), 레몬에서 추출한 구연산(citric acid), 신우유에서 추출한 젖산(lactic acid) 등이 있다. 이와 같은 알파 히드록시산은 과일에서 추출하였다고 하여 과일산이라 하지만 화장품에 사용되는 알파 히드록시산은 대부분 합성된 것이다. 알파 히드록시산 중에서 주로 사용되는 것은 글리콜산이지만 젖산이나 구연산 등도 많이 사용되고 있다.

일반적으로 알파 히드록시산은 피부와의 접촉시간, 농도, pH에 따라 효과가 다르다. 농도가 높을수록 피부의 개선 효과가 크지만 그에 따른 피부의 자극이나 부작용의 가능성도 커진다. 저농도의 제품은 주로 화장품의 형태로 사용되는데, 10% 농도까지를 말한다. 저농도의 알파 히드록시산은 미처 탈락되지 못한 각질형성세포의 결합을 약하게 하여 탈락되게 한다.

각질형성세포가 탈락함에 따라 피부는 더 부드럽고 고우며 젊은 피부가 된다. 또한 글리콜산은 물을 흡수하는 습윤제로 작용해 피부의 수분을 증가시킨다. 각질층에 수분의 함량이 증가하면 피부가 팽창되어 잔주름이 없어지고 거친 피부가 부드러워진다. 또한 알파 히드록시산은 항산화제의 효과를 가지고 있고, 색소침착에도 효과가 있으며 여드름의 개선에도 이용된다.

중간농도의 알파 히드록시산은 주로 피부과에서 얕은 화학 박피술에 주로 사용되는데, 50% 농도까지를 말한다. 자외선에 의하여 손상된 피부에 25% 글리콜산을 수개월간 도포한 후 피부를 관찰해 보면 표피의 표면 형태가 일정하고 균일하며 다소 두꺼워져 보인다. 오랜 기간 동안 사용하면 피부의 탄력섬유와 교원섬유를 재생시키는 데에도 도움을 준다. 그러나 드물게 알파 히드록시산을 도포한 후에 따갑거나 홍조, 가려움이 나타날 수 있다. 심한 경우에는 물집이나 화상의 형태로 나타날 수 있기 때문에 주의하여야 한다.

4-3-4. 비타민 D(vitamine D)

비타민 D는 구루병을 예방하는 스테롤 계통의 유도체이며, 그 작용도 호르몬과 유사하게 작용하는 것이 다른 비타민과 차이점이다. 비타민 D는 건조성 피부의 개선, 세라마이드의 합성 촉진, 신진대사의 촉진 등이 있는 것으로 알려져 있다. 그러나 비타민 D는 의약품으로만 사용할 수 있기 때문에 화장품에는 사용할 수 없다. 따라서 화장품의 경우에는 비타민 D의 전구물질이 함유된 천연성분이나 7-dehydrocholesterol 등이 화장품에 이용되고 있다.

4-3-5. 성장 인자(growth factors, GFS)

성장인자(growth factors, GFS)는 표피의 성장 및 증식을 조절한다. 또한 성장인자는 단백질 미립자, 펩티드, 사이토카인(cytokines), 인터루킨(interlukines) 혹은 신호 전달 인자로 알려져 있다. 지금까지 알려진 성장인자는 35개 정도이며 6개 그룹으로 분류되고 있다. 성장인자는(GFS)는 세포와 세포사이를 이동하면서 인체의 신진대사와 항상성을 유지하기 위해 세포의 모든 작용에 관여한다.

각각의 성장인자들이 세포와 세포사이의 통신역할을 하면서 이동하기 위해서는 세포막에 존재한 수용체의 역할이 매우 중요하다. 각각의 성장인자는 자신을 인지하여 받아들일 수 있는 수용체가 있는 세포막만 통과하여 그 세포의 조절작용에 관여한다. 성장인자의 종류를 살펴보면 다음과 같다.

1) EGF(epidermal growth factor)

EGF는 신체의 어느 곳에든지 생성되고 표피의 기저세포를 증식시키는 역할을 하며, 각화과정을 촉진시키는 작용을 한다. 기저층을 구성하고 있는 기저세포는 EGF를 받아들일 수 있는 수용체(tyrosine kinase activatable receptor)를 가지고 있다.

2) FGF(fibroblast growth factor)

표피와 진피에 있는 세포들의 증식작용을 촉진시킨다. 세포외 기질에도 존재하여 당단백질의 생성에도 관여하며, 상처가 나면 표피 복구를 위해 더 많은 FGF가 방출된다.

3) TGF(transforming growth factor)

TGF(transforming growth factor)는 TGF-α와 TGF-β로 구분된다. TGF-α는 각질형성세포에 의해서 생성되고 EGF와 유사한 작용을 하며, 건선에서 증가되어 있다. TGF-β는 표피 상부의 각질형성세포에서 소량 존재하고 세포증식을 억제하며, 세포외 기질의 생산을 촉진하는 작용을 한다.

4) KGF(keratinocyte growth factor)

KGF(keratinocyte growth factor)는 각질형성세포의 강력한 분열촉진제(mitogen)이다. 진피에서 생성되지만 KGF 수용체는 각질형성세포에 있다.

5) IGF(insulin-like growth factor)

각질형성세포의 증식과 이동을 촉진하고 세포외 기질의 제거작용도 도와주는 기능을 한다. 피부조직이 손상될 때 많이 분비되어 치유과정을 촉진시키며, 다른 GFS들과 서로 상호작용을 한다.

6) 기 타

진피의 구성 세포에 영향을 미치며 피부에 상처가 날 때 가장 먼저 그 부위에 나타나서 혈소판 응고에 관여하는 PDGF(platelet-derived growth factor)과 면역세포에 관여하는 ILGF(interlukine growth factor) 등이 있다.

4-3-6. 키네틴(kinetin)

키네틴은 사이토키닌(cytokinin)에 속하는 아데닌의 유도체로서 식물의 성장을 조절하는 작용을 한다. 식물 성장 호르몬으로 식물에서 노화저지 효과를 가진다고 알려져 있으며, 동물세포에 대해서는 성장 저해 및 항암 효과가 있는 것으로 밝혀지고 있다. 인체의 경우에 대부분 항산화제로 효과가 입증되고 있다.

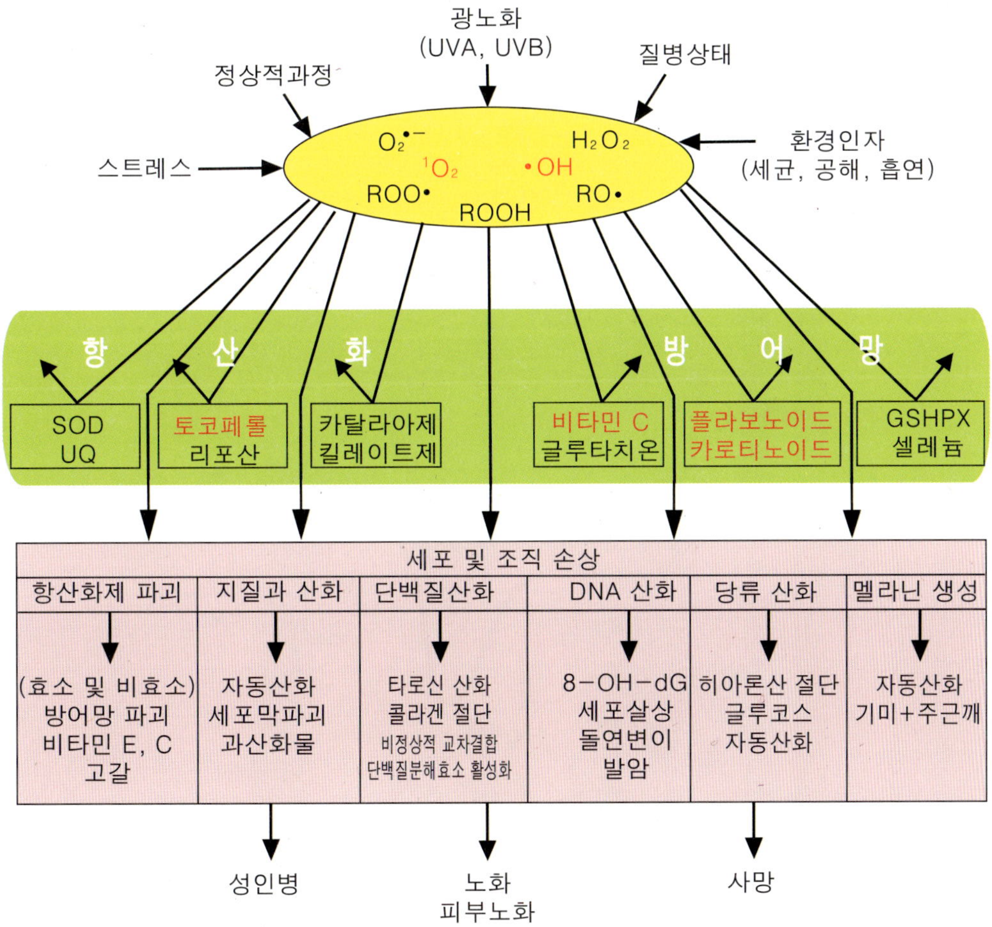

그림 13-12. 피부의 노화

5. 노화 피부 관리에 대한 방안

피부노화의 가장 큰 주범은 활성산소종이며, 그 활성산소종의 산화반응에 의하여 피부노화가 발생한다. 노화에 의해 나타나는 조직학적 변화 중 가장 두드러진 것은 피부의 두께 감소와 진피 내 결합조직의 감소, 탄력섬유의 변성이다.

따라서 주름 형성으로 대표되는 피부 노화를 억제시켜 깨끗하고 건강한 피부를 유지하기 위해서는 피부를 외부의 유해 환경으로부터 보호해야함은 물론이고 피부에 수분을 적절히 공급하고, 피부 세포를 활성화시켜 교원섬유, 탄력섬유 등의 합성을 촉진시켜 주름 형성을 최대한 억제시켜야 한다.

이와 같은 노화피부를 개선하기 위하여 화학적 박피 등 다양한 방법이 있지만 피부미용학적 관리 방안은 다음과 같다.

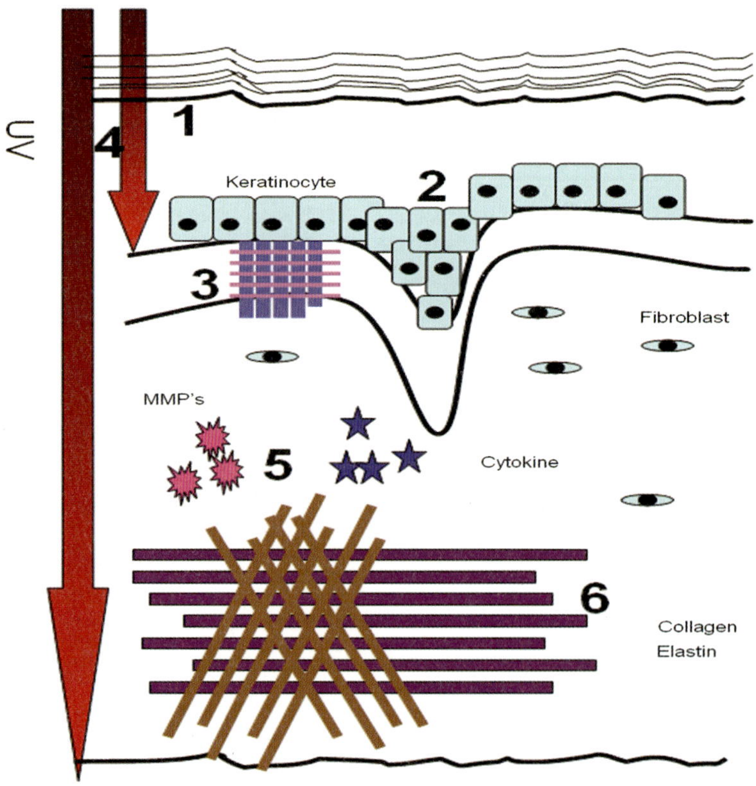

그림 13-13. 노화 피부 관리를 위한 대응 전략

5-1. 각질층 형성 세포의 증식과 분화 촉진 및 보습

피부 노화 시 각질층의 정상적인 turn-over 감소로 인하여 각질의 누적과 비후가 나타나며, 표피의 수분 함유량의 감소로 주름발생이 촉진된다. 따라서 비타민 D3, AHA 등의 세포 활성을 돕는 물질과 세라마이드나 히아루론산 등의 보습 성분을 적절히 이용함으로서 주름을 억제시키고 탄력을 부여한다.

5-2. 산화에 의한 노화

노화된 피부에서는 유해한 활성산소종을 제거할 수 있는 효소 기능이 저하되어서 외부 유해 환경으로부터 생체를 방어하는 힘이 약화된다. 광노화가 되면 자외선에 의한 활성산소가 많이 발생하여 세포외 기질(extracelullar matrix, ECM)의 붕괴가 촉진된다. 따라서 자외선을 차단시키고, 토코페롤이나 비타민 C 그리고 그 외의 항산화제를 이용하여 효율적으로 활성산소를 소거할 수 있는 항산화 관리를 실시한다.

5-3. 세포외 기질(extracelullar matrix, ECM)의 손상 개선

피부가 노화됨에 따라 세포외 기질(extracelullar matrix, ECM)의 구조적인 변형이 유발된다. 대표적으로 콜라겐, 엘라스틴 등과 같은 ECM의 구조적인 단백질의 변화를 들 수 있다. 그 중 교원섬유의 경우 내인성 노화에 의하여 그 합성량이 감소하며, 비가교결합으로 인한 당화(glycation)현상으로 인하여 변성된다. 이는 피부 주름 발생을 촉진하게 된다.

또한 탄력성을 주는 탄력섬유의 수가 줄어들며 수직으로 구성되어 있던 것이 수평으로 배열되는 형태적인 변형이 일어나게 된다. 이러한 형태적인 변화가 피부의 탄력성 감소에 중요한 영향을 미친다.

따라서 부족한 레티놀이나 키네틴을 이용하여 세포외 기질(extracelullar matrix, ECM) 분자들의 생성을 촉진시키거나 생성된 ECM 분자를 분해하는 효소들을 저해할 수 있는 사이토카인의 조절과 EGF(epidermal growth factor), FGF(fibroblast growth factor), TGF(transforming growth factor) 등의 성장인자를 이용하여야 한다.

노화와 함께 분비샘들의 퇴화로 인해 전체적인 호르몬 분비가 감소하게 되어 당연히 여성 호르몬 결핍으로 전체적인 피부의 ECM 생성과 조절의 균형이 깨진다. 호르몬 결핍에 의한 피부노화를 개선시키기 위해서는 식물성 여성 호르몬인 phytoestrogen을 이용하여 노화피부에 적용할 수 있다.

5-4. 표피-진피 연접(dermal-epidermal junction, DEJ)의 손상개선

표피-진피 연접(dermal-epidermal junction, DEJ)은 표피 세포지지 부착, 영양물질의 이동, 표피분화의 조절 등에 있어 중요한 역할을 한다. 그러나 피부노화에 의하여 DEJ가 손상되면 기저막의 편평화, 다중화, 단열 등이 발생하여 주름이 생성되고, 피부가 가늘어지며 쉽게 상처가 생길 가능성이 높아진다. 또한 피부의 장벽 기능이 상실되면 외부 환경의 오염물질을 DEJ가 걸러주지 못하여 쉽게 유해물질이 진피까지 침투할 가능성이 높아져서 피부가 보다 더 쉽게 손상된다. 손상된 DEJ를 회복시키거나 건강한 상태로 유지하려면 무엇보다 그 구성성분이 제대로 유지되어야 하기 때문에 레티놀 등과 같은 세포분열을 촉진시키고 피부노화를 억제할 수 있는 물질을 이용하여야 한다.

14

민감성 피부

Sensitive Skin

민감성 피부(sensitive skin)는 정상피부에 비하여 피부의 조절기능이나 면역기능이 극히 저하되어 경미한 자극에도 민감한 반응을 나타내는 피부이다. 좁은 의미의 민감성 피부는 유해한 물질의 자극에 민감하게 반응하는 피부를 의미하며, 넓은 의미의 민감성 피부는 알레르기성 특이 체질이나 모세혈관 확장 피부까지도 포함한다.

민감성 피부는 외관상 피부 결이 섬세하고 깨끗해 보이지만 건조하기 쉽고, 외부의 경미한 자극이나 온도에 민감하다. 염증, 수포, 두드러기를 동반할 수 있으며 색소침착도 발생한다. 이와 같은 현상은 각질층의 기능 저하, 즉 장벽기능 저하로 인하여 각질층이 손상됨으로써 천연보습인자(NMF)와 수분 손실이 많아지고 외부의 유해한 물질이 쉽게 침투함으로써 피부에 나타나는 여러 가지 반응현상이다.

대표적인 민감성 피부는 아토피성 피부나 접촉성 피부 그리고 홍반성 피부 등이 있다. 이러한 민감성피부는 일상생활에서 흔히 접할 수 있으며 민간요법으로도 상당 부분 다루어지고 있는 분야이기 때문에 본 장에서 간단히 다루고자 한다.

1. 아토피 피부염

1-1. 아토피 피부염(atopic dermatitis)에 대하여

아토피 피부염(atopic dermatitis)은 유전적, 환경적, 면역학적, 심리적 원인으로 재발이 가능한 습진성 피부 질환으로써 아토피성 습진(atopic eczema)이라고도 하며, 특히 유아기의 아토피 피부염을 태열이라고 한다. 아토피(atopy)는 '부적당한(out of place) 또는 특이한(strange)' 이란 의미를 가지고 있으며, 예로부터 아토피 피부염은 치료하기 어려운 것으로 알려져 왔다.

일반적으로 아토피 피부염은 심한 소양감과 염증을 동반한다. 아토피 피부염은 시간이 지날수록 가려움이 심해지고 참을 수 없을 정도의 가려움 때문에 피부를 긁게 된다. 피부를 긁으면 상처가 나고 염증이 발생하며, 그 염증은 가려움을 증폭시켜 다시 긁게 되는 악순환이 반복된다. 이 과정에서 피부는 치유하기 어려울 정도로 심하게 손상을 입게 되고 진물이 나며 바이러스나 세균에 의한 2차 감염을 일으킬 수 있다.

그러나 이러한 증상은 개인 차이가 있기 때문에 가려움증이 있기는 하지만 참을 수 있을 정도의 경증에서부터 참을 수 없을 정도의 극심한 가려움을 동반하는 중증까지 그 종류도 다양하다.

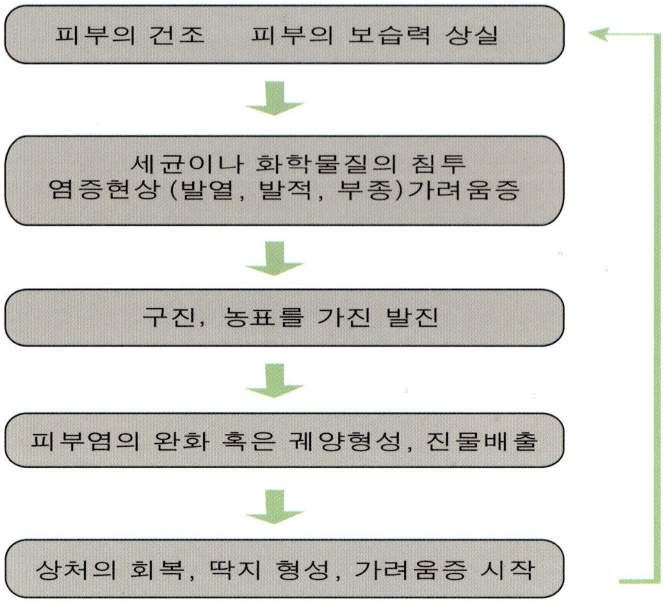

그림 14-1. 아토피피부의 악순환

일반적으로 활동 시간에는 가려움이 덜하지만 활동시간이 끝나는 저녁 무렵부터 시작하여 수면 중에는 가려움이 심하게 나타나는 특징이 있다. 특히 수면 중의 가려움 때문에 무의식적으로 계속 긁음으로써 다음날 아침에는 손상된 피부를 접하게 된다. 이러한 악순환이 반복되면서 피부상태는 더욱 심해지고 만성적인 상태로 된다.

아토피는 어릴 때부터 시작되는데 전체 아토피 피부염의 약 60%가 만 1세 이전에 나타난 것으로 알려져 있다. 그러나 대부분의 아토피 피부염은 사춘기와 성인이 되면서 자연적으로 없어지지만 일부는 성인 아토피 피부염로 유지되는 경우가 있다.

최근에는 어릴 때의 아토피 피부염이 성인까지 지속되는 경우가 꾸준히 증가하고 있을 뿐만 아니라 사춘기나 성인에게서 아토피 피부염이 새로이 생겨나는 비율도 꾸준히 증가하고 있다.

이와 같은 아토피 피부염은 알레르기(allergy) 중의 하나라고 할 수 있다. 알레르기는 과민증이라는 의미로 사람의 체내에 이물질, 즉 항원(allergen)이 침입하면 그 이물질을 퇴치하려는 항체(antibody)가 생성된다. 항원과 항체가 반응하여 인체에 유해하지 않는 물질로 변화시킨다. 이것을 면역반응이라 하며, 사람에 따라서 반응이 너무 강하여 몸에 유해한 형태로 나타나는 것이 알레르기(allergy)이다.

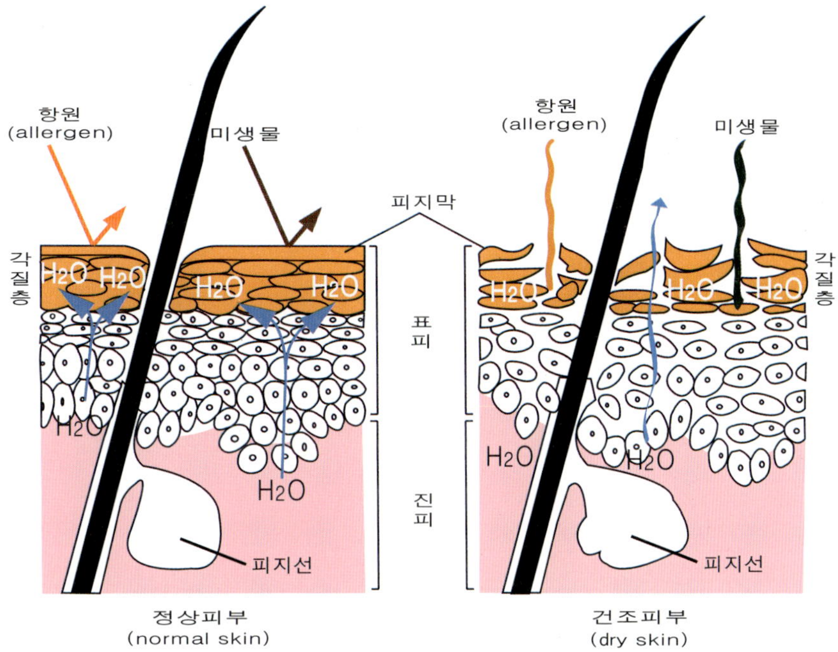

그림 14-2. 정상피부와 아토피(건조)피부의 비교

따라서 알레르기는 아토피피부염을 유발하는 하나의 인자가 될 수 있지만 알레르기가 아토피 피부는 아니다. 아토피 피부염은 현재까지 정확한 원인과 발생 메카니즘이 밝혀지지 않았으나 면역학적인 측면과 피부장벽기능의 이상 등에 의한 것으로 알려지고 있다. 즉 환경오염과 의식주의 변화가 우리 몸의 면역체계를 교란시킴으로써 발생하는 주요 원인으로 추정되고 있다.

1-2. 아토피성 피부의 피부상태 변화

1-2-1. 피부의 pH

정상피부의 pH는 약산성으로 피부장벽의 항상성 유지에 매우 중요하다. 피부장벽기능의 약화는 피부의 알칼리화와 연관되며 인위적으로 유발된 접촉성피부염이 피부 알칼리화에 의해 악화된다. 또한 기저귀 발진이 피부 알칼리화와 연관되는 점 등은 이를 뒷받침하는 증거이다. 피부장벽 손상 후 회복에 있어서 피부의 pH가 약산성인 경우에는 정상적인 피부 회복 과정을 보이지만 중성 또는 알칼리성 pH에서는 피부장벽의 회복이 지연된다.

아토피성 피부에서는 피부표면의 pH가 정상피부 보다 높은 경향을 보이고, 그 피부 완충 능력이 저하된다. 이것은 피부표면의 pH 상승이 아토피 피부염의 악화인자로서 작용하고 있을 가능성을 암시하고 있다.

1-2-2. 각질층의 수분함량 감소

정상피부에 있어서 각질층의 수분함량은 약 10~20% 정도이다. 아토피성 피부의 경우에는 수분함유능력은 정상피부와 같지만, 수분결합능력이 정상피부에 비하여 낮기 때문에 각질층의 수분함량이 낮다. 따라서 아토피 피부는 건조한 피부의 특징을 가지고 있다.

1-2-3. 표피지질의 감소

각질층의 지질은 피지선에서 분비된 피지(sebum)와 각질세포간 지질(intercorneocyte lipid)로 구성되어 있다. 아토피성 피부는 피지의 감소와 각질세포간 지질의 감소, 특히 세라마이드(ceramide)의 감소로 인하여 정상피부에 비해 각질층의 지질함량이 낮다.

세라마이드는 피부의 보습 및 보호기능에 매우 중요한 역할을 한다. 즉 세라마이드의 감소는 각질세포간 지질로 구성된 라멜라구조의 약화를 초래하여 피부의 수분증발량을 증가시키거나 수분의 유지력을 감소시킨다. 그 결과 피부가 건조하게 되고 피부보호막의 기능이 저하되는 주요 요인이 된다.

1-2-4. 경피수분손실(transepidermal water loss, TEWL) 증가

아토피성 피부는 정상피부에 비해 경피수분손실(TEWL)이 높다. 이는 피부장벽기능(skin barrier function)의 이상으로 각질층의 수분이 과도하게 손실되어 피부의 건조를 유발한다. 정상피부의 경우에도 각질층의 수분 함량이 많은 경우에는 경피수분손실도 많지만, 아토피성 피부에서는 각질층의 수분 함량이 정상이거나 낮은데도 경피수분손실이 많은 점이 다르다.

1-2-5. 각질층 투과성 상승

아토피성 피부는 피부장벽기능(skin barrier function)이 저하되어 있기 때문에 각질층 투과성이 높아져 외부 자극물질에 의한 접촉피부염의 발생빈도가 증가한다. 또한 자극

물질에 대한 감수성이 증가되어 치유되는 속도도 늦어진다. 외부의 자극인자로는 먼지, 진드기, 피부 유해균, 화학물질, 과도한 땀 등이 있으며 손상된 각질층을 통해 쉽게 피부 속으로 침투하여 피부염을 유발시킬 수 있다.

1-3. 아토피성 피부의 원인

1-3-1. 유전적인 요인

아토피피부염의 경우 약 70~80%가 알레르기성 가족력이 있다. 부모 중 한 사람이 아토피피부염이 있는 경우 자녀에게서 나타날 확률이 50%정도 이며, 부모 모두가 아토피피부염이 있는 경우는 자녀의 80%정도에서 아토피피부염이 발생한다고 알려져 있다. 특히 모계의 영향을 많이 받는 것으로 알려져 있다. 또한 이란성 쌍둥이보다 일란성 쌍둥이의 경우에 아토피 발생률이 훨씬 높은 것은 이러한 사실을 뒷받침하고 있다.

1-3-2. 면역학적 요인

알레르기 유발 물질이 면역글로블린 E(IgE)와 반응하면 T 림프구가 활성화되어 아토피피부염의 피부병변에 침윤된 T 림프구가 사이토카인을 분비한다. 이때 분비된 사이토카인이 피부에 작용하여 가려움증, 부종, 반점을 유발하고 이로 인하여 아토피피부염이 유발되고 악화된다.

1) 항원의 접촉과 자극(contact allergens and irritants)

피부의 보호막이 손상된 경우에는 가정에서나 라텍스 등을 다루는 직장에서 접촉하기 쉬운 여러 가지 항원(allergen)이 피부에 침투하게 된다. 또한 피부질환을 치료하는 약에 함유된 방향제, 방부제, 소독약, 용제 등도 피부에 자극을 유발한다. 그리고 양털 같은 모직물에 대한 과민성(intolerance)은 아토피의 원인이 될 수 있다.

흡입항원(Inhalant allergens)은 아토피성 피부의 손상된 피부 보호막을 통과하여 접촉성 피부염의 원인이 된다. 계절에 따라 아토피성 피부가 악화되는 것은 꽃가루의 접촉이 원인이 되는 경우가 많다.

집안의 항원(allergen) 중에서 가장 중요한 것은 집안의 먼지와 진드기, 곰팡이이므로 침대 매트리스나 카펫을 자주 청소하거나 치우는 것이 바람직하다. 털이 있는 애완견 특히 고양이는 항원(allergen)의 발생원이 되므로 아토피 환자가 있는 경우에는 기르지 않는 것이 좋다.

2) 미생물에 의한 요인(microbial factors)

아토피 피부염의 90% 정도는 피부에 스테필로코쿠스 아우레우스(Staphylococcus aureus)균에 감염되는데, 아토피 피부염은 안티스테필로코쿠스 면역글로블린 E(anti-Staphylococcus IgE)에 의하거나 T 세포(T cell) 반응을 자극하는 superantigen에 의해서 유발될 수 있다. 머리, 목, 어깨의 피부염은 피티로스포럼 오발레(Pityrosporum ovale)에 감염되면 즉각적으로 혹은 지연된 알레르기 반응을 유발한다.

1-3-3. 심리적인 요인

심한 감정 변화 및 긴장은 아토피피부염의 경우 가려움증을 유발한다. 아토피피부염의 경우 정상인에 비하여 신경과민증이 많고 공격적인 감정을 억누르는 경향이 높으며 우울증과 불안감도 높다.

소아기의 아토피피부염의 경우 부모에 대한 의존성이 크며, 학령기 소아들은 결석이 많고 수면부족으로 학업성취에 대한 장애가 있다. 아토피피부염 자체가 정서적인 문제를 유발시킬 뿐만 아니라 정서적인 스트레스가 아토피피부염을 악화시키는 원인이 되고 있다.

1-3-4. 환경적인 요인

1) 산업화와 도시화에 의한 환경오염

산업화, 도시화로 인한 공해, 즉 알레르기 물질 증가, 인스턴트식품 섭취 등이 아토피 피부염과 관련된 것으로 추정하고 있다. 침대, 쇼파, 카페트 등을 이용한 서구화된 주거양식으로 변화되면서 집먼지진드기의 서직환경이 조성되어 알레르기가 더욱 증가되고 있다.

음식에 대한 알레르기의 경우 일부 사람에게서 아토피 피부염을 일으키는데 일반적으로 어른의 경우보다 아이들에게 보다 큰 영향을 미친다. 음식에 의해 아토피성 피부가 유발된 경험이 있거나 보통의 치료법으로 효과가 없는 경우에는 음식을 조절하여 아토피 피부염의 증상을 완화시킬 수 있다. 아토피 피부염 유발 가능한 식품으로는 계란, 우유, 땅콩, 견과류, 물고기, 콩, 밀, 조개 등이 있다. 또한 과도한 비누사용 및 잦은 목욕은 피부를 더욱 건조하게 만든다. 그리고 결이 거친 옷이나 나일론과 같은 화학점유 제품으로 인한 피부 자극이 아토피피부염의 원인이 될 수 있다.

2) 온도와 습도의 변화

환경적인 요인 중에서 습도가 가장 큰 영향을 미치고, 그 다음은 온도에 의한 영향이다. 날씨가 건조하여 공기 중의 습도가 낮아지면 피부의 수분을 빼앗기게 되어 건조한 피부상태가 된다. 따라서 우리나라의 경우에는 계절에 따라 습도나 온도가 달라지기 때문에 아토피 피부염의 상태도 달라진다.

겨울에는 피부가 건조해지고 환기가 원활하지 않는 실내에서만 생활하므로 더욱 심해진다. 반면 여름에는 더위와 땀으로 피부 상태가 나빠지기도 하지만 습도가 높기 때문에 자연적으로 아토피 피부염이 좋아지는 것을 볼 수 있다. 그러나 습도가 너무 높거나 고온으로 인하여 불쾌지수가 높은 한 여름철에도 에어콘 등의 실내와 실외의 온도와 습도차이 때문에 아토피성 피부염이 악화되는 경우도 있다. 특히 봄이나 여름에 아토피 피부염이 재발하는 것은 흡입성 항원 때문이다.

1-4. 연령에 따른 아토피성 피부의 특징

아토피피부염은 대부분 유아기와 소아기 때 주로 발생하며, 가장 큰 특징은 심한 가려움증과 외부 자극에 매우 민감하게 반응하는 것이다. 그 외 아토피피부염의 특징은 피부건조, 발진, 진물, 부스럼딱지, 비늘 같은 껍질 등이 있는 피부이다.

1-4-1. 유아기의 아토피피부염

유아의 경우 아토피피부염은 생후 2개월부터 2년 사이에 주로 발생하며, 흔히 태열이라 한다. 일반적으로 유아기의 아토피 피부염은 머리나 얼굴을 중심으로 나타나며, 특히 뺨, 이마, 두피에 홍반 형태로 나타나며 물집, 딱지 등이 전신으로 퍼지기도 한다. 전신이 건조하며 팔다리는 접히는 부위보다 펴지는 부위에 습진 등의 피부염이 있는 경우가 많고 2차적인 세균 감염이 일어나는 경우도 흔하다.

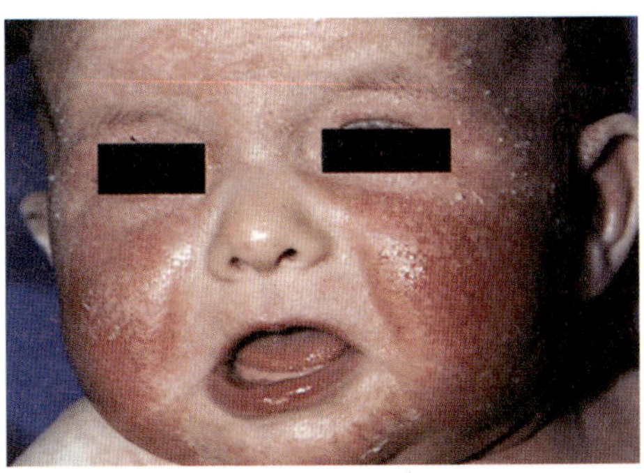

그림 14-3. 유아기 아토피

1-4-2. 소아기의 아토피피부염

출생 후 2~3년이 경과한 후 소아기 아토피성 피부가 발생한다. 대개 유아기 때의 아토피 피부염보다 진물이 적고 건조한 편이며 팔꿈치 안쪽, 무릎 뒤쪽, 손목, 눈꺼풀, 얼굴, 목 등에 잘 나타나는 경향이 있으나 심한경우는 전신에서 나타난다.

피부는 대개 건조하거나 빨갛고 갈색을 띄며, 각질이 생기거나 두꺼워지는 경향이 있다. 소아 아토피 피부염을 가진 경우는 정상인에 비하여 정서적으로 매우 불안하며, 우울증과 불안감이 소양증을 더욱 악화시키는 것으로 알려지고 있다.

즉 아토피 피부염을 가진 소아의 경우는 정서적인 문제가 정상인에 비해 3배나 흔한 것으로 보고 된 경우도 있다. 따라서 심한 소아 아토피 피부염을 가진 경우에는 우울증과 불안감에 대한 정신과적 측면을 반드시 고려하여야 한다.

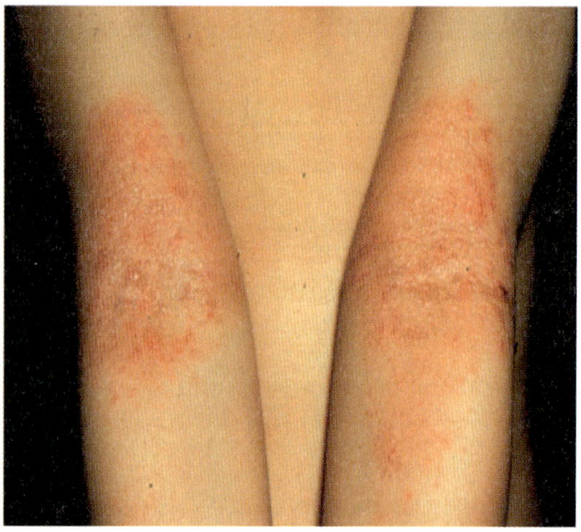

그림 14-4. 소아기 아토피

1-4-3. 사춘기와 성인 아토피성 피부

유・소아기에 아토피 피부염을 가진 경우는 성인이 됨에 따라 거의 80% 이상이 아토피성 피부가 스스로 없어진다. 소아기 아토피 피부염은 정서적으로 미성숙한 어린나이에서 시작되기 때문에 정서적인 요소가 영향을 크게 미친다. 반면에 성인 아토피성 피부의 경우 정서적인 문제가 아토피 피부염의 경과에 중요한 역할을 한다. 즉 아토피 피부염을 가진 성인의 경우 정상인에 비하여 신경과민증이 심하고, 우울증이나 불안의 정

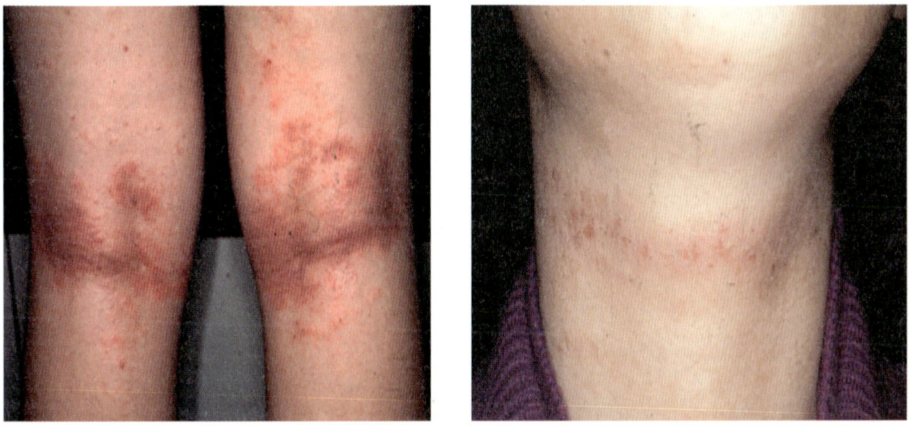

그림 14-5. 성인기 아토피 피부염

도가 높다. 또한 이러한 우울증의 정도가 소양감에 영향을 미친다. 아토피 피부염을 가진 경우는 자신의 정서적인 문제 외에도 가족 구성원에게 정서적인 문제를 야기 시킨다.

일반적으로 아토피 피부염을 가진 경우의 어머니는 아이에 대하여 항상 불안해하고 과잉으로 보호하며, 아이에 대한 부정적인 감정을 자주 드러냄으로써 심리적으로 불안정해진다. 최근 연구 결과에 의하면 여러 가지 신경 조절 물질과 신경 단백질이 랑게르한스 세포의 기능을 조절하거나 면역학적 반응을 유도하여 아토피 피부염의 악화 요인으로 작용한 것으로 보고 되고 있다.

아토피 피부염을 가진 성인의 경우 정상인에 비하여 신경질적 경향의 척도가 높다. 또한 만성적으로 불안감을 느끼며 분노의 감정을 조절하기 힘든 것으로 보고 되고 있고 비정상적으로 스트레스에 대하여 예민하게 반응한다.

1-5. 아토피 피부염 예방과 대책 방안

아토피성 피부염은 흔히 치료하기 쉽지 않는 난치병이라 하며, 알레르기 반응의 일종이다. 일반적으로 알레르기 발생 메카니즘은 거의 같으나 어디에 알레르기 반응이 일어나느냐에 따라서 증상이 다르다.

알레르기 치료가 어렵다고 하는 것은 일상생활에서 접하는 알레르기 유발 물질을 체내 침입을 막는 것이 어려운 것이다. 아토피 피부염의 치료에서 알레르기 반응과 같이 약물치료가 필요한 부분 외에 가장 중요한 것은 피부장벽 기능의 회복과 건조 피부로부터 벗어나는 것이다.

1-5-1. 일반적으로 사용되는 방법

가장 일반적으로 사용되어야 할 예방과 대책은 아토피피부염의 원인을 제거하는 것이다. 즉 1차적으로 쉽게 해결할 수 있는 생활 환경적 요인과 항원과의 접촉을 가능한 피할 수 있는 면역학적 측면 그리고 심리적 안정을 찾음으로서 아토피성 피부에서 벗어날 수 있도록 인내심을 가져야 한다. 그리고 피부의 상태를 개선시킬 수 있는 여러 가지 방안이 병행되어야 한다.

피부의 장벽 기능을 회복시키고 건조한 피부로부터 벗어날 수 있는 방안 즉 세정하는 방법, 화장품을 이용하는 방법, 스테로이드 등의 연고제를 바르는 방법 등이 있다. 일상생활에서 피부를 청결하게 유지하기 위하여 샤워나 목욕을 하여 세정한다. 특히 피부에 묻은 먼지, 집먼지진드기, 피부 유해균, 땀, 기타 이물질 등을 씻어냄으로써 아토피피부의 악화요인을 제거하는 것이 중요하다.

땀을 많이 흘린 경우에는 잘 씻는 것이 필요하며, 적절한 세정을 하지 않거나, 과도한 세정을 할 경우에는 오히려 피부상태를 악화시킬 수 있다. 그러나 고형 비누 사용을 금지하고 약산성 세안제를 사용하는 것이 효과적이다.

세안이나 목욕 후에는 건조한 피부에 보습력이 우수한 화장품을 도포하여 수분을 공급하여야 한다. 아토피 피부는 매우 건조한 상태이기 때문에 적절한 수용성 성분인 천연보습인자(NMF)와 유용성 성분인 세라마이드가 함유된 보습크림을 사용하는 것이 효과적이다.

특히 붉어지고 각질이 떨어져 나가는 심한 경우의 아토피피부는 진정시켜 주면서 수분을 공급하고, 주의하여 피부 관리를 실시함으로써 개선효과가 있을 수 있다. 또한 피부가 개선된 후에도 꾸준한 피부 관리를 함으로써 장기적으로 예방하는 것이 무엇보다 필요하다.

1-5-2. 의약적인 치료 방법

아토피피부염은 나이가 들면서 대개 그 증상이 점점 개선된다. 태열을 가진 아이들은 두 살 이전에 거의 좋아진다. 두 살 이후 까지 지속되더라도 초등학교 입학 전후에 좋아 지는 경우가 많다. 그러나 소수의 경우에는 어른이 되어서도 고생을 하기도 한다.

아토피 피부염 치료하는데 쓰이는 약은 바르는 스테로이드 연고나 크림이다. 아토피 피부염의 경우에 대부분 사용하지만 장기적으로 사용할 경우에는 부작용의 발생에 유의를 하여야 한다.

복용하는 약으로는 항히스타민제가 주로 사용되고 있으며, 항히스타민제는 부작용이 비교적 적다. 아토피 피부염이 심한 경우에는 일시적으로 복용하는 스테로이드를 쓰는 경우도 있으나 복용하는 스테로이드는 오래 복용하면 부작용이 유발된다.

1) 스테로이드제

스테로이드 등의 연고를 바르는 방법은 염증 등의 증상이 심한 경우에 주로 사용된다. 스테로이드는 일종의 부신피질호르몬제로서 효과는 매우 우수하나 사용상에 주의가 필요하다. 장기간의 사용을 피해야 하고, 특히 부작용에 대한 주의가 필요하다.

아토피성 피부염이 심하지 않으면 가급적 사용을 자제하여야 한다. 피부상태가 매우 심하거나, 긁어서 상처가 났거나, 염증이 생겨 진물이 날 때에 일시적으로 사용하는 것이 부작용을 최소화할 수 있다.

스테로이드에 대한 일반적인 부작용으로는 피부위축, 혈관확장, 탈색, 자반 등이 있고, 이에 피부를 약화시키고, 약화된 피부로 인해 모세혈관이 드러날 수 있다. 또한 내성이 생겨 사용할수록 효과가 떨어질 수 있으며, 사용을 중단하면 다시 재발될 수 있다.

스테로이드의 복용은 외용하는 연고와 같은 효과를 주지만, 바르는 경우와 비교하여 상대적으로 효과는 높고, 부작용은 더 큰 것으로 알려져 있다. 아토피성 피부염에 스테로이드와 플라센타를 병행할 경우에는 스테로이드의 부작용을 줄일 수 있다.

또한 가벼운 아토피성피부염에는 플라센타 단독사용으로 개선된 예도 많이 보고되고 있다. 그러나 아토피성 피부염 치료는 식이요법과 병행해야 하므로 꾸준한 인내심이 요구된다.

2) 항히스타민제

항히스타민제는 비만세포에서 히스타민이 유리되지 못하도록 하여 가려운 증상을 경감시키나 임시방편으로 사용하는 약이다. 즉 가려움증을 완화시켜주기 위해 복용하는 약으로써 병원에서 주는 먹는 약의 대부분을 차지한다.

일반적으로 항히스타민제는 특별한 부작용이 없는 것으로 알려져 있는 약으로써 가려움을 많이 느끼는 경우에는 일시적으로 복용한다. 그러나 장기간 복용시 불면, 불안, 식욕감퇴 등의 부작용이 있을 수 있다. 밤에 자는 동안에 무의식적으로 많이 긁는 경우는 증상이 어느 정도 개선되기까지 복용하기도 한다.

3) 항생제

아토피성 피부염은 그 자체보다 가려워 긁다가 생기는 2차성 세균감염을 보다 더 유의하여야 한다. 아토피성 피부염의 경우 피부를 오랫동안 긁고 건조해진 결과로 세균감염이 2차적으로 반드시 유발된다.

아토피성 피부염의 90%이상이 포도상구균에 감염되어 있다. 이 균은 환자가 가려움을 참지 못해 긁어서 생기기도 하지만 최근의 보고에 의하면 이 세균의 외독소가 우리 몸의 면역체계를 자극하여 알레르기를 일으키는 화학물질을 나오게 하여 아토피를 악화시키기 때문이다. 즉 이 세균 자체가 항원으로 작용한다는 것이다. 따라서 아토피의 치료에는 적절한 항생물질의 사용된다.

4) 면역방법

면역방법이란 신체의 면역성을 높여 줌으로서 알레르기 등에 저항력을 높여주는 방법이며, 대표적인 방법으로는 감감작요법이 있다. 감감작요법이란 검사를 통해 특정의 알레르기 항원을 찾고, 그 항원에 대한 저항력을 길러주는 방법이다. 피부과민반응을 낮춰 줌으로서 피부염의 발생을 막아주는 것이다.

일상생활에서 쉽게 접할 수 있는 알레르기 항원은 집먼지진드기이다. 집먼지진드기는 1년 내내 집안에 서식함으로써 평소에 집안을 청결하게 유지하는 것이 필요하다.

그 외에 항원으로는 먼지알레르기, 꽃가루알레르기, 음식알레르기, 햇빛알레르기 등이 있다.

1-5-3. 기 타

그 외 음식물을 조절하는 식이요법, UV를 이용하는 광선요법, 온천욕을 하는 온천요법 등이 있고, 구전된 여러 가지 민간요법도 있다. 의학적으로 검증되지 않은 민간요법은 아토피성 피부염의 경우마다 차이가 많이 나고, 경우에 따라서는 오히려 심각한 부작용을 낳을 수도 있으므로 주의가 필요하다.

주위에서 구전된 민간요법은 충분한 검증을 통하여 적용함과 동시에 평소 생활환경에서 아토피성 피부염의 악화요인에 주의하면서 피부 관리에 신경을 쓰는 것이 보다 바람직한 것으로 생각된다. 아토피 피부염의 치료에서 알레르기 반응과 같이 약물치료가 필요한 부분 외에 가장 중요한 것은 피부장벽 기능의 회복과 건조 피부로부터 벗어나는 것이다.

2. 접촉피부염

2-1. 접촉피부염(contact dermatitis)에 대하여

접촉피부염은 주로 화학물질과 같은 외부 물질과의 접촉에 의하여 발생하는 피부염이다. 즉 외부로부터 직접 피부에 작용하여 국소에 발생하는 피부염, 식물독, 피혁, 농약, 화장품 따위에 의한 것이 있다.

접촉피부염은 대부분 원인 물질이 접촉한 부위에 가려움증을 동반하는 습진의 형태로 관찰되며, 여드름성, 두드러기성, 다형홍반, 색소침착의 형태로도 나타날 수 있다. 심한 형태로는 진물, 홍반, 부종, 물집이 관찰되며, 시간에 경과함에 따라 균열, 피부가 얇게 벗겨져 하얀 각질이 나타나는 인설 그리고 피부가 두꺼워져 피부의 주름이 뚜렷하게 관찰되는 태선화의 형태로 습진이 관찰된다.

2-2. 종류와 원인

2-2-1. 원발성 자극피부염(primary irritant dermatitis)

원발성 자극피부염은 일정한 농도의 자극을 주면 거의 모든 사람에게 피부염을 일으킨다. 원발성 자극피부염은 알레르기성 접촉피부염보다 발생빈도가 훨씬 높다. 원발성 자극피부염을 일으키는 데는 물질의 종류가 가장 중요하지만 이들이 피부에 침투하기 위해서는 여러 가지 요인이 관여한다. 즉 각질층의 상태, 피부의 부위, 나이, 온도나 습도와 같은 환경적인 요인 등이 중요하고 일부 물질에 있어서는 모낭을 통한 침투도 가능하게 된다.

유발원인으로는 화학적으로 화상을 유발시키는 강산, 강알칼리, 주부습진을 유발시키는 세제, 직업상 노출되는 절삭유, 유리 섬유, 타르 등이 있다. 원발성 자극피부염을 일으키는 물질은 수없이 많으며, 특히 공해성 피부염은 큰 사회적 문제를 일으킬 수 있다.

2-2-2. 알레르기성 접촉피부염

알레르기성 접촉피부염의 원인 물질은 보통 항원(allergen)이라 하며, 이는 정상인에게는 피부병을 일으키지 않으나 이러한 물질에 민감한 사람에게는 피부염을 일으킨다. 알레르기성 접촉피부염을 일으키는 물질은 대부분 화학 물질로 니켈, 크롬 및 코발트와

표 14-1. 신체의 부위별 접촉피부염의 원인 물질

신체부위	항 원	신체부위	항 원
얼굴	화장품, 약제	팔	장갑, 광접촉물질, 분진
머리	염색약, 샴푸, 퍼머제	안검	공기성전달물질, 옻나무, 매니큐어, 안약
입술	립스틱, 치약, 의치, 핀	귀	약제, 보청기, 안경
목	목걸이, 섬유, 향료	겨드랑이	향료, 방취제
몸통	섬유, 가죽	대퇴부	열쇠, 섬유
다리	스타킹, 약제	발	신발, 스타킹

기타 유기화합물 등이다. 일단 감작된 사람에게 재차 알레르기에 노출되면 알레르기성 접촉피부염이 생기게 된다. 접촉피부염은 접촉 부위에 국한되는 경우가 많으므로 부위에 따라 특징적인 물질이 원인일 가능성이 있다(표 14-1).

옻나무, 은행나무, 앵초, 국화 등의 식물도 원인이 될 수 있다. 우리나라에서는 옻의 경우 피부 접촉뿐 아니라 옻을 닭과 함께 달여 먹은 후 전신 피부병을 일으키는 경우도 종종 있고, 은행나무의 경우에는 가을철에 은행 열매를 따다가 접촉피부염이 발생한 경우도 있다.

그 외에 브래지어, 고무장갑, 팬티, 거들, 신발, 피임기구 등의 고무제품, 머리 염색약, 방부제, 니켈 금속(시계, 귀걸이, 목걸이나 안경에 포함된 니켈), 크롬(직업으로 시멘트 취급자, 고무 공장, 페인트, 장식, 디젤 엔진, 유리공장, 인쇄, 전기, 절삭유, 용광로 및 제지 등 다양한 직업에 종사하는 사람들), 수은, 화장품에 포함된 향료(천연 혹은 합성 방향족 화합물), 농약 등이 원인이다.

2-2-3. 광독성 및 광알레르기성 접촉피부염

광독성 피부염과 광알레르기성 피부염은 원발성 자극 피부염과 알레르기성 접촉피부염과 같은 개념이나 자외선이 추가된다는 점이 다르다. 광독성 피부염은 광선을 쪼인 후 수시간 내에 광선 쪼인 부위에 일광 화상의 경우와 같은 증상이 항진되어 나타나는 경우가 많고, 광알레르기성 피부염은 광선 조사 2내지 4일 후에 광선 노출 후에 습진성 병변을 일으킨다.

그러나 광독성과 광알레르기성은 동시에 오는 경우도 많아 구분하기 어려운 경우가 있다. 광독성 및 광알레르기성 피부염은, 향료, 약물, 색소, 타르나 피치 계통의 물질에서 흔히 발생한다.

2-2-4. 접촉 두드러기 증후군

접촉 두드러기 증후군이란 물질에 접촉한 후 접촉 부위에 두드러기가 발생하는 경우이다. 원인 물질로는 금속, 약물, 동식물, 방부제 등 여러 다른 물질에 의하여 유발될 수 있다.

2-3. 접촉피부염의 확인 방법

접촉피부염을 확인할 때에는 접촉피부염의 병력이 중요하다. 특히 알레르기성 접촉피부염의 경우에는 병력상 의심이 되는 물질에 대해 첩포시험(patch test)을 시행함으로써 원인물질에 대한 확인이 가능하다. 조그마한 조각을 피부에 붙이는 첩포시험은 정상인에게는 반응을 일으키지 않고 감작된 사람에게만 반응하도록 농도를 조절한 항원(allergen)을 특수용기에 담아 피부(등 혹은 팔)에 부착한다. 48시간 부착 후에 이를 제거한 후 판독하고, 2일 후 다시 한번 판독한다. 따라서 4일의 시간이 소요되고 보통 4일까지 양성이면 원인 물질이라 판정한다.

좀 더 간편한 방법으로는 사용시험 혹은 유발시험이라는 것이 있다. 이는 환자가 직접 접촉한 물질을 환자 자신이 접촉한 대로 환자의 피부에 직접 문지르는 방법으로 보통 전박부에 하루에 1~2회 최고 10일 정도까지 문지른다. 이는 첩포 검사에는 음성이나 실제로 원인이 되는 항원을 발견할 수 있는 편리한 방법의 하나이다.

광알레르기성 접촉피부염 진단에는 광첩포시험을 시행한다. 시술 방법은 첩포시험 1~2일 후 광선을 쪼이며 광선 쪼인 후 1~2일 후 첩포시험과 동일한 방법으로 판독한다. 접촉 두드러기 증후군의 진단에는 통상의 첩포시험보다는 의심되는 물질로 피부를 긁는 검사인 소파검사, 피내 반응검사를 시행한 후 20분 후에 피부에 발생하는 두드러기를 관찰하는 즉시형 반응으로 보통 진단하게 된다.

2-4. 예방과 치료

급성기의 접촉피부염은 적절한 치료 후 곧 증상이 완화된다. 그러나 접촉피부염은 원인물질을 확인한 후 재차 접촉을 피하여야 재발을 막을 수 있다. 특히 알레르기성 접촉피부염 환자의 감작상태는 한번 이루어지면 매우 오래 지속되는 것이 보통이기 때문에 항원의 반복적인 접촉(실제로 원인물질을 알아내도 주위의 환경 혹은 직업적으로 피하기 어려운 경우 많음)이 있는 한 재발을 피할 수 없다. 첩포시험상 원인물질로 밝혀지면 추후에 더 이상의 접촉을 피해야 하는데 이 경우에 동일한 물질뿐 아니라 그 물질과 교차반응을 일으키는 화학적으로 구조가 유사한 물질도 함께 피해야 한다.

습진에 대한 적절한 치료만 하면 특별한 합병증은 없다. 간혹 습진부위의 이차 세균성 감염, 치료 후 색소 침착, 접촉피부염이 만성화 된 경우 피부가 두껍게 변할 수 있으나 큰 문제가 되지 않는다. 접촉피부염의 치료는 습진에 준하여 치료하고 어떠한 경우에나 원인 물질에 대한 재접촉을 피해야 재발을 막을 수 있다.

일단 발생한 피부염에 대해서는 증상 치료를 하는데 진물을 동반한 급성기에는 특별한 약물(혹은 생리적 식염수나 수돗물도 시용 가능)을 사용하여 습포를 시행한다. 습포 시행방법은 약물을 차갑게 하여 큰 거즈에 적신 후 환부에 15분 정도씩 올려놓는다. 3~4분 간격으로 거즈를 교환해 가면서 15분 정도씩 시행하고 하루 적어도 4~5회씩 시행하면 수일 내에 진물도 멈추고 홍반 등의 급성 염증이 가라앉는다. 진물이 가라앉은 다음에 스테로이드제의 국소도포 등의 국소치료를 시행한다.

광범위한 경우에는 항히스타민제의 복용 혹은 부신피질 호르몬제의 전신 치료를 병용하여야 할 경우도 있다.

3. 홍반성 피부(couperous)

예민한 피부 중에 홍반성 피부는 모세혈관이 확장되었거나 혈관의 손상 그리고 이완됨에 따라 신체의 특정 부위가 항상 붉어 있거나 얼굴 전체가 일시적으로 홍조를 띠는 경우의 피부를 말한다. 이러한 홍반성 피부에 속하는 피부의 대표적인 이상 현상은 모세혈관확장(telangiectasia) 피부이다.

모세혈관확장 피부는 세정맥, 모세혈관 혹은 세동맥이 확장된 것으로 피부 표면에 가는 실핏줄이 눈에 띄게 늘어나고 굵어지는 현상이다. 이와 같은 모세혈관확장 피부는 일시적으로 빨개지는 홍조와는 다르게 지속적으로 붉은 색깔이 나타난다.

홍조는 주사(rosacea)나 특정 약물 복용, 갱년기 증상 등에서 나타날 수도 있다. 그러나 부끄럽거나 화가 나는 등 감정의 변화가 있을 때, 맵고 뜨거운 음식을 먹을 때나 고열이 날 때, 술 마실 때 등에 나타나는 생리적인 현상으로 얼굴이 빨개지는 경우가 대부분이다. 그러나 모세혈관확장(telangiectasia) 피부는 대부분 성인의 코끝의 좌우에서 관찰되며 만성적으로 일광에 의한 손상을 받은 부위에서 발생하는데 바람, 한냉, 열 등에 장기간 노출된 경우에 더욱 흔하게 나타난다. 또한 종합피부연고 등 여러 가지 연고를 오남용하여 발생하는 경우도 있고, 방사선 피부염, 색소성 건피증, 홍반성 루푸스, 주사, 켈로이드(keloid) 등으로 나타나는 경우도 있다.

주사는 얼굴이 발개지면서 붓는 피부의 이상 현상이다. 얼굴의 가운데 부분부터 시작하여 뺨과 턱으로 번지게 된다. 주사가 진행되면서 빨개진 부위나 그 주위에 모세혈관이 굵어져서 눈에 띄거나 여드름이 발생하기도 하지만 면포는 관찰되지 않는다. 주로 이마, 턱, 코 등에서 발생한다.

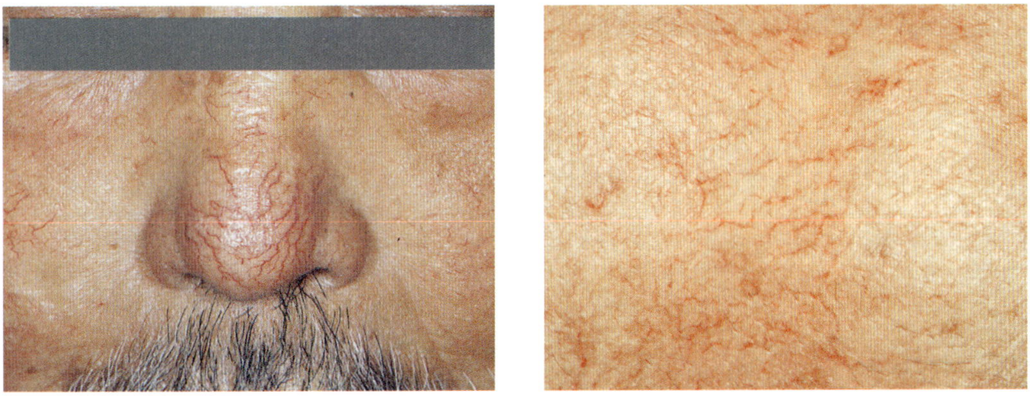

그림 14-6. 모세혈관확장 피부

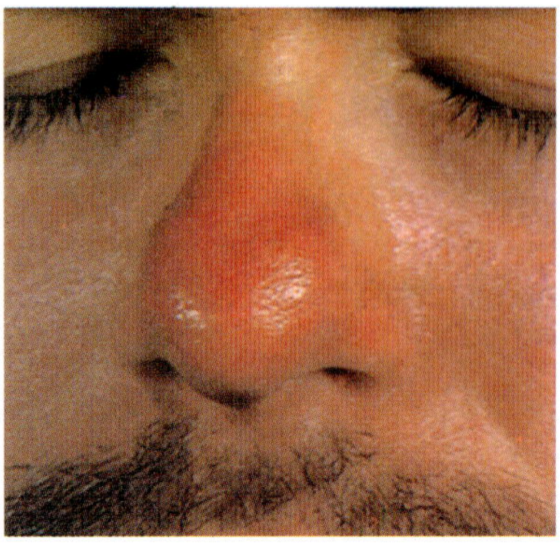

그림 14-7. 주사(rosacea)

발생 초기에는 붉은 색이 들락날락하는 경향이 있지만, 어느 정도 진행이 되면 더 이상 정상색깔로 돌아가지 않고 항상 빨간 상태가 유지되며, 여드름같이 튀어나거나 핏줄이 보이게 된다. 오래 동안 방치될 경우에는 딸기코가 나타날 수 있으며, 코가 빨갛고 울퉁불퉁해지며 뺨도 부석부석해진다.

주사의 발생하는 연령은 30~50세 이며, 여성에서는 드물게 나타나지만 남녀노소를 가리지 않고 생길 수 있다. 폐경이후 여성에 발병하는 경우도 있다. 주사(rosacea)의 원인은 확실하지 않지만 정신적인 스트레스, 스테로이드 연고 등이 원인으로 알려져 있다.

술을 전혀 하지 않는 사람도 주사가 생길 수 있지만 과도한 음주가 증상을 악화시킨다. 음주 외에도 맵거나 뜨거운 음식, 또는 흡연 등이 혈관확장을 유발하여 증세를 악화시킬 수 있다.

햇볕이나 너무 덥거나 찬 기온 등에 노출시키지 않아야 하고, 얼굴을 비비거나 마사지하는 등 직접적인 자극을 피하여야 한다. 그리고 자극성이 있는 화장품과 헤어스프레이 등을 사용하는 것을 억제하는 것이 이와 같은 주사를 예방하는데 도움이 된다. 아울러 외출할 경우에 일광차단지수가 15이상의 썬스크린을 이용하여 햇빛으로부터 얼굴을 보호하여야 악화되는 것을 방지할 수 있다. 켈로이드는 타고난 체질에 의하여 흉터가 심하게 생기는 것이다. 그러나 모든 상처가 켈로이드 흉터로 된다는 것은 아니고 잘 생기는 부위가 있으며, BCG 접종을 한 어깨에서 흔히 볼 수 있다. 또한 개복 수술후 복부 정중선에 생기거나, 화상으로 인하여 등이나 팔다리에 생기는 경우가 있다.

여드름으로 인한 켈로이드 흉터는 턱, 가슴이나 등에 생기는 경우가 많고, 귀걸이 목적으로 구멍을 뚫은 귓볼에 켈로이드 흉터가 생기기도 한다. 울퉁불퉁하고 검붉은 색을 띄며 표면은 미끈하고, 가렵거나 아플 수도 있다.

15

박피의 이해

Peeling

1. 박피(peeling)에 대하여

박피(peeling)는 껍질을 얇게 벗긴다는 의미이다. 피부는 재생 능력이 뛰어난 기관이므로 박피를 이용하여 피부의 상태를 개선시킬 수 있다. 일반적으로 상처 부위가 넓고 깊으면 그 부위에 흉터가 남게 된다. 그러나 피부가 벗겨지거나 깊지 않은 화상을 입었을 경우에는 흉터 없이 상처 부위가 아물면서 피부의 잡티가 개선되고, 피부가 팽팽해지며 잔주름이 없어진다. 이와 같이 손상된 표피는 시간이 지나면서 재생되기 시작하고 진피에 새로운 혈관이 생겨 산소와 영양공급이 이루어짐으로써 진피 조직이 재배열 되는 과정을 겪으면서 피부가 아물게 된다. 이러한 피부의 재생과정을 이용하여 여러 가지 문제성 피부를 개선하는 방법 중 하나가 박피(peeling)이다. 따라서 손상된 피부를 강제적으로 벗겨내어 새로운 피부를 재생시킴으로서 문제성 피부, 즉 여드름이나 여드름에 의한 색소침착이나 흉터 그리고 기존의 표피에 있던 기미, 주근깨 등을 개선시킬 수 있다. 그리고 박피에 의하여 진피 조직이 재배열되면서 흉터가 얕아지고 피부가 팽팽하게 당겨지면서 탄력이 생기고 잔주름이 없어진다. 즉 진피의 콜라겐과 엘라스틴 그리고 기질이 증가되어 탄력과 수분 보유력이 증가된다. 또한 화장이 잘 받지 않던 피부도 박피 후 피부가 맑아지고 매끄러워지면서 화장이 잘 받게 된다.

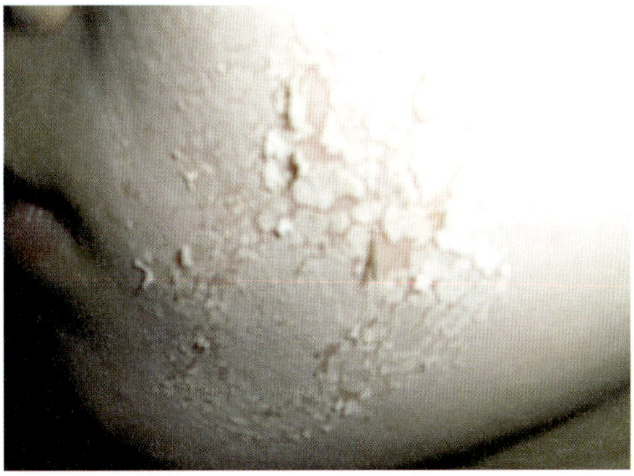

그림 15-1. 얼굴의 박피(peeling)

그러나 박피는 모든 문제성 피부를 개선시켜 주거나 박피로 인하여 누구에게든지 모두 건강하고 젊은 피부로 개선되는 것은 아니다. 개개인의 피부상태가 다 같지 않고 박피 방법도 다양하기 때문에 만족스러운 결과를 얻기 위해서는 피부 상태의 특성 등 여러 가지를 고려하여 적절한 박피 방법을 선택하고 시술하는 것이 중요하다. 피부상태를 잘 고려하여 가장 적합한 박피에 의하여 피부 결, 피부 톤, 잡티, 모공, 탄력이 개선된 후 자외선차단, 적당한 보습, 피부의 진정과 재생 그리고 미백제 등을 사용하여 박피 후의 피부 관리가 매우 중요하다. 최근 박피는 여드름, 잡티, 검버섯 그리고 잔주름 등의 문제성 피부를 개선시킬 목적으로 사용되고 있다. 이와 같은 박피 방법은 여러 가지 종류가 있다.

2. 박피의 종류

2-1. 박피 깊이에 따른 분류

피부는 표피, 진피, 피하지방층으로 구성되어 있으며, 부위마다 두께는 다르지만 얼굴에서 표피의 두께는 약 0.1mm, 진피의 두께는 대략 2mm 정도이다. 표피는 외측으로부터 생체 방어에 가장 중요한 역할을 하는 각질층, 투명층, 과립층, 유극층, 기저층의 5층으로 나누어지며 손바닥이나 발바닥 등과 같은 부위에서만 투명층이 관찰된다. 박피는 벗겨지는 피부 깊이에 따라 표피층에 국한된 얕은 박피(light peeling), 표피와 진피층의 상부까지 벗겨내는 중간 깊이의 박피(medium peeling), 그리고 진피의 중간 부위까지의 깊은 박피(deep peeling)로 구분된다.

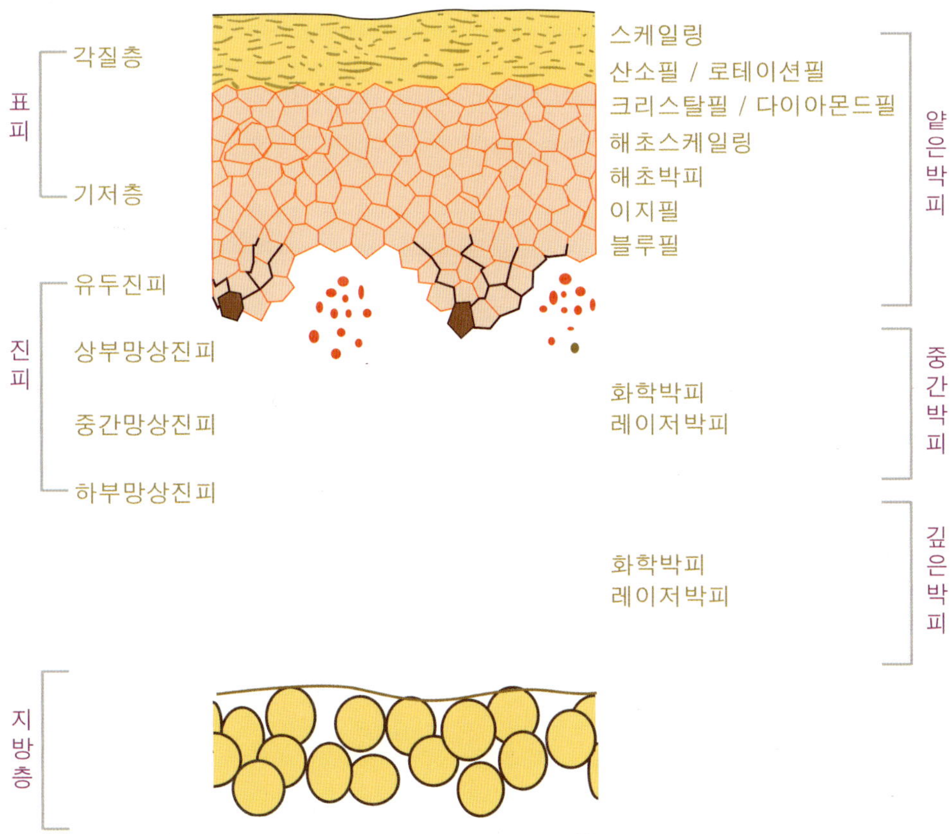

그림 15-2. 박피 깊이에 따른 종류

얕은 박피는 각질층까지만 벗겨내는 매우 얕은 박피(very superficial)와 표피층의 전층을 벗겨내는 얕은 박피(superficial)로 구분된다. 각질층까지만 벗겨내는 얕은 박피는 피부스케일링이나 크리스탈 박피, 해초스케일링 등이 있다. 표피층의 전층을 벗겨내는 얕은 박피는 쿰스 용액이나 글리콜산, 저농도의 TCA를 이용한 박피 등이 있다. 얕은 박피는 주로 여드름이나 칙칙한 피부, 기미 등에 이용된다.

중간 깊이의 박피는 진피층의 상부까지 박피를 시행한 것으로서 고농도의 TCA나 글리콜산을 이용한 화학적 박피술, 해초 박피 그리고 레이져 박피 등이다. 중간 깊이 이상의 박피를 하면 피부의 주근깨, 검버섯이 제거되고, 잔주름, 탄력이 개선되는 효과가 있다. 그러나 진피가 파괴되었다가 재생되는 과정에서 모세혈관이 생성되고 확장되므로 박피 후 2~3개월 이상 피부가 빨갛게 홍반이 발생된다. 또한 동양인의 경우에는 백인과는 달리 색소침착에 의해 갈색으로 변하게 된다. 이와 같이 얼굴이 붉어지거나 갈색으로 색소침착이 나타나는 현상은 시간이 지나면서 사라지게 된다. 그러나 이러한 현상이 나타나는 동안 불편하고, 피부의 색이 정상으로 돌아올 때까지 자외선차단, 미백 화장품 그리고 피부의 재생 제품 등 피부 관리에 주의하여야 하기 때문에 깊은 박피는 매우 주의 하여야 한다. 박피를 깊게 할수록 효과는 좋지만 전술한 바와 같이 불편한 점이 많다. 따라서 얕은 박피도 여러 번 실시하면 효과가 커지기 때문에 최근 얕은 박피를 선호하는 경향이 있다.

표 15-1. 박피의 종류에 따른 박피의 깊이

구 분	박피 깊이	회복 기간
스킨스케일링	각질층	전혀 지장 없다
크리스탈 박피	각질층~표피상층	1~3일 가벼운 각질
해초스케일링	표피상층	2~3일 각질
해초 박피	표피 내	3~5일 벗겨짐
이지필	표피하층~유두진피	5~10일 벗겨짐
블루필	표피하층~유두진피	7~14일 벗겨짐
레이저박피	표피상층~망상진피	7일간 인조피부 3~6개월간 홍반

피부 스케일링(skin scaling)이나 크리스탈 박피(crystal peeling)와 같은 얕은 박피를 한 번 하면 새로이 재생되는 일부 표피만 약간 개선되지만 두 번 하면 탄력 있는 피부로 재생되는 부위가 커진다. 세 번 박피를 하면 더 많은 부분이 탄력 있고 재생된 피부로 변하기 때문에 얕은 박피라도 여러 번 반복 실시하면 효과가 누적되어 나타나게 된다. 같은 종류의 박피도 농도나 pH 그리고 도포 시간을 조절하여 깊이를 조절할 수 있다. 그러나 일반적으로 초음파 박피(ultrasonic peeling), AHA 박피(AHA peeling), 스킨 스케일링(skin scaling), 산소필(oxygen peel), 로테이션필(rotation peel), 크리스탈 박피(crystal peeling)/다이아몬드 필(diamond peel) 등은 피부 표피의 가장 바깥층인 각질층 또는 표피 상층부를 벗겨내는 얕은 박피에 이용되는 박피술이다. 그리고 해초스케일링, 미백해초박피, (모공)해초박피, 이지필, 블루필, 레이저박피 순으로 깊어지는 박피이다.

2-2. 박피방법에 따른 분류

2-2-1. 기계적 박피(mechanical peeling)

기계적 박피는 단단하고 둥근 입자인 연마기를 이용하여 피부를 갈아내는 박피로서 크리스탈 박피(crystal peeling)와 다이아몬드 필(diamond peel) 그리고 더마브레이젼(dermabrasion) 등이 있다. 이와 같이 기계적 박피는 물리적으로 피부를 벗겨내는 방법으로 일부는 부작용이 발생할 수 있기 때문에 선별하여 사용된다. 크리스탈 박피나 다이아몬드 필은 통증과 부작용이 적고 효과가 있기 때문에 여드름, 넓은 모공, 여드름 흉터나 색소침착 등에 이용된다.

1) 크리스탈 박피(crystal peeling)

크리스탈 박피(crystal peeling)는 미세한 산화알루미늄(Al_2O_3) 입자를 피부에 분사하여 피부를 세밀하게 갈아내는 동시에 피부에 남아있는 가루와 연마된 조직을 흡입하여 박피하는 방법으로 '미세연마술'이라고도 한다. 1970년대에 개발되었지만 한동안 이용되지 않았으나 피부 미용에 매우 효과적이라는 사실이 알려지면서 최근 미국과 유럽, 한국 등지에서 새로운 박피 방법(facial resurgacing technique)으로 이용되고 있다.

크리스탈 박피에 이용되는 산화알루미늄(Al_2O_3) 입자는 천연광물에서 얻어지며 화학적 반응을 일으키지 않고 인체에 해가 없다. 박피의 깊이는 분사되는 입자의 양과 진공압, 피부 부위에 접촉된 시간을 조정함으로써 강약을 조절할 수 있다. 박피 시술시 통증이 약간 있으나 경미하며 시술 직후 얼굴이 약간 붉어지지만 몇 시간 내에 없어진다. 시술 2~3일 후 미세한 각질이 약간 일어나는 정도이므로 일상생활에 거의 지장이 없다. 그러나 피부가 예민하거나 홍반이 발생한 경우는 붉은 정도가 심할 수도 있기 때문에 주의하여야 한다.

크리스탈 박피는 넓은 모공, 여드름 피부, 칙칙하고 거친 피부, 튼살, 닭살, 울퉁불퉁한 피부, 미세한 흉터, 잔주름, 맑고 고운 피부에 이용된다. 튼살이나 닭살, 흉터를 개선할 때는 강도를 높여 시술하므로 각질이 많이 일어나거나 딱지가 생길 수 있으며 검고 잘 타는 피부의 경우 색소침착이 생길 수 있다. 따라서 보습제, 미백제 사용을 병행하는 것이 필요하다. 딱지는 대개 며칠 이내에 없어진다. 크리스탈 박피는 비교적 약한 박피이므로 1~2회의 시술로 큰 효과를 보기 어려우며 1~2주 간격으로 5~10회 정도 반복하면 효과적이다. 크리스탈 박피는 시술 후 세안, 샤워, 화장이 바로 가능하고 매우 안전하며 통증과 출혈이 거의 없는 장점이 있다. 또한 시술 후에도 일상생활에 거의 지장이 없으며 같은 깊이의 화학박피에 비해 피부 결을 매끄럽게 해주는 장점도 있다. 시술 후에는 무리한 각질제거나 스크럽제 사용은 하지 않아야 하며

피부가 건조하고 민감해질 수 있으므로 피부에 보습을 충분히 해주어야 한다. 그 외에는 다른 박피후의 관리와 주의사항과 거의 유사하다.

2) 다이아몬드 필(diamond peel)

다이아몬드 필(diamond peel)은 75~175㎛의 천연 다이아몬드 칩을 핸드 피스에 부착하여 정밀한 기계를 세공하듯 피부를 깎아내는 미세박피술(microdermabrasion)로 크리스탈 박피(crystal peeling)와 비슷한 효과를 얻는다. 피부의 두께나 상태에 따라서 다이아몬드 칩과 진공 에너지의 강도를 달리하여 박피의 깊이를 조절한다. 통증이나 출혈이 거의 없기 때문에 마취가 필요 없고 안전하며 박피 후에도 일상생활에 지장이 없다. 가장 큰 장점은 시술 후 곧 매끄러운 피부를 느낄 수 있다.

박피 과정에서 약간의 통증이 있으나 경미하며 시술 직후 얼굴이 약간 붉어지지만 몇 시간 내에 사라진다. 그리고 시술 2~3일 후에 미세한 각질이 약간 일어나지만 일상생활에는 거의 지장이 없다. 그러나 피부가 예민하거나 홍조가 있는 경우에는 홍반이 심할 수도 있기 때문에 다이아몬드 필에는 주의하여야 한다. 튼살, 닭살 등을 박피할 때는 강도를 높여 시술하므로 각질이 많이 일어나거나 딱지가 생길 수 있으며 검고 잘 타는 피부의 경우 색소침착이 생길 수 있다.

따라서 보습제와 미백제 사용을 병행할 필요가 있다. 다이아몬드 필(diamond peel)은 비교적 약한 박피이므로 1~2회의 시술로 큰 효과를 보기 어려우며 1~2주 간격으로 5~10회 정도 반복하면 효과적이다. 다이아몬드 필은 넓은 모공, 여드름 피부, 칙칙하고

거친 피부, 잔주름, 튼살, 닭살, 울퉁불퉁한 피부, 미세한 흉터, 손톱에 긁힌 자국 등에 이용된다. 다이아모드 필의 시술 후 무리한 각질제거나 스크럽제 사용은 하지 않아야하며, 피부가 건조하고 민감해질 수 있기 때문에 보습을 충분히 해주어야 한다. 세안, 화장, 샤워는 가능하나 사우나는 박피 후 일주일 정도 피해야 하며, 그 외에는 다른 박피와 유사하게 피부 관리에 유의하여야 한다.

2-2-2. 화학적 박피(chemical peeling)

화학 약품을 이용해 피부를 벗겨내는 방법으로 벗겨지는 피부 깊이에 따라 매우 얕은 박피(very light peeling), 얕은 박피(light peeling), 중간 박피(medium peeling), 깊은 박피(deep peeling)로 구분된다. 매우 얕은 박피(very light peeling)는 AHA(**α**-hydroxy acid), BHA(**β**-hydroxy acid), 살리실산, 제스너 용액(Jessner's solution), 10% TCA(trichloroacetic acid) 등을 이용하고, 얕은 박피(light peeling)는 50% AHA , BHA, 20% TCA 등을 이용한다. 진피층의 상부까지 박피하는 중간 박피 (medium depth peeling)는 35% TCA에 제스너 용액(Jessner's solution)을 혼합하여 사용하거나 30~50% TCA 등을 이용하고, 진피층의 하부까지 박피하는 깊은 박피 (deep peeling)는 페놀(phenol) 등을 이용한다.

화학 박피술은 레이져 박피술에 비하여 통증이 덜하기 때문에 마취하지 않고도 가능하며, 시술 시간이 짧고 사후에 스스로 피부 관리가 가능 하다는 장점이 있다.

1) AHA 박피(AHA Peeling)

AHA(**α**-hydroxy acid)는 과일, 사탕수수, 우유 등에서 추출한 천연 성분의 과일 산으로 오래전부터 피부미용에 이용되어 왔다. 이는 안전하면서도 효과적이기 때문에 최근에 가장 많이 이용되는 박피술 중의 하나이다.

AHA는 사탕수수에서 추출한 글리콜산(glycolic acid), 발효 우유에서 추출한 젖산(lactic acid), 사과에서 추출한 사과산(malic acid), 포도에서 추출한 주석산(tartaric acid), 감귤류에서 추출한 구연산(citric acid) 그리고 쌀이나 곡류에서 추출한 피틱산(phytic acid) 등 여러 가지 종류가 있다. 그 중에서 피부침투가 가장 좋은 글리콜산(glycolic acid)은 박피용으로 사용되고, 젖산(lactic acid), 주석산(tartaric acid), 사과산(malic acid)은 주로 보습제로 이용된다.

AHA 박피는 글리콜산필(glycolic acid peel, GA peel)을 말하며, 일상생활에 전혀 지장을 주지 않고 점심시간 등 짧은 시간을 활용하여 피부 관리를 받을 수 있기 때문에 '런치필(lunch peel)'이라고도 한다. AHA 성분 중 글리콜산(glycolic acid)은 분자량

(76.03)이 가장 작기 때문에 피부의 침투가 용이하고 필링 효과가 가장 좋으나 필링 시술시 따가움을 느끼게 된다. AHA 박피 후의 피부의 변화는 진피에서의 점액다당류(mucopolysaccharide)의 증가, 엘라스틴의 개선과 콜라겐의 밀도 증가 등으로 피부의 두께가 증가한다.

박피의 효과는 AHA의 농도(concentration), pH 그리고 도포 시간(time)에 의하여 좌우된다. 글리콜산의 저농도, 즉 3~15% 글리콜산에서는 각질제거와 피부보습 효과가 있기 때문에 화장품에 활용할 수 있다. 3%의 글리콜산의 경우는 아이케어용 제품, 7%의 글리콜산의 경우는 딥클렌징, 8~10% 정도의 글리콜산은 노화용 크림이나 건성용 크림 그리고 15% 정도의 글리콜산은 바디용 크림에 이용된다. 그리고 30~70% AHA의 고농도에서는 각질층과 그 외 표피 일부를 탈락시키는 효과가 있다.

이러한 박피효과는 글리콜산의 농도에 영향을 받지만 pH의 영향도 크며, 산성도가 클수록 박피 효과는 강하다. 글리콜산 원액은 pH가 1 이하인 강산인데 알칼리제를 이용하여 산도를 약화시켜 사용한다. 의료계에서 박피용으로 주로 사용하는 50~70%의 글리콜산은 pH가 1 이하이고, 스킨스케일링제로 이용되는 글리콜산의 농도는 30~50% 글리콜산이며 pH는 2~3 정도이다.

일반적으로 화장품용으로 사용되는 pH는 3이상 이며, 4~5정도의 pH를 주로 이용한다. 또한 pH가 중성(pH 7)에 가까우면 박피능력이 전혀 없다. 이와 같이 pH에 따라 박피 능력이 달라지는데 주로 베이킹 파우더나 탄산나트륨(sodium carbonate)과 같은 알칼리 용액을 이용하여 pH를 조절한다. 또한 박피의 정도는 글리콜산의 도포 시간에 따라 조절된다. 일반적으로 글리콜산 스케일링제는 도포 후 2~10분 정도 방치한 후 중화시키는데, 방치 시간은 피부 타입과 사용 경험에 따라 다르다. 즉 피부가 예민하고 각질층이 얇은 피부의 경우는 흡수가 빠르기 때문에 박피가 예상보다 깊게 되는 경우가 있고, 피부가 두껍거나 지성피부의 경우에는 좀더 오래 방치할 필요가 있다. 그리고 글리콜산 스케일링을 처음 시행한 피부의 경우는 가능한 한 방치시간을 짧게 하고, 반복하여 박피를 할 경우 점차적으로 방치시간을 늘려 가는 것이 무리가 없다. 특히 고농도의 글리콜산을 이용한 박피의 경우는 중화 원칙을 철저히 준수하여야 한다. 중화 시간을 지키지 않고 오래 동안 방치하면 글리콜산이 진피층까지 침투하여 화상을 입게 되고, 흉터가 생길 수 있다.

시술 후 수일 동안은 시술 부위가 더 진하게 보이거나 딱지가 앉기도 하지만 그다지 흉하지 않으며 1주일 정도면 가라앉는다. 세안, 화장 등 일상생활에 전혀 불편함이 없으며 2~3주 간격으로 몇 차례 지속적인 관리를 하면 피부 톤이 맑아지고 피부 결이 고와진다. 또한 여드름자국 개선과 화장이 잘 받게 된다. AHA 박피는 약한 박피이므로 효과는 다른 박피술에 비하여 더디지만 매우 안전한 박피이다. 따라서 AHA 박피는 여드름, 기미, 주근깨, 잡티, 노인성흑자, 잔주름, 노화피부, 칙칙한 피부, 모공 등의 여러 가지 문제성 피부에 이용된다.

2) AFA 박피(amino fruit acids peeling, AFA peeling)

AFA 박피(amino fruit acids peeling)는 AHA 박피와 유사하지만 박피 및 피부의 개선 효과가 약간 강화된 박피술 이다. 즉 아르기닌은 양쪽성 아미노산으로서 글리콜산의 pH를 중화시키는 작용을 하는 동시에 대부분의 글리콜산과 결합하여 일시적인 복합체를 형성한다. 이러한 복합체가 피부에 침투하여 피부의 박피효과를 나타내게 된다. 이러한 복합체의 침투는 피부에 따가움이나 자극을 덜 주고 부작용이 덜하며 박피 능력을 갖는 장점이 있다. AHA 박피와 마찬가지로 일상생활에 전혀 지장을 주지 않고 안전하면서도 효과적이기 때문에 최근에 많이 시행되는 박피술 중의 하나이다. AFA 박피 효과를 높이기 위해 AFA 성분의 가정용 화장품을 병용하여 사용한다. 약한 박피이므로 효과는 더디지만 매우 안전한 박피술 이다.

보통 1주 간격으로 3~5개월간 박피를 시행하면 피부의 개선 효과가 크며, 1달에 1~2회 정도 지속적으로 피부 관리를 시행함으로써 보다 더 큰 효과를 가질 수 있다. 여드름, 여드름 흉터, 기미, 주근깨, 잡티, 노인성흑자, 잔주름, 노화피부, 칙칙한 피부, 모공 등의 피부 개선에 주로 이용된다. AFA 박피 후 각질이 약간 벗겨질 수 있으나 대부분 흔적이 없고, 세안, 화장 등 일상생활에 전혀 불편함이 없다. 피부 톤이 맑아지고 피부결이 고와지며, 여드름 자국, 기미가 개선되는 효과를 보이고 화장이 잘 받게 되는 장점이 있다. 박피 후에는 피부가 건조하고 민감해질 수 있으므로 자외선 차단과 보습제를 사용하여야 한다. AFA 박피 후 피부의 자극(irritation)이 발생할 경우에는 AFA 성분의 화장품을 2~3일 이후부터 사용하면 문제가 없다.

3) BHA 박피(β-hydroxy acid peeling, BHA peeling)

BHA 박피(**β**-hydroxy acid peeling)는 살리실산(salicylic acid)이 함유된 용액을 도포하여 박피를 유도하는 방법이다. 살리실산은 자작나무, 버드나무 등에서 추출되는 화합물이며 1~10% 살리실산의 저농도에서 노화용 크림과 보습제로 사용되고, 20~50% 살리실산의 고농도를 이용하여 화학적 박피제로 이용하여 왔다.

BHA는 AHA에 비하여 따가움과 자극이 덜 하다는 장점과 더불어 항염효과가 있다. 또한 AHA는 수용성인데 반하여 BHA 성분은 지용성이므로 피부 표면 박피는 물론이고 모공 속 까지 침투해서 피지를 제거하고 모공을 청소해주기 때문에 넓은 모공, 지성

피부, 여드름, 염증성 여드름 개선에 효과적이다. 특히 BHA는 AHA에 비하여 훨씬 더 강한 면포제거기능(comedolytic), 즉 면포(comedo)를 분해하여 감소시키는 효과를 가지고 있는 장점이 있다. 피부가 벗겨지는 정도는 도포 용액의 농도와 바르는 양에 의하여 조절할 수 있다. BHA 박피술은 간단하고 전처치가 필요 없으며, 지성피부, 넓어진 모공, 피지, 여드름 개선, 색소침착 그리고 칙칙한 피부의 개선에 이용된다. 그리고 BHA는 AHA와 또 다른 점은 중화시킬 필요가 없고, 도포 후 하얀 침전물로 인하여 도포된 부위와 도포되지 않는 부위 그리고 박피의 정도를 알 수 있다. 또한 박피 시간을 확인할 필요가 없으며 과도한 박피로 인한 위험 부담이 없다. 또한 10% 글리콜산에 2% 살리실산을 혼합하여 여드름 치료제로 사용되고 있다. 그러나 높은 농도의 BHA는 임산부나 수유부 혹은 아스피린 알레르기가 있는 경우에는 사용하지 않아야 한다. 검고 잘 타는 피부는 색소침착 가능성이 있으며, 특히 턱, 목 등에 적용할 경우에는 주의해야 한다.

BHA 박피 후 피부가 건조하고 민감해질 수 있으므로 자외선 차단과 보습제를 사용하여야한다. 벗겨지는 각질은 물리적으로 잡아떼지 말고 저절로 떨어지도록 하여야 한다. 세안, 샤워, 화장은 가능하나 사우나는 일주일간 피하여야 한다. 알코올 등의 자극성 성분이 함유된 스킨, 토너는 박피 후에 바로 사용하지 않아야 한다. 박피 후 일정 기간이 지나면 미백제와 박피제 등이 함유된 기능성화장품을 사용하고, 시술 후 적당한 미백, 박피, 재생관리 등의 사후 관리가 보다 더 중요하다.

4) TCA 박피(TCA peeling)

삼염화아세트산(Trichloroacetic acid, TCA)은 단백질 응고 작용이 있는 아세틴산의 일종으로 오래 전부터 미용목적으로 화학박피를 할 때 사용되어온 화합물이다. TCA의 농도, 도포하는 양, 압력 등에 의해 박피되는 깊이가 다르며, 전문가의 임상 경험이 박피 결과에 중요한 영향을 미친다.

얕은 박피를 반복하면 노화된 각질을 제거하고 잡티, 여드름, 잔주름 개선 효과를 얻을 수 있으며 중간 박피를 반복하면 콜라겐 섬유 생성을 촉진시켜 잔주름, 흉터, 탄력 개선 효과를 얻을 수 있다. 그 외에 여드름 자국, 기미, 잡티, 주근깨, 검버섯, 넓어진 모공 등의 관리에 이용되고 있다.

TCA 박피(trichloroacetic acid peeling) 후 전반적으로 피부색이 칙칙해지고 색소부위가 짙어지며 시간이 지남에 따라 조이는 느낌이 커지며, 박피 시행 3일 후 입 주위부터 벗겨지기 시작하여 5~10일이 지나면 모두 박피된다. 벗겨진 부위는 박피깊이에 따라 약간 붉을 수 있으며 시간이 지나면서 색소침착이 올 수 있다. 세게 박피할수록 효과는 좋을 수 있으나 더 오래 벗겨지고, 붉거나 색소침착이 나타날 가능성이 높아진다.

색소침착은 자외선차단제, 미백제, 박피제를 사용하면 대부분 없어지지만 피부타입, 박피 후 피부 관리 상태에 따라 색소침착이 남을 수 있기 때문에 주의하여야 한다. 박피 후 피부가 건조하고 민감해질 수 있으므로 자외선차단(sunblock)과 보습제를 사용하여 피부를 보호하여야 한다. 벗겨지는 각질은 물리적으로 잡아떼지 말고 저절로 떨어지도록 하여야 하며, 세안, 샤워, 화장은 가능하나 사우나는 일주일간 피하는 것이 좋다. 알코올 등의 자극성 성분이 함유된 스킨, 토너는 박피 후에 바로 사용하지 않아야 한다. 박피 후 일정 기간이 지나면 미백제와 박피제 등이 함유된 기능성화장품을 사용하고, 시술 후 적당한 미백, 박피, 재생관리 등의 사후 관리가 보다 더 중요하다.

5) 이지 박피(easy peel)

기존의 박피 방법에서 흔히 볼 수 있는 복잡한 시술 방법, 심한 통증, 과도한 박피로 인한 부작용, 불충분한 효과로 인한 불만족 등의 문제점을 해결하기 위해 새로 개발된 TCA 박피(TCA peel) 이다. 즉 TCA 박피 성분에 구연산(citric acid)과 아스코르브산(L-ascorbic acid) 등 다양한 박피 보조성분을 첨가한 박피이다. 15%의 TCA인데도 50%의 TCA 효능을 얻을 수 있을 정도로 박피의 효율성을 증가시켜주고 박피의 부작용은 최소화한 것이 장점이다. 박피 전 처치는 필요 없으며 일시적으로 시술 시 화끈거리지만 시술 2~3일 후부터 벗겨지기 시작해서 10일 정도 벗겨진다. 블루 박피(blue peel)에 비하여 통증이 거의 없고 시술 후 푸른 기운도 없으며 색소침착 등 부작용이 적으면서도 아주 효과적인 박피이다. 한 달 간격으로 2~3회 반복하면 노화되고 손상된 피부가 젊고 건강한 피부로 재생될 수 있으며 이후에는 1년에 한번씩 시술 받아도 효과를 어느 정도 유지할 수 있다.

이지 박피는 주로 잡티, 여드름, 여드름 자국, 칙칙하고 거친 피부, 넓은 모공, 탄력 없는 피부, 잔주름, 노화 피부에 이용된다. 이지 박피 후 벗겨지는 각질을 물리적으로 뜯어내지 않아야하며, 무리한 각질제거나 스크럽제 사용은 하지 않아야 한다. 피부가 건조하고 민감해질 수 있으므로 보습을 충분히 해주어야 하며 세안, 화장, 샤워는 가능하나 사우나는 2~3주 이후부터 하는 것이 좋다. 그 외에는 다른 박피 후 피부 관리에 주의하여야 할 사항과 유사하다.

6) 오바지 블루 박피(Obagi blue peel)

미국의 유명한 미용성형외과 의사인 Obagi가 개발한 방법으로 삼염화아세트산(trichloroacetic acid, TCA)에 청색소를 섞어 박피 여부와 박피깊이를 확인할 수 있는 화학 적 박피 중 하나이다. 각질만 제거하는 피부스케일링 정도의 1단계에서 진피 일부까지 박피하는 4단계까지 있으나 주로 깊은 박피에 이용한다. 박피 시술 시간은 30분 정도 소요되며 한 달 간격으로 2~3회 반복하면 노화되고 손상된 피부가 젊고 건강한 피부로 재생될 수 있다. 깊게 박피할수록 사회생활에 지장이 있고 색소침착의 가능성이 있으므로 주의하여야 한다. 시술시 따가움이 있으나 대개 마취는 하지 않으며 때에 따라서는 마취연고를 도포한 후 박피하는 경우도 있다.

약물을 도포할 때 약 2~3분간 따끔거리고 화끈거린다. 약물을 도포한 부위는 파랗게 착색되지만 클렌징 후 많이 흐려지거나 거의 원래 피부색으로 되돌아온다. 피부는 2~3일 후부터 벗겨지기 시작해서 7~10일간 벗겨지며 벗겨지는 동안 흉하지만 세안, 화장 등 일상생활이 가능하다. 자외선차단(sunscreen), 비타민A 유도체인 트레티노인(tretinoin)과 미백제인 히드로퀴논(hydroquinone) 등은 오바지 블루 박피 전 후 치료에 필수적이고 시술 후 색소침착을 예방하기 위해 1~3개월 미백, 재생관리를 받아야 한다. 오바지 블루 박피(Obagi blue peel)는 주로 칙칙하고 거친 피부, 넓은 모공, 여드름 자국, 탄력 없는 피부, 잔주름, 노화 피부, 잡티 등에 이용된다.

박피 시술 후 일어나는 각질을 물리적인 힘을 이용하여 손으로 뜯어내지 않아야하며, 스크럽제 사용이나 무리한 각질제거는 하지 않아야 한다. 피부가 건조하고 민감해질 수 있으므로 보습을 충분히 해주어야 한다. 세안, 화장, 샤워는 가능하나 사우나는 2~3주 이후부터 하여야 하며, 특히 색소침착의 가능성이 높기 때문에 벗겨진 후 2~3개월 동안 미백관리를 반드시 받아야 한다. 그 외에는 다른 박피 후 피부 관리에 주의하여야 할 사항과 유사하다.

7) 제스너 용액(Jessner's solution)

제스너 용액(Jessner's solution)은 Max Jessner에 의하여 1940년에 최초로 제조되어 얕은 박피(superficial peel)에 이용되고 있다. 레조시놀(resorcinol), 살리실산(salicylic acid), 젖산(lactic acid)을 각각 14g씩 95% 에탄올(ethanol)에 혼합하여 100㎖의 용액으로 만든 용액이다. 이와 같은 제스너 용액은 레조시놀(resorcinol)과 살리실산(salicylic acid)의 효과적인 각질제거작용과 부작용을 최소화시키기 위한 용액이다.

2-2-3. 해초를 이용한 박피

1) 해초 박피

천연해초(deep sea herb)를 이용하여 기미나 주근깨 등과 같은 과색소침착, 잔주름, 얕은 여드름흉터, 넓어진 모공 등 다양하게 이용되는 박피술 이다. 해초는 미네랄이 풍

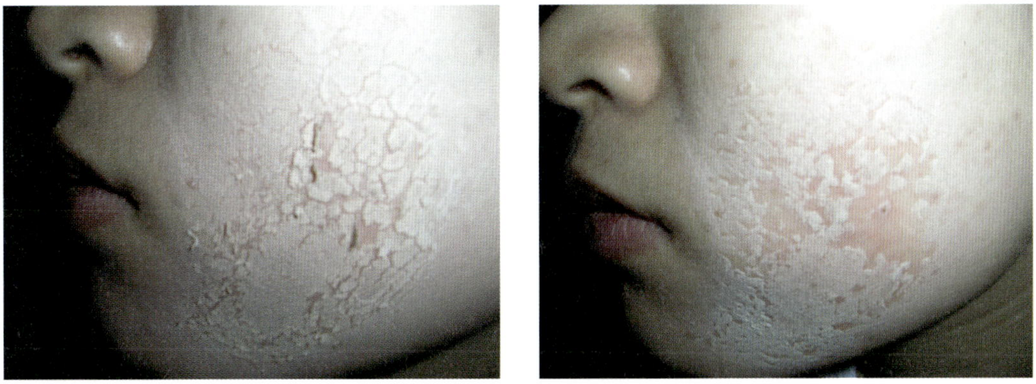

그림 15-3. 여드름 피부의 해초 박피

부하고 장에 좋은 효과를 가지고 있기 때문에 오래 전부터 건강식품과 갑상선질환에 이용되어 왔다. 최근 해초에 미네랄이나 알긴산 등을 보충하여 상처 회복을 돕고 뛰어난 보습작용과 피부의 투명성 유지, 항노화 효과를 나타내는 등 피부 미용에 좋은 효과가 있는 것으로 알려짐으로써 기능성화장품에 사용되고 있다. 특히 기미와 잡티, 여드름, 넓어진 모공, 탄력 없고 노화된 피부, 얕은 여드름 흉터 등에 이용되고 있다.

깊은 바다에서 추출한 해초가루를 활성용액과 섞어 마사지하듯이 얼굴에 도포하여 박피를 유도하는 방법으로 마사지하는 강도와 시간에 따라 박피의 깊이가 달라진다. 박피의 시술시 통증이 다소 있지만 마취를 할 정도는 아니며 시술 당일부터 세안, 화장이 가능하다.

시술 직후부터 2~3일간 얼굴이 붉어지고 약간 붓지만 화장으로 어느 정도 가릴 수 있다. 시술 2~3일 후부터 허물이 벗겨지기 시작해 2~3일간 벗겨진다. 시술 5~6일 후면 거의 다 벗겨지는데 5~6일 내내 벗겨지는 것이 아니라 2~3일만 벗겨지므로 사회생활에 장애되지 않고 효과적인 박피를 할 수 있다. 또한 해초의 피부 진정 작용과 상처 치유력, 보습 작용 때문에 화학 박피에 비하여 박피 후 회복이 빠르다. 그리고 시술 후에 피부가 민감하거나 건조해지며 붉은 기운이 오래 가거나 색소침착이 생길 가능성이 다른 박피에 비하여 적다.

시술 5~6일이 지나서 사후 관리를 받고 나면 피부 톤이 맑아지고 피부의 탄력이 증가한다. 해초박피 후 여드름, 기미, 모공 관리의 경우 다른 여타의 박피와 병행하면 더 깨끗하고 탄력 있는 피부로 개선시킬 수 있다. 해초 박피는 시술 시간이 짧고, 통증이 참을 수 없을 만큼 심하지 않다. 전 처치가 없이 바로 시술에 들어갈 수 있으며 당일부터 세수와 화장이 가능하다. 한번의 박피로도 피부의 개선 효과를 얻을 수 있으며, 기존 화학적 박피에 비해 세포재생이 뛰어나며 색소침착 가능성이 적다. 또한 피부가 건조하고 민감해질 가능성 적으며 피부상태에 따라 한달 간격으로 2~3회 재 시술이 가능하고 재 시술할 경우 효과가 상승된다.

해초 박피 시술 당일과 다음날에는 피부가 약간 붓고 붉어지며 손을 대면 따갑다. 시술 이틀 후에는 피부가 당기며, 가장 먼저 근육의 움직임이 가장 많은 입 주변에부터 가벼운 각질이 일어나기 시작한다. 시술 3~4일 후에는 각질이 턱, 볼 그리고 이마 등 전반적으로 일어난다. 시술 후 5일째에는 진정, 보습, 재생관리가 들어가고 피부 상태에 따라서 적정한 피부 관리를 실시하여야 한다. 해초박피 후 하루정도 따끔거리고 욱신거리는 것은 정상이다. 많이 붓고 진물, 피가 맺히거나 수포가 잡히기도 하나 바로 진정되지만 불편하면 치료를 받는다. 시술 다음날부터 자외선 차단제를 하루에 여러 차례 바르고, 최대한 자외선으로부터 보호한다. 시술 후 피부상태에 맞는 세안제, 보습제를 사용하고 각질이 일어날 때 절대로 손으로 잡아 뜯어서는 안 된다. 시술 후 5~6일째 되는 날에는 재생 등의 사후관리가 필요하다.

2) 해초스케일링

해초를 이용한 가장 약한 박피이다. 시술과정은 해초박피와 비슷하며 사용되는 해초가루의 크기가 작아 시술시 통증이 적고 벗겨지는 정도는 해초박피보다 약하다. 그러나 스킨스케일링, 크리스탈 필링보다 효과가 뛰어난다. 해초스케일링은 주로 칙칙한 피부톤, 거친 피부 개선, 여드름, 여드름자국, 모공, 잔주름 등을 개선하는데 이용된다. 박피의 깊이는 스킨스케일링 〈 크리스탈필링 〈 해초스케일링 〈 해초박피 〈 이지필 〈 블루필의 순이다. 해초스케일링은 시술시 통증이 적고 시술시간이 짧으며, 시술 후 붉은 기운이나 벗겨지는 정도가 덜하면서 효과적인 장점이 있다.

3) 미백해초박피

해초 박피할 때 미백성분인 바이오시트린(biocitrin)을 같이 섞어 마사지함으로써 박피와 미백이 동시에 이루어지는 방법이다. 기존의 해초박피에 비해 통증이 덜하며 벗겨지는 정도가 덜 하다. 따라서 일상생활에 지장이 덜 하며 박피 후 얼굴이 환해지는 효과가 있다. 과색소침착의 경우에 미백해초박피를 하고 나서 미백관리를 병행함으로서 효과가 보다 더 크다. 특히 기미, 잡티 등 과색소침착에 주로 이용된다. 시술 시간이 짧고, 통증과 벗겨지는 정도가 덜하며 얼굴 환해지는 효과가 더 좋은 장점이 있다.

2-2-4. 레이져 박피

레이져 박피는 어븀 야그 레이저나 고출력 이산화탄소 레이저를 이용한다. 피부의 튀어나온 부분을 깎아내어 경계부위를 완만하게 하고, 파인 부분은 약하게 박피함으로써 콜라겐의 합성을 증가시켜 흉터 부위를 끌어올리는 치료이다. 어븀 야그 레이저, 고출력 이산화탄소 레이저는 피부를 한번에 5~30nm씩 아주 얇게 깎아낸다. 또한 박피의 깊이를 정확히 조절할 수 있을 뿐 아니라 일반적인 이산화탄소레이저에 비해 시술 후 붉은 기운이 빨리 사라지고 색소침착이 덜 심한 장점이 있다.

레이져 박피는 주로 여드름 흉터, 파인 흉터, 튀어나온 흉터, 잔주름, 잡티, 검버섯 등의 치료에 이용된다. 흉터가 깊고 심한 경우 충분한 치료 효과를 내기 위해서는 전신마취가 필요하며 레이저 박피 후 약 1주 정도 특수한 드레싱을 붙이고 있어야 한다. 시간이 지날수록 홍반이 좋아지나 3개월 이상 지속되고 일시적이기는 하지만 색소침착 등 일상생활에 불편함이 있는 단점이 있다. 따라서 최근에는 여드름 흉터가 심한 경우에 주로 시행한다. 울퉁불퉁한 정도가 덜 하거나 치료 과정에서 표시가 덜 나기를 원하는 경우에는 허브레이전(해초박피+레이저박피)과 스팟필을 병행하거나 레이저박피 없이 해초박피와 스팟필을 병행한다. 전신마취를 하지 않는 한 어느 정도의 통증이 있고, 시술 후 일주일 정도는 특수 드레싱을 붙이고 있어야 할 뿐만 아니라 세안이나 화장을 할 수 없다. 또한 홍반이 3~6개월 이상 지속되고 일시적이지만 색소침착이 발생하는 단점이 있다. 그리고 시술 전 약 2~4주간 박피와 미백연고를 발라야 하는 전 처치 과정이 있다. 이 기간 동안 일상생활에 특별한 제한을 두지 않고 화장과 수영 등은 가능하다. 최근에는 전 처치를 하지 않고 바로 시술하는 경우도 많다.

전신마취를 할 경우에는 사전에 피검사, 심전도 검사, 방사선 촬영이 필요하며 수술 전날에는 저녁 식사 후부터 물을 포함한 음식물을 먹어서는 안 된다. 시술 후 상처재생이 잘 되도록 일주일간 인조피부를 붙이고 있어야 하며 이 기간 동안 세안과 화장을 할 수 없지만 얼굴에 직접 물이 닿지 않도록 주의하면 샤워는 가능하다. 레이져 치료 표시가 나서 직장생활, 외출이 어렵지만 일상적인 활동은 가능하다. 레이져 치료 7일 이후에 부 3개월 까지는 드레싱(dressing)을 제거한 날부터 세안이 가능하며, 다음 날부터 화장도 가능하다. 홍반, 색소침착이 나타나지만 피부재생관리를 하면서 시간이 지날수록 흐려진다. 레이져박피 후에는 홍반이나 색소침착 그리고 비후성 반흔, 단순포진 등의 합병증이 유발될 수 있다. 즉 수술 받은 부위가 붉어지며 약 1~6개월간 지속될 수 있다. 색소침착은 보통 3개월 이내에 소실되나 6개월 이상 지속 될 수도 있다. 켈로이드 체질이나 켈로이드가 잘 생기는 부위에 비후성 반흔이 생길수 있다. 그리고 체내에 있는 바이러스가 활성화되어 수포가 심하게 발생할 수 있다.

2-2-5. IPL(intense pulsed light)

IPL(intense pulsed light)은 홍조, 실핏줄, 잡티, 주근깨, 기미, 여드름 자국, 피부 톤, 탄력, 모공, 잔주름, 여드름흉터 등 다양한 피부노화를 동시에 치료하는 신개념 피부 치료 시스템으로 현재 전 세계적으로 가장 각광받는 피부치료이다. 기존의 피부치료기기로 이용되어 온 레이져 시술 과정이 복잡하고 비용이 많이 들며 피부의 부작용이 많은 단점이 있었다.

IPL은 이러한 단점이 보완된 시스템이다. 즉 IPL은 하나의 장비로 여러 가지 피부질환을 동시에 치료하면서도 효과가 뛰어날 뿐 아니라 색소침착 부작용이 적고 시술 후 표시가 거의 나지 않아 일상생활에 지장이 없는 장점이 있다. 특히 안면홍조증, 모세혈관확장증, 주근깨, 잡티가 많거나 피부 톤이 칙칙한 경우 효과적이며 1회 시술로도 주근깨, 잡티가 많이 좋아지고, 칙칙한 피부톤이 환해지며 혈관확장이 개선된 것으로 알려져 있다. 또한 탄력, 잔주름, 모공 개선 효과도 서서히 나타난다. 색소에 선택적으로 반응하여 기미, 주근깨, 잡티를 흐려지게 한다. 이러한 시술 후 색소침착에 의해 일시적으로 기미가 더 진해질 수 있기 때문에 자외선차단제, 미백제와 박피제를 사용하면서 주의하여야 한다. 시술 당일부터 세수, 화장을 할 수 있고 치료 후 거의 표시가 나지 않을 뿐 아니라 색소질환이 아니라면 자외선 차단도 필요 없고 여름에도 시술이 가능하다.

2-2-6. 복합 박피(combination peeling)

박피제 원료와 박피기술의 장점과 특징을 고려하여 복합적으로 사용함으로서 두 가지 이상의 박피를 병행하는 것을 복합 박피(combination peeling)라 한다.

1) 허브레이젼(herbrasion)

해초 박피와 레이저 박피를 병행하는 박피이다. 기존 레이저박피가 시술 후 심한 붉은 기운이 수개월이상 지속된다. 이러한 단점을 보완하기 위하여 해초박피 직후 레이저박피를 시행하는 허브레이전은 기존 레이저박피에 비해 피부의 붉은 기운이 덜 하고 빨리 좋아지면서 피부가 부드러워지고 흉터의 경계가 완만해지는 효과를 얻을 수 있는 장점이 있다. 해초박피 만으로는 흉터치료효과가 별로 없지만 레이저박피나 스팟필을 병행하면 다른 치료의 효과를 극대화시킬 수 있는 장점이 있다. 물론 레이저박피와 마찬가지로 시술 후 1주일 정도 인조피부를 붙이고 있어야 하지만 회복기간이 짧고 홍반이나 색소침착도 빨리 좋아져 크게 문제 되지 않으면서 깊은 흉터도 반복 시술로 많이 개선될 수 있다. 일주일 후 인조피부를 제거한 후에는 재생을 위해 3개월 정도 재생관리를 받는 것이 중요하다. 허브레이젼(herbrasion)은 심한 여드름흉터나 화상 그리고 깊은 흉터를 치료하는데 이용된다. 허브레이젼(herbrasion) 시술 후에는 홍반이나 색소침착 그리고 비후성 반흔과 단순포진, 세균 감염 등의 합병증이 유발 될 수 있다.

2) 산소필(oxygen peel)

산소필(oxygen peel)은 플루오르화 산소(F_2O)를 이용한 박피이다. 즉 30%의 AHA가 함유된 1번 플루오르화 산소 젤(Fluoroxygen gel #1)과 AHA와 젖산(lactic acid) 그리고 사과산(malic acid)의 복합체인 Multi-AHA 복합체와 요소(urea)가 들어있는 2번 플루오르화 산소 젤(fluoroxygen gel #2) 그리고 아스코르빈산(L-ascorbic acid)이 함유된 플루오르필 파우더(fluoropeel powder)을 이용한 콤보필 이다. 산소필은 박피효과뿐만 아니라 산소에 의한 혈액 순환, 세포 재생 촉진 효과, 비타민C의 미백효과, 천연보습성분인 요소(urea)에 의한 보습효과를 복합적으로 얻을 수 있고 박피한 피부에 표시가 나지 않으면서 빠른 효과가 있는 점이 장점이다. 산소필은 주로 색소침착, 기미, 탄력 없는 피부, 여드름자국, 칙칙하고 거친 피부, 잔주름, 노화피부 등에 이용된다.

3) 그린 C 필(green C peel)

산소가 피토산(phyto acids)을 활성화시켜 피부를 스케일링 해주는 그린필(green peel)과 비타민C를 이용하여 피부를 하얗게 회복시키는 박피술이다. 민감한 피부도 적용할 수 있을 정도로 자극이 없으면서 피부가 맑아지는 효과가 있다. 바이오시트린 마스크(biocitrin mask)와 바이오 피토 허벌 콤플렉스(phyto herbal complex)를 섞어서 마사지하는 그린필(green peel)은 산소가 방출되면서 피토산이 활성화되어 스케일링 작용을 하게 되며 미백복합체의 작용에 의해 매끄럽고 하얀 피부로 개선시키는 효과가 있다. 바이오시트린 마스크 주성분은 산소활성인자인 과산화아연(zinc peroxide)과 미백복합체이다. 그리고 바이오 피토허벌 콤플렉스(bio phyto herbal complex)의 주성분은 아미노산(amino acid), 아세트산(acetic acid), 부틸산(butyric acid), 카페인산(caffeic acid), 파라-쿠마린산(p-coumaric acid) 등의 다양한 피토산(phyto acids)과 미네랄이다.

4) 로테이션필(rotation peel)

강한 화학 박피의 단점을 보완하기 위해 성분과 효능이 다른 4가지 고농축 천연성분, 즉 살리실산(salicylic acid), 호박(pumpkin), 비타민 C(Vitamin C), 월귤(cranberry)을 이용한 필링제를 피부 상태에 따라 바꿔가면서 시행하는 맞춤형 박피방법이다. 로테이션필(rotation peel)에 이용되는 박피는 살리실산필(salicylic acid peel), 호박필(pumpkin peel), 비타민 C 필(vitamin C peel), 월귤필(cranberry peel) 등 4 종류가 있는데, 순서대로 약한 박피이며 살리실산필(salicylic acid peel)의 경우 하루 이틀 정도는 미세한 각질이 일어날 수 있다. 살리실산필(salicylic acid peel)은 베타 형태의 과일산으로 각질사이에 있는 유분을 녹여 죽은 각질을 제거할 뿐만 아니라 모공 세척 및 염증성 여드름 완화에 효과가 있다.

호박필(pumpkin peel)은 독특한 냉장건조 과정을 거친 호박에서 추출한 과일산(natural fruit acid)과 효소(enzyme)를 농축한 상태로 사용하여 피부 노화와 여드름, 여드름 자국의 개선에 효과가 있다. 비타민 C 필(vitamin C peel)은 과일에서 추출한 효소(enzyme) 파우더와 아스코르브산(L-ascorbic acid)을 혼합하여 사용하며 피부 톤 및 색소성 질환 및 기미 개선, 피부 탄력 개선의 효과가 있다. 월귤필(cranberry peel)은 월귤의 덩굴과 열매에서 추출하여 사용하며 통증이 거의 없다. 그리고 눈에 띄게 각질, 딱지가 생기지 않아 일상생활에 지장 없으며, 시술 후 홍반, 색소침착이 발생하지 않는다. 박피효과 외에 보습기능도 있으며 얼굴에 표시가 덜 나는데 반하여 피부의 개선 상태가 효과적이다.

로테이션필은 박피 성분 외에 보습성분이 포함되어 피부자극이 적고 통증 없을 뿐 아니라 시술 후 바로 피부 톤, 각질, 피부 결이 개선될 수 있다. 시술 후 표시가 나지 않아 일상생활에 지장 없는 런치필(Lunch time peel)이다. 해초박피 또는 해초스케일링 또는 이지필을 병행하면 보다 더 효과적이다. 이와 같은 로테이션필은 넓은 모공, 여드름, 여드름자국, 색소침착, 칙칙한 피부, 기미, 탄력 없는 피부, 잔주름, 노화피부에 이용된다.

5) 피부 스케일링(skin scaling)

피부 스케일링(skin scaling)은 초음파(ultrasonic)와 글리콜산(glycolic acid)/제스너용액(Jessner's solution)을 이용하여 각질층 또는 표피상부를 벗겨내는 얕은 박피이다. 일반적으로 피부 스케일링한 후 거의 흔적이 없기 때문에 일상생활에 지장이 없으며 세안과 화장이 가능하다. 전문가에 의하여 피부 상태에 따라 박피의 깊이를 조절할 수 있다. 여드름, 여드름자국, 넓은 모공, 기미, 얕은 반점, 잔주름, 칙칙하고 건조한 피부 그리고 맑고 투명한 피부를 원하거나 화장이 잘 받지 않을 때 이용된다. 별다른 부작용이 없고 피부 스케일링한 후 바로 세안이나 화장, 외출이 가능하며, 한 번에 큰 효과를 볼 수 없지만 반복시술하면 각질층 정돈, 안색 맑아진다. 그리고 색소성 피부 질환이 아닐 경우에는 자외선 차단에 그다지 주의하지 않아도 되는 장단점이 있다. 그러나 피부 스케일링 후 무리한 각질제거나 스크럽제는 사용하지 않는 것이 좋으며, 피부가 건조하고 민감해질 수 있으므로 보습을 충분히 해주어야 한다. 세안, 화장, 샤워는 가능하나 사우나는 일주일 정도 피하는 것이 좋으며, 피부가 민감하고 건조할 경우에는 알콜이 포함된 스킨,

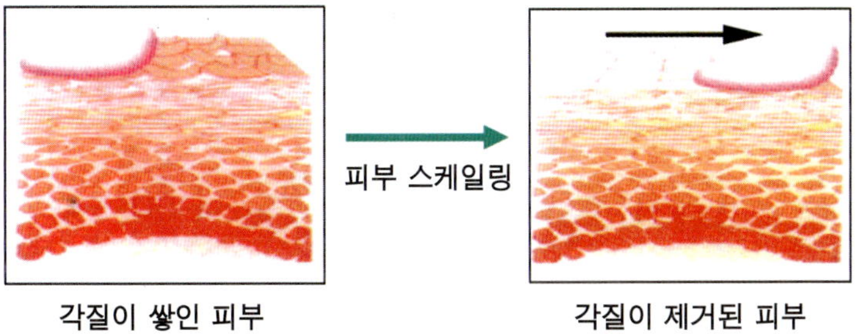

그림 15-4. 피부 스케일링

토너는 일정기간 동안은 사용하지 않아야 한다. 또한 자외선 차단제(sunscreen agent), 미백제(whitening agent), 박피제(peeling agent) 등을 지속적으로 사용하여 스케일링 후 꾸준한 피부 관리가 중요하다.

피부 스케일링(skin scaling)에는 스케일링 목적에 따라 미백 스케일링(whitening scaling), 모공 스케일링(follicle scaling), 여드름 스케일링(acne scaling), 레이져 스케일링(laser scaling), 잔주름 스케일링(fine wrinkle) 등으로 구분할 수 있다. 미백 스케일링은 초음파 필(ultrasonic peel), AHA 필(AHA peel)을 이용하여 각질층과 피부 결을 정돈하고 바이탈이온트를 이용하여 미백과 항노화 성분을 침투시키는 방법이다. 미백스케일링과 비타민 C 등의 미백제, 박피제와 병행하여 사용하면 피부 결이 고와지고 피부 톤이 밝아지며 기미, 주근깨, 얕은 반점, 염증 후 색소침착 등의 개선 효과가 있다.

모공 스케일링은 초음파 필, BHA 필로 모공 속의 먼지와 노폐물, 정체된 피지 덩어리를 제거한 다음 모공수축 성분을 주입하여 리프팅 팩(lifting pack)으로 모공을 지지하는 탄력섬유와 근육을 강화시켜 효과적으로 조여 주는 목적으로 이용한다.

여드름 스케일링은 각질과 피지를 녹여 막힌 모공을 열고 면포나 농포성 여드름을 덮고 있는 표피를 벗겨내어 심한 여드름을 완화시킨다. 아울러 여드름을 발생을 예방하며 검붉은 여드름 자국을 흐리게 할 목적으로 이용한다.

레이져 스케일링은 면포 또는 염증성 여드름이 많은 경우 여드름을 일일이 레이저로 뚫고 짜낸 후 BHA필을 함으로써 여드름과 여드름 자국을 단기간에 개선시키고 박피에 따르는 피부자극, 건조증세도 줄일 목적으로 이용한다. 1주 간격으로 3~4회 반복한 후 피부상태에 따라 사후 피부 관리를 실시한다.

잔주름스케일링은 스킨스케일링에 리프팅 스킨케어가 접목된 형태의 잔주름, 노화개선 및 예방할 목적으로 이용한다. 스케일링을 통해 피부 결, 피부 톤을 개선하고 리프팅(lifting)을 통해 진피 내 콜라겐 생성을 유도하여 팽팽하고 탄력적인 피부로 만든다.

3. 박피 후의 부작용과 주의 사항

1) 홍반의 발생

일반적으로 박피 후에는 얼굴이 빨갛게 달아오르고 홍반이 발생한다. 박피의 종류에 따라서 일시적으로 얼굴이 빨갛게 되었다가 없어지는 경우도 있고 2~6개월 동안 지속되는 경우도 있다. 또한 박피 후 홍반이 심하게 나타나는 경우에는 홍반이 발생하였던 부위에 색소침착이 발생할 수도 있다.

2) 염증 후 과색소침착

일반적으로 자외선으로부터 피부를 보호하기 위하여 멜라닌이 생성되어 피부에 과색소침착이 일어난다. 기미를 제거하기 위하여 박피를 한 경우에는 이러한 과색소침착이 더욱 심하게 발생할 수 있다. 이와 같은 현상에 의하여 과색소침착이 발생할 경우에는 다시 반복하여 박피를 하거나 효능이 확실하지 않은 약재를 사용하는 등 더 이상 피부를 자극시키지 말고 피부를 진정시켜야 한다. 이와 같은 경우에는 피부의 재생관리를 꾸준히 받으면서 피부를 자외선으로부터 보호할 경우에 과색소침착은 점차 없어지게 된다.

3) 건 조

대부분 박피 후의 피부는 당김 현상이 있다. 지성피부에 비하여 건성피부의 경우에는 이러한 당김 현상이 보다 더 지속된다. 얼굴 피부가 팽팽하게 당김 현상이 나타날 때 가렵고 붉어지게 되는 등 여러 가지 자극이 있게 된다. 이때 예민한 피부 혹은 예민한 부위의 경우에는 과색소침착이 발생할 수 있다. 따라서 박피 후에는 보습력의 강화와 자외선 차단 그리고 재생 관리 등으로 피부를 보호하는데 주의하여야 한다.

4) 단순포진

박피 후에는 심할 경우에 단순포진이 발생할 수 있고, 경우에 따라서 오래 동안 지속될 수 있다. 박피 후 단순포진이 발생할 경우 흉터가 생길 수 있기 때문에 사전에 주의하여야 한다.

참고문헌

Aalto-korte K, Turpeinen M. Quantifying systemic absorption of topical hydrocortisone in erythroderma. Br J Dermatol 1995;133:403-408.

Ahn SK, Jiang SJ, Hwang WM, Choi EH, Lee JS, Lee SH. Functional and structural changes of the epidermal barrier induced by various types of insults in hairless mice. Arch Dermatol Res 2001;293:308-318.

Arthur RP, Shelley WB. The innervation of human epidermis. J Invest Dermatol 1959;32:397-411.

Aszterbaum M, Feingold KR, Menon GK, Williams ML. Glucocorticoids accelerate fetal maturation of the epidermal permeability barrier in the rat. J Clin Invest 1993;91:2703-2708.

Blank HI. Cutaneous barriers. J Invest Dermatol 1965;45:249-256.

Blitterswijk WJ, Luit AH, Veldman RJ, et al. Ceramide: second messenger or modulator of membrane structure and dynamics. Biochem J 2003;369:199-211.

Bouwstra JA, Gooris GS, Bras W, Downing DT. Lipid organization in pig straum corneum. J Lipid Res 1995;36:685-695.

Bouwstra JA, Gooris GS, Cheng K, et al. Phase behavior of isolated skin lipids. J Lipid Res 1996;37:999-1011.

Bouwstra JA, Gooris GS, Dubbelaar FER, et al. Role of ceramide 1 in the molecular organization of the stratum corneum lipids. J Lipids. J Lipid Res 1998;39:186-196.

Bouwstra JA, Gooris GS, Dubbelaar FER, Ponec, M. Phase behavior of lipid mixtures based on human ceramides. J Lipid Res 2001;42:1759-1770.

Bouwstra JA, Gooris GS, Dubbelaar FER, Ponec, M. Phase behavior of stratum corneum lipid mixtures based on human ceramides : The role of natural and synthetic ceramide 1. J Invest Dermatol 2002;118:606-617.

Bouwstra JA, Gooris GS, Salommons-de Vires MA, et al. Structure of human stratum corneum as a function of temperature and hydration: a wide angle X-ray diffraction study. Int J Pharm 1992;84:205-216.

Bouwstra JA, Gooris GS, Van der Speck JA, Bras W. The structure of human stratum corneum as determined by small angle X-ray scattering. J Invest Dermatol 1991;97:1005-1012.

Breathnach AS. Aspects of epidermal structure. J Invest Dermatol 1975;65:2-15.

Breathnach AS. Embryology of human skin. J Invest Dermatol 1971;57:133-143.

Breathnach AS. Goodman T, Stolinski C, Gross M. Freeze-ftacture replication of cells of stratum corneum of human epidermis. J Anat 1973;114:65-81.

Burrerworth AE, David JR. Eosinopil function. N Eng J Med 1981;304:154-156.

Choi EH, Kim MJ, Ahn SK, et al. The skin barrier state of aged hairless mice in a dry environment. Br J Dermatol 2002;147:244-249.

Cochran AJ. The incidence of melanocytes in normal skin. J Invest Dermatol 1970;55:65-70.

Darr D, Fridovich I. Free radicals in cutaneous biology. J Invest Dermatol 1994;102:671-675.

Denda M, Tsuchiya T, Elias PM, et al. Stress alters cutaneous permeability barrier homeostasis. Am J Physiol 2000;278:R367-372.

Denda M, Tsuchiya T, Hosoi J. Immobilization-induced and crowded environment induced stress delay barrier recovery in murine skin. Br J Dermatol 1998;138:780-785.

Denda M, Tsuchiya T. Barrier recovery rate varies time- dependently in human skin. Br J Dermatol 2000;142:881-884.

Denda M. Influence of dry environment on epidermal function. J Dermatol Sci 2000;24:522-528.

Denda M. Tsuchiya T, Elias PM, Feingold KR. Stress alters cutaneous permeability barrier homeostasis. Am J Physiol 2000;278:R367-372.

Downing DT, Lindholm JS. Skin surface lipids of the cow. Comp Biochem Physiol 1982;73B:327-330.

Downing DT, Stewart ME, Wertz PW. Essential fatty scid and acne. J Am Acad Dermatol 1986;14:221-225.

Dunn LB, Damesyn M, Moore AA, et al. Does estrogen prevent skin aging Arch Dermatol 1997;133:339-342.

Egelrud T, Hofer PA, Lundstrom A. Proteolytic degradation of desmosomes in plantar stratum corneum leads to cell dissociation in vitro. Acta Derm Venereol 1988;68:93-97.

Elias PM, Feingold KR. Lipids and the epidermal water barrier: metabolism, regulation, and pathophysiology. Semin Dermatol 1992;11:176-182.

Elias PM, Friend DS. The permeability barrier in mammalian epidermis. J Cell Biol 1975;65:180-191.

Elias PM, Goerke J, Friend DS. Mammalian epidermal barrier layer lipids: Composition and influence on structure. J Invest Dermatol 1977;69:535-546.

Elias PM, Menon GK. Does the tail wag the dog? Role of the barrier in the pathogenesis of inflammatory dermatoses and therapeutic implications. Arch Dermatol 2001;137:1079-1081.

Elias PM, Wood LC, Feingold KR. Epidermal pathogenesis of inflammatory dermatoses. Contact Dermatitis 1999;10:119-126.

Elias PM. Epidermal lipids, membranes, and keratinization. Int J Dermatol 1981;20:1-19.

Elias PM. Holleran WM, Menon GK, et al. Normal mechanisms and pathophysiology of epidermal permeability barrier homepstasis. Curr Opin Dermatol 1993;231-237.

Elias PM. Lipid and the epidermal permeability barrier. Arch Dermatol Res 1981;27:95-117.

Elias PM. Stratum Corneum Defensive Functions : An Integrated View, J Invest Derm 2005, 125(2): 183-200.

Evans NJ, Rutter N. Development of the epidermis in the newborn. Biol Neonate 1986;49:74-80.
Filipe P, Emerit I, Vassy J, et al. Epidermal localization and protective effects of topically applied superoxide dismutase. Eur J Dermatol 1994;4:389-393.
Fluhr JW, Kao J, Jain M, Ahn SK, Feingold KR, Elias PM. Generation of free fatty acids from phospholipids regulates stratum corneum acidification and integrity. J Invest Dermatol 2001;117:44-51.
Flynn TC, Petros J, Clark RE, Viehman GE. Dry skin and Moisturizers. Clin Dermatol 2001;19:387-392.
Friberg SE, Osborne DW. Small angle X-ray diffraction patterns of stratum corneum and a model lipid structure of its lipids. J Disp Sci Technol 1985;6:485-495.
Frobe C, Simion FA, Ohlmeyer et al. Prevention of stratum corneum lipid phase transition invitro by glycerol: An alternative mechanism for skin moisturization. J Soc Cosmetic Chem 1990;41:51-65.
Gensler HL, Aickin M, Peng YM, Xu M. Importance of the form of topical vitamin E for prevention of photocarcinogenesis. Nutr Cancer 1996;26:183-191.
Gilchrest BA. Hormonal effects on skin aging. Clinic in Geriatric Geriatric Medicine 2001;17:661-672.
Gonneke SK, Pilgram, Debby CJ, et al. Aberrant lipid organization in stratum corneum of patients with atopic dermatitis and lamellar ichthyoses. J Invest Dermatol 2001;117:710-717.
Grant ME, Prockop DJ. The biosynthesis of collagen. N Eng J Med 1972;286:194-199.
Green SC, Stewart ME, Downing DT. Variation in sebum fatty acid composition among adult humans. J Invest Dermatol 1984;83:114-117.
Grubauer G, Feingold KR, Elias PM. Relationship of epidermal lipogenesis to cutaneous barrier function. J Lipid Res 1987;28:746-752.
Gubauer G, Feingold KR, Harris RM, Elias PM. Lipid content and lipid type as determinants of the epidermal permeability barrier. J Lipid Res 1989;30:89-96.
Haake AR, Polakowska RR. Cell death by apoptosis in epidermal biology. J Invest Dermatol 1993;101:107-112.
Hammarlund K, Sedin G. Transepidermal water loss in newborn infants: relation to gestational age. Acta Paedia Scand 1979;68:795-801.
Hanley K, Devaskar UP, Hicks SJ, et al. Hypothyroidism delays fetal stratum corneum development in mice. Pediat Res 1997;42:610-614.
Hannun YA. Bell RM. Lysosphingolipids inhibits protein kinase C: Implications for the sphingolipids. Science 1989;243:500-507.
Hannun YA. The sphingomyelin cycle and the sceond messenger function of ceramide. J Bio Chem 1994;269:3125-3128.
Hardman MJ, Moore L, Ferguson MWJ, Byrne C. Barrier formation in the human fetus is patterned. J Invest Dermatol 1999;113:1106-1113.
Harshimoto K, Gross BG, Dibbella RJ, Lever WF. The ultrastructure of the skin of human embryo. J Invest Dermatol 1966;47:317-335.
Hashimoto K. Fine structure of the Meissner corpuscle of human palmar skin. J Invest Dermatol 1973;60:20-28.
Hinchliffe A. Modelling Molecular structures. Chichester: Wiley, 1996.
Holbrook KA. Human epidermal embryogenesis. Int J Dermatol 979;18:329-356.
Holbrook KA. Odland GF. The fine structure of developing human epidermis: light scanning and transmisson electron microscopy of the periderm. J Invest Dermatol 1975;65:16-38.
Hurley HJ, Shelly WB. The human apocrine sweat gland in health and disease. Springfield, IL: Charles C Thomas, 1960.
Hurley HJ, Witkowski JA. The dynamics of eccrine sweating in man. J Invest Dermatol 1962;39:329-338.
Imokawa G, Abe A, Jin K, Higaki Y, et al. A Decreased level of ceramides in stratum corneum of atopic dermatitis : An etiologic factor on atopic dry skin. J Invest Dermatol 1991;96:523-526.
James J. Leyden, Anthony V. Raw. Skin Moisturization, Marcel Dekker, Inc. 2002.
John J. Wille. Skin Delivery Systems, Transdremal, Dermal and Cosmetic Actives, Blackewll Publishing, 2006.
Jurkiewicz BA, Buettner GR. EPR detecion of free radicals in UV-irradiated skin: Mouse versus human. Photochem Photobiol 1996;64:918-935.
Kalia YN, Nonato LB, Lund CH, Guy RH. Development of skin barrier function in premature infants. J Invest Dermatol . 1998;111:320-326.
Kao JS, Garg A, Man MQ, et al. Testosterone perturbs epidermal permeability barrier homeostasis. J Invest Dermatol 2001;116:443-451.
Kligman AM, Grove GL, Hirose R, et al. Topical tretinoin for photoaged skin. J Am Acad Dermatol 1986;15:836-859.
Kligman AM. The human hair cycle. J Invest Dermatol 1959;33:307-316.
Kligman LH, Kligman AM. Petrolaturm and other hydrophobic emollients recuce UVA-induced damage. J Dermatol Treatment 1992;3:3.
Krinsky NI. Antioxidant functions of carotenoids. Free Radic Biol Med 1989;7:617-635.
Lampe MA, Williams ML, Elias PM. Human epidermal lipids: characterization and modulation during differentiation. J Lipid Res 1983;24:131-140.
Lasser A. The mononuclear phagocytic system: Areview. Hum Pathol 1983;14:108-126.
Lazarus GS. Collagen, collagenase and clinicians. Br J Dermatol 1972;86:193-199.

Leach AR. Molecular Modelling-Principles and Applications. England: Longman, 1996.
Leung DYM et al. New insights into atopic dermatitis. The Journal of Clincal Investigation, 2004: 113(5): 651-657.
Liscovitch M, Cantley L. Lipid second messengers. Cell 1994;77:329-334.
Man MM, Feingold KR, Thornfeldt CR, Elias PM. Optimization of physiological lipid mixtures for barrier repair. J Invest Dermatol 1996;106:1096-1101.
Manuskiatti W, Maibach HI. Hyluronic acid and skin: wound healing and aging. Int J Dermatol 1996;35(8):539-544.
Mao-Qiang M, Feingold KR, Elias PM. Inhibition of cholesterol and sphingolipid synthesis causes paradoxial effects on permeability barrier homeostasis. J Invest Dermatol 1993;101:185-190.
Mao-Qiang M, Feingold KR, Thornfeldt CR, Elias PM. Optimization of physiological lipid mixtures for barrier repair. J Invest Dermatol 1996;106:1096-1101.
Marie Loden. The skin barrier and use of moisturizers in atopic dermatitis. Clinics in Dermatology 2003;21:145-157.
Matoltsy AG. Desmosomes, filaments, and keratohyaline granules: Their role in the stabilization and keratinization of the epidermis. J Invest Dermatol 1975;65:127-142.
Matoltsy AG. Keratinization. J Invest Dermatol 1976;67:20-25.
Melton JL, Wertz PW, Swartzendruber DC, Dowing DT. Effects of essential fatty acid deficiency on epidermal O-acylsphingolipids and transepidermal water loss in young pig. Biochem Biophys Acta 1987:921:191-197.
Menon GK, Feingold KR, Elias PM. Lamellar body secretory response to barrier disruption. J Invest Dermatol 1992;98:279-289.
Mertz PM, Davis SC, Ovington LG. Cosmeceuticals: predicting their influence on compromised skin. Cosmet Toilet 1992;107:43-44.
Moll I. Merkel cell distribution in human hair follicles of the fetal and adult scalp. Cell Tissue Res 1994;277:131-138.
Moore KL. The developing human. 4th ed. Philadelphia: WB Saunders, 1988:1-11.
Motta S, Monti M, Sesana S, et al. Abnormality of water barrier function in psoriasis; role of ceramide fractions. Arch Dermatol 1994;130:452-456.
Muccinia JA, Kollias N, Phillips SB, et al. Polarized light photography in the evaluation of photoaging. J Am Acad Dermatol 1995;33(5pt1):765-769.
Murata Y, Ogata J, Higaki Y, et al. Abnormal expression of sphingomyelin acylase in atopic dermatitis : An etiologic fator for ceramide deficiency? J Invest Dermatol 1996;106:1242-1249.
Nachbar F, Korting HC. The role of vitamin E in normal and damaged skin. J Mol Med 1995;73(1):7-17
Norlen L. Skin barrier structure and function: The single gel phase model. J Invest Dermatol 2001;117:830-835.
Obeid LM, Linardic CM, Karolak LA, et al. Programmed cell death induced by ceramide. Science 1993;259:1769-1771.
Odland GF, Holbrook K. The lamellar granules of epidermis. Curr Probl Dermatol 1981;9:29-49.
Peterson JD and Chan LS.A comprehensive management guide for atopic dermatitis. Dermatology Nursing. December 2006;18(6):531-542.
Potts RO, Francoeur ML. The influence of stratum corneum morphology on water permeability. J Invest Dermatol 1991;96:495-499.
Proksch E et al. Skin lipids and epidermal differentiation in atopic dermatitis. Clinics in Dermatology, 2003;21:134-144.
Radin NS. Killing tumors by ceramide-induced apoptosis; critique of available drugs. Biochem J 2003;371:243-256.
Rawlings AV et al. Stratum corneum moisturization at the molecular level: An update in relation to the dry skin cycle, J Invest Derm 2005, 124: 1099-1110.
Rawlings AV et al. Moisturizer technology versus clinical performance. Dermatologic Therapy 2004;1749-56.
Rawlings AV, Harding CR. Moisturizer and skin barrier function. Dermatol Therapy 2004;17:43-48.
Rheinwald JG, Green H. Serial cultivation of strains of human keratinocytes: the formation of keratinizing colonies from single cells. Cell 1975;6:331-344.
Robson KJ, Stewart ME, Michelson S, et al. 6-hydroxy-4-sphingenine in human epidermal ceramides. J Lipid Res 1994;35:2060-2068.
Rogiers V. Efficacy claims of cosmetics in Europe must be scientifically substantiated from 1997 on. Skin Res Technol 1995;1:44.
Ruissen F, Le M, Carroll JM, Valk PGM, Schalkwijk J. Differential effects of detergents on keratinocyte gene expression. J Invest Dermatol 1998;110:358-363.
Rycroft PJG, Smith WDL. Low humidity occupational dermateoses. Comtact Dermatitis 1980;6:488-492.
Salomon L, Stubbs DW. Some aspects of the metabolism of ascorbic acid in rats. Ann NY Acad Sci 1961;92:128-140.
Sato J, Denda M, Ashida Y, et al. Loss of water from the stratum corneum barrier function in Blacks, Caucasians and Asians with two non-invasive methods. Skin Pharmacol 1993;6:200-207.
Sato J, Denda M, Nakanihi J, Koyama J. Dry conditions affect desquamation of stratum corneum in vivo. J Dermatol Sci 1998;18:163-169.
Sauer GC, Hall JC. Manual of Skin Diseases. 7th ed. Philadelphia Lippincott-Raven, 1996.
Schraudner M, Langebartels C, Sandermann J. Plant defence systems and ozone. Biochem Soc Trans 1996;24:456-461.
Seabra MC, Goldstein JL, Sudhof TC, Brown MS. Rab geranylgeranyl transferse. J Biol Chem 1992;267:14497-14503.
Selby CC. An electron microscopic study of thin sections of human skin. Ⅱ. Superficial cell layers of footpad epidermis. J Invest Dermatol 1957;29:131-149.
Serri F, Mortagna W, Huber WM. Studies of skin of the fetus and the child: the distribution of alkaline phosphaase in the skin of the fetus. Arch Dermatol 1963;87:234-245.

Sheu HM, Lee JY, Chair CY, Kuo KW. Depletion of stratum corneum intercellular lipid lamellar and barrier function abnormalities ater long-term topical corticosteroids. Br J Dermatol 1997;136:884-890.
Shlomo Magdassi Elka Touitou. Novel Cocmetic Delivery Systems, Marcel Dekker, Inc. 1999.
Simonetti O, Hoogstraate AJ, Bialik W, Kempenaar JA, Schrijvers AHGJ, Bodde HE, Ponec M. Visualization of diffusion pathways across the stratum corneum of native and in-vitro-reconstrycted epidermis by confocal laser scanning microscopy. Arch Dermatol Res 1995;287:465-473.
Strange R, Lear J, Fryer A. Polymorphism in glutathione S-transferase loci as a risk factor for common cancers. Arch Toxicol Suppl 1998;20:419-428
Strauss JS, Pochi PE. Histology, histochemistry, and electron microscopy of sebaceous glands in man. In: Marchionini A, ed. Handbuch der Haut der Haut und geschlechtskrankheiten, Erganzungswerk. Vol 1. Berlin: Spinger-Verlag, 1968;184.
Swanbeck G, Thyressen N. A Study of the state of aggregation of the lipids in normal and psoriatic horny layer. Acta Derm Venereol 1962;42:445-557.
Swanbeck G, Thyressen N. An X-ray differaction study of scales from different dermatosis. Acta Derm Venereol 1961;41:289-296.
Tamaki K, Stingl G, Katz SI. The origin of Langerhans cells. J Invest Dermatol 1980;74:309-311.
Thomas Forster. Cosmetic Lipids and the Skin Barrier, Marcel Dekker, Inc. 2002.
Van Duzee BF. Thermal analysis of human stratum corneum. J Invest Dermatol 1975;65:404-408.
Varadi DP. Studies on the clemistry and fine structure of elastic fibers from normal adult skin. J Invest Dermatol 1972:59:238-246.
Weiss JS, Ellis CN, Headington JT, et al. Topical tretinoin for photoaged skin. J Am Acad Dermatol 1986;15:836-859.
Wertz PW, Downing DT. Ceramides of pig epidermis: structure dertermination. J Lipid Res 1983;759-765.
Wertz PW, Downing DT. Stratum corneum: biological and biochemical considerations. In: Hadgraft J, Guy RH, eds. Transdermal Drug Delivery. New York, Basel: Marcel Dekker, 1989:1-17.
Wertz PW, Swartzendruber DC, Abraham W, Madison KC, Downing DT. Essential fatty acids and epidermal integrity. Arch Dermatol 1987;123:1381a-1384a.
White SH, Mirejovski D, King GT. Structure of lamellar lipid domains and corneocytes envelopes of murine stratum sorneum : An X-ray diffraction study. Biochemistry 1988;27:3725-3732.
Wilhelm KP, Surber C, Maibach HI. Effect of sodium lauryl sulfate-induced skin irritation on in vitro percutaneous absorption of four drugs. J Invest Dermatol 1991;96:963-967.
William J. Cunliffe. Acne, Year Book Medical Publishers, INC. 1989.
Williams AC, Barry BW. Raman spectroscopy. Drugs Pharm Sci 1999;97:499-514.
Wilson DR, Maibach HI. Transepidermal water loss in vivo: premature and term infants. Biol Neonate 1980;37:180-185.
Winand R. Biosynthesis, organization and degradation of mucopolysaccharides. Arch Belg Dermatol Syphil 1972;28:35-40.
Wlaschek M, Briviba K, Stricklin GP, Sies H, Scharffetter-Kochanek K. Singlet oxygen may mediate the ultraviolet A-induced synthesis of interstitial collagenase. J Invest Dermatol 1995;104:194-198.
西山茂夫(編輯部 譯), 圖解 皮膚科學, 第一醫學社, 1991.
高森建二, 皮膚の美容, 1989.
光井武夫編, 新化粧品學 第2版, 南山堂, 2001.
강원형, 안면 색소질환 치료, 고려의학, 1998.
강해묵, 발생생물학, 라이프사이언스 제 7판.
고재숙 외 4인, 피부과학, 수문사, 2000.
김봉인 외 4인, 피부과학, 형설출판사, 1999.
김선영 외 14인, 면역생물학 6판, 라이프사이언스, 2005.
김영미, 메디칼스킨케어 I, 도서출판 임송, 2003.
대한피부과학회, 피부과학 개정3판, 여문각, 1994.
서울대학교 의과대학 피부과학교실, 전신질환의 피부소견, 고려의학, 1997.
안성구 외, 흔히보는 피부질환, 고려의학, 1993.
안성구 외 2인, 여드름 바이블, 도서출판 진솔, 2006.
용준환 외 2인, 인체해부생리학, 도서출판 정담, 1998.
이승민, 이은희, 강소군, 인간 태아와 신생아의 표피장벽, 대한피부과학회지 2003;41:65-77.
이승헌 외, 핵심피부과학, 고려의학, 1999.
이승헌, 안성구, 정세규, 피부장벽, 여문각, 2004.
이연태, 최신 면역학, 집문당, 1982.
이유신, 임상피부과학, 여문각, 1987.
전용혁, 서영석, 인체해부학, 청구문화사, 2004.
정영태, 정경아, 인체해부생리학, 청구문화사, 2004.
정태호, 면역학 강의, 경북대학교출판부, 1991.
조기여 외 6인, 피부과학, 도서출판 성화, 2001.
최영휘, 알레르기 발증의 메카니즘, 월간과학(Newton), 3, 1995.
피부과학 원색도감 편찬위원회, 피부과학 원색도감, 도서출판 정담, 1996.

찾아보기

INDEX

저자 프로필

김한석(청암대학교)
김기영(원광대학교)
김정숙(대구산업정보대학교)
심은경(동명대학교)
이화정(동신대학교)
조찬휘(영동대학교)
김주연(서경대학교)
김선옥(구미1대학교)
김　훈(건양대학교)
오수정(청암대학교)
정광조(대전대학교)
한채정(영산대학교)
김금희(동부산대학교)
김일출(중부대학교)
범희주(청암대학교)
이은숙(대구한의대학교)
조우아(남부대학교)
홍성완(우석대학교)

미용과학 Ⅰ

2007년 10월 20일 초판발행
2012년 3월 10일 개정판발행

지은이 : 김한석, 김주연, 김금희, 김기영, 김선옥, 김일출
김정숙, 김　훈, 범희주, 심은경, 오수정, 이은숙
이화정, 정광조, 조우아, 조찬휘, 한채정, 홍성완

펴낸이 : 이상태
펴낸곳 : 청구문화사
디자인 : 이헌숙
주　소 : 120-831 서울특별시 서대문구 연희 1동 436-1
전　화 : 02-332-0541(代)　FAX : 02-337-9577
등　록 : 1990년 11월 2일 제9-247호

가격 35,000원

ISBN 978-89-5616-483-0 93590